高等学校引进版经典系列教材

［日］柴田明德 著
曲哲 译

结构抗震分析

（第3版）

U0294508

中国建筑工业出版社

著作权合同登记图字：01-2019-3715 号

图书在版编目（CIP）数据

结构抗震分析：第 3 版／（日）柴田明德著；曲哲译. —北京：中国建筑工业出版社，2020.8（2024.6 重印）

高等学校引进版经典系列教材

ISBN 978-7-112-25380-7

Ⅰ.①结…　Ⅱ.①柴…②曲…　Ⅲ.①抗震结构-结构分析-高等学校-教材　Ⅳ.①TU352.11

中国版本图书馆 CIP 数据核字（2020）第 152226 号

原书名：最新耐震構造解析　第 3 版
著者名：柴田明德
出版社：森北出版株式会社

本书由作者授权我社独家翻译、出版、发行。
本书由国家自然科学基金项目 51478441 资助出版。

责任编辑：李天虹　刘文昕
责任校对：张惠雯

高等学校引进版经典系列教材

结构抗震分析（第3版）

[日] 柴田明德　著

曲哲　译

＊

中国建筑工业出版社出版、发行（北京海淀三里河路 9 号）

各地新华书店、建筑书店经销

北京鸿文瀚海文化传媒有限公司制版

北京中科印刷有限公司印刷

＊

开本：880×1230 毫米　1/32　印张：13　字数：384 千字

2020 年 9 月第一版　　2024 年 6 月第三次印刷

定价：69.00 元

ISBN 978-7-112-25380-7

（36014）

第3版序

距本书的上次修订已过去十年。此次出版的第3版的主要修订包括：增加了对近年来的地震灾害的介绍，增加了 2000 年修订《建筑基准法》后开始实施的界限承载力验算的相关内容，根据 2007 年《建筑基准法》在抗震设计方面的一些调整作了相应的修改。此外，还改正了几处错误。东京大学地震研究所副教授楠浩一对本书的修订提出了很多意见和建议，深表感谢。同时也非常感谢森北出版社的藤原祐介和福岛崇史对本书修订给予的大力协助。

希望本书对于正确理解抗震工程的基本内容有所裨益。

柴田明德

2014 年 8 月

第2版序

随着近来国际单位制的推广使用，借此次修订的机会，本书也从以往的重力单位制改为采用国际单位制。此外，增加了关于最近 20 年间发生的大地震和 1996 年开始采用的仪器烈度的相关内容。2000 年修订《建筑基准法》后，在抗震设计方面增加了界限承载力验算等效的内容。但受页数所限，本书暂未包含这些内容。

希望本书对学习使用国际单位制有所帮助。

柴田明德

2003 年 3 月

序　言

正确地理解结构对地震作用的动力反应特性是对结构进行抗震设计的基础。本书向初学者介绍结构动力学的基础知识和结构地震反应分析的基本内容，可以作为大学工学部建筑学科的专业课教材。按照一个学期每周一节课的进度可以覆盖本书主要章节的基本内容。初学者也可以先跳过带 * 号的章节。

作者希望通过本书向读者简明易懂地介绍从建立力学模型到分析结构的地震反应并评价结构抗震性能的基本流程。为此，在书中尽量增加了一些例题以帮助读者理解。此外，还有意侧重于介绍结构对实际地震作用的反应。

抗震分析需要用到各个方面的结构动力学的知识。除此之外，在实际的抗震分析中，还需要掌握包括结构、构件和场地的力学特性以及各种结构分析方法在内的非常丰富的知识，并根据具体问题做出合理的工程判断。

虽然本书尽量全面地介绍结构抗震分析涉及的基本内容，但无法对所有内容都做深入的剖析。为此，在书末附上了与各章内容相关的参考书目和文献的列表，以便于有兴趣的读者进一步深入钻研。此外，受作者能力所限，疏漏和错误恐怕在所难免，欢迎读者批评指正。

另外，书中大量引用了至今为止的众多学者在结构抗震领域的研究成果，在此表示感谢。引用之处均列出了相关的参考文献或已在文中说明。如有遗漏之处，敬请谅解。

本书的写作得到了各方的大力支持。东北大学的志贺敏男教授对本书提出了许多宝贵的意见和建议。东北大学的涩谷纯一、高桥纯一以及东北大学研究院木村秀树、大原英司等人在书稿写作和插图绘制等方面给予我很大的帮助。每年参加本课程的东北大学建筑结构专业的学生们也对本书的完善做出了贡献。由衷地感谢所有人的支持与帮助。

此外，对武藤清博士、梅村魁博士和大沢胖博士一直以来在抗震工程的研究道路上对我的鞭策表示衷心的感谢。

森北出版社的太田三郎为本书的出版付出了巨大的努力。即使书稿一再拖延，仍一直关注书稿的写作并提出了许多建议。非常感谢。

最后，感谢一直支持与鼓励我的妻子贵志子。

柴田明德

1981 年 6 月

目　录

第1章 线性单自由度体系的动力反应

1.1 建筑结构的动力学模型

为了考察建筑结构的动力反应，首先需要把建筑结构表示成一个便于分析的力学模型（mechanical model）。实际工程结构往往非常复杂，在建立力学模型时，应根据所关注的振动现象的特性和对分析精度的要求对结构进行适当的简化。

以发生水平振动的单层框架结构（图 1.1）为例，假设结构始终处于弹性状态且变形很小。根据牛顿第二定律，发生振动的那部分结构质量（mass）受到惯性力（inertia force）作用。通常认为梁和上部荷载对应的质量的振动基本相同，可将这些质量全部集中在梁上的一点。如果进一步假设柱的一部分（比如上半段）的振动也和梁的振动基本相同，则可以把这部分质量也集中到梁上。于是，如图 1.1（a）所示的框架结构可简化为如图 1.1（b）所示的由一个质点（mass point）和没有质量的框架组成的力学模型。

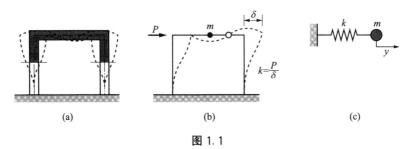

(a)　　　　　　(b)　　　　　　(c)

图 1.1

利用这个模型，可以计算梁上的质点 m 在水平力 P 作用下的位移 δ。使质点发生单位位移所需的力，即 P/δ，称为刚度（stiffness）k。框架结构使质点回到初始位置的力称为恢复力（restoring force) Q。恢复力的大小可表示为刚度乘以变形（$Q=-k\delta$）。恢复力和变形始终成比例变化的振动，称为**线性振动**（linear vibration）。

图 1.1（b）中的力学模型可以进一步简化为如图 1.1（c）所示的由质量为 m 的质点和刚度为 k 的弹簧组成的力学模型。这种将分布在结构中的质量集中到某些质点上的模型称为**质点系**（集中**质量体系**，lumped mass system）。

在图 1.1 中，质点 m 的运动可以完全用水平位移 δ 来描述。这种可以用单一变量描述其运动状态的体系，称为**单自由度体系**（single degree of freedom system）。完全描述力学体系运动状态所需要的变量的个数，称为**自由度**（degree of freedom）。图 1.1（c）中的模型就是一个单自由度的单质点体系。一般来说，空间中的每个质点具有三个平动自由度（x，y，z）。

同样的，可以考察图 1.1（a）中的框架梁在由上部设备产生的竖向激振力作用下的动力反应（图 1.2）。此时，框架的振动如图 1.2（a）所示。通过将位于梁跨中的设备的质量和随之振动的梁跨中段的质量集中到质点 m' 上，并记梁跨中竖向力和竖向位移之比为刚度 k'，可将图 1.2（a）中的框架结构简化为图 1.2（b）或（c）所示的单自由度集中质量体系。它的动力特性不同于图 1.1 中的单自由度体系。

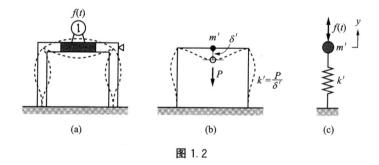

图 1.2

可见，即使对于同一个结构，也可以建立不同的力学模型以考察不同的振动现象。

对于水平振动的多层建筑物（图 1.3），通常将其质量集中在各层楼板处，从而形成多自由度的**多质点系**（multi-degree-of-freedom system，multi-mass system）。如果只考虑如图 1.3（c）所示的某一个主要的振型，则仍然可以采用单自由度体系近似地描述其动力反应。

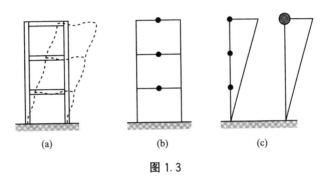

图 1.3

除此之外，质量连续分布的动力学模型称为**连续体模型**（**分布参数体系**，continuous system，distributed parameter system）。集中质量模型的运动可以用常微分方程来描述，而连续体模型的运动则需要用偏微分方程来描述。在框架结构的动力反应分析中，如果对所有构件都采用连续体模型，问题会变得非常复杂。因此，通常采用简化的集中质量模型。尽管如此，连续体模型仍广泛应用于考察地基、楼板、梁等构件层次的动力反应分析。

合理地简化力学模型以反映工程结构的主要动力反应特性，对于工程结构分析至关重要。合理的简化不但能减少工作量，还有助于深入理解振动现象的本质。

与小变形条件下的线性振动不同，当变形较大时，结构的变形和力可能不再成比例变化，而表现为**非线性振动**（non-linear vibration）。对于线性振动，可以利用**叠加原理**（principle of superposition）使问题大大简化。然而，叠加原理不适用于非线性振动。如果恢复力和变形之间的关系可以表示为单值的非线性函数，则称为**非线性弹性**；如果需要用滞回型的非线性函数来描述二者之间的关系，则称为**弹塑性**（图1.4）。在地震作用下，结构会多次往复地进入塑性状态，因此**弹塑性**振动（inelastic vibration）是一个非常重要的问题。对于实际结构，除了质量和刚度之外，还必须考虑**阻尼**（damping）的作用。阻尼可以耗散能量从而使振动逐渐衰减。

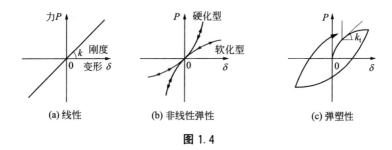

图1.4

1.2　无阻尼自由振动

根据牛顿第二定律或在其基础上得到 d'Alembert 原理，可以为结构建立运动方程。

根据牛顿第二定律，作用于空间某一质点 m 的合力 $\sum \boldsymbol{F}$ 与该质点的加速度 $\boldsymbol{a}$ 之间具有以下关系：

$$\sum \boldsymbol{F} = m\boldsymbol{a} \tag{1.1}$$

式中，

$$\sum \boldsymbol{F} = \begin{Bmatrix} \sum F_x \\ \sum F_y \\ \sum F_z \end{Bmatrix}, \boldsymbol{a} = \begin{Bmatrix} \ddot{x} \\ \ddot{y} \\ \ddot{z} \end{Bmatrix}$$

如果将上式改写为以下形式，则称为 d'Alembert 原理。

$$\sum \boldsymbol{F} + (-m\boldsymbol{a}) = 0 \tag{1.2}$$

式（1.2）的物理意义是，运动中的质点所受到的包括**惯性力**（$-m\boldsymbol{a}$）在内的所有作用力之和为零，即质点始终处于动力平衡状态。

考察如图1.5所示的无阻尼单自由度体系的动力平衡状态。根据 d'Alembert 原理并采用图1.5（b）所示的力和位移的符号规定，

质点仅在 y 方向运动时的力的平衡可表示为：

$$\underline{-ky} + \underline{(-m\ddot{y})} = 0 \qquad (1.3)$$

$\qquad$ 弹簧的恢复力 $\qquad\qquad$ 惯性力

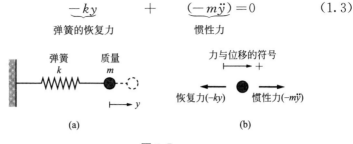

图 1.5

恢复力（$-ky$）中的负号表示弹簧作用在质点上的力与质点的运动方向相反。这种不受外力作用的振动称为自由振动（free vibration）。利用式（1.3），可以直接得到自由振动的运动方程如下：

$$m\ddot{y} + ky = 0 \qquad (1.4)$$

这个运动方程是一个二阶线性齐次常微分方程。设：

$$\omega^2 = \frac{k}{m} \qquad (1.5)$$

则式（1.4）可改写为：

$$\ddot{y} + \omega^2 y = 0 \qquad (1.6)$$

式（1.6）的解是如下式所示的包含两个待定系数 a 和 b 的函数：

$$y = a\cos\omega t + b\sin\omega t \qquad (1.7)$$

根据体系的初始条件（initial condition）可以确定 a 和 b 的取值。设 $t=0$ 时刻体系的初始位移为 d_0，初始速度为 v_0，即：

$$y(t=0) = a = d_0 \qquad (1.8)$$

$$\dot{y}(t=0) = b\omega = v_0 \qquad (1.9)$$

则有：

$$y = d_0\cos\omega t + \frac{v_0}{\omega}\sin\omega t \qquad (1.10)$$

或者可以改写成：

$$y = A\cos(\omega t - \theta) \qquad (1.11)$$

式中，

$$A = \sqrt{d_0^2 + \left(\frac{v_0}{\omega}\right)^2} \tag{1.12}$$

$$\theta = \tan^{-1}\left(\frac{v_0}{\omega d_0}\right) \tag{1.13}$$

　　式（1.10）或式（1.11）所描述的运动，称为**简谐运动**（simple harmonic motion）（图 1.6）。其中，A 称为**振幅**（amplitude），θ 称为**相位角**（phase angle）。

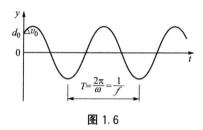

图 1.6

　　ω 是**自振圆频率**（natural circular frequency）。它和**自振周期**（natural period）T、**自振频率**（natural frequency）f 之间的关系如下：

$$T = \frac{1}{f} = \frac{2\pi}{\omega} \tag{1.14}$$

　　自振周期 T 是结构最重要的动力特性，可由结构的质量 m 和刚度 k 按下式计算：

$$T = 2\pi\sqrt{\frac{m}{k}} \tag{1.15}$$

　　式（1.15）可改写为：

$$T = \frac{2\pi}{\sqrt{g}}\sqrt{\frac{mg}{k}} \approx \frac{1}{5}\sqrt{\eta} \tag{1.16}$$

式中，$g = 980\text{cm/s}^2$ 是重力加速度；$\eta = mg/k = W/k$ 是将相当于结构自重的外力施加在运动方向上时结构产生的以 cm 为单位的变形。

　　式（1.16）称为 Geiger **重力式**，给出了结构变形和自振周期之间的关系，是一个很有用的公式。

—— 例 1.1　悬臂柱 ——

计算如图 1.7（a）所示的顶部支承重物的悬臂钢柱的自振周期。忽略钢柱自重，将该结构简化为图 1.7（b）所示的单自由度体系。

本书采用国际单位制（SI 单位，international system）。质量的单位是 kg，力的单位是 N 或者 kN（$=10^3$N）。1N 为 1kg 的质量在 $1\mathrm{m/s}^2$ 的加速度下受到的力（$1\mathrm{N}=1\mathrm{kg}\times1\mathrm{m/s}^2=1\mathrm{kg\cdot m/s}^2$）。

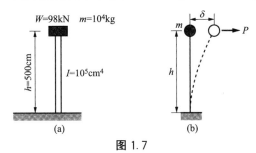

图 1.7

假设图 1.7 中质点 m 的重量为 98kN，则质量

$$m=\frac{98\mathrm{kN}}{9.8\mathrm{m/s}^2}=\frac{98000\mathrm{kg\cdot m/s}^2}{9.8\mathrm{m/s}^2}=10^4\mathrm{kg} \qquad (1.17)$$

利用悬臂梁的挠度公式计算体系的刚度 k。设钢材弹性模量为 $2.06\times10^4\mathrm{kN/cm}^2$，柱截面惯性矩 $I=10^5\mathrm{cm}^4$，则有：

$$k=\frac{3EI}{h^3}=\frac{3\times2.06\times10^4\mathrm{kN/cm}^2\times10^5\ \mathrm{cm}^4}{(500)^3\ \mathrm{cm}^3}=49.4\mathrm{kN/cm}$$

$$=49.4\times10^5\mathrm{N/m} \qquad (1.18)$$

因此，体系的自振周期 T 为：

$$T=2\pi\sqrt{\frac{m}{k}}=6.28\times\sqrt{\frac{10^4}{49.4\times10^5}}=0.28\mathrm{s}$$

同样，由 Geiger 重力式可得：

$$\eta=\frac{98\mathrm{kN}}{49.4\mathrm{kN/cm}}=1.98\mathrm{cm}$$

$$\therefore\quad T=0.2\sqrt{1.98}=0.28\mathrm{s}$$

例 1.2　两端固支柱

计算如图 1.8 所示的由两根钢筋混凝土柱和刚性梁组成的框架结构的自振周期。两端固支柱的水平刚度为

$$k = \frac{12EI}{h^3} \tag{1.19}$$

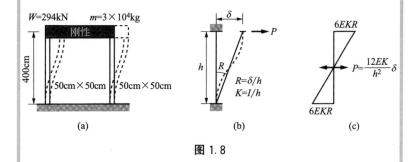

图 1.8

设混凝土的弹性模量 $E_c = 2.06 \times 10^3 \, \text{kN/cm}^2$。在小变形的情况，两根柱子的水平刚度可计算如下：

$$I = \frac{50^4}{12}$$

$$= 5.21 \times 10^5 \, \text{cm}^4$$

$$\therefore \quad k = 2 \times \frac{12 \times 2.06 \times 10^3 \times 5.21 \times 10^5}{400^3}$$

$$= 402 \, \text{kN/cm}$$

$$= 4.02 \times 10^7 \, \text{N/m}$$

结构重量为 294kN，相应的质量为：

$$m = \frac{294 \text{kN}}{9.8 \text{m/s}^2} = 3 \times 10^4 \, \text{kg}$$

因此，结构的自振周期为：

$$T = 2\pi \sqrt{\frac{m}{k}} = 6.28 \times \sqrt{\frac{3 \times 10^4}{4.02 \times 10^7}} = 0.17 \text{s}$$

例 1.3　单层框架

计算如图 1.9 所示的单层钢筋混凝土框架在轻微振动下的自振周期。

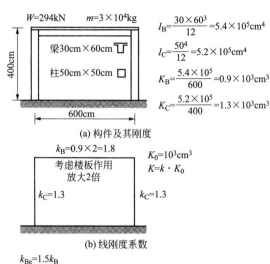

$$W=294\text{kN} \qquad m=3\times10^4\text{kg}$$

梁30cm×60cm

柱50cm×50cm

400cm

600cm

$$I_B=\frac{30\times60^3}{12}=5.4\times10^5\text{cm}^4$$

$$I_C=\frac{50^4}{12}=5.2\times10^5\text{cm}^4$$

$$K_B=\frac{5.4\times10^5}{600}=0.9\times10^3\text{cm}^3$$

$$K_C=\frac{5.2\times10^5}{400}=1.3\times10^3\text{cm}^3$$

(a) 构件及其刚度

$$k_B=0.9\times2=1.8$$

考虑楼板作用放大2倍

$$k_C=1.3 \qquad k_C=1.3$$

$$K_0=10^3\text{cm}^3$$
$$K=k\cdot K_0$$

(b) 线刚度系数

$$k_{Be}=1.5k_B$$

DF	0.32	0.68
FEM	−401.7	
D_1	128.5	273.2
Σ	−273.2	273.2

FEM	−401.7
C_1	64.3
Σ	−337.4

DF：分配系数
FEM：固端弯矩
D_1：近端弯矩
C_1：远端弯矩

(当 $\delta=1$cm 时)
$$FEM=6EK_0k_CR$$
$$=6\times2060\times1.3\times10^3\times\frac{1}{400}$$
$$=40170\text{kN}\cdot\text{cm}$$
$$=401.7\text{kN}\cdot\text{m}$$

(c) 采用力矩分配法计算结构内力(水平位移 $\delta=1$cm)

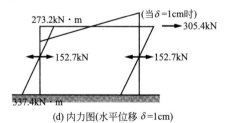

273.2kN·m

(当 $\delta=1$cm 时)
→305.4kN

←152.7kN　　←152.7kN

337.4kN·m

(d) 内力图(水平位移 $\delta=1$cm)

图 1.9

首先,采用力矩分配法计算结构的水平刚度。当结构顶部发生 1cm 的水平位移时,结构的弯矩图如图 1.9(d)所示。进而可直接根据柱剪力得到结构水平刚度 $k=305.4\text{kN}/\text{cm}=3.05\times10^7\text{N/m}$。因此,结构的自振周期 T 为:

$$T=2\pi\sqrt{\frac{3\times10^4}{3.05\times10^7}}=0.20\text{s}$$

与例 1.2 相比,柱截面大小相同,受梁变形的影响,整体刚度有所降低,周期有所延长。

例 1.4 并联弹簧和串联弹簧

并联弹簧的刚度等于各个弹簧刚度之和,串联弹簧的刚度等于各个弹簧刚度的倒数之和的倒数。例如,图 1.10 所示的弹簧组的刚度为:

$$k=\frac{1}{\dfrac{1}{k_1+k_2}+\dfrac{1}{k_3}} \tag{1.20}$$

现将上文例 1.1 中的单自由度体系放置在考虑地基变形的转动弹簧 K_R 上(图 1.11)。质点受到水平力 P 的作用时体系的变形 δ 为:

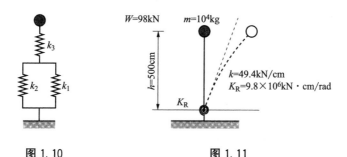

图 1.10   图 1.11

$$\delta=\frac{P}{k}+\left(\frac{Ph}{K_R}\right)\cdot h=\left(\frac{1}{k}+\frac{h^2}{K_R}\right)P$$

$$\frac{P}{\delta} = K = \frac{1}{\dfrac{1}{k} + \dfrac{1}{K_R/h^2}} \tag{1.21}$$

可见，体系的刚度 K 是由刚度为 k 的上部结构和刚度为 K_R/h^2 的底部弹簧组成的串联系统的刚度（暂不考虑重力的影响）。

$$K = \frac{1}{1/49.4 + 500^2/(9.8 \times 10^6)} = \frac{1}{0.02 + 0.026} = 21.7 \text{kN/cm}$$

$$= 21.7 \times 10^5 \text{N/m}$$

$$\therefore \quad T = 6.28 \sqrt{\frac{10^4}{21.7 \times 10^5}} = 0.43\text{s}$$

例 1.5　重力的影响

考察如图 1.12（a）所示的体系。它由一个底部铰接的刚杆、刚杆顶端的质点和连接质点的水平弹簧组成。假设刚杆本身没有质量。当质点发生水平运动时，作用在质点 m 上的重力 mg 和沿刚杆轴线方向的反力 $mg/\cos\theta$ 的合力是水平分力 $mg\tan\theta$。

在小变形的条件下，$y = \theta h$ 且 $\tan\theta \approx \theta$，则质点在水平方向的运动方程为

$$m\ddot{y} + ky - \frac{mg}{h} \cdot y = 0 \tag{1.22}$$

$$\ddot{y} + \left(\frac{k}{m} - \frac{g}{h}\right) \cdot y = 0 \tag{1.23}$$

$$\therefore \quad T = \frac{2\pi}{\sqrt{k/m - g/h}} \tag{1.24}$$

当 $k/m = g/h$ 时，体系的刚度为零，周期趋于无穷大。

这一结果与失稳现象密切相关。如果将弹簧的刚度 k 取为悬臂柱的水平刚度 $3EI/h^3$，则使体系的周期 T 趋于无穷大的重量为 $W=mg=3EI/h^2$。这非常接近于悬臂柱的欧拉荷载 $(\pi^2/4)\cdot EI/h^2=2.47EI/h^2$。

体系的恢复力受重力的影响而减小的现象，称为 **P-Δ 效应**。它对于既高且重的结构是不可忽视的。此外，如图 1.12 (b) 所示，在结构进入弹塑性之后，水平恢复力在重力的影响下会表现出负刚度，这是结构在强烈地震作用下倒塌的原因之一。

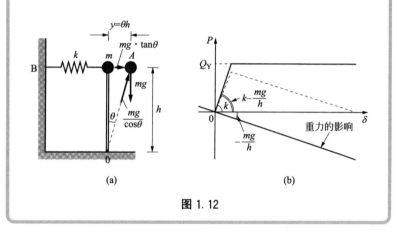

图 1.12

1.3　阻尼自由振动

实际结构中总是存在使振动逐渐衰减的阻尼作用。阻尼带来的能量耗散可能来自于伴随着结构振动而产生的声和热，也可能源于结构的振动能量向外界的逸散作用。阻尼的机理非常复杂，来源也多种多样。通常认为结构在振动过程中存在以下几种阻尼。

ⅰ）内摩擦阻尼：与材料内部的分子摩擦有关的阻尼力，通常与应变速率成比例。

ⅱ）外摩擦阻尼：体系在空气、水、油等介质中振动时产生的阻尼力。它的大小通常与在介质中的运动速度有关（可认为阻尼力与运动速度的平方或更高次方成比例）。

ⅲ）**滑动摩擦阻尼**：由连接节点、支点等部位的库仑摩擦引起的阻尼。

ⅳ）**塑性滞回阻尼**：与材料屈服后的滞回耗能有关的阻尼。

ⅴ）**逸散阻尼**：结构体系的振动能量向体系外部逸散而产生的阻尼。例如，半无限弹性地基上结构的振动能量会以波动的形式向地基的无限远处传播，从而表现为阻尼作用。

在结构分析中，可通过多种理想化的数学模型来描述复杂的阻尼作用。最常用的阻尼模型是**黏性阻尼**（viscous damping），可以表示为如图 1.13 所示的阻尼器。它产生的阻尼力的大小与相对速度成比例，但方向与相对速度相反，即阻尼力为 $-c\dot{y}$。其中，c 称为**黏性阻尼系数**（coefficient of viscous damping）。具有黏性阻尼和线性恢复力的体系的振动是线性振动。

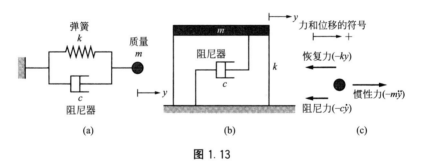

图 1.13

具有黏性阻尼的单自由度体系可用如图 1.13（a）或（b）所示的模型来表示。根据 d'Alembert 原理，其自由振动的运动方程为：

$$\underbrace{(-m\ddot{y})}_{\text{惯性力}} + \underbrace{(-c\dot{y})}_{\text{阻尼力}} + \underbrace{(-ky)}_{\text{恢复力}} = 0 \tag{1.25}$$

$$\therefore \quad m\ddot{y} + c\dot{y} + ky = 0 \tag{1.26}$$

设：

$$\omega = \sqrt{\frac{k}{m}} \tag{1.27}$$

$$2h\omega = \frac{c}{m} \tag{1.28}$$

则有：

$$\ddot{y} + 2h\omega\dot{y} + \omega^2 y = 0 \tag{1.29}$$

h 称为**阻尼比**（damping factor，fraction of critical damping），是衡量阻尼大小的一个重要参数。

式（1.29）的解可表示为以下形式：

$$y = A e^{\lambda t} \tag{1.30}$$

代入式（1.26）有：

$$\lambda^2 + 2h\omega\lambda + \omega^2 = 0 \tag{1.31}$$

$$\lambda = -h\omega \pm \sqrt{h^2 - 1}\,\omega = -h\omega \pm \sqrt{1 - h^2}\,\omega \cdot i \tag{1.32}$$

$e^{\lambda_1 t}$ 和 $e^{\lambda_2 t}$ 是两个独立的基本解，其线性组合 $A e^{\lambda_1 t} + B e^{\lambda_2 t}$ 即为式（1.29）的通解。随 h 的取值范围不同，解的性质也会不同。

（ⅰ）$h > 1$ 的情况

当 $h > 1$ 时，λ_1 和 λ_2 是两个负实根，描述的是无往复的**过阻尼振动**（overdamped vibration）。通解如下式所示，其中包含两个实待定系数。

$$\begin{aligned} y &= e^{-h\omega t} (A e^{\sqrt{h^2-1}\,\omega t} + B e^{-\sqrt{h^2-1}\,\omega t}) \\ &= e^{-h\omega t} (a\cosh\sqrt{h^2-1}\,\omega t + b\sinh\sqrt{h^2-1}\,\omega t) \end{aligned} \tag{1.33}$$

式中 cosh 和 sinh 为**双曲函数**（hyperbolic function）：

$$\cosh x = \frac{e^x + e^{-x}}{2}, \sinh x = \frac{e^x - e^{-x}}{2} \tag{1.34}$$

（ⅱ）$h < 1$ 的情况

当 $h < 1$ 时，λ_1 和 λ_2 是实部为负的共轭复数，描述的是**阻尼振动**（damped vibration）。

$$y = e^{-h\omega t} (A e^{i\sqrt{1-h^2}\,\omega t} + B e^{-i\sqrt{1-h^2}\,\omega t}) \tag{1.35}$$

A 和 B 是两个复待定系数，且 $e^{i\sqrt{1-h^2}\,\omega t}$ 和 $e^{-i\sqrt{1-h^2}\,\omega t}$ 共轭。由于 y 有实数解，所以 A 和 B 一定也是共轭复数。

设 $A = (a - bi)/2$，$B = (a + bi)/2$，根据**欧拉公式**：

$$e^{\pm ix} = \cos x \pm i\sin x \tag{1.36}$$

可将 y 表示成实数形式：

$$y = \mathrm{e}^{-h\omega t}(a\cos\sqrt{1-h^2}\,\omega t + b\sin\sqrt{1-h^2}\,\omega t) \tag{1.37}$$

（ⅲ）$h=1$ 的情况

当 $h=1$ 时，λ_1 和 λ_2 是负实数重根，描述的是介于发生和不发生往复运动之间的临界阻尼（critical damping）状态。此时微分方程式（1.29）的基本解变为 $\mathrm{e}^{-\omega t}$ 和 $t\,\mathrm{e}^{-\omega t}$ ，相应的通解为：

$$y = (a+bt)\mathrm{e}^{-\omega t} \tag{1.38}$$

$h=1$ 对应的黏性阻尼系数 c_r 等于 $2\sqrt{km}$ 。可见，式（1.28）中定义的阻尼比 h 表示了黏性阻尼系数 c 与临界阻尼系数 c_r 的比值（fraction of critical damping）：

$$h = \frac{c}{2\omega m} = \frac{c}{2\sqrt{km}} = \frac{c}{c_r} \tag{1.39}$$

式（1.33）、式（1.37）和式（1.38）各包含两个待定系数。可通过初始条件来确定这些待定系数。

将初始位移 d_0 和初始速度 v_0 作为初始条件，h 取不同值时的解可表示为：

$$y = \mathrm{e}^{-h\omega t}\left(d_0\cosh\sqrt{h^2-1}\,\omega t + \frac{v_0+h\omega d_0}{\sqrt{h^2-1}\,\omega}\sinh\sqrt{h^2-1}\,\omega t\right)(h>1) \tag{1.40}$$

$$y = \mathrm{e}^{-h\omega t}\left(d_0\cos\sqrt{1-h^2}\,\omega t + \frac{v_0+h\omega d_0}{\sqrt{1-h^2}\,\omega}\sin\sqrt{1-h^2}\,\omega t\right)(h<1) \tag{1.41}$$

$$y = \mathrm{e}^{-\omega t}\{d_0 + (d_0\omega + v_0)\,t\}(h=1) \tag{1.42}$$

图 1.14 给出了具有不同阻尼比 h 的体系自由振动的位移时程曲线。

考察阻尼自由振动的特性。

根据式（1.37），阻尼振动的周期 T' 为：

$$T' = \frac{2\pi}{\sqrt{1-h^2}\,\omega} = \frac{2\pi}{\omega'} \tag{1.43}$$

式中，

$$\omega' = \sqrt{1-h^2}\,\omega \tag{1.44}$$

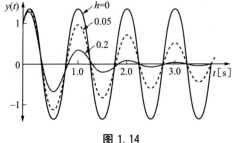

图 1.14

实际结构的阻尼比 h 往往远小于 1，因此可以近似地认为阻尼振动的周期 T' 约等于无阻尼体系的周期 T，即：

$$T' \approx T = \frac{2\pi}{\omega} \tag{1.45}$$

当发生轻微的振动时，钢结构的阻尼比约为 $0.5\% \sim 3\%$，钢筋混凝土结构约为 $2\% \sim 7\%$。随着振幅的增大，阻尼比也相应增大。

下面考察图 1.15 所示的振动过程中振幅的衰减。对于黏性阻尼振动，相邻振幅之间具有相同的比例，且振幅比 d 和阻尼比 h 之间具有以下关系：

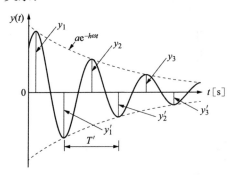

图 1.15

$$d = \frac{y_1}{y_2} = \frac{y_2}{y_3} = \cdots （单侧振幅）$$

$$= \frac{y_1 + y'_1}{y_2 + y'_2} = \frac{y_2 + y'_2}{y_3 + y'_3} = \cdots （全振幅）$$

$$= e^{h\omega T'} = e^{2\pi h / \sqrt{1-h^2}} \tag{1.46}$$

称 $\ln d$ 为**对数衰减率**（logarithmic decrement），则有：

$$\ln d = \frac{2\pi h}{\sqrt{1-h^2}} \tag{1.47}$$

$$h = \left(\frac{\ln d}{2\pi}\right) \Big/ \sqrt{1+\left(\frac{\ln d}{2\pi}\right)^2} \tag{1.48}$$

当阻尼比较小时，

$$h \approx \frac{\ln d}{2\pi} \tag{1.49}$$

当阻尼比很小时，

$$h \approx \frac{d-1}{2\pi} \tag{1.50}$$

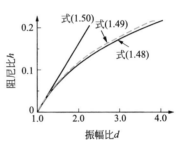

图 1.16

h 和 d 之间的关系如图 1.16 所示。当 $h < 0.5$ 时，式 (1.49) 和式 (1.48) 非常接近；当 $h < 0.05$ 时，式 (1.50) 也有很好的近似效果。

　　在实际应用中，假设结构具有黏性阻尼并通过结构自由振动的衰减来估算其阻尼比 h 时，往往需要读取多个振幅并计算振幅比 d 的平均值。图 1.17（a）和（b）分别给出了阻尼较大和阻尼较小时通过实测数据计算 d 的示例。

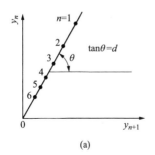

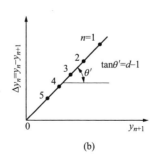

(a)　　　　　　　　　　(b)

图 1.17

例 1.6

计算如图 1.18 所示的单自由度体系的阻尼比和阻尼振动的自振周期。

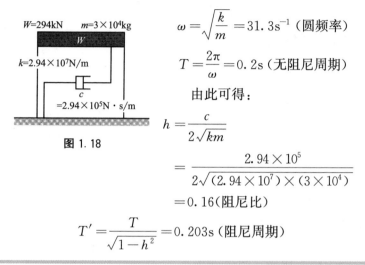

图 1.18

$$\omega = \sqrt{\frac{k}{m}} = 31.3 \text{s}^{-1} \text{（圆频率）}$$

$$T = \frac{2\pi}{\omega} = 0.2 \text{s} \text{（无阻尼周期）}$$

由此可得：

$$h = \frac{c}{2\sqrt{km}}$$

$$= \frac{2.94 \times 10^5}{2\sqrt{(2.94 \times 10^7) \times (3 \times 10^4)}}$$

$$= 0.16 \text{（阻尼比）}$$

$$T' = \frac{T}{\sqrt{1-h^2}} = 0.203 \text{s} \text{（阻尼周期）}$$

例 1.7

假设如图 1.18 所示的单自由度体系的阻尼比 $h = 0.05$，求阻尼系数 c。

根据

$$c = 2h\omega m = \left(\frac{2h}{\omega}\right)k \qquad (1.51)$$

有：

$$c = 2 \times 0.05 \times 31.3 \times 3 \times 10^4 = \frac{2 \times 0.05}{31.3} \times (2.94 \times 10^7)$$

$$= 9.4 \times 10^4 \text{N} \cdot \text{s/m} = 0.94 \text{kN} \cdot \text{s/cm}$$

1.4　对简谐外力作用的反应

（1）对外力作用的稳态反应

根据 d'Alembert 原理，单自由度体系在外力 $f(t)$ 作用下的运动方程为：

$$\underbrace{(-m\ddot{y})}_{\text{惯性力}} + \underbrace{(-c\dot{y})}_{\text{阻尼力}} + \underbrace{(-ky)}_{\text{恢复力}} + \underbrace{f(t)}_{\text{外力}} = 0 \qquad (1.52)$$

$$\therefore \quad m\ddot{y} + c\dot{y} + ky = f(t) \qquad (1.53)$$

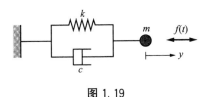

图 1.19

考察体系对简谐外力 f（t）$= F\cos pt$ 作用的反应。根据式 (1.27) 和式 (1.28)，上述运动方程可表示为

$$\ddot{y} + 2h\omega\dot{y} + \omega^2 y = \frac{F}{m}\cos pt \qquad (1.54)$$

式 (1.54) 的全解等于表示稳态振动的**特解**和表示自由振动的**余函数**[1]之和。通过初始条件可确定表示自由振动的余函数中的待定系数。当体系中存在阻尼时，自由振动随时间逐渐衰减，只剩下稳态振动。

首先考察**稳态反应**（stationary response，steady state response）。特解表示的稳态振动是频率等于外力的激振频率但振幅 A 和相位角 θ 未知的简谐振动：

$$y = A\cos(pt - \theta) \qquad (1.55)$$

将其代入式 (1.54)，得到恒等式如下：

$$(\omega^2 - p^2)A\cos(pt - \theta) - 2h\omega pA\sin(pt - \theta)$$

$$= \sqrt{(\omega^2 - p^2)^2 + 4h^2\omega^2 p^2}\, A\cos(pt - \theta + \tan^{-1}\{2h\omega p/(\omega^2 - p^2)\})$$

$$\equiv \frac{F}{m}\cos pt$$

$$(1.56)$$

观察式 (1.56) 中恒等号两侧的对应项，并将 $\omega^2 = k/m$ 代入，

---

❶　译注：即通解。

可得稳态振动的振幅 A 和相位角 θ 分别为：

$$A=\frac{1}{\sqrt{(\omega^2-p^2)^2+4h^2\omega^2p^2}} \cdot \frac{F}{m}=\frac{1}{\sqrt{\{1-(p/\omega)^2\}^2+4h^2(p/\omega)^2}} \cdot \delta_s$$

(1.57)

$$\theta=\tan^{-1}\frac{2h(p/\omega)}{1-(p/\omega)^2}$$

(1.58)

式中，δ_s 是体系在静外力 F 作用下的位移：

$$\delta_s=F/k$$

(1.59)

无阻尼体系的特解为：

$$y=A'\cos pt$$

(1.60)

式中，

$$A'=\frac{1}{1-(p/\omega)^2} \cdot \delta_s$$

(1.61)

当 $p/\omega=1$ 时 A' 为无穷大。需要注意的是，式（1.61）中的 A' 在 $p/\omega=1$ 两侧符号相反（$A=|A'|$，$\theta=0$ 或 π）。

式（1.57）或式（1.61）反映了体系的动力反应放大系数 A/δ_s 随频率比 p/ω 和阻尼比 h 的变化规律。

动力反应放大系数 A/δ_s 与频率比 $\varphi=p/\omega$ 之间的相关关系曲线称为**共振曲线**（resonance curve），如图 1.20 所示。当结构的自振周期与简谐外力作用的激振周期相同，即 $p/\omega=1$ 时共振曲线上相应的点称为**共振点**（resonance point）。由图 1.20 可见，当阻尼

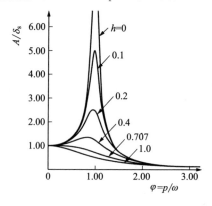

图 1.20

较小时，在共振点附近，体系的反应会被显著放大。

对于有阻尼体系，发生共振时的稳态振幅 A_R 见式（1.62）。它的形式非常简洁，请务必牢记。

$$A_R = \left(\frac{1}{2h}\right) \cdot \delta_s \qquad (1.62)$$

此外，共振曲线在 $dA/d\varphi = 0$ 处取极大值，由此可得最大振幅 A_m 对应的频率比 $\varphi_m = \sqrt{1 - 2h^2}$，相应的最大振幅为

$$A_m = \left(\frac{1}{2h\sqrt{1-h^2}}\right) \cdot \delta_s \qquad (1.63)$$

实际结构的阻尼比通常很小，因此最大振幅 A_m 约等于共振振幅 A_R。当阻尼比 $h > 1/\sqrt{2}$ 时，共振曲线不再具有极值，A/δ_s 随 p/ω 的增大而单调减小。

当无阻尼体系发生共振时，稳态振动（$t = \infty$）的振幅为无穷大。随后将讨论体系在地震作用下的瞬态反应。当考虑瞬态反应时，振幅随时间的推移而逐渐增大，当时间为无穷大时，振幅也会趋于无穷大 [1.4 节（3）]。

当频率比 φ 很小，即外力作用的周期远大于结构的自振周期时，外力近似地相当于静力作用，当外力的激振频率 p 趋近于零时，体系的振幅也趋近于静位移 δ_s。此时，惯性力 mp^2A 的影响很小，外力本身的影响处于支配地位。反之，当频率比 φ 很大，即外力作用的周期远小于结构的自振周期时，惯性力与外力相互抵消，当 p 趋于无穷大时，体系的振幅趋近于零。

外力与体系变形之间的相位差 θ 如图 1.21 和图 1.22 所示。对于无阻尼体系，当 $\varphi < 1$ 时 $\theta = 0$，即体系的稳态反应与外力作用同相位；$\varphi > 1$ 时 $\theta = 180°$，即体系的稳态反应与外力作用反相位（符号相反）。对于有阻尼体系，相位差 θ 是频率比 φ 的连续函数。在共振点

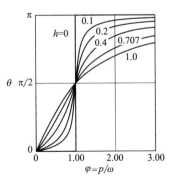

图 1.21

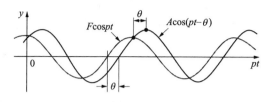

图 1.22

（$\varphi=1$）处 $\theta=90°=\pi/2$。

简谐外力作用还可以表示为**复外力** Fe^{ipt} 的形式：

$$f(t)=Fe^{ipt}=F\cos pt+iF\sin pt \tag{1.64}$$

$$\ddot{y}+2h\omega\dot{y}+\omega^2 y=\left(\frac{F}{m}\right)\cdot e^{ipt} \tag{1.65}$$

该运动方程的特解为：

$$y=Ce^{ipt} \tag{1.66}$$

C 称为**复振幅**（complex amplitude），通常是一个复数。复振幅包含实部和虚部，可同时表示振幅的绝对值和相位差。

$$C=C_R+C_I\cdot i=\sqrt{C_R^2+C_I^2}\cdot e^{i\theta}, \qquad \tan\theta=\frac{C_I}{C_R} \tag{1.67}$$

将式（1.66）代入式（1.65），可将复振幅 C 表示为下式。

$$\begin{aligned}
C&=\frac{1}{\omega^2-p^2+2h\omega pi}\cdot\frac{F}{m}\\
&=\frac{1}{1-(p/\omega)^2+2h(p/\omega)i}\cdot\frac{F}{k}\\
&=\frac{1}{\sqrt{\{1-(p/\omega)^2\}^2+4h^2(p/\omega)^2}}\cdot\delta_s\cdot e^{-i\theta}
\end{aligned} \tag{1.68}$$

式中，$\theta=\tan^{-1}\dfrac{2h(p/\omega)}{1-(p/\omega)^2}$，$\delta_s=F/k$

比较式（1.57）、式（1.58）和式（1.68）并考虑到 $|e^{-i\theta}|=1$，可知

$$绝对值|C|=A，主幅角\ \arg C=-\theta \tag{1.69}$$

因此，表示稳态反应的特解为：

$$y=Ce^{ipt}=Ae^{i(pt-\theta)}=A\cos(pt-\theta)+iA\sin(pt-\theta) \tag{1.70}$$

式 (1.70) 中特解 y 的实部表示体系对外力作用 $F\cos pt$ 的反应，虚部表示体系对外力作用 $F\sin pt$ 的反应。

共振时 ($p=\omega$)，由 $i=e^{i\pi/2}$ 可知：

$$y=\frac{1}{2hi}\cdot\frac{F}{k}\cdot e^{ipt}=\frac{1}{2h}\cdot\frac{F}{k}\cdot e^{i(pt-\pi/2)} \qquad (1.71)$$

可见，体系的稳态反应和外力作用之间的相位角为 $\pi/2$。

与 $\sin pt$ 或 $\cos pt$ 的形式相比，以复数形式表示的体系对复外力用的反应幅值更易于进行微分和积分运算。通过复数的代数运算来计算复振幅也更加容易。当外力作用被表示为复傅里叶级数或傅里叶变换的形式时，经常采用这一方法。

体系在单位外力 $f(t)=e^{ipt}$ 作用下的复振幅又称为**传递函数** (transfer function)。它是频域反应分析的基础（第 5 章、第 6 章）。

记体系位移反应的传递函数为 $H(ip)$，则单位复外力 e^{ipt} 作用下体系的位移反应为

$$y=H(ip)\cdot e^{ipt} \qquad (1.72)$$

式中，

$$H(ip)=\frac{1}{m(\omega^2-p^2+2h\omega pi)}=\frac{1}{1-(p/\omega)^2+2h(p/\omega)i}\cdot\frac{1}{k} \qquad (1.73)$$

(2) 体系对简谐地面运动的稳态反应

考察单自由度体系对施加于底部的地面运动 $y_0(t)$ 的反应。记质点对于底部的相对位移为 y，参考图 1.23，可得体系的运动方程为：

$$\underbrace{\{-m(\ddot{y}+\ddot{y}_0)\}}_{\text{惯性力}}+\underbrace{(-c\dot{y})}_{\text{阻尼力}}+\underbrace{(-ky)}_{\text{恢复力}}=0 \qquad (1.74)$$

$$\therefore m\ddot{y}+c\dot{y}+ky=-m\ddot{y}_0 \qquad (1.75)$$

令 $\omega^2=k/m$，$2h\omega=c/m$，则有：

$$\ddot{y}+2h\omega\dot{y}+\omega^2 y=-\ddot{y}_0 \qquad (1.76)$$

可见，如果将地面运动引起的惯性力 ($-m\ddot{y}_0$) 视为一种外力作用，则体系对地面运动的反应与 (1) 中讨论的体系对外力作用的反应是相同的。

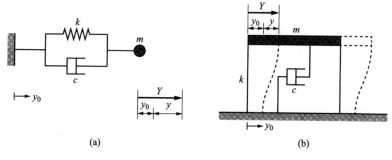

(a)　　　　　　　　　　　(b)

图 1.23

　　考察体系对如式（1.77）所示的复数形式的简谐地面运动作用的稳态反应。式（1.78）的解的实部和虚部分别表示了体系对实数形式的地面运动 $a_0\cos pt$ 和 $a_0\sin pt$ 的反应。

$$y_0 = a_0 e^{ipt} \tag{1.77}$$

$$\ddot{y} + 2h\omega\dot{y} + \omega^2 y = a_0 p^2 e^{ipt} \tag{1.78}$$

将特解 $y = Ce^{ipt}$ 代入式（1.78）可得：

$$y = \frac{a_0 p^2}{\omega^2 - p^2 + 2h\omega pi} e^{ipt} = \frac{(p/\omega)^2}{1-(p/\omega)^2 + 2h(p/\omega)i} \cdot \underbrace{a_0 e^{ipt}}_{y_0} \tag{1.79}$$

则相对位移 y 相对于 y_0 的放大系数为：

$$\frac{y}{y_0} = \frac{(p/\omega)^2}{\sqrt{\{1-(p/\omega)^2\}^2 + 4h^2(p/\omega)^2}} \cdot e^{-i\theta} = \left|\frac{y}{y_0}\right| \cdot e^{-i\theta} \tag{1.80}$$

式中，

$$\theta = \tan^{-1}\frac{2h(p/\omega)}{1-(p/\omega)^2} \tag{1.81}$$

此外，体系绝对加速度的放大系数如式（1.82）所示。

$$\ddot{Y} = \ddot{y} + \ddot{y}_0 = -2h\omega\dot{y} - \omega^2 y = -(2h\omega pi + \omega^2)y$$

$$= \frac{1 + 2h(p/\omega)i}{1-(p/\omega)^2 + 2h(p/\omega)i} \cdot \underbrace{(-a_0 p^2 \cdot e^{ipt})}_{\ddot{y}_0}$$

$$\therefore \quad \frac{\ddot{Y}}{\ddot{y}_0} = \sqrt{\frac{1+4h^2(p/\omega)^2}{\{1-(p/\omega)^2\}^2+4h^2(p/\omega)^2}} \cdot \mathrm{e}^{-i\theta'} = \left|\frac{\ddot{Y}}{\ddot{y}_0}\right| \cdot \mathrm{e}^{-i\theta'}$$

$$(1.82)$$

式中，

$$\theta' = \tan^{-1}\frac{2h(p/\omega)^3}{1-(1-4h^2)(p/\omega)^2} \qquad (1.83)$$

式（1.80）和式（1.82）给出的相对位移放大系数 $|y/y_0|$ 和绝对加速度放大系数 $|\ddot{Y}/\ddot{y}_0|$ 的变化规律如图 1.24 和图 1.25 所示。当 h 较小时，二者动力放大系数的极大值均约为 $1/(2h)$。

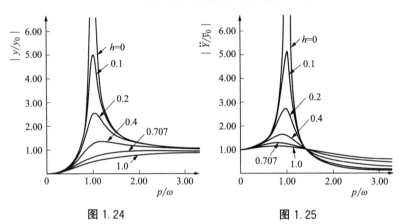

图 1.24   图 1.25

（3）体系对简谐地面运动作用的瞬态反应

受初始条件影响的受迫振动反应，称为瞬态反应（transient response）。考察如图 1.26 所示的处于静止状态的体系对简谐地面运动作用的瞬态反应。

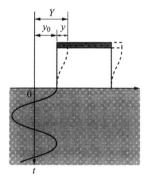

设地面运动作用为：

$$y_0 = a_0\cos pt \qquad (1.84)$$

则运动方程为：

$$\ddot{y} + 2h\omega\dot{y} + \omega^2 y = -\ddot{y}_0 = a_0 p^2\cos pt$$

$$(1.85)$$

该方程的全解等于表示稳态振动的

图 1.26

特解和表示自由振动的余函数之和，如式（1.86）所示。

$$y = A\cos(pt - \theta) + \mathrm{e}^{-h\omega t}(a\cos\omega't + b\sin\omega't) \tag{1.86}$$

$$A = \frac{(p/\omega)^2}{\sqrt{\{1-(p/\omega)^2\}^2 + 4h^2(p/\omega)^2}}a_0, \qquad \theta = \tan^{-1}\frac{2h(p/\omega)}{1-(p/\omega)^2}$$

式中，$\omega' = \sqrt{1-h^2}\,\omega$

设 $t = 0$ 时刻的初始条件为 $y = 0$，$\dot{y} = 0$，可求解自由振动中的待定系数 a 和 b，并得到瞬态反应：

$$y = A\left\{\cos(pt-\theta) - \mathrm{e}^{-h\omega t}\left[\cos\theta\cos\omega't + \frac{h\cos\theta + (p/\omega)\sin\theta}{\sqrt{1-h^2}}\sin\omega't\right]\right\} \tag{1.87}$$

下面重点考察体系发生共振（$p = \omega$）时的瞬态反应。

共振时 $\theta = \pi/2$，因此：

$$y = \frac{1}{2h}\cdot a_0 \cdot\left(\sin\omega t - \frac{\mathrm{e}^{-h\omega t}}{\sqrt{1-h^2}}\sin\omega't\right) \tag{1.88}$$

实际结构的阻尼比 h 往往远小于 1，可认为 $\omega' \approx \omega$。于是式（1.88）可以近似地表示为：

$$y \approx \underbrace{\frac{1}{2h}\cdot a_0}_{\text{稳态振幅}} \cdot \underbrace{(1 - \mathrm{e}^{-h\omega t})}_{\substack{\text{振幅的增大} \\ (0\to 1)}} \cdot \underbrace{\sin\omega t}_{\text{自由振动}} \tag{1.89}$$

可见，体系在发生共振时，将按照自身的基本周期振动且振幅逐渐增大并趋近于稳态振动的振幅 $a_0/(2h)$。

对于无阻尼体系，式（1.87）可简化为：

$$y = \frac{(p/\omega)^2}{1-(p/\omega)^2}\cdot a_0 \cdot(\cos pt - \cos\omega t) \tag{1.90}$$

共振时，由 $\lim\limits_{x\to 0}(\sin x/x) = 1$ 可得：

$$y = \lim_{p\to\omega}\frac{1}{1+(p/\omega)}\cdot\frac{1}{1-(p/\omega)}\cdot\left(\frac{p}{\omega}\right)^2\cdot a_0 \cdot 2\sin\frac{\omega+p}{2}t\sin\frac{\omega-p}{2}t$$

$$= \frac{1}{2}\cdot a_0\omega t \cdot\sin\omega t \tag{1.91}$$

可见，无阻尼体系发生共振时，振幅随时间的推移成比例增大，当 $t = \infty$ 时振幅也趋于无穷大。

具有不同阻尼比的体系发生共振时的位移时程反应（$T = 1.0\text{s}$）如图 1.27 所示。

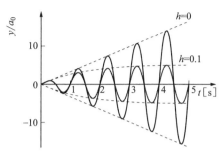

图 1.27

对于具有不同阻尼比 h 的体系，表示振幅逐渐增大的函数 $(1-\mathrm{e}^{-h\omega t}) = [1-\mathrm{e}^{-2\pi h(t/T)}]$ 随时间 t/T 变化的规律如图 1.28 所示。可见，阻尼越大，趋近于稳态振动的速度就越快。因此，在考察共振时的最大瞬态反应时，外力作用的持续时间是一个非常重要的因素。图 1.29 给出了瞬态反应振幅与地面简谐运动振幅 a_0 的比值随阻尼比 h 和持续时间 t/T 的变化规律。虽然地震动通常包含各种各样的频率成分，非常复杂，但是共振反应往往对结构有较大的影响。上述讨论对于定性地判断和理解结构的地震反应特性非常有帮助。

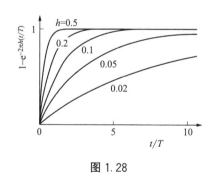

图 1.28

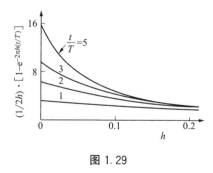

图 1.29

（4）振动的测量

如图 1.30 所示的质量为 m，弹簧弹性系数为 k，阻尼系数为 c

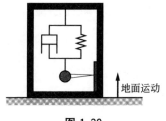

地面运动

图 1.30

的单自由度体系（振子）可以用来测量振动量。通过测量具有合理的周期和阻尼的振子对地面运动作用的相对位移或者相对速度反应，可将其用作测量地面运动的位移计、速度计或者加速度计。可采用机械式、光学式或电气式（包括电磁型、电阻型、压电型、电容型、电感型、伺服型及其他）等多种方法测量振子的运动。

- **位移计**

当与所测量的外部振动的周期相比，振子的周期非常长时，振子的相对位移反应与外部振动位移的大小相等方向相反。这时，振子可用作位移计。

设振子的基本圆频率为 ω，振子对外部振动 $y_0 = a_0 \sin pt$ 作用的稳态相对位移反应为：

$$y = A_1 a_0 \sin(pt - \theta)$$

$$A_1 = \frac{(p/\omega)^2}{\sqrt{\{1-(p/\omega)^2\}^2 + 4h^2(p/\omega)^2}}, \theta = \tan^{-1}\frac{2h(p/\omega)}{1-(p/\omega)^2}$$

$$(1.92)$$

对于长周期振子，p/ω 远大于 1，从而有：

$$A_1 \approx 1, \theta \approx \pi$$

$$\therefore \quad y \approx a_0 \sin(pt - \pi) = -a_0 \sin pt = -y_0$$

$$(1.93)$$

为了消除自由振动的影响，较大阻尼是必不可少的。通常将阻尼比 h 在 $h = 1/\sqrt{2}$ 附近取值。位移计的有效测量频率范围通常为振子自振频率的 1.5 倍以上。

- **加速度计**

当与所测量的外部振动的周期相比，振子的周期非常短时，振子的相对位移反应近似地与外部振动的加速度成比例。这时，振子可用作加速度计。

式（1.92）可改写为：

$$y = A_2 \cdot (1/\omega^2) \cdot a_0 p^2 \sin(pt - \theta)$$

$$A_2 = \frac{1}{\sqrt{\{1 - (p/\omega)^2\}^2 + 4h^2(p/\omega)^2}} \tag{1.94}$$

对于短周期振子，p/ω 远小于 1，从而有下式：

$$A_2 \approx 1, \theta \approx 0$$

$$\therefore y \approx \left(\frac{1}{\omega^2}\right) a_0 p^2 \sin pt = -\frac{\ddot{y}_0}{\omega^2} \tag{1.95}$$

如果阻尼比 h 取为 $1/\sqrt{2}$ 左右，则当外部振动的频率在 0 至 2/3 倍的振子频率的范围内时，比例系数 A_2 基本是一个常数。

由图 1.21 所示的相位差可见，当阻尼比在 $h = 1/\sqrt{2}$ 附近取值且 $p/\omega < 1$ 时，相位差大致与频率比成比例，即 $\theta \approx (\pi/2)(p/\omega)$，因此 $\sin(pt - \theta) \approx \sin\{p[t - \pi/(2\omega)]\}$。因此，对于加速度计，不论外部振动具有什么样的频谱成分，由相位差产生的时滞 Δt 均约为 $\pi/(2\omega)$，即加速度计记录的波形与原波形之间存在一个稳定的时滞。使用基本频率 ω 非常高的振子（如压电型振子）可以最大限度地减小这一时滞。

1.5　对其他典型外力作用的反应

(1) 阶跃激励

在 $t = 0$ 时刻突然施加恒定力 F 的外力作用称为阶跃激励（step function excitation）（图 1.31）。体系在阶跃激励作用下的运动方程如式（1.96）所示。

$$m\ddot{y} + c\dot{y} + ky = F \tag{1.96}$$

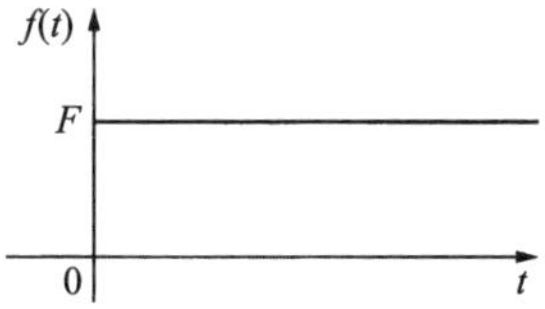

记单位质量受到的外力为：

$$\alpha = \frac{F}{m} \tag{1.97}$$

图 1.31

则式（1.96）可改写为：

$$\ddot{y} + 2h\omega\dot{y} + \omega^2 y = \alpha \tag{1.98}$$

当上式中 $\alpha = -\ddot{y}_0$ 时，相当于突然对结构施加恒定的地面加速度。式（1.98）的特解即为结构在静力作用下的变形 δ_s。

$$\delta_s = \frac{F}{k} = \left(\frac{F}{m}\right)\left(\frac{1}{\omega^2}\right) = \frac{\alpha}{\omega^2} \qquad (1.99)$$

全解可表示为：

$$y = \delta_s + \mathrm{e}^{-h\omega t}(a\cos\omega't + b\sin\omega't) \qquad (1.100)$$

对于 $y(t=0)=0$，$\dot{y}(t=0)=0$ 的初始条件，体系的位移和速度反应分别为：

$$y = \delta_s \left\{ 1 - \mathrm{e}^{-h\omega t}\left(\cos\omega't + \frac{h}{\sqrt{1-h^2}}\sin\omega't\right)\right\} \qquad (1.101)$$

$$\dot{y} = \left(\frac{\alpha}{\omega'}\right)\mathrm{e}^{-h\omega t}\sin\omega't \qquad (1.102)$$

对于无阻尼体系可简化为：

$$y = \delta_s(1 - \cos\omega t) \qquad (1.103)$$

$$\dot{y} = \delta_s \omega \sin\omega t \qquad (1.104)$$

体系的位移反应时程如图 1.32 所示（$T=1.0\mathrm{s}$）。无阻尼体系的最大位移反应恰好是静位移 δ_s 的两倍。有阻尼体系的最大位移反应则随着时间的推移逐渐趋近于静位移。

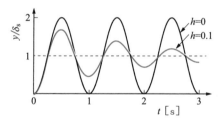

图 1.32

(2) 矩形冲击激励

考察体系对如图 1.33 所示的**矩形脉冲**（rectangular pulse）作用的反应。为简洁起见，只讨论无阻尼的情况。设脉冲的持续时间为 $T_0/2$，则当 $t \leqslant T_0/2$ 时，体系的反应与上文（1）项中体系对阶跃激励作用的反应相同：

$$y = \delta_s\left(1 - \cos\frac{2\pi}{T}t\right) \qquad (t \leqslant T_0/2) \qquad (1.105)$$

式中 $T = 2\pi/\omega$ 为体系的自振周期。

当 $t > T_0/2$ 时，体系在以下初始条件下发生自由振动：

$$y\left(t = \frac{T_0}{2}\right) = \delta_s\left\{1 - \cos\left(\frac{\pi T_0}{T}\right)\right\}$$

(1.106)

$$\dot{y}\left(t = \frac{T_0}{2}\right) = \delta_s\left(\frac{2\pi}{T}\right)\sin\left(\frac{\pi T_0}{T}\right)$$

(1.107)

因此，当 $t > T_0/2$ 时，体系的反应为：

$$y = \delta_s\left\{\left[1 - \cos\left(\frac{\pi T_0}{T}\right)\right]\cos\left[\left(\frac{2\pi}{T}\right)\left(t - \frac{T_0}{2}\right)\right]\right.$$

$$+ \sin\left(\frac{\pi T_0}{T}\right)\sin\left[\left(\frac{2\pi}{T}\right)\left(t - \frac{T_0}{2}\right)\right]\right\}$$

$$= 2\delta_s\sin\left(\frac{\pi T_0}{2T}\right)\sin\left(\frac{2\pi t}{T} - \frac{\pi T_0}{2T}\right)$$

(1.108)

如果 $T \leqslant T_0$，则最大位移反应出现在 $t \leqslant T_0/2$ 时；如果 $T > T_0$，则最大位移反应出现在 $t > T_0/2$ 时。利用式 (1.99)，最大位移反应可表示为：

$$y_{\max} = \begin{cases} 2\left(\dfrac{F}{m}\right)\left(\dfrac{T}{2\pi}\right)^2 & (T \leqslant T_0) \\ 2\left(\dfrac{F}{m}\right)\left(\dfrac{T}{2\pi}\right)^2\sin\left(\dfrac{\pi T_0}{2T}\right) & (T > T_0) \end{cases}$$

(1.109)

$$\frac{Q_{\max}}{m} = \omega^2 y_{\max} = \begin{cases} 2\left(\dfrac{F}{m}\right) & (T \leqslant T_0) \\ 2\left(\dfrac{F}{m}\right)\sin\left(\dfrac{\pi T_0}{2T}\right) & (T > T_0) \end{cases}$$

(1.110)

$T\ (= 0.4\mathrm{s}) < T_0\ (= 1.0\mathrm{s})$ 和 $T\ (= 2.0\mathrm{s}) > T_0\ (= 1.0\mathrm{s})$ 两种情况下体系的位移反应时程如图 1.34 所示。

图 1.35 和图 1.36 分别给出了体系的最大位移 $y_{\max}$ 和最大剪力 $Q_{\max}$ 与自振周期 T 之间的相关关系。这种以某一最大反应值为

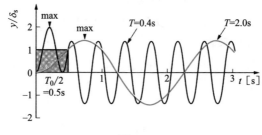

图 1.34

纵轴,以自振周期为横轴的曲线,称为反应谱(response spectrum)(参见 1.6 节)。

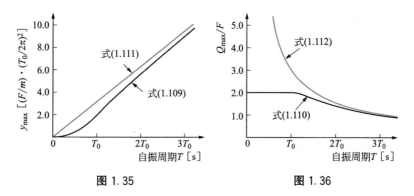

图 1.35   **图 1.36**

对于周期 T 很长的体系,T_0/T 趋近于零,因此有:

$$y_{\max} \approx \frac{FT_0}{2m} \frac{T}{2\pi} \tag{1.111}$$

$$Q_{\max}/m \approx \frac{FT_0}{2m} \frac{2\pi}{T} \tag{1.112}$$

$FT_0/2$ 是矩形脉冲的冲量。如下文第(3)节所述,式(1.111)和式(1.112)分别表示了体系对冲量为 $FT_0/2$ 的脉冲作用的最大位移反应和最大剪力反应。若将式(1.109)~式(1.112)中的 F/m 替换为 α,则可得到体系对幅值为 α 持续时间为 $T_0/2$ 的矩形地面运动加速度作用的最大反应。

(3) 脉冲激励

对于在时间 Δt 内作用恒定力 F 的矩形脉冲,保持其冲量 $F\Delta t$

恒为 1，使 Δt 趋近于零，如图 1.37（a）所示，由此得到的外力作用称为**单位脉冲**（unit impulse）。它可以用**德尔塔函数**（delta function）$\delta(t)$ 来表示。

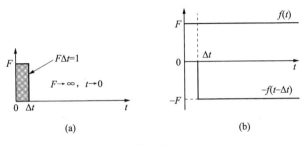

图 1.37

$\delta(t)$ 具有以下特性：

$$\left.\begin{aligned} \delta(t)=0(t\neq 0),\int_{-\infty}^{\infty}\delta(t)\mathrm{d}t=1\\ \int_{-\infty}^{\infty}x(t)\delta(t-\tau)\mathrm{d}t=x(\tau) \end{aligned}\right\} \tag{1.113}$$

单位脉冲可视为从 $t=0$ 时刻开始作用的大小为 F 的阶跃激励 $f(t)$ 和从 $t=\Delta t$ 时刻开始作用的阶跃激励 $f(t-\Delta t)$ 之差在 $F\Delta t=1$ 的条件下使 Δt 趋于零时的极限 [图 1.37（b）]。同样的，体系对单位脉冲作用的反应 $g(t)$ 可视为体系对上述两个阶跃激励作用的反应 $y(t)$ 与 $y(t-\Delta t)$ 之差的极限，即：

$$g(t)=\lim_{\Delta t\to 0}\{y(t)-y(t-\Delta t)\}=\lim_{\Delta t\to 0}\Delta t\cdot\frac{\{y(t)-y(t-\Delta t)\}}{\Delta t}$$
$$\approx\lim_{\Delta t\to 0}\Delta t\dot{y}(t) \tag{1.114}$$

将式（1.102）中的 $\dot{y}$ 代入式（1.114）可得：

$$g(t)=\lim_{\Delta t\to 0}\frac{F\Delta t}{m\omega'}\mathrm{e}^{-h\omega t}\sin\omega't=\frac{1}{m\omega'}\mathrm{e}^{-h\omega t}\sin\omega't \tag{1.115}$$

式中，$\omega'=\sqrt{1-h^2}\,\omega$。

对比式（1.115）与上文式（1.41）可见，体系对冲量为 1 的单位脉冲作用的反应 $g(t)$ 相当于初速度为 $1/m$，初位移为零的体系的自由振动。这可以用公式表示为：

$$m\ddot{y} + c\dot{y} + ky = \delta(t) \tag{1.116}$$

$$y = g(t) = \frac{1}{m\omega'} e^{-h\omega t} \sin\omega' t \tag{1.117}$$

体系对单位脉冲作用的反应 $g(t)$ 称为**单位脉冲反应**（impulsive response）。

当地面运动加速度为单位脉冲时，体系的单位脉冲反应等于初速度为 -1 的自由振动（图 1.38）。当地面运动加速度为德尔塔函数时，地面运动速度为单位阶跃函数（图 1.39）。

$$y + 2h\omega\dot{y} + \omega^2 y = -\ddot{y}_0(t) = -\delta(t) \tag{1.118}$$

$$g(t) = -\frac{1}{\omega'} e^{-h\omega t} \sin\omega' t \tag{1.119}$$

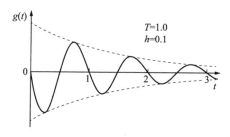

图 1.38

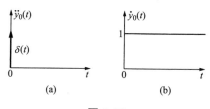

图 1.39

（4）对任意外力作用的反应

将任意外力视为连续作用的一系列脉冲激励，则可计算体系对**任意外力**（arbitrary force）作用的反应。在如图 1.40 所示的冲量为 $f(\tau)d\tau$ 的脉冲激励作用下，体系在 t 时刻的振动可表示为：

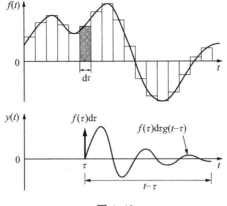

图 1.40

$$y_\tau = g(t - \tau)f(\tau)\mathrm{d}\tau \qquad (1.120)$$

因此，体系对任意外力作用 $f(t)$ 的反应 $y(t)$ 可视为 $\tau = 0 \sim t$ 的一系列反应的叠加，即：

$$y(t) = \int_0^t g(t - \tau)f(\tau)\mathrm{d}\tau = \frac{1}{m\omega'}\int_0^t f(\tau)\mathrm{e}^{-h\omega(t-\tau)}\sin\omega'(t - \tau)\mathrm{d}\tau$$

$$(1.121)$$

上式称为**杜哈梅积分**（Duhamel's integral），对应的初始条件是 $y(t = 0) = \dot{y}(t = 0) = 0$。

利用式（1.119），可将体系对**任意地震动加速度时程** $\ddot{y}_0(t)$ 的反应写成式（1.122）的形式，相应的相对速度和绝对加速度反应分别如式（1.123）和式（1.124）所示。

$$y(t) = -\frac{1}{\omega'}\int_0^t \ddot{y}_0(\tau)\mathrm{e}^{-h\omega(t-\tau)}\sin\omega'(t - \tau)\mathrm{d}\tau \qquad (1.122)$$

$$\dot{y}(t) = -\int_0^t \ddot{y}_0(\tau)\mathrm{e}^{-h\omega(t-\tau)}\cos\omega'(t - \tau)\mathrm{d}\tau$$

$$+ \underbrace{\frac{h}{\sqrt{1-h^2}}\int_0^t \ddot{y}_0(\tau)\mathrm{e}^{-h\omega(t-\tau)}\sin\omega'(t - \tau)\mathrm{d}\tau}_{-h\omega y(t)} \qquad (1.123)$$

$$\ddot{y}(t) + \ddot{y}_0(t) = -2h\omega\dot{y} - \omega^2 y$$

$$= \frac{1 - 2h^2}{\sqrt{1-h^2}}\omega\int_0^t \ddot{y}_0(\tau)\mathrm{e}^{-h\omega(t-\tau)}\sin\omega'(t - \tau)\mathrm{d}\tau$$

$$+ 2h\omega \int_0^t \ddot{y}_0(\tau) e^{-h\omega(t-\tau)} \cos\omega'(t-\tau) d\tau \qquad (1.124)$$

1.6 地震反应谱

考察单自由度体系对地震地面运动作用的反应特性。运动方程如式（1.125）所示。

$$\ddot{y} + 2h\omega\dot{y} + \omega^2 y = -\ddot{y}_0 \qquad (1.125)$$

虽然式（1.122）已经给出了式（1.125）的解，但在实际计算中通常采用在第 3 章中介绍的数值分析方法。

图 1.41 给出了三个不同的单自由度体系对同一条实际地震动记录作用的位移反应时程。图 1.41（a）中的波形是 1940 年 5 月 14 日在美国加利福尼亚州 El Centro 台站记录到的强震加速度记录的 NS 分量（来源：Berg）。该记录的峰值加速度 A_{max} 为 314Gal

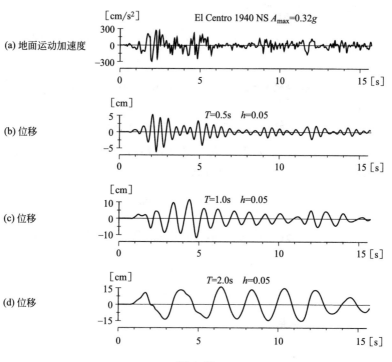

图 1.41

$(1\mathrm{Gal}=1\mathrm{cm/s^2})$。若以重力加速度 g 作为加速度的单位，则 $A_{\max}=0.32g$。在下文中均采用重力加速度作为地面峰值加速度的单位。图 1.41（b）～（d）分别是具有不同自振周期的单自由度体系的位移反应时程。

由图 1.41 可见，虽然地震动包含各种各样的周期成分，波形往往非常复杂，但在结构反应中，结构自振周期对应的成分非常显著。实际工程应用中往往最关心结构的最大反应。某一地震动作用下结构的最大位移反应是自振周期 T 和阻尼比 h 的函数，可根据式（1.122）表示为：

$$\mid y(T,h,t)\mid_{\max}=\frac{T'}{2\pi}\left|\int_0^t \ddot{y}_0(\tau)\mathrm{e}^{-2\pi h/T(t-\tau)}\sin\frac{2\pi}{T'}(t-\tau)\mathrm{d}\tau\right|_{\max}$$

$$(1.126)$$

式中，$T'=T/\sqrt{1-h^2}$。

实际结构的阻尼比通常很小，即 $\sqrt{1-h^2}\approx 1$，因此通常将式（1.126）中的 T' 直接近似地替换为 T。以单自由度体系对某一地震动记录的最大位移反应为纵坐标，以体系的自振周期为横坐标，以阻尼比为参数绘制的曲线称为位移反应谱（displacement response spectrum）。同样的，以最大速度或最大绝对加速度反应为纵坐标绘成的曲线分别称为速度反应谱（velocity response spectrum）和加速度反应谱（acceleration response spectrum）。

此外，也可以只通过最大位移反应定义位移、速度和加速度反应谱，即：

$$S_{\mathrm{D}}=y_{\max}（位移反应谱） \tag{1.127}$$

$$S_{\mathrm{V}}=\omega S_{\mathrm{D}}\approx\dot{y}_{\max}（速度反应谱） \tag{1.128}$$

$$S_{\mathrm{A}}=\omega^2 S_{\mathrm{D}}=\omega S_{\mathrm{V}}\approx(\ddot{y}+\ddot{y}_0)_{\max}（加速度反应谱）\tag{1.129}$$

式（1.128）和式（1.129）中的 S_{V} 和 S_{A} 并非真正的最大速度反应或最大加速度反应，但在地震作用下，它们分别近似地等于结构的最大速度和最大加速度反应，因此二者分别被称为拟速度（pseudo-velocity）谱和拟加速度（pseudo-acceleration）谱。此处，$\omega=2\pi/T$。

以上介绍的地震反应谱（earthquake response spectrum）（复数为 spectra）最早由 Biot 于 20 世纪 30 年代提出，随后 Housner 对其进行了深入细致的研究[14][15]。

已知结构的自振周期和阻尼比，利用反应谱可以方便地计算其最大位移、速度和加速度反应。还可以按下式计算结构的最大剪力 Q_{max}：

$$Q_{max} = ky_{max} = kS_D = m\omega^2 S_D = mS_A \qquad (1.130)$$

设重力加速度为 g，定义如下所示的剪力系数 q 和地震作用震度 a：

$$q = \frac{Q_{max}}{mg} = \frac{S_A}{g} \qquad (1.131)$$

$$a = \frac{m(\ddot{y} + \ddot{y}_0)_{max}}{mg} = \frac{S_A}{g} \qquad (1.132)$$

体系在振动过程中的最大动能或最大势能可以表示为：

$$E_{max} = \frac{1}{2} kS_D^2 = \frac{1}{2} mS_V^2 \qquad (1.133)$$

图 1.41 中的 El Centro1940 NS 时程记录的反应谱如图 1.42 所示。周期 $T = 0$ 的体系相当于刚体，其位移和速度反应谱值均为零，加速度反应谱值等于地面峰值加速度。

阻尼对反应谱的影响如图 1.43 所示。当体系在地面运动作用下发生共振时，阻尼的影响较大；在冲击作用下阻尼的影响则相对较小。无阻尼体系的反应谱 S_0 和有阻尼体系的反应谱 S_h 的比值随着体系周期的不同而有所变化，其变化规律可近似地表示成以下简单的形式：

$$\frac{S_h}{S_0} = \frac{1}{1 + \alpha h} \ (\text{式中}, \alpha = 10 \sim 20) \qquad (1.134)$$

此外，也可以采用 $1/(1 + \alpha' \sqrt{h})$ 或 $1/\sqrt{1 + \alpha'' h}$ 等形式来描述这一变化规律。

为了便于从整体上把握地震作用对结构的影响，Housner 利用速度反应谱的面积定义了如式（1.135）所示的谱烈度（spectrum intensity）SI。它表示了地震动的强弱程度，经常与峰值加速度、

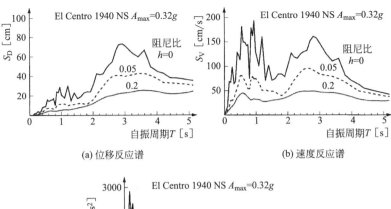

(a) 位移反应谱　　　　　　　(b) 速度反应谱

(c) 加速度反应谱

图 1.42

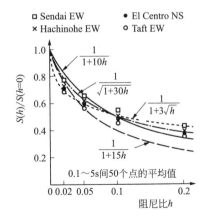

图 1.43

峰值速度等指标一起使用（图 1.44）。Housner 建议以 $h = 0.2$ 为基准[15] 计算谱烈度。

$$SI = \int_{0.1}^{2.5} S_V(T,h) \mathrm{d}T \tag{1.135}$$

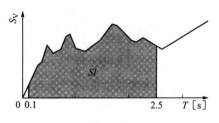

图 1.44

尽管不同地震动记录的反应谱形状各不相同，但综合比较许多强震记录的反应谱，可以发现一些共同的整体趋势。以美国的强震记录为基础，Housner 提出了如图 1.45 所示的平均反应谱（average response spectrum）。由图 1.45（a）可见，平均速度反应谱虽然在短周期段随着周期的增大而增大，但超过某一周期后则趋于稳定。Housner 发现的速度谱趋于稳定的现象，是强震地面运动反应谱的一个非常重要的特征。平均加速度反应谱如图 1.45（b）所示。图 1.45 中的平均反应谱均通过归一化使得 $h=0$ 的长周期体系的速度谱 $S_V = 1\mathrm{ft/s}$（即 $30\mathrm{cm/s}$）。相应的地面峰值加速度约为 $120\mathrm{Gal}$，大约相当于 El Centro 1940 NS 记录的 $1/2.7$。

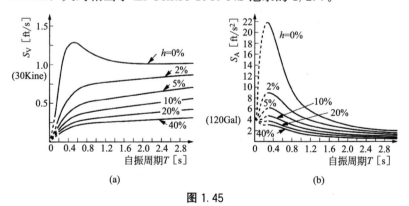

图 1.45

此外，梅村魁提出了如式（1.136）所示的标准反应谱，即梅村谱。它是根据多条强震记录的 $h=0.05$ 的反应谱的上限值近似确定的（在数值上与 El Centro 记录等强震记录的 $h=0.02$ 的反应谱相当）。在式（1.136）中，对 S_D 分别乘以（$2\pi/T$）和（$2\pi/T)^2$ 即得到拟速度谱 S_V 和拟加速度谱 S_A。

$$S_D[\text{cm}]=\begin{cases} 90T^2 k_G & (T\leqslant 0.5) \\ 45Tk_G & (0.5<T\leqslant 3) \\ 135k_G & (T>3) \end{cases}$$

$$S_V[\text{cm/s}]=\begin{cases} 566k_G T \\ 283k_G \\ 849k_G/T \end{cases} \qquad S_A[\text{cm/s}^2]=\begin{cases} 3.6gk_G \\ 1.8gk_G/T \\ 5.4gk_G/T^2 \end{cases} \quad (g=980\text{cm/s}^2)$$

$$\text{(1.136)}$$

式中，k_G 为地面运动震度（＝地面峰值加速度/重力加速度）。

式（1.136）中的梅村谱对应于 $h=0.05$ 的情况。利用下式所示的衰减关系，可得到不同阻尼比下的标准反应谱，如图 1.46 所示。

$$S_h/S_{0.05}=\frac{1.5}{1+10h}$$

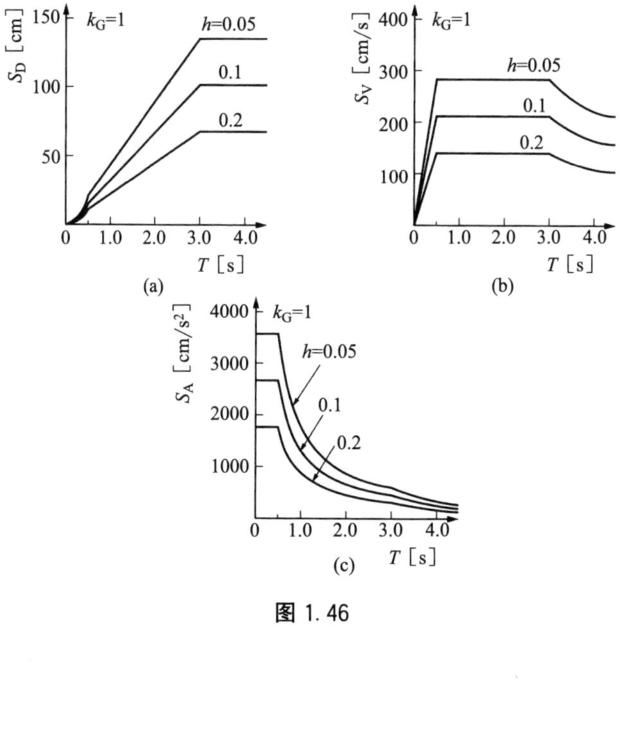

图 1.46

Newmark 将反应谱表示为如图 1.47 所示的三对数反应谱（tripartite response spectrum）。利用位移、拟速度与拟加速度反应谱之间的关系 [式（1.127）～式（1.129）]，通过纵轴和两根斜轴在同一幅图中同时表示 S_D、S_V 和 S_A 的值。

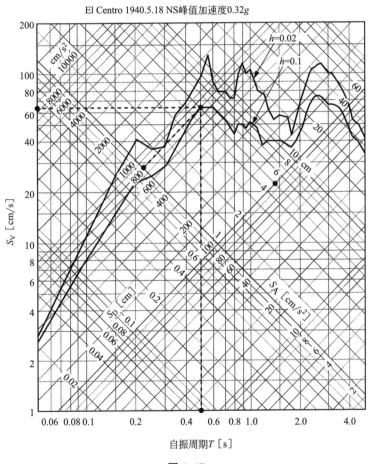

图 1.47

Newmark 提出了由等 S_A、等 S_V 和等 S_D 三段组成的标准反应谱，并将 S_A、S_V 和 S_D 的最大值分别表示为地面峰值加速度 A_{max}、峰值速度 V_{max}、峰值位移 D_{max} 的倍数（图 1.48）。当阻尼比约小于 2% 时，加速度、速度和位移反应的放大系数分别约为 4、3和 2；当阻尼比在 5%～10% 之间时，分别约为 2、1.5 和 1。对于周期很短的体系，加速度反应的放大系数为 1。

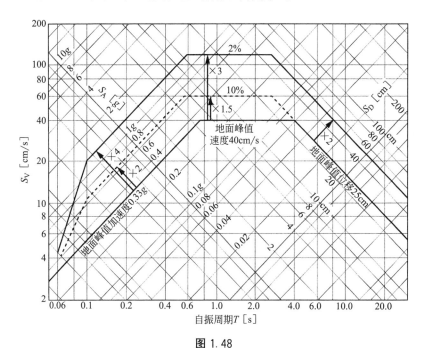

图 1.48

例 1.8　利用反应谱计算结构的地震反应

利用梅村谱，计算图 1.49 所示的结构在震度 $k_G = 0.2$ 的地面运动作用下的最大位移、速度、加速度和剪力反应。

由图 1.49 可知：

$$m = \frac{196000}{9.8} = 2 \times 10^4 \, \text{kg}$$

$$\omega = \sqrt{\frac{9.8 \times 10^6}{2 \times 10^4}} = 22.14 \, \text{s}^{-1}$$

$$T = 0.284 \, \text{s}$$

根据式（1.136）所示的 $h=0.05$ 的标准反应谱，对于 T <0.5s 的情况，可确定各反应谱值如下：

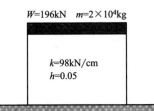

$W=196$kN　$m=2\times10^4$kg

$k=98$kN/cm
$h=0.05$

图 1.49

$$S_D = 90 \times 0.284^2 \times 0.2 = 1.45\text{cm}$$
$$S_V = S_D \times 22.14 = 32.1\text{cm/s}$$
$$S_A = S_D \times 22.14^2 = 711\text{cm/s}^2$$

相应的剪力和剪力系数分别为：

$$Q = 1.45\text{cm} \times 98\text{kN/cm} = 142\text{kN}$$

$$q = \frac{142\text{kN}}{196\text{kN}} = 0.72$$

例 1.9　基于位移的设计

利用梅村谱，确定刚度 k 使得例 1.8 中的结构对震度 $k_G=0.2$ 的地震作用的最大位移反应为 0.5cm。设 $h=0.05$。此即基于位移的抗震设计的思路。

$$0.5\text{cm} = 90 \times T^2 \times 0.2 \quad \therefore \quad T = 0.167\text{s}$$

$$\therefore \quad k = \omega^2 m = \left(\frac{2\pi}{0.167}\right)^2 \times 2 \times 10^4 = 2.83 \times 10^7 \text{N/m} = 283\text{kN/cm}$$

相应的剪力系数为：

$$q = \frac{0.5 \times 283}{196} = 0.72$$

（梅村谱在 $T<0.5$s 范围内剪力系数为定值）

1.7　振动与能量

从能量的角度分析振动现象有助于加深对振动的理解，是一种非常有效的分析方法。

（1）自由振动

首先考察无阻尼自由振动：

$$m\ddot{y} + ky = 0 \qquad (1.137)$$

式（1.137）左右两边同时乘以 $\dot{y}$，可转化为：

$$\frac{\mathrm{d}}{\mathrm{d}t}\left(\frac{1}{2}m\dot{y}^2\right) = -\frac{\mathrm{d}}{\mathrm{d}t}\left(\frac{1}{2}ky^2\right)$$

在 t_1 至 t_2 时间段内对其进行积分可得：

$$\frac{1}{2}m\dot{y}_2^2 - \frac{1}{2}m\dot{y}_1^2 = -\left(\frac{1}{2}ky_2^2 - \frac{1}{2}ky_1^2\right) \qquad (1.138)$$

式（1.138）说明，等号左边的动能 T 变化量等于等号右边的势能 V 变化量。将动能与势能之和统称为振动能 E，则有：

$$E = T + V = \frac{1}{2}m\dot{y}_1^2 + \frac{1}{2}ky_1^2 = \frac{1}{2}m\dot{y}_2^2 + \frac{1}{2}ky_2^2 = （定值）$$

$$(1.139)$$

可见，由于无阻尼体系在振动过程中没有能量耗散，体系的振动能始终保持不变，即：

$$\frac{\mathrm{d}E}{\mathrm{d}t} = 0 \qquad (1.140)$$

设自由振动的初始位移为 a，即

$$y = a\cos\omega t \qquad (1.141)$$

则有：

$$T = \frac{1}{2}m\dot{y}^2 = \frac{1}{4}ka^2(1 - \cos 2\omega t) \qquad (1.142)$$

$$V = \frac{1}{2}ky^2 = \frac{1}{4}ka^2(1 + \cos 2\omega t) \qquad (1.143)$$

$$E = T + V = \frac{1}{2}ka^2 = \frac{1}{2}m\omega^2 a^2 = （定值） \qquad (1.144)$$

T 和 V 的时程变化如图 1.50 所示。恢复力 $-m\ddot{y}(=ky)$ 和位移 y 之间的关系如图 1.51 所示。

下面考察有阻尼自由振动：

$$m\ddot{y} + c\dot{y} + ky = 0 \qquad (1.145)$$

式（1.145）左右两边同时乘以 $\dot{y}$，在时间 $0 \sim t$ 内积分可得：

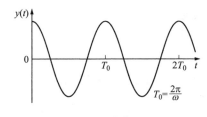

(a) 位移

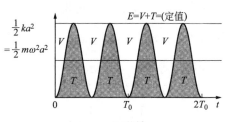

(b) 能量

图 1.50

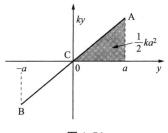

图 1.51

$$\frac{1}{2}m\dot{y}^2 + \frac{1}{2}ky^2 + \int_0^t c\dot{y}^2 \mathrm{d}t = E + D = (定值) \quad (1.146)$$

式中，D 为**阻尼力做功**（$\mathrm{d}y = \dot{y}\mathrm{d}t$）：

$$D = \int c\dot{y}\mathrm{d}y = \int_0^t c\dot{y}^2 \mathrm{d}t \quad (1.147)$$

根据式（1.146）可知：

$$\frac{\mathrm{d}(E+D)}{\mathrm{d}t} = 0 \quad (1.148)$$

即振动能 E 的减少等于相应时间内的阻尼力做功，

$$-[E(t_2) - E(t_1)] = D(t_2) - D(t_1)。$$

　　黏性阻尼体系在初位移为 a，初速度为 0 的自由振动过程中能量变化如图 1.52 所示。图 1.53 是包含阻尼力在内的恢复力 Q（$=ky+c\dot{y}=-m\ddot{y}$）与位移 y 之间的关系。从 A 点运动到 B 点的一个循环内的耗能等于图中阴影部分的面积。恢复力和位移之间的相关关系曲线所表现出的滞回环是阻尼振动的一个本质特征。

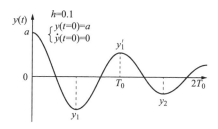

(a) 位移

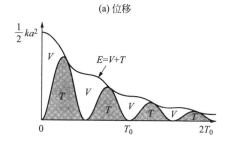

(b) 能量

图 1.52

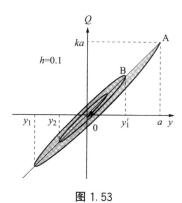

图 1.53

根据图 1.52，阻尼力在一个循环内所做的功 ΔW 与振动能减少量之间的关系为

$$\Delta W = \frac{1}{2}ky_1^2 - \frac{1}{2}ky_2^2 \tag{1.149}$$

如果近似地认为一个循环内振动能的平均值等于该循环中间时刻的势能 $(1/2)ky_1'^2$，则当阻尼较小[❶]时：

$$\frac{\Delta W}{W} = \frac{\frac{1}{2}ky_1^2 - \frac{1}{2}ky_2^2}{\frac{1}{2}ky_1'^2} = \left(\frac{y_1}{y_1'}\right)^2 - \left(\frac{y_2}{y_1'}\right)^2 = e^{2\pi h} - e^{-2\pi h} \approx 4\pi h$$

$$\therefore \quad h \approx \frac{1}{4\pi}\left(\frac{\Delta W}{W}\right) \tag{1.150}$$

(2) 受迫稳态运动

考察体系对简谐外力作用的稳态反应。运动方程为：

$$m\ddot{y} + c\dot{y} + ky = F\cos pt \tag{1.151}$$

式（1.151）左右两边同时乘以 $\dot{y}$，在时间 $0\sim t$ 内积分可得：

$$E + D - L = （定值） \tag{1.152}$$

式中，L 为外力做功：

$$L = \int F\cos pt\,\mathrm{d}y = \int_0^t F\cos pt\,\dot{y}\,\mathrm{d}t \tag{1.153}$$

即振动能和阻尼力做功之和的变化量等于相应时间内的外力做功。在稳态反应中，一个循环后振动能保持不变，因此一个循环内的外力做功等于阻尼力做功。

设稳态反应为：

$$y = a\cos(pt - \theta) \tag{1.154}$$

则一个循环内的阻尼力做功为：

$$\Delta W = \oint c\dot{y}\,\mathrm{d}y = \int_0^{2\pi/p} c\dot{y}^2\,\mathrm{d}t = \int_0^{2\pi/p} cp^2a^2\sin^2(pt - \theta)\,\mathrm{d}t$$

$$= \pi cpa^2 = 2\pi hm\omega pa^2 \tag{1.155}$$

另一方面，外力在一个循环内所做的功 ΔL 为：

---

❶ 译注：$h < 0.1$。

$$\Delta L = \int_0^{2\pi/p} F\cos pt \, \dot{y} \, dt = -\int_0^{2\pi/p} apF\cos pt \sin(pt-\theta) \, dt$$
$$= \pi aF \sin\theta \tag{1.156}$$

利用式（1.57）和式（1.58）有：

$$\sin\theta = \frac{2h(p/\omega)}{\sqrt{\{1-(p/\omega)^2\}^2 + 4h^2(p/\omega)^2}} = \frac{ka}{F} \cdot \frac{2hp}{\omega} = \frac{apc}{F}$$

由此可得：

$$\Delta L = \pi aF \cdot \frac{apc}{F} = \pi cpa^2 = \Delta W \tag{1.157}$$

即外力做功，ΔL 等于阻尼力做功 ΔW。共振时的相位差 $\theta = \pi/2$，同时振幅 a 也较大。因此根据式（1.156），此时的能量耗散也较大。

对于稳态简谐振动，包含黏性阻尼力在内的恢复力 $ky + c\dot{y}$ 与位移 y 之间的关系可表示为如图 1.54 所示的椭圆。

$$Q = ky + c\dot{y} = ky \pm cp\sqrt{a^2 - y^2} = k\left\{y \pm 2h\left(\frac{p}{\omega}\right)\sqrt{a^2 - y^2}\right\} \tag{1.158}$$

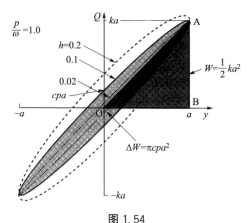

图 1.54

恢复力在一个循环内所做的功等于阻尼力 $c\dot{y}$ 在一个循环内所作的功 ΔW，即相当于图 1.54 中椭圆的面积：

$$\Delta W = 2\int_{-a}^{a} cp\sqrt{a^2 - y^2} \, dy = \pi cpa^2 \tag{1.159}$$

可见对于具有黏性阻尼的体系，即使振幅相同，ΔW 也会随着激振频率 p 的变化而变化。

最大势能 W 相当于图 1.54 中 $\triangle AOB$ 的面积，即 $(1/2)ka^2$。根据 $c = (2h/\omega) \cdot k$，能量耗散率（energy ratio）$\Delta W/W$ 与阻尼比 h 之间的关系可表示为：

$$h = \frac{1}{4\pi} \cdot \left(\frac{\omega}{p}\right) \cdot \left(\frac{\Delta W}{W}\right) \tag{1.160}$$

当体系发生共振时有：

$$h = \frac{1}{4\pi} \cdot \frac{\Delta W}{W} \tag{1.161}$$

(3) 地震反应

考察体系对地震地面运动作用的反应。运动方程为：

$$m\ddot{y} + c\dot{y} + ky = -m\ddot{y}_0 \tag{1.162}$$

式（1.162）左右两边同时乘以 $\dot{y}$ 并对时间积分，假设体系在 $t = 0$ 时刻处于静止状态，则有：

$$\underbrace{\frac{1}{2}m\dot{y}^2 + \frac{1}{2}ky^2}_{E(t)} + \underbrace{\int_0^t c\dot{y}^2 \mathrm{d}t}_{D(t)} = \underbrace{\int_0^t (-m\ddot{y}_0)\dot{y}\,\mathrm{d}t}_{L(t)} \tag{1.163}$$

地面运动停止后，随着反应的逐渐衰减，体系的振动能 $E(t)$ 趋于零，地震力做功 $L(t)$ 等于阻尼力做功 $D(t)$。

某线性地震反应中振动能 $E(t)$、阻尼力做功 $D(t)$ 和地震力做功 $L(t)$ 的时程变化如图 1.55 所示。恢复力 $ky + c\dot{y}$ 与位移 y 之间的相关关系如图 1.56 所示。

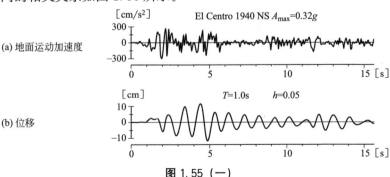

图 1.55 （一）

(c) $\dfrac{振动能}{质量}$

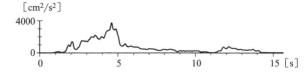

(d) $\dfrac{阻尼耗能}{质量}$

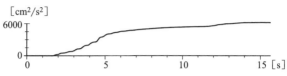

(e) $\dfrac{地震力做功}{质量}$

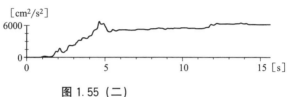

图 1.55（二）

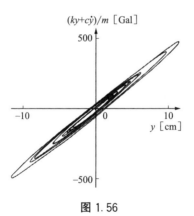

图 1.56

此外，$E(t)$ 的最大值与反应谱值之间存在以下近似关系：

$$E(t)_{\max} \approx \frac{1}{2}kS_{\mathrm{D}}^2 = \frac{1}{2}mS_{\mathrm{V}}^2 \qquad (1.164)$$

1.8 等效黏性阻尼

经常采用等效黏性阻尼来近似地描述实际结构复杂的阻尼特性。

考察具有弹性恢复力 ky 和阻尼力 $f_{\mathrm{d}}(\dot{y}, y)$ 的体系

[式（1.165）]的稳态反应。

$$m\ddot{y} + f_d(\dot{y}, y) + ky = F\cos pt \qquad (1.165)$$

设稳态反应为 $y = a\cos(pt - \theta)$。按照在一个循环内耗能相等的原则，可以计算**等效黏性阻尼系数**（equivalent viscous damping）c_e 如下式：

$$\Delta W = \int_0^{2\pi/p} f_d(\dot{y}, y)\dot{y}\,dt = \pi c_e pa^2 \qquad (1.166)$$

$$c_e = \frac{\Delta W}{\pi pa^2} = \frac{1}{\pi pa^2}\int_0^{2\pi/p} f_d(\dot{y}, y)\dot{y}\,dt \qquad (1.167)$$

(1) 摩擦力

当恢复力中包含如图 1.57 所示的摩擦力时，体系的运动方程可写为：

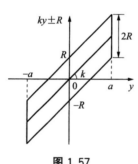

图 1.57

$$m\ddot{y} \pm R + ky = F\cos pt \qquad (1.168)$$

式中，$\pm R$ 是与运动速度方向相反的摩擦力。

摩擦力在一个循环内耗散的能量为：

$$\Delta W = 4Ra \qquad (1.169)$$

$$\therefore \quad c_e = \frac{\Delta W}{\pi pa^2} = \frac{4R}{\pi pa} \qquad (1.170)$$

$$\therefore \quad h_e = \frac{c_e}{2\sqrt{km}} = \frac{2R}{\pi ka} \cdot \frac{\omega}{p} \qquad (1.171)$$

值得注意的是，等效阻尼系数 c_e 和**等效阻尼比**（equivalent damping factor）h_e 均与振幅 a 和周期 p 相关。将式（1.171）中的 h_e 代入有阻尼体系的稳态解（式 1.57），可得具有摩擦力的体系的稳态反应的振幅 a 与频率比 p/ω 的关系如下：

$$a = \frac{1}{\sqrt{\{1 - (p/\omega)^2\}^2 + \{4R/(\pi ka)\}^2}} \cdot \frac{F}{k} \qquad (1.172)$$

式（1.172）的左右两边均包含 a。求解 a 可得

$$a = \frac{\sqrt{1 - \{(4/\pi) \cdot (R/F)\}^2}}{1 - (p/\omega)^2} \cdot \frac{F}{k} \qquad \left(\text{式中}, \frac{R}{F} < \frac{\pi}{4}\right) \qquad (1.173)$$

相应的，相位角 θ 为：

$$\theta = \tan^{-1} \frac{(4/\pi) \cdot (R/F)}{\sqrt{1 - \{(4/\pi) \cdot (R/F)\}^2}} \quad (1.174)$$

(2) 弹塑性恢复力

由于在振动过程中会发生开裂、屈服等现象，结构的恢复力-
位移曲线会包围一定的面积，表
现出弹塑性恢复力特性，如
图 1.58 所示。由此产生的滞回
耗能有助于减小结构在地震作用
下的位移反应，从而提高结构的
抗震性能。

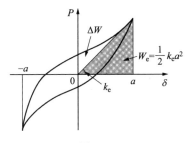

图 1.58

根据往复加载试验得到的结
构的滞回曲线，利用在共振时的
稳态反应下得到的式（1.161），
可计算结构的等效阻尼比 h_{eq}，以表示结构的滞回耗能特性[18]：

$$h_{eq} = \frac{1}{4\pi} \left(\frac{\Delta W}{W_e} \right) \quad (1.175)$$

式中，ΔW 是一个循环的滞回曲线所包围的面积；W_e 是等效弹性
势能：

$$W_e = \frac{1}{2} k_e a^2 \quad (1.176)$$

弹塑性恢复力对应的能量耗散率 $\Delta W/W_e$ 随振幅和循环次数的
不同而不同，但对于一般的地震反应而言可以认为与频率无关。在
第 1.9 节和第 4 章会更加详细地讨论这一问题。

1.9　复阻尼 *

结构在每个循环内的滞回耗能基本与振动频率无关，而只与振
幅有关。复阻尼（complex damping）或结构阻尼（structural
damping）能够描述这一特性[19][20]。对于高层建筑的高阶振动和地
表土层的地震反应等问题的阻尼特性，采用复阻尼模型更加符合
实际。

以下只考虑振幅较小且结构刚度不变的情况（4.3 节将讨论结构因进入塑性而刚度发生变化的情况）。

复阻尼模型假设单个循环内的耗能 ΔW 与最大弹性势能 W 成比例，而与频率 p 无关，如式（1.177）所示：

$$r = \frac{\Delta W}{W} = (定值) \quad （即能量耗散率为定值） \quad (1.177)$$

由式（1.167）可得，此时的等效阻尼系数 c_e 与频率 p 成反比：

$$c_e = \frac{\Delta W}{\pi p a^2} = \frac{kr}{2\pi p} \quad (1.178)$$

体系在外力 $F\cos pt$ 作用下的运动方程为：

$$m\ddot{y} + \left(\frac{kr}{2\pi p}\right)\dot{y} + ky = F\cos pt \quad (1.179)$$

将外力写成复数形式 Fe^{ipt}，设体系的稳态反应为 $y(t) = Ce^{ipt}$。有 $\dot{y} = ip \cdot y$，则当 $p > 0$ 时，式（1.179）可写为：

$$m\ddot{y} + (1 + 2\beta i)ky = m\ddot{y} + (k + k'i)y = Fe^{ipt} \quad (1.180)$$

$$\beta = \frac{r}{4\pi} = \frac{1}{4\pi}\left(\frac{\Delta W}{W}\right) = \frac{k'}{2k} \quad (1.181)$$

即在复数形式的简谐外力作用下，可将体系的刚度写成复数形式。只要已知能量耗散率或者恢复力-位移曲线，就可以确定式（1.181）中的**复阻尼比 β**。

如果外力作用的圆频率 p 既可以为正也可以为负，则复刚度应表示为：

$$k + k'i = (1 + 2\beta i\, \text{sgn} p)k \quad (1.182)$$

式中，$\text{sgn} p = 1$（$p > 0$），-1（$p < 0$）。上式也可以改写为：

$$k + k'i = \overline{k} \cdot e^{2\varphi i\, \text{sgn} p} \quad (1.183)$$

式中，

$$\overline{k} = \sqrt{k^2 + k'^2} = \sqrt{1 + 4\beta^2} \cdot k$$

$$2\varphi = \tan^{-1}\left(\frac{k'}{k}\right) = \tan^{-1}(2\beta)$$

图 1.59 有助于理解复刚度中的 $\text{sgn} p$。为了使耗能为正，结构

中必须先有力再有位移。按逆时针方向旋转的位移向量 Ae^{ipt} （$p>0$）所对应的恢复力是 $\bar{k}A\ e^{i(pt+2\varphi)}$ 。同样的，按顺时针方向旋转的位移向量 Ae^{-ipt} 相对应的恢复力应为 $\bar{k}A\ e^{-i(pt+2\varphi)}$ 。

图 1.59

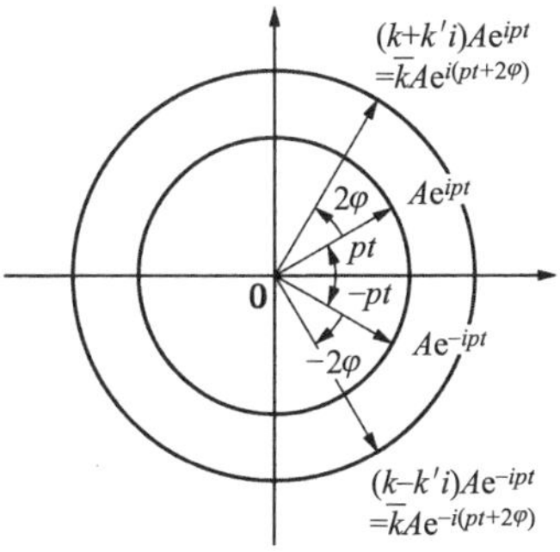

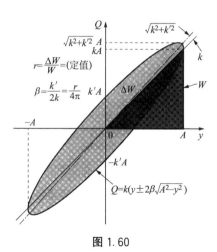

实位移 $y=A\cos pt$ 对应的恢复力为：

$$
\begin{aligned}
Q &= \mathrm{Re}[(k+k'i)Ae^{ipt}] \\
&= kA\cos pt - k'A\sin pt \\
&= \bar{k}A\cos(pt+2\varphi)
\end{aligned}
$$

因此，**恢复力在一个循环中所做的功为**：

$$
\Delta W = \oint Q\mathrm{d}y = \int_0^{2\pi/p} Q\dot{y}\mathrm{d}t = \pi k' A^2 \tag{1.184}
$$

可见，由此得到的 ΔW 和 A^2 成比例而与频率 p 无关（图 1.60）。

图 1.60

下面考察体系对单位外力作用 e^{ipt} 的位移反应，即传递函数 H（ip）。根据复刚度的表达形式的不同，可以得到两种不同表达形式的传递函数。

利用式（1.182）并考虑到

$$\omega^2 = \frac{k}{m} \tag{1.185}$$

可以得到以下形式的传递函数：

$$
\begin{aligned}
H(ip) &= \frac{1}{-p^2 + \omega^2(1 + 2\beta i \, \mathrm{sgn}p)} \cdot \frac{1}{m} \\
&= \frac{1}{1 - (p/\omega)^2 + 2\beta i \, \mathrm{sgn}p} \cdot \frac{1}{k} \\
&= \frac{1}{\sqrt{\{1 - (p/\omega)^2\}^2 + 4\beta^2}} \cdot e^{-i\theta} \cdot \frac{1}{k}
\end{aligned} \tag{1.186}
$$

$$\theta = \tan^{-1} \frac{2\beta \, \mathrm{sgn}p}{1 - (p/\omega)^2} \tag{1.187}$$

若利用式（1.183）并且记：

$$\bar{\beta} = \sin\varphi \tag{1.188}$$

$$\bar{\omega}^2 = \bar{k}/m \tag{1.189}$$

则可以得到以下形式的传递函数：

$$
\begin{aligned}
H(ip) &= \frac{1}{-p^2 + \bar{\omega}^2 e^{2\varphi i \, \mathrm{sgn}p}} \cdot \frac{1}{m} \\
&= \frac{1}{\sqrt{\{1 - (p/\bar{\omega})^2\}^2 + 4\bar{\beta}^2(p/\bar{\omega})^2}} \cdot e^{-i\bar{\theta}} \cdot \frac{1}{\bar{k}}
\end{aligned} \tag{1.190}
$$

$$\bar{\theta} = \tan^{-1} \frac{2\bar{\beta}\sqrt{1 - \bar{\beta}^2} \, \mathrm{sgn}p}{1 - 2\bar{\beta}^2 - (p/\bar{\omega})^2} \tag{1.191}$$

上述式（1.186）、式（1.187）和式（1.190）、式（1.191）的内容实际上是相同的，只是静刚度、圆频率和阻尼比的定义不同而已。当阻尼较小[1]时，$\omega \approx \bar{\omega}$，$\beta \approx \bar{\beta}$。由于 sgn（$p$）的存在，$H$（$ip$）是共轭对称函数（实部为偶函数，虚部为奇函数）。

复刚度体系对任意外力作用的反应在频域上可表示为：

$$Y(ip) = H(ip) \cdot F(ip) \tag{1.192}$$

---

[1] 译注：$\beta < 0.1$。

式中，$F(ip)$ 是外力作用 $f(t)$ 的傅里叶变换，$Y(ip)$ 是反应 $y(t)$ 的傅里叶变换，二者均是共轭对称的函数。对 $Y(ip)$ 进行逆傅里叶变换即可得到实数形式的时域反应。

通过对 $H(ip)$ 进行逆傅里叶变换可以得到复阻尼体系的脉冲反应，但由于在脉冲作用之前反应就存在了，所以违背了因果律（causality）。利用脉冲反应的积分计算体系的时域反应，需要具有坚实的数学基础[21]。

对于地震反应分析，可以认为结构基本上处于由自振周期主导的准共振状态。因此，可将复阻尼体系近似地表示为具有相同圆频率和阻尼比的黏性阻尼体系。图 1.61 比较了采用黏性阻尼（$h=0.1$）和采用复阻尼（$\beta=0.1$）时的共振曲线 $|H(i(p/\omega))|$。当 $h=\beta$ 时，体系的共振振幅相等，曲线的整体形状也非常相似。采用傅里叶逆变换得到的两种情况下的地震反应时程也几乎相同。

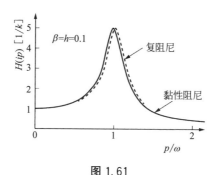

图 1.61

注：对于多自由度体系，可根据每个单元各自的能量耗散率 $\Delta W/W$ 确定其复刚度 $(1+2\beta_i i) k_i$，在此基础上形成整体复刚度矩阵 $[K] + [K'] i$，通过求解复特征值问题，可以得到体系的特征值和特征向量。根据复特征值 $_s\lambda$，可以确定各阶圆频率 $_s\omega$ 和阻尼比 $_s h$。

$$(_s\lambda^2[M] + [K] + [K']i) \cdot \{_s u\} = \{0\} \tag{1.193}$$

式中，

$$_s\lambda = -_s h \cdot _s\omega + i\sqrt{1 - _s h^2} \cdot _s\omega \tag{1.194}$$

因此有：

$$_s\omega = |_s\lambda|, \quad _sh = -\text{Re}\left[\frac{_s\lambda}{|_s\lambda|}\right] \tag{1.195}$$

如果可以建立各阶阻尼比均相同的黏性阻尼矩阵（第 2.3 节第（3）项），则可以在时域上进行数值积分。另外，可以采用第 2.6 节第（4）项的简化方法估算阻尼比。

当各个单元的能量耗散率相同时，整体复刚度矩阵变为（1+2βi）$[K]$，体系的振型和无阻尼体系相同。记第 s 阶无阻尼圆频率为 $_s\omega_0$，则第 s 阶的特征值为：

$$_s\lambda = \sqrt{1+2\beta i} \cdot _s\omega_0 \cdot i$$
$$= -\sqrt{\frac{\sqrt{1+4\beta^2}-1}{2}} \cdot _s\omega_0 + \sqrt{\frac{\sqrt{1+4\beta^2}+1}{2}} \cdot _s\omega_0 \cdot i$$
$$\tag{1.196}$$

实际结构的 β 往往很小，可以近似地认为各阶模态的阻尼比均为 β，圆频率近似等于无阻尼圆频率 $_s\omega_0$。

第2章　线性多自由度体系的动力反应

2.1　运动方程

以图 2.1 所示的三层框架结构为例。假设框架位移很小，处于弹性范围内，质量集中在各个楼层处，各质点只在水平方向发生位移。该框架结构的振动状态可以用三个质点的水平位移（三维向量）描述。即，图 2.1 中的框架结构可以用三自由度的三质点体系来表示。质点系总是有限自由度体系，其运动状态可以用维数与体系自由度数相等的向量来表示。

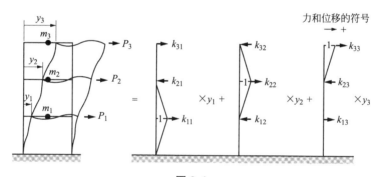

图 2.1

如图 2.1 所示，在各质点上施加水平力时，质点的位移 y_i 和水平力 P_i 之间的关系可以表示为某一楼层发生单位位移时的各个状态的线性组合 [式（2.1）、式（2.2）]。向量的元素由上至下分别表示 1 层、2 层和 3 层。

$$\begin{Bmatrix} y_1 \\ y_2 \\ y_3 \end{Bmatrix} = \begin{Bmatrix} 1 \\ 0 \\ 0 \end{Bmatrix} y_1 + \begin{Bmatrix} 0 \\ 1 \\ 0 \end{Bmatrix} y_2 + \begin{Bmatrix} 0 \\ 0 \\ 1 \end{Bmatrix} y_3 \qquad (2.1)$$

$$\begin{Bmatrix} P_1 \\ P_2 \\ P_3 \end{Bmatrix} = \begin{Bmatrix} k_{11} \\ k_{21} \\ k_{31} \end{Bmatrix} y_1 + \begin{Bmatrix} k_{12} \\ k_{22} \\ k_{32} \end{Bmatrix} y_2 + \begin{Bmatrix} k_{13} \\ k_{23} \\ k_{33} \end{Bmatrix} y_3 = \begin{bmatrix} k_{11} & k_{12} & k_{13} \\ k_{21} & k_{22} & k_{23} \\ k_{31} & k_{32} & k_{33} \end{bmatrix} \begin{Bmatrix} y_1 \\ y_2 \\ y_3 \end{Bmatrix}$$

(2.2)

将式（2.2）写成矩阵的形式：

$$\{P\} = [K]\{y\}$$

(2.3)

式中，$\{y\}$ 和 $\{P\}$ 分别是表示位移和力的向量。

k_{ij} 是使体系仅在 j 点发生单位位移时需要在 i 点施加的力。力和位移均以相同的方向为正。以 k_{ij} 为元素的矩阵 $[K]$ 称为**刚度矩阵**（stiffness matrix）。根据力的相互作用原理，$k_{ij} = k_{ji}$，因此 $[K]$ 是一个对称矩阵。若将式（2.3）改写为 $\{P\} - [K]\{y\} = 0$，则表示当体系发生变形 $\{y\}$ 时，作用在各质点上的恢复力 $-[K]\{y\}$ 和外力 $\{P\}$ 之和为零，即体系处于静力平衡状态。

当体系发生振动时，根据 d'Alembert 原理，各质点受到水平惯性力 $-m_i \ddot{y}_i$ 的作用。因此，当各层质点受到外力 $f_i(t)$ 作用时，总水平力可表示如下。

$$\begin{Bmatrix} P_1 \\ P_2 \\ P_3 \end{Bmatrix} = \begin{Bmatrix} -m_1\ddot{y}_1 \\ -m_2\ddot{y}_2 \\ -m_3\ddot{y}_3 \end{Bmatrix} + \begin{Bmatrix} f_1(t) \\ f_2(t) \\ f_3(t) \end{Bmatrix} = -\begin{bmatrix} m_1 & 0 & 0 \\ 0 & m_2 & 0 \\ 0 & 0 & m_3 \end{bmatrix} \begin{Bmatrix} \ddot{y}_1 \\ \ddot{y}_2 \\ \ddot{y}_3 \end{Bmatrix} + \begin{Bmatrix} f_1(t) \\ f_2(t) \\ f_3(t) \end{Bmatrix}$$

(2.4)

即：

$$\{P\} = -[M]\{\ddot{y}\} + \{f\}$$

(2.5)

以质量 m_i 为对角元素的矩阵 $[M]$ 称为**质量矩阵**（mass matrix）。当每个质点的独立运动均可以用一个独立的坐标来表示时，质量矩阵 $[M]$ 为对角矩阵。

综上所述，无阻尼体系在强制外荷载作用下的运动方程为

$$\begin{bmatrix} m_1 & 0 & 0 \\ 0 & m_2 & 0 \\ 0 & 0 & m_3 \end{bmatrix} \begin{Bmatrix} \ddot{y}_1 \\ \ddot{y}_2 \\ \ddot{y}_3 \end{Bmatrix} + \begin{bmatrix} k_{11} & k_{12} & k_{13} \\ k_{21} & k_{22} & k_{23} \\ k_{31} & k_{32} & k_{33} \end{bmatrix} \begin{Bmatrix} y_1 \\ y_2 \\ y_3 \end{Bmatrix} = \begin{Bmatrix} f_1(t) \\ f_2(t) \\ f_3(t) \end{Bmatrix}$$

(2.6)

即：

$$[M]\{\ddot{y}\}+[K]\{y\}=\{f(t)\} \tag{2.7}$$

式（2.6）和式（2.7）其实包含了如下所示的三个运动方程：

$$\left.\begin{array}{l} m_1\ddot{y}_1+k_{11}y_1+k_{12}y_2+k_{13}y_3=f_1(t)\\ m_2\ddot{y}_2+k_{21}y_1+k_{22}y_2+k_{23}y_3=f_2(t)\\ m_3\ddot{y}_3+k_{31}y_1+k_{32}y_2+k_{33}y_3=f_3(t) \end{array}\right\} \tag{2.8}$$

也可以通过分别考虑每个质点的力的平衡条件直接得到式（2.8）。

在线性多自由度体系的动力反应分析中，矩阵和向量的表达方式十分方便，也便于把握结构的整体特性。

对于受地面运动作用的情况，记绝对位移为 Y，相对于地面的相对位移为 y，地面运动为 y_0，由图 2.2 可知

$$\begin{Bmatrix} P_1\\ P_2\\ P_3 \end{Bmatrix}=\begin{Bmatrix} -m_1\ddot{Y}_1\\ -m_2\ddot{Y}_2\\ -m_3\ddot{Y}_3 \end{Bmatrix}=\begin{Bmatrix} -m_1(\ddot{y}_1+\ddot{y}_0)\\ -m_2(\ddot{y}_2+\ddot{y}_0)\\ -m_3(\ddot{y}_3+\ddot{y}_0) \end{Bmatrix}=-\begin{Bmatrix} m_1\ddot{y}_1\\ m_2\ddot{y}_2\\ m_3\ddot{y}_3 \end{Bmatrix}-\begin{Bmatrix} m_1\ddot{y}_0\\ m_2\ddot{y}_0\\ m_3\ddot{y}_0 \end{Bmatrix}$$

$$=-\begin{bmatrix} m_1 & 0 & 0\\ 0 & m_2 & 0\\ 0 & 0 & m_3 \end{bmatrix}\begin{Bmatrix} \ddot{y}_1\\ \ddot{y}_2\\ \ddot{y}_3 \end{Bmatrix}-\begin{bmatrix} m_1 & 0 & 0\\ 0 & m_2 & 0\\ 0 & 0 & m_3 \end{bmatrix}\begin{Bmatrix} 1\\ 1\\ 1 \end{Bmatrix}\ddot{y}_0 \tag{2.9}$$

即：

$$\{P\}=-[M]\{\ddot{y}\}-[M]\{1\}\ddot{y}_0 \tag{2.10}$$

因此无阻尼体系在地面运动作用下的运动方程为：

$$[M]\{\ddot{y}\}+[K]\{y\}=-[M]\{1\}\ddot{y}_0 \tag{2.11}$$

可见，可以将地面运动作用视为一个等效外力向量 $-[M]\{1\}\ddot{y}_0$。

以上是以刚度矩阵 $[K]$ 建立的运动方

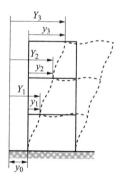

图 2.2

程，也可以采用柔度矩阵 $[\alpha]$ 建立运动方程，如图 2.3 所示。

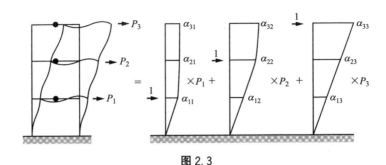

图 2.3

将在各个质点上分别施加单位力时的位移状态组合，可得如下所示的力与位移的关系：

$$\begin{Bmatrix} y_1 \\ y_2 \\ y_3 \end{Bmatrix} = \begin{Bmatrix} \alpha_{11} \\ \alpha_{21} \\ \alpha_{31} \end{Bmatrix} P_1 + \begin{Bmatrix} \alpha_{12} \\ \alpha_{22} \\ \alpha_{32} \end{Bmatrix} P_2 + \begin{Bmatrix} \alpha_{13} \\ \alpha_{23} \\ \alpha_{33} \end{Bmatrix} P_3$$

$$= \begin{bmatrix} \alpha_{11} & \alpha_{12} & \alpha_{13} \\ \alpha_{21} & \alpha_{22} & \alpha_{23} \\ \alpha_{31} & \alpha_{32} & \alpha_{33} \end{bmatrix} \begin{Bmatrix} P_1 \\ P_2 \\ P_3 \end{Bmatrix} \qquad (2.12)$$

即：

$$\{y\} = [\alpha]\{P\} \qquad (2.13)$$

α_{ij} 是在 j 点作用单位力时 i 点的位移，且有 $\alpha_{ij} = \alpha_{ji}$。$[\alpha]$ 称为**柔度矩阵**（flexibility matrix），同样是一个对称矩阵，并且是刚度矩阵的逆矩阵，即：

$$[\alpha] = [K]^{-1} \qquad (2.14)$$

采用柔度矩阵建立的体系在外力作用下的运动方程为：

$$\{y\} = -[\alpha][M]\{\ddot{y}\} + [\alpha]\{f(t)\} \qquad (2.15)$$

刚度矩阵和柔度矩阵均可通过结构力学的方法确定。对于如图 2.4（a）所示的框架结构，当某一楼层发生层间位移时，并非只在该楼层产生层剪力，而在几乎所有其他楼层都会同时产生层剪力。但是，对于如图 2.4（b）所示的刚性梁的情况，当某一楼层发生层间位移时，仅在该楼层产生层剪力，而其他楼层不会产生层剪力。此时，层剪力仅与该楼层的层间位移有关，楼层的刚度可以用一个独立的弹簧来表示。因此，可以为结构建立如图 2.4（c）所示的各个质点由弹簧串联而成的模型，称为剪切层模型（multi-mass shear system）。它经常被用于建筑结构的地震反应分析。

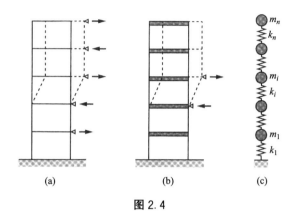

图 2.4

考虑各个质点的动力平衡，可以得到剪切层模型的运动方程为（图 2.5）：

第 1 层　$m_1 \ddot{y}_1 + k_1 y_1 - k_2 (y_2 - y_1) = -m_1 \ddot{y}_0$

第 i 层　$m_i \ddot{y}_i + k_i (y_i - y_{i-1}) - k_{i+1} (y_{i+1} - y_i) = -m_i \ddot{y}_0$

$\qquad\qquad (i = 2, \cdots, N-1)$

顶层　$m_N \ddot{y}_N + k_N (y_N - y_{N-1}) = -m_N \ddot{y}_0$

$$(2.16)$$

$i+1$层

$-k_{i+1}(y_{i+1}-y_i)$

$k_{i+1}(y_{i+1}-y_i)$

i层　$\longrightarrow -m_i(\ddot{y}_i + \ddot{y}_0)$

$-k_i(y_i-y_{i-1})$

$k_i(y_i-y_{i-1})$

$i-1$层

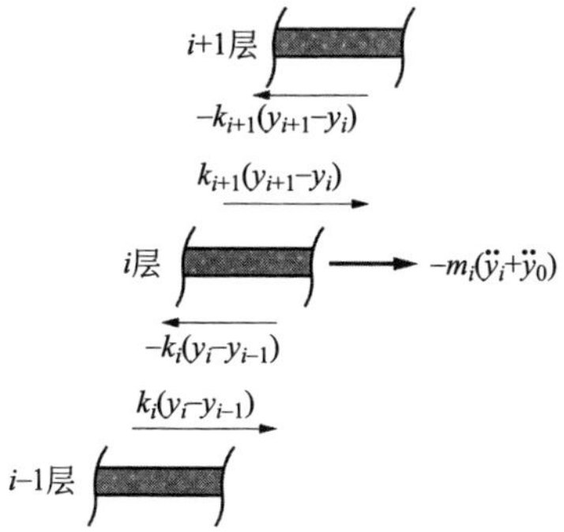

图 2.5

对于三层结构，可将运动方程写为矩阵的形式：

$$\begin{bmatrix} m_1 & 0 & 0 \\ 0 & m_2 & 0 \\ 0 & 0 & m_3 \end{bmatrix} \begin{Bmatrix} \ddot{y}_1 \\ \ddot{y}_2 \\ \ddot{y}_3 \end{Bmatrix} + \begin{bmatrix} k_1+k_2 & -k_2 & 0 \\ -k_2 & k_2+k_3 & -k_3 \\ 0 & -k_3 & k_3 \end{bmatrix} \begin{Bmatrix} y_1 \\ y_2 \\ y_3 \end{Bmatrix}$$

$$= -\begin{bmatrix} m_1 & 0 & 0 \\ 0 & m_2 & 0 \\ 0 & 0 & m_3 \end{bmatrix} \begin{Bmatrix} 1 \\ 1 \\ 1 \end{Bmatrix} \ddot{y}_0 \tag{2.17}$$

剪切层模型的刚度矩阵是只有对角元素和与对角线相邻的元素不为零，其他元素均为零的**带状矩阵**（band matrix）。

需要注意的是，对于像剪力墙结构、烟囱、高层框架结构等整体弯曲变形比较显著的结构，不能忽略不同楼层之间的相互作用。这时，刚度矩阵中的所有元素都可能不为零（图 2.6）。

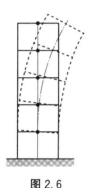

剪切层模型虽然是一个近似的简化模型，但能够较好地模拟普通框架结构发生水平振动时的整体反应。一般可采用**武藤 D 值法**计算框架结构的剪切层模型的层刚度。

在将剪力墙结构等整体弯曲变形比较显著的结构体系简化为剪切层模型时，可首先计算结构

图 2.6

在具有某一侧力分布模式的外力作用下各楼层的层间位移 δ_i 和层剪力 Q_i，进而确定各楼层的等效刚度 $k_i = Q_i/\delta_i$。常用的侧力分布模式有均匀分布和倒三角分布。

例 2.1 二层框架结构的刚度矩阵

采用力矩分配法计算如图 2.7 所示的二层钢筋混凝土（RC）框架结构的刚度矩阵。

- 混凝土弹性模量 $E = 2.06 \times 10^3 \, \mathrm{kN/cm^2}$
- T 形梁刚度放大系数 $\varphi = 2$
- 柱、梁线刚度

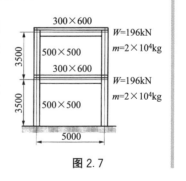

图 2.7

$$K_C = \frac{50^4}{12} \times \frac{1}{350} = 1.49 \times 10^3 \, \text{cm}^3$$

$$K_B = \frac{30 \times 60^3}{12} \times \frac{1}{500} \times 2.0 = 2.16 \times 10^3$$

- $\delta = 1$cm 时的固端弯矩

$$\text{FEM} = 6EK_C R$$

$$= 6 \times (2.06 \times 10^3) \times 1.49 \times 10^3 / 350 = 526.2 \text{kN} \cdot \text{m}$$

结构仅在某一楼层发生 1cm 的位移时的弯矩图如图 2.8 所示。由此可以得到与剪力平衡的各楼层的水平力 k_{ij}，并形成刚度矩阵如下：

$$[K] = \begin{bmatrix} 1056 & -472 \\ -472 & 380 \end{bmatrix} \text{kN/cm}$$

	$k_{Be}=1.5k_B$				$k_{Be}=1.5k_B$	
DF	0.32		0.68	*DF*	0.32	0.68
FEM	526.2		0	*FEM*	−526.2	0
D_1	−168.4		−357.8	D_1	168.4	357.8
C_1	0		0	C_1	63.2	0
D_2	0		0	D_2	−20.2	−43.0
C_2	10.1		0	C_2	−10.1	0
D_3	−3.2		−6.9	D_3	3.2	6.9
Σ	364.7		−364.7	Σ	−321.7	321.7
DF	0.24	0.24	0.52	*DF*	0.24	0.24	0.52
FEM	−526.2	526.2	0	*FEM*	0	−526.2	0
D_1	0	0	0	D_1	126.3	126.3	273.6
C_1	0	−84.2	0	C_1	0	84.2	0
D_2	20.2	20.2	43.8	D_2	−20.2	−20.2	−43.8
C_2	0	0	0	C_2	0	−10.1	0
D_3	0	0	0	D_3	2.4	2.4	5.3
Σ	−506.2	462.2	43.8	Σ	108.5	−343.6	235.1
FEM		−526.2		*FEM*		0	
C_1		0		C_1		63.2	
C_2		10.1		C_2		−10.1	
Σ		−516.1		Σ		53.1	

(a) $\delta_1 = 1$cm时的弯矩分布　　　　　(b) $\delta_2 = 1$cm时的弯矩分布

图 2.8（一）

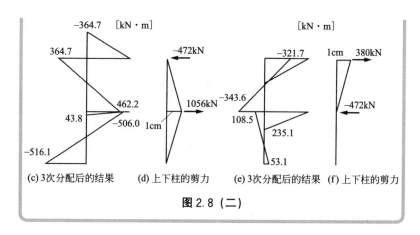

(c) 3次分配后的结果   (d) 上下柱的剪力   (e) 3次分配后的结果   (f) 上下柱的剪力

图 2.8（二）

例 2.2　将二层框架简化为剪切层模型

现采用 D 值法为图 2.8 所示的二层框架结构建立剪切层模型。D 值法（侧力分布系数法）的概要如图 2.9 所示[6]。图 2.10 给出了按 D 值法得到的层刚度。比较一下这个刚度矩阵与上例中采用精确方法得到的刚度矩阵。下文例 2.3 将进一步比较这两个不同的刚度矩阵对应的结构自振周期。

	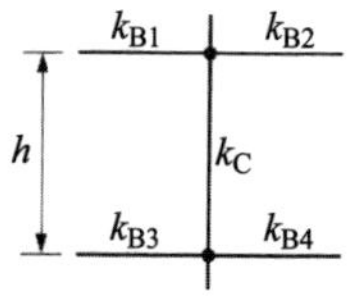 k_{B1}　k_{B2} h　k_C k_{B3}　k_{B4}	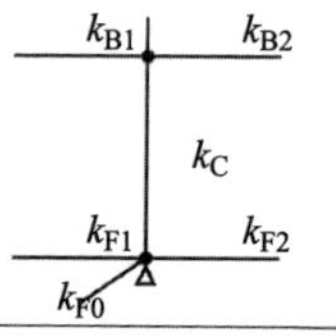 k_{B1}　k_{B2} k_C k_{F1}　k_{F2} k_{F0}	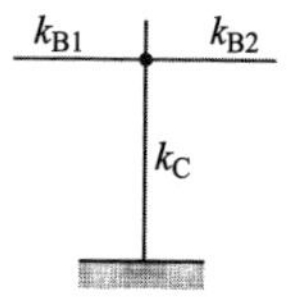 k_{B1}　k_{B2} k_C
$\bar{k}$	$\dfrac{k_{B1}+k_{B2}+k_{B3}+k_{B4}}{2k_C}$	$\dfrac{k_{B1}+k_{B2}+k_{F1}+k_{F2}+k_{F0}}{2k_C}$	$\dfrac{k_{B1}+k_{B2}}{k_C}$
a		$\dfrac{\bar{k}}{2+\bar{k}}$	$\dfrac{0.5+\bar{k}}{2+\bar{k}}$
柱水平刚度	$D\cdot\left(\dfrac{12EK_0}{h^2}\right)$　（式中，$D=a\cdot k_C$）		k_C: 柱线刚度系数 K_0: 单位刚度

图 2.9

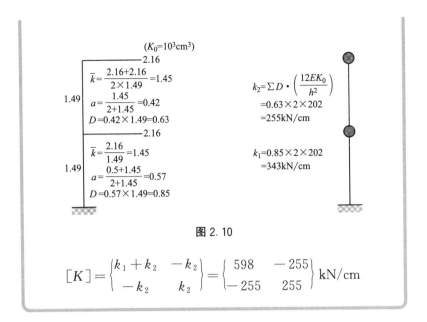

图 2.10

$$[K] = \begin{Bmatrix} k_1 + k_2 & -k_2 \\ -k_2 & k_2 \end{Bmatrix} = \begin{Bmatrix} 598 & -255 \\ -255 & 255 \end{Bmatrix} \text{kN/cm}$$

2.2 无阻尼自由振动

(1) 自振特性

无阻尼多自由度体系自由振动的运动方程为：

$$[M]\{\ddot{y}\} + [K]\{y\} = \{0\} \tag{2.18}$$

设式（2.18）的解具有如下形式：

$$\{y\} = \{u\} \mathrm{e}^{i\omega t} \tag{2.19}$$

即假设各质点在振动过程中使体系始终保持一定的振动形态。将式（2.18）代入式（2.19）可得：

$$(-\omega^2[M] + [K])\{u\} = \{0\} \tag{2.20}$$

求解满足式（2.20）的 ω^2 和 $\{u\}$ 的问题是一个广义特征值问题（generalized eigenvalue problem）。其中，$[M]$ 和 $[K]$ 均为对称正定矩阵。

为使式（2.20）中的齐次方程具有除 $\{u\} = \{0\}$ 以外的解，必须有：

$$|-\omega^2[M] + [K]| = 0 \tag{2.21}$$

式（2.21）是关于 ω^2 的高次方程。对于 N 自由度体系，可以确定 N 个特征值 $_1\omega^2$、$_2\omega^2$、…、$_N\omega^2$。按照从小到大的顺序排列，$_1\omega$、$_2\omega$、…、$_N\omega$ 分别称为 1 阶、2 阶、…、N 阶自振圆频率（natural circular frequency）。同时可以得到与 $_s\omega$ 对应的使式（2.20）成立的向量 $\{_su\}$。$\{_1u\}$、$\{_2u\}$、…、$\{_Nu\}$ 分别称为 1 阶、2 阶、…、N 阶特征向量（eigenvector）或振型（normal mode）。本书采用左下标表示阶数。

特征向量表示了各质点相对位移之间的比例关系，通常采用以下归一化方法确定其具体数值：（ⅰ）使最大元素的值为 1；（ⅱ）使第一个元素或最后一个元素的值为 1；（ⅲ）通过归一化（normalization）使其满足式（2.22）。

$$\{_su\}^{\mathrm{T}}[M]\{_su\} = \sum_{i=1}^{N} m_i \cdot {_su_i^2} = 1 \tag{2.22}$$

式中，上标 T 表示转置。

将特征向量 $\{_su\}$ 转化为向量 $\{_su'\} = \{_su\} / \sqrt{\sum_{i=1}^{N} m_i \cdot {_su_i^2}}$，则 $\{_su'\}$ 可满足式（2.22）所示的归一化条件。

当 ω 和 $\{u\}$ 分别取为特征值 $\pm_s\omega$ 和特征向量 $\{_su\}$ 时，式（2.19）即为式（2.18）的解。因此，s 阶模态的解可表示为 $\{_su\}\mathrm{e}^{i_s\omega t}$ 和 $\{_su\}\mathrm{e}^{-i_s\omega t}$ 的线性组合。

$$\{_sy\} = \{_su\}(_sC_1\mathrm{e}^{i_s\omega t} + {_sC_2}\mathrm{e}^{-i_s\omega t}) \quad (_sC_1 = {_s\overline{C}_2} : 共轭)$$
$$= \{_su\}(_sA\cos{_s\omega t} + {_sB}\sin{_s\omega t}) \tag{2.23}$$

特征向量具有一个重要特性，即正交性（orthogonality）。根据式（2.20），对于不同的两阶模态有：

$$-{_s\omega^2}[M]\{_su\} + [K]\{_su\} = \{0\} \tag{2.24}$$
$$-{_r\omega^2}[M]\{_ru\} + [K]\{_ru\} = \{0\} \tag{2.25}$$

对式（2.24）左乘 $\{_ru\}^{\mathrm{T}}$，将式（2.25）转置后右乘 $\{_su\}$，并考虑 $[M]$ 和 $[K]$ 的对称性，将二式相减可得：

$$(_s\omega^2 - {_r\omega^2})\{_ru\}^{\mathrm{T}}[M]\{_su\} = 0 \tag{2.26}$$

因为 $_s\omega^2 \neq {_r\omega^2}$，则下式成立：

$$\{_ru\}^{\mathrm{T}}[M]\{_su\} = 0 \quad (r \neq s) \tag{2.27}$$

由式（2.27）和式（2.24）有：

$$\{_r u\}^{\mathrm{T}}[K]\{_s u\}=0 \quad (r \neq s) \tag{2.28}$$

式（2.27）和式（2.28）分别表示了特征向量关于质量矩阵和刚度矩阵的正交性。

可将式（2.27）和式（2.28）的矩阵形式改写为加和的形式：

$$\sum_{i=1}^{N} m_i \cdot_s u_i \cdot_r u_i = 0 \, (s \neq r, 质量矩阵为对角阵) \tag{2.29}$$

$$\sum_{i=1}^{N}\sum_{j=1}^{N} k_{ij} \cdot_s u_i \cdot_r u_j = 0 \quad (s \neq r) \tag{2.30}$$

以特征向量 $\{_s u\}$ 为列的正方形矩阵 $[U]$ 称为 **振型矩阵** （mode matrix）。

$$[U]=[\{_1 u\},\{_2 u\},\cdots,\{_N u\}]=\begin{bmatrix} _1 u_1 & _2 u_1 & \cdots & _N u_1 \\ _1 u_2 & _2 u_2 & \cdots & _N u_2 \\ \vdots & & \ddots & \vdots \\ _1 u_N & _2 u_N & \cdots & _N u_N \end{bmatrix} \tag{2.31}$$

上述正交性可以用振型矩阵表示如下：

$$[U]^{\mathrm{T}}[M][U]=[\diagdown_s M \diagdown]（对角阵） \tag{2.32}$$

$$[U]^{\mathrm{T}}[K][U]=[\diagdown_s K \diagdown]（对角阵） \tag{2.33}$$

式中，

$$_s M=\{_s u\}^{\mathrm{T}}[M]\{_s u\}=\sum_{i=1}^{N} m_i \cdot_s u_i^2 \tag{2.34}$$

$$_s K=\{_s u\}^{\mathrm{T}}[K]\{_s u\}=_s \omega^2 \cdot_s M \tag{2.35}$$

可见，利用振型矩阵可将质量矩阵和刚度矩阵对角化。如果采用按式（2.22）进行归一化的振型，则有 $_s M=1$ 且 $_s K=_s \omega^2$。此外，利用式（2.24）也可以很容易地从式（2.34）直接推出式（2.35）。

N 自由度体系具有 N 个相互独立的 N 维特征向量。描述体系任意运动状态的 N 维向量 $\{w\}$ 可以表示成这 N 个特征向量的线性组合。

$$\{w\} =_1\alpha \cdot \{_1u\} +_2\alpha \cdot \{_2u\} + \cdots +_N\alpha \cdot \{_Nu\}$$

$$= \sum_{s=1}^{N} {}_s\alpha \cdot \{_su\} = [U]\{\alpha\} \tag{2.36}$$

利用特征向量的正交性，可以方便地求解组合系数 α。对式 (2.36) 第一个等号的左右两边同时左乘 $\{_su\}^{\mathrm{T}}[M]$，根据正交性，等号右边除了 $\{_su\}^{\mathrm{T}}[M]\{_su\}$ 之外，其他各项均为零，因此有：

$$_s\alpha = \frac{\{_su\}^{\mathrm{T}}[M]\{w\}}{\{_su\}^{\mathrm{T}}[M]\{_su\}} \tag{2.37}$$

式 (2.37) 称为**展开定理**（expansion theorem）。

若将特征向量放大 c 倍成为 $c\{_su\}$，则相应的 α 变为原来的 $1/c$ 倍，$_s\alpha\{_su\}$ 则保持不变❶。

> **例 2.3 二层框架结构的自振周期和振型**
>
> 计算例 2.1 中已知刚度矩阵的二层框架结构的自振周期和振型。
>
> 该结构的质量矩阵为：
>
> $$[M] = 10^4 \times \begin{bmatrix} 2 & 0 \\ 0 & 2 \end{bmatrix} \mathrm{kg}$$
>
> 求解以下特征方程：
>
> $$|-\omega^2 M + K| = 10^5 \times \begin{vmatrix} 1056 - 0.2\omega^2 & -472 \\ -472 & 380 - 0.2\omega^2 \end{vmatrix} = 0$$
>
> $$(0.2\omega^2)^2 - (1056 + 380) \times 0.2\omega^2 + 1056 \times 380 - 472^2 = 0$$
>
> 得：
>
> $$\omega^2 = \begin{cases} 687 \\ 6493 \end{cases} \qquad \therefore \quad \omega = \begin{cases} 26.2\mathrm{s}^{-1} \\ 80.6 \end{cases}$$
>
> 则相应的杆系模型的自振周期 $_1T = 0.24\mathrm{s}, _2T = 0.078\mathrm{s}$。
>
> 进一步由下式：

❶ 译注：即 $_s\alpha\{_su\}$ 与振型的归一化方法无关。

$$\begin{bmatrix} k_{11} - m_1\omega^2 & k_{12} \\ k_{21} & k_{22} - m_2\omega^2 \end{bmatrix} \begin{Bmatrix} u_1 \\ u_2 \end{Bmatrix} = \begin{Bmatrix} 0 \\ 0 \end{Bmatrix}$$

可得：

$$\frac{u_2}{u_1} = \frac{-k_{11} + m_1\omega^2}{k_{12}} = \frac{k_{21}}{-k_{22} + m_2\omega^2}$$

由此可得，杆系模型的 1 阶振型和 2 阶振型分别为：

$$1 \text{ 阶振型 } \frac{{}_1u_2}{{}_1u_1} = \frac{-1056 + 0.2 \times 687}{-472} = 1.946$$

$$2 \text{ 阶振型 } \frac{{}_2u_2}{{}_2u_1} = \frac{-1056 + 0.2 \times 6493}{-472} = -0.514$$

如图 2.11 所示。

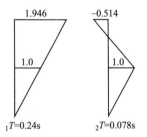

图 2.11

振型的正交性如下式所示：

$$10^4 \times \begin{Bmatrix} 1.0 \\ 1.946 \end{Bmatrix}^{\mathrm{T}} \begin{bmatrix} 2 & 0 \\ 0 & 2 \end{bmatrix} \begin{Bmatrix} 1.0 \\ -0.514 \end{Bmatrix} = 2 \times 10^4 (1.0 - 1.946 \times 0.514)$$

$$= 0$$

下面计算例 2.2 中建立的剪切层模型的自振周期和振型。

解方程

$$10^5 \times \begin{vmatrix} 598 - 0.2\omega^2 & -255 \\ -255 & 255 - 0.2\omega^2 \end{vmatrix} = 0$$

可得：

$$\omega^2 = \begin{Bmatrix} 596 \\ 3669 \end{Bmatrix}, \quad \omega[\text{rad/s}] = \begin{Bmatrix} 24.41 \\ 60.6 \end{Bmatrix}$$

则剪切层模型的自振周期为 $_1T = 0.26\text{s}$, $_2T = 0.10\text{s}$；
振型为：

$$\frac{_1u_2}{_1u_1} = 1.88, \qquad \frac{_2u_2}{_2u_1} = -0.53$$

可见，杆系模型和剪切层模型的整体振动特性基本一致，但因为 D 值法是以 1 阶振型的位移状态为基础的，所以对 1 阶周期的近似效果较好，2 阶周期的误差则相对较大。

(2) 自由振动反应

考察无阻尼体系在初始位移为 $\{d_0\}$ 且初始速度为 $\{v_0\}$ 时的自由振动反应。将式（2.18）所示的运动方程的解表示为各阶模态的组合如下：

$$\begin{aligned}\{y(t)\} &= \{_1u\} \cdot {_1q(t)} + \{_2u\} \cdot {_2q(t)} + \cdots + \{_Nu\} \cdot {_Nq(t)} \\ &= \sum_{s=1}^{N} \{_su\} \cdot {_sq(t)} = [U]\{q(t)\} \end{aligned} \tag{2.38}$$

式（2.38）相当于将运动方程的解通过线性变换转换到以振型向量为基向量的坐标系中，如下式所示。

$$\begin{Bmatrix} 1 \\ 0 \\ \vdots \\ 0 \end{Bmatrix} y_1 + \begin{Bmatrix} 0 \\ 1 \\ \vdots \\ 0 \end{Bmatrix} y_2 + \cdots + \begin{Bmatrix} 0 \\ 0 \\ \vdots \\ 1 \end{Bmatrix} y_N$$

$$\{_1u\} \qquad\quad \{_2u\} \qquad\quad\quad \{_Nu\}$$

$$\|\qquad\qquad\quad \|\qquad\qquad\qquad \|$$

$$= \begin{Bmatrix} _1u_1 \\ _1u_2 \\ \vdots \\ _1u_N \end{Bmatrix} {_1q} + \begin{Bmatrix} _2u_1 \\ _2u_2 \\ \vdots \\ _2u_N \end{Bmatrix} {_2q} + \cdots + \begin{Bmatrix} _Nu_1 \\ _Nu_2 \\ \vdots \\ _Nu_N \end{Bmatrix} {_Nq} \tag{2.39}$$

将式（2.38）代入式（2.18）可得：

$$\sum_{s=1}^{N}([M]\{_su\}_s\ddot{q} + [K]\{_su\}_sq) = \{0\} \qquad (2.40)$$

将式（2.40）左乘 $\{_su\}^{\mathrm{T}}$，利用式（2.27）和式（2.28）中的振型正交性，得到 N 个关于 $_sq$ 的方程如下：

$$\{_su\}^{\mathrm{T}}[M]\{_su\}_s\ddot{q} + \{_su\}^{\mathrm{T}}[K]\{_su\}_sq = 0 \quad (s=1,\cdots,N)$$
$$(2.41)$$

利用式（2.34）和式（2.35），可将式（2.41）改写为：

$$_sM \cdot _s\ddot{q} + _sK \cdot _sq = 0 \quad (s=1,\cdots,N) \qquad (2.42)$$

即采用式（2.38）所示的线性变换，可将式（2.18）中的 N 元微分方程组改写成式（2.42）所示的 N 个独立的描述单自由度体系运动的微分方程。

$_sM$ 和 $_sK$ 分别称为 s 阶广义质量（generalized mass）和广义刚度（generalized stiffness）。

利用式（2.35）可得：

$$_s\ddot{q} + _s\omega^2 \cdot _sq = 0 \quad (s=1,\cdots,N) \qquad (2.43)$$

利用式（2.32）和式（2.33），可将式（2.42）和式（2.43）表示为矩阵形式：

$$[\diagdown _sM \diagup]\{\ddot{q}\} + [\diagdown _sK \diagup]\{q\} = \{0\} \qquad (2.44)$$

$$\{\ddot{q}\} + [\diagdown _s\omega^2 \diagup]\{q\} = \{0\} \qquad (2.45)$$

式中，$\{q\} = \{_1q, _2q, \cdots, _Nq\}^{\mathrm{T}}$。

通过将初始条件 $\{d_0\}$ 和 $\{v_0\}$ 按振型展开，可以得到式（2.43）的初始条件。设式（2.43）的初始条件为 $_sq(t=0)=_sd_0$，$_s\dot{q}(t=0)=_sv_0$，则由式（2.38）可得：

$$\{d_0\} = \sum_{s=1}^{N}\{_su\} \cdot _sd_0, \quad \{v_0\} = \sum_{s=1}^{N}\{_su\} \cdot _sv_0 \qquad (2.46)$$

根据展开定理可得：

$$_sd_0 = \frac{\{_su\}^{\mathrm{T}}[M]\{d_0\}}{\{_su\}^{\mathrm{T}}[M]\{_su\}}, \quad _sv_0 = \frac{\{_su\}^{\mathrm{T}}[M]\{v_0\}}{\{_su\}^{\mathrm{T}}[M]\{_su\}} \qquad (2.47)$$

以式（2.47）中的 $_sd_0$ 和 $_sv_0$ 是 s 阶模态的初始条件。解式（2.43）并代入式（2.38），可得到结构自由振动的解如下：

$$\{y(t)\} = \sum_{s=1}^{N} \{{}_s u\} \left({}_s d_0 \cos{}_s \omega t + \frac{{}_s v_0}{{}_s \omega} \sin{}_s \omega t \right) \qquad (2.48)$$

式中，${}_s d_0 \{{}_s u\}$ 和 ${}_s v_0 \{{}_s u\}$ 分别为 $\{d_0\}$ 和 $\{v_0\}$ 按振型分解得到的 s 阶分量。

多自由度体系振动的动能 KE 和势能 PE 可分别表示为：

$$KE = \frac{1}{2} \{\dot{y}\}^{\mathrm{T}} [M] \{\dot{y}\}, \quad PE = \frac{1}{2} \{y\}^{\mathrm{T}} [K] \{y\} \qquad (2.49)$$

根据其物理意义，只有当速度或者位移为零时式（2.49）所示的动能或势能才为零，其他情况下均恒为正。对于矩阵 $[A]$ 和任意向量 $\{u\}$，若 $\{u\}^{\mathrm{T}} [A] \{u\}$ 仅在 $\{u\}$ 的各个元素均为零时其值为零，在其他情况下其值恒为正，则称矩阵 $[A]$ 正定（positive definite）。可见，$[M]$ 和 $[K]$ 均为正定矩阵。

当将结构反应表达为振型的线性组合时，式（2.49）可改写为：

$$\left.\begin{aligned}
KE &= \frac{1}{2} \{\dot{q}\}^{\mathrm{T}} [U]^{\mathrm{T}} [M] [U] \{\dot{q}\} = \frac{1}{2} \{\dot{q}\}^{\mathrm{T}} [\diagdown {}_s M \diagdown] \{\dot{q}\} \\
&= \sum_{s=1}^{N} \frac{1}{2} {}_s M \cdot {}_s \dot{q}^2 \\
PE &= \frac{1}{2} \{q\}^{\mathrm{T}} [U]^{\mathrm{T}} [K] [U] \{q\} = \frac{1}{2} \{q\}^{\mathrm{T}} [\diagdown {}_s K \diagdown] \{q\} \\
&= \sum_{s=1}^{N} \frac{1}{2} {}_s K \cdot {}_s q^2
\end{aligned}\right\} \qquad (2.50)$$

可见，动能和势能也可以表示为对应于各个振型的独立的能量成分之和。

例 2.4　二层框架结构的自由振动

在例 2.1 中的二层框架结构的顶层作用 $P_2 = 98\mathrm{kN}$ 的力，然后突然释放，求结构的自由振动反应。假设结构没有阻尼。

首先通过对刚度矩阵 $[K]$ 求逆得到柔度矩阵：

$$[K]^{-1} = \frac{1}{1056 \times 380 - 472^2} \begin{bmatrix} 380 & 472 \\ 472 & 1056 \end{bmatrix}$$

$$= \begin{bmatrix} 0.00213 & 0.00264 \\ 0.00264 & 0.00592 \end{bmatrix} \text{cm/kN}$$

计算 $P_2 = 98\text{kN}$ 作用下结构的位移 $\{d_0\}$：

$$\{d_0\} = [K]^{-1}\{P\} = \begin{bmatrix} 0.00213 & 0.00264 \\ 0.00264 & 0.00592 \end{bmatrix} \begin{Bmatrix} 0 \\ 98 \end{Bmatrix} = \begin{Bmatrix} 0.259 \\ 0.580 \end{Bmatrix} \text{cm}$$

将该位移向量分解为 1 阶和 2 阶振型对应的分量：

$$\{d_0\} = \{_1u\}_1d_0 + \{_2u\}_2d_0$$

$$_1d_0 = \frac{\{_1u\}^{\text{T}}[M]\{d_0\}}{\{_1u\}^{\text{T}}[M]\{_1u\}} = \frac{0.259 \times 1.0 + 0.580 \times 1.946}{1^2 + 1.946^2}$$

$$= 0.290$$

$$_2d_0 = \frac{\{_2u\}^{\text{T}}[M]\{d_0\}}{\{_2u\}^{\text{T}}[M]\{_2u\}} = \frac{0.259 \times 1.0 - 0.580 \times 0.514}{1^2 + 0.514^2}$$

$$= -0.031$$

$$\therefore \{d_0\} = \begin{Bmatrix} 0.259 \\ 0.580 \end{Bmatrix} = \begin{Bmatrix} 1.0 \\ 1.946 \end{Bmatrix} \times 0.290 - \begin{Bmatrix} 1.0 \\ -0.514 \end{Bmatrix} \times 0.031$$

$$= \begin{Bmatrix} 0.290 \\ 0.564 \end{Bmatrix} + \begin{Bmatrix} -0.031 \\ 0.016 \end{Bmatrix}$$

由式（2.48）可知，$P_2 = 98\text{kN}$ 的力突然释放时结构的无阻尼自由振动为

$$\begin{Bmatrix} y_1(t) \\ y_2(t) \end{Bmatrix} = \begin{Bmatrix} 0.290 \\ 0.564 \end{Bmatrix} \cos 26.2t + \begin{Bmatrix} -0.031 \\ 0.016 \end{Bmatrix} \cos 80.6t$$

2.3 阻尼自由振动

（1）比例阻尼矩阵

黏性阻尼体系自由振动的运动方程为

$$[M]\{\ddot{y}\} + [C]\{\dot{y}\} + [K]\{y\} = \{0\} \qquad (2.51)$$

在上式中，当阻尼矩阵 $[C]$ 具有某一特定的形式时，体系的

振型将与无阻尼体系相同，从而可以通过与无阻尼体系相同的振型组合得到运动方程的解。这样的阻尼称为**比例阻尼**（proportional damping）。实际结构的阻尼的机理非常复杂。比例阻尼能够反映在结构振动反应中占主导地位的振型的阻尼特性，因此在计算分析时通常采用比例阻尼的假设。

相反，也可以分别确定结构中各个部分的阻尼，再将各部分阻尼集成起来，形成整体阻尼矩阵。这时往往会得到**非比例阻尼**（nonproportional damping）[1]。第 2.6 节将对此做更详细的讨论。

最简单的比例阻尼是使阻尼矩阵与质量矩阵成比例（**质量比例型阻尼**）或与刚度矩阵成比例（**刚度比例型阻尼**）。此外还可以将二者组合起来形成如下式所示的**瑞利阻尼**（Rayleigh damping），它也是非常常用的一种比例阻尼。

$$[C] = a_0[M] + a_1[K] \tag{2.52}$$

Caughey 提出的比例阻尼矩阵的一般形式为[2]：

$$[C] = [M] \cdot \{a_0 + a_1[M]^{-1}[K] + a_2([M]^{-1}[K])^2 + \cdots$$
$$+ a_{N-1}([M]^{-1}[K])^{N-1}\}$$
$$= [M] \cdot \left\{ \sum_{j=0}^{N-1} a_j ([M]^{-1}[K])^j \right\} \tag{2.53}$$

式（2.53）是形成比例阻尼矩阵的充分必要条件，包含 N 个待定系数 a_j。瑞利阻尼即为该式的前两项。

比例阻尼矩阵关于无阻尼体系的振型 $\{_s u\}$ 具有以下正交性：

$$\{_r u\}^{\mathrm{T}}[C]\{_s u\} = 0 \quad (r \neq s) \tag{2.54}$$

该正交性可证明如下。由式（2.20）有：

$$[M]^{-1}[K]\{_s u\} = {}_s\omega^2\{_s u\} \tag{2.55}$$

反复使用式（2.55）可得：

$$([M]^{-1}[K])^j \{_s u\} = {}_s\omega^{2j}\{_s u\} \tag{2.56}$$

对式（2.53）左乘 $\{_r u\}^{\mathrm{T}}$，右乘 $\{_s u\}$，利用式（2.56），可得：

$$\{_r u\}^{\mathrm{T}}[C]\{_s u\} = \sum_{j=0}^{N-1} a_j \cdot {}_s\omega^{2j} \cdot \{_r u\}^{\mathrm{T}}[M]\{_s u\} = \begin{cases} 0 & (r \neq s) \\ {}_s C & (r = s) \end{cases}$$
$$\tag{2.57}$$

式中，$_sC$ 按下式计算：

$$_sC = \sum_{j=0}^{N-1} a_j \cdot {_s\omega^{2j}} \cdot \{_su\}^{\mathrm{T}}[M]\{_su\} = \sum_{j=0}^{N-1} a_j \cdot {_s\omega^{2j}} \cdot {_sM} \quad (2.58)$$

可见，与质量矩阵和刚度矩阵一样，比例阻尼矩阵也可以被无阻尼体系的振型矩阵 $[U]$ 对角化，即：

$$[U]^{\mathrm{T}}[C][U] = \lceil_sC\rfloor \quad (2.59)$$

式（2.59）等号左边的阻尼矩阵如果不是比例阻尼矩阵，则等号右边将不是对角阵。尽管如此，直接舍去其非对角项而只保留对角项，通常也能得到较好的近似效果（参见第 2.6 节）。

(2) 自由振动反应

将比例阻尼体系的自由振动反应表示为：

$$\{y(t)\} = \sum_{s=1}^{N} \{_su\} \cdot {_sq(t)} = [U]\{q(t)\} \quad (2.60)$$

将式（2.60）代入式（2.51），左乘 $\{_su\}^{\mathrm{T}}$，并考虑式（2.27）、式（2.28）和式（2.54）中的正交性，可以得到 N 个独立的微分方程。

$$_sM \cdot {_s\ddot{q}} + {_sC} \cdot {_s\dot{q}} + {_sK} \cdot {_sq} = 0 \quad (s=1,\cdots,N) \quad (2.61)$$

式中，

$$_sM = \{_su\}^{\mathrm{T}}[M]\{_su\}, \quad _sK = \{_su\}^{\mathrm{T}}[K]\{_su\} = {_s\omega^2} \cdot {_sM}$$

$$_sC = \{_su\}^{\mathrm{T}}[C]\{_su\}$$

$_sM$、$_sK$ 和 $_sC$ 分别为 s 阶广义质量、广义刚度和广义阻尼系数（generalized damping coefficient）。

定义 s 阶模态阻尼比 $_sh$ 如下：

$$_sC = 2{_sh} \cdot {_s\omega} \cdot {_sM} \quad (2.62)$$

于是式（2.61）可改写为：

$$_s\ddot{q} + 2{_sh} \cdot {_s\omega} \cdot {_s\dot{q}} + {_s\omega^2} \cdot {_sq} = 0 \quad (s=1,\cdots,N) \quad (2.63)$$

对于给定的初始条件 $\{d_0\}$ 和 $\{v_0\}$，可利用式（2.47）确定式（2.63）的初始条件 $_sd_0$ 和 $_sv_0$（$s=1,\cdots,N$），从而求解式（2.63）的 N 个解。将解代回式（2.60）即得到自由振动的解如下：

$$\{y(t)\} = \sum_{s=1}^{N} \{_s u\} e^{-_s h_s \omega t} \left(_s d_0 \cos_s \omega' t + \frac{_s v_0 + _s h \cdot _s \omega \cdot _s d_0}{_s \omega'} \sin_s \omega' t \right)$$

$$(2.64)$$

式中，$_s \omega' = \sqrt{1 - _s h^2} \,_s \omega$。

根据式（2.58）中比例阻尼系数的一般形式，式（2.62）中定义的 s 阶阻尼比 $_s h$ 可表示为：

$$_s h = \frac{_s C}{2_s \omega_s M} = \frac{1}{2_s \omega} \sum_{j=0}^{N-1} a_j \cdot _s \omega^{2j}$$

$$= \frac{1}{2} \left(\frac{a_0}{_s \omega} + a_1 \cdot _s \omega + a_2 \cdot _s \omega^3 + \cdots + a_{N-1} \cdot _s \omega^{2N-3} \right) (s = 1, \cdots, N)$$

$$(2.65)$$

利用式（2.65）可确定所有 N 阶模型的阻尼比。

对于质量比例型或刚度比例型阻尼矩阵：

$$_s h = \frac{a_0}{2_s \omega} \text{（质量比例型）} \qquad (2.66)$$

$$_s h = \frac{a_1 \cdot _s \omega}{2} \text{（刚度比例型）} \qquad (2.67)$$

前者的各阶阻尼比与自振频率成反比，后者则与自振频率成正比。瑞利阻尼矩阵对应的模态阻尼比为：

$$_s h = \frac{1}{2} \left(\frac{a_0}{_s \omega} + a_1 \cdot _s \omega \right) \qquad (2.68)$$

(3) 构造比例阻尼矩阵

各阶模态的阻尼比可通过实验、实测或分析等不同方法确定。在结构动力反应分析中，往往需要根据这些阻尼比构造阻尼矩阵 $[C]$。下面介绍几种常用的构造阻尼矩阵 $[C]$ 的方法。

• **刚度比例型**

可按 1 阶模态的阻尼比构造阻尼矩阵，如下式所示。此时，高阶模态的阻尼比随频率的增大而等比例增大。

$$[C] = \frac{2_1 h}{_1 \omega} [K] \qquad (2.69)$$

- 瑞利阻尼

通常根据 1 阶和 2 阶模态❶的阻尼比构造瑞利阻尼矩阵。假设式（2.68）对于已知的某两阶模态的阻尼比 h 成立，通过求解联立方程组可以得到 a_0 和 a_1。其他阶模态的 $_sh$ 可根据式（2.68）确定。

$$[C] = a_0[M] + a_1[K] \tag{2.70}$$

式中，

$$a_0 = \frac{2_1\omega \cdot _2\omega(_1h \cdot _2\omega - _2h \cdot _1\omega)}{_2\omega^2 - _1\omega^2}$$

$$a_1 = \frac{2(_2h \cdot _2\omega - _1h \cdot _1\omega)}{_2\omega^2 - _1\omega^2}$$

- 各阶阻尼比均已知的情况

将式（2.65）表示为矩阵形式如下：

$$\begin{bmatrix} 1 & _1\omega^2 & \cdots & _1\omega^{2(N-1)} \\ 1 & _2\omega^2 & \cdots & _2\omega^{2(N-1)} \\ \vdots & & \ddots & \vdots \\ 1 & _N\omega^2 & \cdots & _N\omega^{2(N-1)} \end{bmatrix} \begin{Bmatrix} a_0 \\ a_1 \\ \vdots \\ a_{N-1} \end{Bmatrix} = \begin{Bmatrix} 2_1h \cdot _1\omega \\ 2_2h \cdot _2\omega \\ \vdots \\ 2_Nh \cdot _N\omega \end{Bmatrix} \tag{2.71}$$

若已知 $_sh$（$s=1, \cdots, N$），通过求解联立方程组可以得到 a_j（$j=0, \cdots, N-1$），并根据式（2.53）构造阻尼矩阵 $[C]$。式（2.71）中的系数矩阵的行列式是一个 Vandermonde 行列式，当 $_s\omega$ 均不相等时其值不为零，因此 a_j 可唯一确定。

当仅已知少于体系自由度数 N 的 L 阶模态的阻尼比时，可确定 L 个系数 a_j（$j=0, \cdots, L-1$），其余（$N-L$）阶模态的阻尼比可根据假设的 a_j（$j=L, \cdots, N-1$）反算。

对于给定的阻尼比 $_sh$，Wilson 和 Penzien 等人建议可采用以下方法构造矩阵 $[C]$[3]。

由式（2.59）有：

$$[C] = ([U]^T)^{-1} \diagdown _sC \diagdown ([U]^{-1}) \tag{2.72}$$

利用式（2.32），最终可将式（2.72）改写为：

---

❶ 译注：采用 1 阶和 3 阶或更高阶模态也是常见的做法。

$$[C] = [M][U][\diagdown_s b \diagdown][U]^T[M] = [X][\diagdown_s b \diagdown][X]^T$$

$$= \sum_{s=1}^{N} {}_s b \cdot \{_s x\}\{_s x\}^T \tag{2.73}$$

式中各个变量分别表示如下：

$$[X] = [M][U], [\diagdown_s b \diagdown] = [\diagdown_s M \diagdown]^{-1}[\diagdown_s C \diagdown][\diagdown_s M \diagdown]^{-1}$$

$\{_s x\} = [X]$ 的第 s 列向量 $= [M]\{_s u\} = \{m_i \cdot {}_s u_i\}$（$[M]$ 为对角阵）

$$_s b = \frac{{}_s C}{{}_s M^2} = \frac{2{}_s h \cdot {}_s \omega}{{}_s M}$$

2.4 受迫振动

(1) 对外力作用的反应

各质点上有外力作用时体系的运动方程如下（图 2.12）：

$$[M]\{\ddot{y}\} + [C]\{\dot{y}\} + [K]\{y\} = \{f(t)\} \tag{2.74}$$

假设 $[C]$ 为比例阻尼矩阵，则上式的解可以表示为无阻尼体系各阶振型的线性组合：

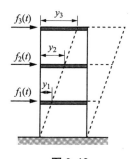

图 2.12

$$\{y(t)\} = \sum_{s=1}^{N} \{_s u\}_s q(t) = [U]\{q\} \tag{2.75}$$

将式（2.75）代入式（2.74），左乘 $\{_s u\}^T$ 并考虑正交性，可以得到关于 ${}_s q(t)$ 的 N 个独立的非齐次微分方程：

$$_s M \cdot {}_s \ddot{q} + {}_s C \cdot {}_s \dot{q} + {}_s K \cdot {}_s q = {}_s f(t) \quad (s = 1, \cdots, N) \tag{2.76}$$

式中，${}_s f(t)$ 称为**广义外力**（generalized force）：

$$_sf(t) = \{_su\}^{\mathrm{T}}\{f(t)\} = \sum_{i=1}^{N} {}_su_i \cdot f_i(t) \tag{2.77}$$

利用式（2.35）和式（2.62），可将式（2.76）改写为：

$$_s\ddot{q} + 2_sh \cdot {}_s\omega \cdot {}_s\dot{q} + {}_s\omega^2 \cdot {}_sq = \frac{_sf(t)}{_sM} \quad (s = 1, \cdots, N) \tag{2.78}$$

根据式（2.78），可求解 N 个对应于某阶模态的单自由度体系对广义外力作用的反应。将其代入式（2.75）则得到原运动方程的解。

利用杜哈梅积分［式（1.121）］，处于静止状态的体系对任意外力作用的瞬态反应为：

$$\{y\} = \sum_{s=1}^{N} \{_su\} \frac{1}{_sM_s\omega'} \int_0^t {}_sf(\tau) \mathrm{e}^{-_sh_s\omega(t-\tau)} \sin_s\omega'(t-\tau)\mathrm{d}\tau \tag{2.79}$$

下面利用振型组合求解体系对仅作用于某一质点 r 的简谐外力的稳态反应（图 2.13）。运动方程为：

$$[M]\{\ddot{y}\} + [C]\{\dot{y}\} + [K]\{y\} = \{\overline{f}\}F\mathrm{e}^{ipt} \tag{2.80}$$

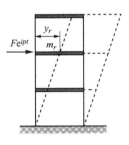

图 2.13

式中，$\{\overline{f}\}$ 是在外力作用处为 1，其余位置均为 0 的外力分布向量。当外力作用于质点 r 处时：

$$\{\overline{f}\} = \{0, \cdots, \overset{r}{1}, \cdots, 0\}^{\mathrm{T}} \tag{2.81}$$

式（2.78）可写为下式：

$$_s\ddot{q} + 2_sh \cdot {}_s\omega \cdot {}_s\dot{q} + {}_s\omega^2 \cdot {}_sq = \left(\frac{_su_r}{_sM}\right) \cdot F\mathrm{e}^{ipt} \tag{2.82}$$

将式（2.82）的稳态解代入式（2.75）可得体系对仅在 r 质点处作用的外力的稳态反应如下：

$$\{y\} = \sum_{s=1}^{N} \{_su\} \left(\frac{1}{_s\omega^2 - p^2 + 2_sh \cdot_s\omega \cdot pi} \frac{_su_r}{_sM} \right) F \cdot e^{ipt}$$

$$= \sum_{s=1}^{N} (_sA +_sBi)_su_r\{_su\} \frac{F}{_sK} e^{ipt}$$

$$= \sum_{s=1}^{N} _su_r\{_su\} \frac{F}{_sK} \{_sA\cos pt -_sB\sin pt + i(_sB\cos pt +_sA\sin pt)\}$$

$$\text{(2.83)}$$

式中，

$$_sA(p) = \frac{1 - (p/_s\omega)^2}{\{1 - (p/_s\omega)^2\}^2 + 4_sh^2(p/_s\omega)^2}$$

$$_sB(p) = \frac{-2_sh(p/_s\omega)}{\{1 - (p/_s\omega)^2\}^2 + 4_sh^2(p/_s\omega)^2}$$

式（2.83）的实部和虚部分别表示体系在 $F\cos pt$ 和 $F\sin pt$ 作用下的反应。

体系中第 i 质点的共振曲线为：

$$|y_i(p)| = \left[\left(\sum_{s=1}^{N} _sA(p) \cdot_sa_i \right)^2 + \left(\sum_{s=1}^{N} _sB(p) \cdot_sa_i \right)^2 \right]^{1/2} \quad \text{(2.84)}$$

式中，$_sa_i =_su_r \cdot_su_i \cdot F/_sK =_su_r \cdot_su_i \cdot F/(_s\omega^2 \cdot_sM)$。

例 2.5　二层框架结构的受迫振动

在例 2.1 中二层框架结构的顶部放置一台偏心矩为 $m_0r_0g = 98\text{N} \cdot \text{m}$ 的离心式激振器。求结构对如下所示的激振力 f 的反应。

$$f(t) = m_0r_0p^2 e^{ipt}$$

在式（2.84）中令 $F = m_0r_0p^2$，有

$$_sa_i = \frac{_su_r \cdot_su_i}{_sM} m_0r_0 \left(\frac{p}{_s\omega} \right)^2$$

各层的共振曲线如图 2.14 所示。若只考虑发生共振的模态，则共振点处的振幅可近似地按下式计算（式中 m_r 为激振器所在楼层的质量）：

$$_s\overline{y}_{Ri} = \frac{1}{2_sh} \cdot \frac{_su_r \cdot _su_i}{_sM} m_0 r_0 = \frac{1}{2_sh} \cdot {_s\overline{\beta}} \cdot {_su_i} \left(\frac{m_0}{m_r}\right) r_0$$

式中，${_s\overline{\beta}} = \dfrac{\{_su\}^{\mathrm{T}}[M]\{\overline{f}\}}{\{_su\}^{\mathrm{T}}[M]\{_su\}}$，其中，$\{\overline{f}\} = \{0, \cdots, \overset{r}{1},$

$\cdots, 0\}^{\mathrm{T}}$

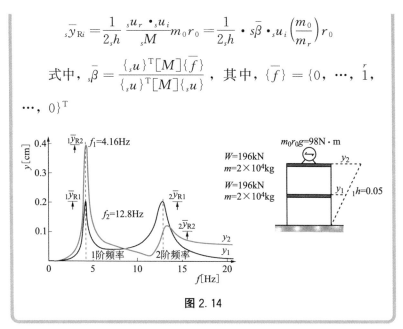

图 2.14

(2) 对地面运动作用的反应

在式（2.11）的基础上进一步考虑阻尼，则体系在地面运动作用下的运动方程如下（图 2.15）：

$$[M]\{\ddot{y}\} + [C]\{\dot{y}\} + [K]\{y\} = -[M]\{1\}\ddot{y}_0 \qquad (2.85)$$

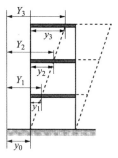

图 2.15

与上文第（1）节类似，设方程的解为：

$$\{y\} = \sum_{s=1}^{N} \{_su\} \cdot {_sq(t)} = [U]\{q\} \qquad (2.86)$$

代入式（2.85），与式（2.78）类似，可得到 N 个关于$_sq$ 的方程如下：

$$_s\ddot{q} + 2_sh \cdot _s\omega \cdot _s\dot{q} +_s\omega^2 \cdot _sq = -_s\beta \cdot \ddot{y}_0 \quad (s = 1, \cdots, N) \quad (2.87)$$

$$_s\beta = \frac{\{_su\}^{\mathrm{T}}[M]\{1\}}{\{_su\}^{\mathrm{T}}[M]\{_su\}} = \sum_{i=1}^{N} m_i \cdot _su_i \bigg/ \sum_{i=1}^{N} m_i \cdot _su_i^2 \quad ([M]\text{为对角阵})$$

$$(2.88)$$

$_s\beta$ 称为**参与系数**（participation factor）。根据式（2.37）中的展开定理，参与系数相当于将地面运动加速度的分布向量 $\{1\}$ 按振型展开的展开系数：

$$\{1\} =_1\beta \cdot \{_1u\} +_2\beta \cdot \{_2u\} + \cdots +_N\beta \cdot \{_Nu\} = \sum_{s=1}^{N} _s\beta \cdot \{_su\}$$

$$(2.89)$$

$_s\beta \{_su\}$ 称为**参与向量**（participation vector），相当于将 $\{1\}$ 向量按振型展开后的 s 阶分量，其值与振型归一化方法无关。

在每个楼层处，各阶振型的参与向量对应于该楼层的元素之和为 1：

$$\sum_{s=1}^{N} _s\beta \cdot _su_i = 1 \quad (i = 1, \cdots, N)$$

将式（2.87）的解代入式（2.86），即得到体系对地面运动作用的反应。通常将体系的反应表示为地面运动 $\ddot{y}_0$ 作用下各阶模态反应$_sq_0(t)$ 的组合：

$$_sq(t) =_s\beta \cdot _sq_0(t) \quad (2.90)$$

$$_s\ddot{q}_0(t) + 2_sh \cdot _s\omega \cdot _s\dot{q}_0(t) +_s\omega^2 \cdot _sq_0(t) = -\ddot{y}_0(t) \quad (2.91)$$

则体系对地面运动作用的反应可表示为：

$$\{y(t)\} = \sum_{s=1}^{N} _s\beta \cdot \{_su\} \cdot _sq_0(t) \quad (2.92)$$

式中，

$$_sq_0(t) = -\frac{1}{_s\omega'} \int_0^t \ddot{y}_0(\tau) \mathrm{e}^{-_sh_s\omega(t-\tau)} \sin_s\omega'(t-\tau)\mathrm{d}\tau \quad (2.93)$$

图 2.16 有助于理解式（2.92）中的分解。首先，根据各阶模态的自期周期$_sT = 2\pi/_s\omega$ 和阻尼比$_sh$ 确定各阶模态对应的单自由度

体系对地面运动的反应$_sq_0(t)$，再将这些反应乘以参与向量并叠加，便得到了原多自由度体系的位移、速度和加速度反应。

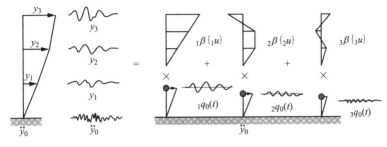

图 2. 16

通过引入等效质量和等效高度，可进一步将体系对地面运动作用的基底剪力（首层剪力）、倾覆弯矩等反应按振型进行分解。

结构的基底剪力 V_B 可按振型分解如下：

$$V_B = \sum_{i=1}^{N} m_i (\ddot{y}_i + \ddot{y}_0) = \sum_{i=1}^{N} m_i \sum_{s=1}^{N} {}_s\beta \cdot {}_su_i ({}_s\ddot{q}_0 + \ddot{y}_0)$$

$$= \sum_{s=1}^{N} {}_s\overline{M} \cdot ({}_s\ddot{q}_0 + \ddot{y}_0)$$

$$(2.94)$$

式中

$${}_s\overline{M} = \left(\sum_{i=1}^{N} m_i \cdot {}_su_i \right) \cdot {}_s\beta = \frac{\left(\sum_{i=1}^{N} m_i \cdot {}_su_i \right)^2}{\sum_{i=1}^{N} m_i \cdot {}_su_i^2} = {}_s\beta^2 \cdot {}_sM$$

$$= {}_s\beta \{ {}_su \}^{\mathrm{T}} [M] {}_s\beta \{ {}_su \}$$

$$(2.95)$$

式（2.94）将基底剪力（V_B）表示为各阶模态对应的单自由度体系对地面运动的绝对加速度反应 ${}_s\ddot{q}_0 + \ddot{y}_0$ 与该振型的**等效质量**（equivalent mass）${}_s\overline{M}$ 的乘积之和。

由式（2.95）可见，${}_s\overline{M}$ 相当于以参与向量 ${}_s\beta \{ {}_su \}$ 为振型向量时的广义质量。它不但与振型归一化方法无关，而且满足以下关系：

$$\sum_{i=1}^{N} m_i = \{1\}^{\mathrm{T}} [M] \{1\} = \sum_{s=1}^{N} \{1\}^{\mathrm{T}} [M] {}_s\beta \{ {}_su \} = \sum_{s=1}^{N} {}_s\overline{M} \quad (2.96)$$

结构基底的倾覆力矩 M_B 可按振型分解如下:

$$M_B = \sum_{i=1}^N m_i H_i (\ddot{y}_i + \ddot{y}_0) = \sum_{i=1}^N m_i H_i \sum_{s=1}^N {}_s\beta \cdot {}_s u_i ({}_s\ddot{q}_0 + \ddot{y}_0)$$

$$= \sum_{s=1}^N {}_s\overline{M} \cdot {}_s\overline{H} ({}_s\ddot{q}_0 + \ddot{y}_0) \tag{2.97}$$

式中,

$$_s\overline{H} = \frac{\left(\sum\limits_{i=1}^N m_i \cdot {}_s u_i \cdot H_i\right) \cdot {}_s\beta}{{}_s\overline{M}} = \frac{\sum\limits_{i=1}^N m_i \cdot {}_s u_i \cdot H_i}{\sum\limits_{i=1}^N m_i \cdot {}_s u_i} \tag{2.98}$$

式 (2.97) 将倾覆力矩 M_B 表示为各阶模态对应的单自由度体系对地面运动的加速度反应 ${}_s\ddot{q}_0 + \ddot{y}_0$、等效质量 ${}_s\overline{M}$ 以及等效高度 ${}_s\overline{H}$ 的乘积之和。等效高度 ${}_s\overline{H}$ 与振型归一化方法无关且满足以下关系:

$$\sum_{i=1}^N m_i H_i = \{H\}^T [M]\{1\} = \sum_{s=1}^N \{H\}^T [M]\{{}_s u\} \cdot {}_s\beta$$

$$= \sum_{s=1}^N \left(\sum_{i=1}^N m_i H_i \cdot {}_s u_i\right) \cdot {}_s\beta = \sum_{s=1}^N {}_s\overline{M} \cdot {}_s\overline{H} \tag{2.99}$$

与 1 阶振型以外的高阶振型对应的单自由度体系的 ${}_s\overline{H}$ 往往较小,甚至可能是负数,因此经常采用只包含 1 阶模态的简化模型,如图 2.17 所示。

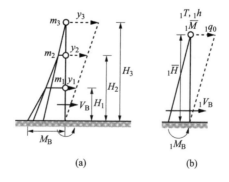

图 2.17

例 2.6　二层框架结构的参与向量、等效质量和等效高度

计算例 2.1 中的二层框架结构的两阶模态的参与向量、等效质量和等效高度。首先计算参与系数如下：

$$_1\beta = \frac{\{_1u\}^T[M]\{1\}}{\{_1u\}^T[M]\{_1u\}} = \frac{\displaystyle\sum_{i=1}^{N} m_i \bullet {}_1u_i}{\displaystyle\sum_{i=1}^{N} m_i \bullet {}_1u_i^2} = \frac{1+1.946}{1^2+1.946^2} = 0.6154$$

$$_2\beta = \frac{1-0.514}{1^2+0.514^2} = 0.3845$$

因此参与向量为：

$$_1\beta\{_1u\} = \begin{Bmatrix} 0.615 \\ 1.198 \end{Bmatrix}, \quad _2\beta\{_2u\} = \begin{Bmatrix} 0.385 \\ -0.198 \end{Bmatrix}$$

计算等效质量如下：

$$_1\overline{M} = 10^4 \times \{0.615, 1.198\} \begin{bmatrix} 2 & 0 \\ 0 & 2 \end{bmatrix} \begin{Bmatrix} 0.615 \\ 1.198 \end{Bmatrix}$$

$$= 2 \times 10^4 (0.615^2 + 1.198^2) = 3.63 \times 10^4 \text{kg}$$

$$_2\overline{M} = 10^4 \times \{0.385, -0.198\} \begin{bmatrix} 2 & 0 \\ 0 & 2 \end{bmatrix} \begin{Bmatrix} 0.385 \\ -0.198 \end{Bmatrix}$$

$$= 2 \times 10^4 (0.385^2 + 0.198^2) = 0.37 \times 10^4 \text{kg}$$

可见，$_1\overline{M}$ 占结构总质量（$2 \times 2 \times 10^4$）的 91%，$_2\overline{M}$ 占 9%。

计算等效高度的计算过程如下：

$$_1\overline{H} = \frac{\displaystyle\sum_{i=1}^{N} m_i \bullet {}_1u_i \bullet H_i}{\displaystyle\sum_{i=1}^{N} m_i \bullet {}_1u_i} = \frac{1 \times 3.5 + 1.946 \times 7.0}{1+1.946} = 5.81\text{m}$$

$$_2\overline{H} = \frac{1 \times 3.5 - 0.514 \times 7.0}{1-0.514} = -0.20\text{m}$$

> **例 2.7　具有倒三角形 1 阶振型的剪切层模型**

　　按照以下方法，可以构造各层质点质量相等且 1 阶振型为倒三角形的剪切层模型。

　　考察如图 2.18 所示的按倒三角形的位移分布（即 $_1u_i = i$）振动的多自由度体系。各层的层间位移为 $_1u_{i+1} - _1u_i$，各层刚度 k_i 可计算如下[第4章][4]：

$$k_i = \{N + (N-1) + \cdots + (i+1) + i\}m\omega^2$$

$$= \frac{1}{2}\{N(N+1) - i(i-1)\}m\omega^2$$

式中 $\omega = 2\pi/T$ 为一阶圆频率，m 为各层质量。

　　其中，首层刚度为：

$$k_1 = \frac{N(N+1)}{2}m\omega^2 = \frac{2\pi^2 N(N+1)}{T^2}m$$

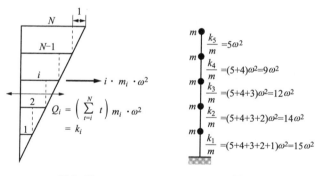

图 2.18　　　　　　　　　　图 2.19

　　对于这样的剪切层模型，高阶模态的圆频率和 1 阶圆频率之间通常存在以下关系[7]：

$$_s\omega^2 = \{1 + 2 + \cdots + (2s-1)\}\omega^2 = \left(\sum_{t=1}^{2s-1} t\right) \cdot \omega^2 = (2s-1)s \cdot \omega^2$$

　　这一模型经常用来对建筑结构的地震反应进行简化分析。以 5 层剪切层模型为例，各层的刚度如图 2.19 所示，各阶振型和参与向量如下表所列。

s 阶		1 阶	2 阶	3 阶	4 阶	5 阶
	5	5	30	3	5	1
	4	4	−6	−6	−23	−8
u	3	3	−22	−1	33	27
	2	2	−23	4	−2	−48
	1	1	−14	4	−18	42
	5	1.364	−0.490	0.154	−0.031	0.003
	4	1.091	0.098	−0.308	0.142	−0.023
βu	3	0.818	0.359	−0.051	−0.204	0.078
	2	0.545	0.375	0.205	0.102	−0.137
	1	0.273	0.228	0.205	0.173	0.121
$_sM/\sum m$		0.818	0.114	0.041	0.019	0.008
$_s\omega^2$		ω^2	$6\omega^2$	$15\omega^2$	$28\omega^2$	$45\omega^2$

2.5　模态分析

　　2.2～2.4 节介绍的通过各阶模态对应的单自由度体系的反应的叠加计算多自由度体系的线性反应的方法称为振型叠加法或模态分析（mode superposition method，modal analysis）。虽然通过求解的各阶模态对应的单自由度体系的时程反应并将其叠加可以得到多自由度体系的时程反应，但在实际应用中往往只关心结构的最大反应。此时，可以首先利用反应谱确定各阶模态反应的最大值，再以此为基础估算多自由度体系的最大反应。这一方法称为振型分解反应谱法。它非常高效而且实用。通常所说的模态分析往往就是指振型分解反应谱法。

　　多自由度体系最大反应的上限值是各阶模态最大反应的绝对值之和（absolute sum，ABS）。例如，最大位移反应的上限可表示为：

$$|y_i|_{\max} \leqslant \sum_{s=1}^{N} |_s\beta \cdot _su_i \cdot _sS_D(_sT,_sh)| \qquad (2.100)$$

式中，$_sS_D$ 是 s 阶模态对应的位移反应谱值。

考虑到各阶模态的最大反应通常并非发生在同一时刻，可近似地用各阶模态最大反应的 平方和的平方根 ［root sum squares（RSS），square root of sum of squares（SRSS）］估算多自由度体系的最大反应：

$$|y_i|_{\max} \approx \sqrt{\sum_{s=1}^{N} |_s\beta \cdot _su_i \cdot _sS_D|^2} \qquad (2.101)$$

式（2.101）适用于结构对实际地震地面运动作用的动力反应分析。此外，式（2.100）和式（2.101）的平均值也是一个不错的估计（Newmark）[第1章[10]]。

$$|y_i|_{\max} \approx \frac{1}{2}(y_{i\ \text{RSS}} + y_{i\ \text{ABS}}) \qquad (2.102)$$

注意，在计算层间位移反应的最大值时，需要使用各阶模态的层间位移，即：

$$|\delta_i|_{\max} \approx \sqrt{\sum_{s=1}^{N} |_s\beta \cdot (_su_i - _su_{i-1}) \cdot _sS_D|^2} \qquad (2.103)$$

无论是通过式（2.101）中的各层的最大位移反应之差来计算结构的最大层间位移，还是利用式（2.103）的层间位移反应之和来计算结构的最大位移反应，严格来讲都不是错误的。对于不同的反应量，应分别进行组合。

更一般的，设 s 阶的位移反应谱值为1时第 i 楼层的 s 阶模态反应为 $_s\alpha_i$。$_s\alpha_i$ 可以是位移、速度、加速度、内力（弯矩、剪力）、应力、应变、能量等任意反应量。其值可以通过 s 阶振型参与向量所表示的位移分布 $_s\beta\{_su\}$、速度分布 $_s\omega \cdot _s\beta\{_su\}$ 或加速度[1]分布 $_s\omega^2 \cdot _s\beta\{_su\}$ 来确定。则多自由度体系的第 i 楼层的相应的最大反应可按下式计算：

$$|\alpha_i|_{\max} \approx \sqrt{\sum_{s=1}^{N} |_s\alpha_i \cdot _sS_D|^2} \leqslant \sum_{s=1}^{N} |_s\alpha_i \cdot _sS_D| \qquad (2.104)$$

在结构的地震反应中，高阶模态的影响往往较小，因此在模态分析中一般只需要对少量模态的反应进行组合。通常取前三阶模态。

---

[1]　译注：绝对加速度。

> **例 2.8　二层框架结构的模态分析**

采用振型分解反应谱法计算例 2.1 中的二层框架结构的地震反应。

设 1 阶和 2 阶模态的阻尼比均为 $h = 0.05$，地震反应谱采用梅村谱，地面运动震度 $k_G = 0.2$，则 1 阶和 2 阶模态对应的位移反应谱值分别为：

$$_1S_D = 90T^2k_G = 90 \times (0.24)^2 \times 0.2 = 1.04 \text{cm}$$

$$_2S_D = 90 \times (0.078)^2 \times 0.2 = 0.11 \text{cm}$$

分别采用绝对值之和（ABS）和平方和的平方根（RSS）两种方法计算结构的最大反应。各楼层相对于地面的最大位移反应为：

$$\begin{Bmatrix} y_1 \\ y_2 \end{Bmatrix}_{\text{ABS}} = \{ |_1\beta_1 u| \} _1S_D + \{ |_2\beta_2 u| \} _2S_D$$

$$= \begin{Bmatrix} 0.615 \\ 1.198 \end{Bmatrix} \times 1.04 + \begin{Bmatrix} 0.385 \\ 0.198 \end{Bmatrix} \times 0.11$$

$$= \begin{Bmatrix} 0.640 \\ 1.246 \end{Bmatrix} + \begin{Bmatrix} 0.042 \\ 0.022 \end{Bmatrix}$$

$$= \begin{Bmatrix} 0.682 \\ 1.268 \end{Bmatrix} \text{cm}$$

$$\begin{Bmatrix} y_1 \\ y_2 \end{Bmatrix}_{\text{RSS}} = \begin{Bmatrix} \sqrt{0.640^2 + 0.042^2} \\ \sqrt{1.246^2 + 0.022^2} \end{Bmatrix} = \begin{Bmatrix} 0.641 \\ 1.246 \end{Bmatrix} \text{cm}$$

同样的，最大层间位移为：

$$\begin{Bmatrix} \delta_1 \\ \delta_2 \end{Bmatrix}_{\text{ABS}} = \{ |_1\beta(_1u_i - _1u_{i-1})| \} _1S_D + \{ |_2\beta(_2u_i - _2u_{i-1})| \} _2S_D$$

$$= \begin{Bmatrix} 0.615 \\ 0.583 \end{Bmatrix} \times 1.04 + \begin{Bmatrix} 0.385 \\ 0.583 \end{Bmatrix} \times 0.11$$

$$= \begin{Bmatrix} 0.640 \\ 0.606 \end{Bmatrix} + \begin{Bmatrix} 0.042 \\ 0.064 \end{Bmatrix} = \begin{Bmatrix} 0.682 \\ 0.670 \end{Bmatrix} \text{cm}$$

$$\begin{Bmatrix} \delta_1 \\ \delta_2 \end{Bmatrix}_{RSS} = \begin{Bmatrix} \sqrt{0.640^2 + 0.042^2} \\ \sqrt{0.606^2 + 0.064^2} \end{Bmatrix} = \begin{Bmatrix} 0.641 \\ 0.609 \end{Bmatrix} cm$$

在计算最大层剪力之前，首先计算各阶模态对应的各楼层受到的地震力作用（设 $_sS_D = 1$）如下：

$$\begin{Bmatrix} _1P_1 \\ _1P_2 \end{Bmatrix} = [K]_1\beta\{_1u\} = \begin{bmatrix} 1056 & -472 \\ -472 & 380 \end{bmatrix} \begin{Bmatrix} 0.615 \\ 1.198 \end{Bmatrix} = \begin{Bmatrix} 84 \\ 165 \end{Bmatrix} kN$$

$$\begin{Bmatrix} _2P_1 \\ _2P_2 \end{Bmatrix} = \begin{bmatrix} 1056 & -472 \\ -472 & 380 \end{bmatrix} \begin{Bmatrix} 0.385 \\ -0.198 \end{Bmatrix} = \begin{Bmatrix} 500 \\ -257 \end{Bmatrix} kN$$

由此可得各阶模态对应的最大层剪力：

$$\begin{Bmatrix} _1Q_1 \\ _1Q_2 \end{Bmatrix} = \begin{Bmatrix} 249 \\ 165 \end{Bmatrix} kN, \quad \begin{Bmatrix} _2Q_1 \\ _2Q_2 \end{Bmatrix} = \begin{Bmatrix} 243 \\ -257 \end{Bmatrix} kN$$

则最大层剪力为：

$$\begin{Bmatrix} Q_1 \\ Q_2 \end{Bmatrix}_{ABS} = \begin{Bmatrix} 249 \\ 165 \end{Bmatrix} \times 1.04 + \begin{Bmatrix} 243 \\ 257 \end{Bmatrix} \times 0.11$$

$$= \begin{Bmatrix} 259.0 \\ 171.6 \end{Bmatrix} + \begin{Bmatrix} 26.7 \\ 28.3 \end{Bmatrix} = \begin{Bmatrix} 285.7 \\ 199.9 \end{Bmatrix} kN$$

$$\begin{Bmatrix} Q_1 \\ Q_2 \end{Bmatrix}_{RSS} = \begin{Bmatrix} \sqrt{259.0^2 + 26.7^2} \\ \sqrt{171.6^2 + 28.3^2} \end{Bmatrix} = \begin{Bmatrix} 260.4 \\ 173.9 \end{Bmatrix} kN$$

下面计算各个构件的最大弯矩。首先假设 $_sS_D = 1cm$，计算当结构位移为 $_s\beta\{_su\}$ 时各个构件的弯矩 $_sM_i$。利用例 2.1 中给出的结构某一楼层发生单位位移时的弯矩分布，可组合得到对应于给定楼层位移的弯矩分布，如图 2.20 所示。

利用图 2.20 所示的各阶模态弯矩分布和相应的位移反应谱值，可以按绝对值之和估算一层柱脚处的最大弯矩反应如下：

$$M_{ABS} = 252.7 \times 1.04 + 208.4 \times 0.11 = 285.7 kN \cdot m$$

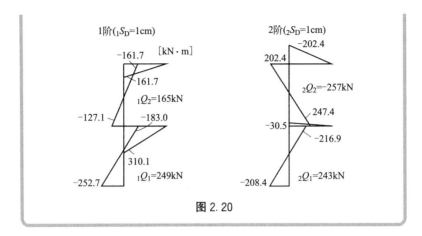

图 2.20

上述二层框架结构的周期较短，位移反应谱与周期的平方成比例，因此二阶模态的影响比较小。对于一阶周期较长的高层建筑，如图 1.46 所示，位移反应谱可能与周期呈线性关系，甚至可能是一个定值。这时，高阶模态将对结构反应产生更大的影响。

2.6　非比例阻尼*

(1)　自由振动

当结构各个部分的阻尼不同时，阻尼矩阵往往不再满足第 2.3 节介绍的比例阻尼的条件。当需要同时考虑地基和上部结构时或者对于由不同材料的构件组成的混合结构，都可能出现这种情况，称为非比例阻尼（nonproportional damping）。

结构自由振动的运动方程的一般形式为：

$$[M]\{\ddot{y}\}+[C]\{\dot{y}\}+[K]\{y\}=\{0\} \qquad (2.105)$$

式中 $[M]$，$[C]$ 和 $[K]$ 均为 $N\times N$ 的对称矩阵。

设式（2.105）的解可写成 $\{y\}=\{u\}\,\mathrm{e}^{\lambda t}$ 的形式，则有

$$(\lambda^2[M]+\lambda[C]+[K])\{u\}=\{0\} \qquad (2.106)$$

为使式（2.106）具有除 $\{u\}=\{0\}$ 之外的解，需要满足以下条件：

$$|\lambda^2[M]+\lambda[C]+[K]|=0 \qquad (2.107)$$

式（2.107）是一个关于 λ 的 $2N$ 次方程。由式（2.106）和式

（2.107）可以确定 $2N$ 个复特征值和特征向量。对于比例阻尼体系，特征向量均为实数；对于更为一般的非比例阻尼体系，特征向量则可能为复数。这意味着当体系按照某一模态振动时，如果体系具有比例型阻尼，则体系各处均按相同的相位振动；如果体系具有非比例阻尼，则同一模态中不同部位的振动也会存在相位差。

通常不直接求解式（2.106），而是采用 Foss 法，设 $\{\dot{y}\} = \{x\}$，将式（2.105）改写为 $2N$ 次联立一阶微分方程组：

$$\left.\begin{array}{l} [M]\{\dot{y}\} - [M]\{x\} = \{0\} \\ [M]\{\dot{x}\} + [C]\{\dot{y}\} + [K]\{y\} = \{0\} \end{array}\right\} \tag{2.108}$$

可将式（2.108）写成矩阵形式如下：

$$[A]\{\dot{z}\} + [B]\{z\} = \{0\} \tag{2.109}$$

式中，

$$\{z\} = \left\{\begin{array}{c} \{x\} \\ \{y\} \end{array}\right\} = \left\{\begin{array}{c} \{\dot{y}\} \\ \{y\} \end{array}\right\} \tag{2.110}$$

$$[A] = \begin{bmatrix} [0] & [M] \\ [M] & [C] \end{bmatrix} \tag{2.111}$$

$$[B] = \begin{bmatrix} -[M] & [0] \\ [0] & [K] \end{bmatrix} \tag{2.112}$$

$\{z\}$ 是 $2N$ 维向量，$[A]$ 和 $[B]$ 均是 $2N \times 2N$ 的对称矩阵。

设式（2.109）的解为 $\{z\} = \{v\} \mathrm{e}^{\lambda t}$，则有，

$$(\lambda[A] + [B])\{v\} = \{0\} \tag{2.113}$$

式（2.113）是关于实数对称矩阵 $[A]$ 和 $[B]$ 的一般特征值问题，有多种方法可以求解。特征向量 $\{v\}$ 可以用振型向量 $\{u\}$ 表示如下：

$$\{v\} = \left\{\begin{array}{c} \lambda\{u\} \\ \{u\} \end{array}\right\} \tag{2.114}$$

当特征值 λ 是共轭复数解时，表示阻尼运动，相应的特征向量 $\{v\}$ 也是共轭复数。当 λ 是负实数解时，表示过阻尼运动，特征向量亦为实数。以下只考虑 λ 是实部为负的共轭复数解的情况。

s 阶模态的复特征值 $_s\lambda$ 可以表示成 s 阶模态的自振频率 $_s\omega$ 和阻尼比 $_sh$ 的函数：

$$_s\lambda = {_s\lambda_R} + {_s\lambda_I} \cdot i = -_s h \cdot {_s\omega} + {_s\omega}\sqrt{1-_s h^2} \cdot i \quad (2.115)$$

$$_s\omega = \sqrt{_s\lambda_R^2 + _s\lambda_I^2} = |_s\lambda| \quad (2.116)$$

$$_s h = -\frac{_s\lambda_R}{\sqrt{_s\lambda_R^2 + _s\lambda_I^2}} = -\mathrm{Re}\left[\frac{_s\lambda}{|_s\lambda|}\right] \quad (2.117)$$

根据矩阵 $[A]$ 和 $[B]$ 的对称性，可以得到特征向量 $\{v\}$ 的以下正交性：

$$\{_r v\}^T [A]\{_s v\} = 0 \quad (r \neq s) \quad (2.118)$$

$$\{_r v\}^T [B]\{_s v\} = 0 \quad (r \neq s) \quad (2.119)$$

根据式 (2.111)、式 (2.112) 和式 (2.114)，上述正交性也可以用矩阵 $[M]$、$[C]$、$[K]$ 和向量 $\{u\}$ 表示：

$$(_r\lambda + _s\lambda) \cdot \{_r u\}^T [M]\{_s u\} + \{_r u\}^T [C]\{_s u\} = 0 \quad (r \neq s)$$
$$(2.120)$$

$$-_r\lambda_s\lambda \cdot \{_r u\}^T [M]\{_s u\} + \{_r u\}^T [K]\{_s u\} = 0 \quad (r \neq s)$$
$$(2.121)$$

对于特征值为共轭复数的共轭复模态，$_r\lambda = \overline{_s\lambda}$，$\{_r u\} = \{\overline{_s u}\}$，则有：

$$_s h = \frac{1}{2_s\omega}\frac{\{_s\overline{u}\}^T [C]\{_s u\}}{\{_s\overline{u}\}^T [M]\{_s u\}} \quad (2.122)$$

$$_s\omega^2 = \frac{\{_s\overline{u}\}^T [K]\{_s u\}}{\{_s\overline{u}\}^T [M]\{_s u\}} \quad (2.123)$$

二者均为实数。

初始位移和初始速度分别为 $\{d_0\}$ 和 $\{v_0\}$ 的自由振动反应可以表示为各阶模态反应的叠加。设：

$$\{z\} = \sum_{s=1}^{2N} \{_s v\}_s r \mathrm{e}^{_s\lambda t} \quad (2.124)$$

将初始状态也按振型展开：

$$\{z_0\} = \begin{Bmatrix} \{v_0\} \\ \{d_0\} \end{Bmatrix} = \sum_{s=1}^{2N} \{_s v\} \cdot {_s r_0} \quad (2.125)$$

对式 (2.125) 等号两边左乘 $\{_s v\}^T [A]$ 并考虑正交性可得：

$$_s r_0 = \frac{\{_s v\}^T [A]\{z_0\}}{\{_s v\}^T [A]\{_s v\}}$$

$$=\frac{\{{}_su\}^{\mathrm{T}}[M]\{v_0\}+{}_s\lambda\{{}_su\}^{\mathrm{T}}[M]\{d_0\}+\{{}_su\}^{\mathrm{T}}[C]\{d_0\}}{2{}_s\lambda\{{}_su\}^{\mathrm{T}}[M]\{{}_su\}+\{{}_su\}^{\mathrm{T}}[C]\{{}_su\}}$$

$$(2.126)$$

当 λ 为共轭复数解时，设：

$$\{{}_sa\}=2\mathrm{Re}[\{{}_su\}\cdot{}_sr_0]\,,\quad\{{}_sb\}=-2\mathrm{Im}[\{{}_su\}\cdot{}_sr_0]\quad(2.127)$$

则利用式（2.124）的下半部分，可将体系的位移反应 $\{y\}$ 表示为实数形式：

$$\{y\}=2\sum_{s=1}^{N}\mathrm{Re}[\{{}_su\}\cdot{}_sr_0\mathrm{e}^{{}^s\lambda t}]$$

$$=\sum_{s=1}^{N}e^{-{}_sh_s\omega t}(\{{}_sa\}\cos{}_s\omega't+\{{}_sb\}\sin{}_s\omega't)\quad(2.128)$$

式中，${}_s\omega'=\sqrt{1-{}_sh^2}\cdot{}_s\omega$ 。

对于比例阻尼体系，利用第 2.2 节的式（2.47），可将式（2.126）写为：

$${}_sr_0=\frac{{}_sd_0}{2}-\frac{{}_sv_0+{}_sh\cdot{}_s\omega\cdot{}_sd_0}{2{}_s\omega'}i\quad(2.129)$$

此时，式（2.128）与上文的式（2.64）是相同的。

(2) 对外力作用的反应

体系在外力作用下的运动方程为：

$$[M]\{\ddot{y}\}+[C]\{\dot{y}\}+[K]\{y\}=\{f(t)\}\quad(2.130)$$

利用式（2.110）~式（2.112）可将其改写为如下形式：

$$[A]\{\dot{z}\}+[B]\{z\}=\{G\}\quad(2.131)$$

式中，

$$\{G\}=\begin{Bmatrix}\{0\}\\\{f(t)\}\end{Bmatrix}\quad(2.132)$$

设式（2.131）具有以下形式的解：

$$\{z\}=\sum_{s=1}^{2N}\{{}_sv\}\cdot{}_sr(t)\quad(2.133)$$

将式（2.133）代入式（2.131），左乘 $\{{}_sv\}^{\mathrm{T}}$ 并考虑正交性，可得：

$${}_sA\cdot{}_s\dot{r}(t)+{}_sB\cdot{}_sr(t)={}_sg(t)\quad(2.134)$$

式中，

$$_sA = \{_sv\}^{\mathrm{T}}[A]\{_sv\} = 2_s\lambda^2\{_su\}^{\mathrm{T}}[M]\{_su\} + \{_su\}^{\mathrm{T}}[C]\{_su\}$$

$$(2.135)$$

$$_sB = \{_sv\}^{\mathrm{T}}[B]\{_sv\} = -_s\lambda^2\{_su\}^{\mathrm{T}}[M]\{_su\} + \{_su\}^{\mathrm{T}}[K]\{_su\}$$

$$(2.136)$$

$$_sg(t) = \{_sv\}^{\mathrm{T}}\{G\} = \{_su\}^{\mathrm{T}}\{f(t)\} = \sum_{i=1}^{N} {_su_i} \cdot f_i(t) \qquad (2.137)$$

$_sA$、$_sB$ 和 $_sg(t)$ 通常为复数，对于刚度比例阻尼体系可表示为：

$$_sA = 2_s\omega'{_sM} \cdot i, {_sB} = 2({_sh_s}\omega_s\omega' \cdot i + {_s\omega'^2}){_sM} \qquad (2.138)$$

根据特征向量的特性，$_s\lambda \cdot {_sA} + {_sB} = 0$，式（2.134）可改写为：

$$_s\dot{r}(t) - {_s\lambda} \cdot {_sr}(t) = \frac{_sg(t)}{_sA} \qquad (2.139)$$

$$\therefore {_sr}(t) = \frac{1}{_sA}\int_0^t {_sg}(\tau)\mathrm{e}^{_s\lambda(t-\tau)}\mathrm{d}\tau \qquad (2.140)$$

式（2.140）的解通常为复数。但因为共轭特征值对应的解也共轭，所以可以得到如下所示的实数解：

$$\{y\} = 2\sum_{s=1}^{2N}\{_su\} \cdot {_sr}(t) = 2\sum_{s=1}^{N}\mathrm{Re}\left[\{_su\}\frac{1}{_sA}\int_0^t {_sg}(\tau)\mathrm{e}^{_s\lambda(t-\tau)}\mathrm{d}\tau\right] \qquad (2.141)$$

根据本章参考文献 [1]（Foss，1958），式（2.141）可表达为以下实数形式：

$$y_i = 2\sum_{s=1}^{N}\frac{|_su_i|}{|_sA|}\sum_{k=1}^{N}|_su_k|$$

$$\times \int_0^t \mathrm{e}^{-_sh_s\omega(t-\tau)}\sin\left\{_s\omega'(t-\tau) - {_s\theta} + \frac{\pi}{2} + {_s\varphi_i} + {_s\varphi_k}\right\}f_k(\tau)\mathrm{d}t$$

$$(2.142)$$

式中，$_su_i = |_su_i|\mathrm{e}^{i \cdot {_s\varphi_i}}$，$_sA = |_sA|\mathrm{e}^{i \cdot {_s\theta}}$。

(3) 地震反应

下面考察体系对地震作用的反应。根据运动方程：

$$[M]\{\ddot{y}\} + [C]\{\dot{y}\} + [K]\{y\} = -[M]\{1\}\ddot{y}_0(t) \qquad (2.143)$$

式（2.137）变为：

$$_sg(t) = -\{_su\}^T[M]\{1\}\ddot{y}_0 \quad (2.144)$$

根据式（2.141），体系对地震地面运动作用的反应为：

$$\{y\} = 2\sum_{s=1}^N \text{Re}\left[\{_su\}\frac{\{_su\}^T[M]\{1\}}{_sA}\int_0^t(-\ddot{y}_0(\tau))e^{\lambda(t-\tau)}d\tau\right] \quad (2.145)$$

将式（2.115）代入式（2.135）可得：

$$_sA = 2\{_su\}^T[M]\{_su\}_s\omega'[1+(_s\varepsilon-_s\varepsilon')i]\cdot i \quad (2.146)$$

$$_s\varepsilon = \frac{_sh}{\sqrt{1-_sh^2}} \quad (_sh=式(2.122)) \quad (2.147)$$

$$_s\varepsilon' = \frac{\{_su\}^T[C]\{_su\}}{2_s\omega'\{_su\}^T[M]\{_su\}} \quad (2.148)$$

$_s\varepsilon'$ 通常为复数，但对于比例阻尼体系，$_s\varepsilon'$ 和 $_s\varepsilon$ 均为实数。此时，式（2.149）可以写为：

$$\{y\} = \sum_{s=1}^N \text{Re}\left[\frac{\{_su\}^T[M]\{1\}}{\{_su\}^T[M]\{_su\}}\frac{1}{1+(_s\varepsilon-_s\varepsilon')i}\{_su\}\frac{1}{_s\omega'}\int_0^t\ddot{y}_0(\tau)e^{-_sh_s\omega(t-\tau)}\right.$$

$$\left. \times\{-\sin_s\omega'(t-\tau)+i\cos_s\omega'(t-\tau)\}d\tau\right] \quad (2.149)$$

可将其表示成模态分析的常用形式如下：

$$\{y\} = \sum_{s=1}^N \text{Re}[_s\beta\cdot\{_su\}\cdot_sq(t)] \quad (2.150)$$

式中，

$$_s\beta = \frac{\{_su\}^T[M]\{1\}}{\{_su\}^T[M]\{_su\}}\frac{1}{1+(_s\varepsilon-_s\varepsilon')i} \quad (2.151)$$

$$_sq(t) = -\frac{1}{_s\omega'}\int_0^t\ddot{y}_0(\tau)e^{-_sh_s\omega(t-\tau)}\{\sin_s\omega'(t-\tau)-i\cos_s\omega'(t-\tau)\}d\tau$$

$$= _sq_R(t)-i\cdot_sq_I(t) \quad (2.152)$$

$_s\beta$ 和 $_sq(t)$ 分别为复振型参与系数和复数形式的时程反应函数。利用圆频率为 $_s\omega$，阻尼比为 $_sh$ 的单自由度体系对地面运动 $\ddot{y}_0$ 作用的实位移反应 $_sq_0(t)$ 和速度反应 $_s\dot{q}_0(t)$，可将 $_sq(t)$ 的实部和虚部分别表示为：

$$_sq_R(t) = _sq_0(t) \quad (2.153)$$

$$_sq_I(t) = \frac{_s\dot{q}_0(t)+_sh\cdot_s\omega\cdot_sq_0(t)}{_s\omega'} \quad (2.154)$$

式中，${}_s q_0$ 满足以下运动方程：

$$
{}_s \ddot{q}_0(t) + 2_s h \cdot {}_s \omega \cdot {}_s \dot{q}_0(t) + {}_s \omega^2 \cdot {}_s q_0(t) = -\ddot{y}_0(t) \quad (2.155)
$$

设：

$$
\mathrm{Re}[{}_s \beta \{{}_s u\}] = \{{}_s a\}, \quad \mathrm{Im}[{}_s \beta \{{}_s u\}] = \{{}_s b\} \quad (2.156)
$$

则式（2.155）的解为：

$$
\{y\} = \sum_{s=1}^{N} \left(\{{}_s a\} {}_s q_0(t) + \{{}_s b\} \frac{{}_s \dot{q}_0(t) + {}_s h \cdot {}_s \omega \cdot {}_s q_0(t)}{{}_s \omega'} \right) \quad (2.157)
$$

对于比例阻尼体系，等号右边仅剩下第一项 $\sum_{s=1}^{N} \{{}_s a\} {}_s q_0(t)$。

(4) 模态阻尼比的估算

准确地计算非比例阻尼体系的特征值往往非常繁琐。下面介绍一些简单的估算方法。

当阻尼较小时，对于自振周期和振型，可以直接忽略阻尼的影响；对于阻尼比，则可以采取近似的计算方法。

• 利用对角元素估算阻尼比

当阻尼较小时，可以近似地利用无阻尼振型 $\{{}_s u^*\}$ 和无阻尼圆频率 ${}_s \omega^*$ 按下式计算 s 阶模态的阻尼比。该方法通常具有较好的精度，是一种常用的简化方法。

$$
{}_s h^* = \frac{\{{}_s u^*\}^{\mathrm{T}}[C]\{{}_s u^*\}}{2_s \omega^* \{{}_s u^*\}^{\mathrm{T}}[M]\{{}_s u^*\}} \quad (2.158)
$$

上式实际上是采用无阻尼振型矩阵 $[U^*]$ 强行对阻尼矩阵 $[C]$ 进行对角化，只利用 $[U^*]^{\mathrm{T}}[C][U^*]$ 的对角线元素确定阻尼比。

• Biggs 方法

Biggs 针对土-结构相互作用体系提出了一种根据结构各个构件的耗能和最大弹性势能估算阻尼比的方法[4]。当结构按照某一振型振动时，首先计算结构各个构件在 1 个循环的耗能 ΔW_i 和最大弹性势能 W_i，再根据式（2.159）计算结构在该振动状态下的阻尼比。

$$
{}_s h = \frac{1}{4\pi} \frac{\sum_{i=1}^{m} \Delta W_i}{\sum_{i=1}^{m} W_i} \quad (2.159)
$$

式中，m 为构件数量。

对于如图 2.21 所示的由弹簧和黏性阻尼器组成的体系，ΔW 和 W 可分别表示为：

$$\Delta W = \pi c p A^2 \tag{2.160}$$

$$W = \frac{1}{2} k A^2 \tag{2.161}$$

式中，p 是 s 阶圆频率。

定义黏性阻尼器的等效阻尼比 h_e 为：

$$h_e = \frac{1}{4\pi} \frac{\Delta W}{W} = \frac{1}{2} \frac{cp}{k} \tag{2.162}$$

当阻尼系数 c 为常数时，h_e 与圆频率 p 成比例。

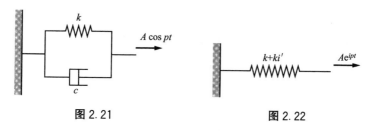

图 2.21   图 2.22

对于复阻尼体系（图 2.22），W 仍可按式（2.161）计算，ΔW 则变为：

$$\Delta W = \pi k' A^2 \tag{2.163}$$

定义滞回型耗能构件的等效阻尼比 h_e 为：

$$h_e = \frac{1}{4\pi} \frac{\Delta W}{W} = \frac{1}{2} \frac{k'}{k} \tag{2.164}$$

滞回型耗能构件的 ΔW 和 h_e［即第 1.9 节式（1.181）中的 β］均与频率无关（对于受弯构件，刚度应采用受弯刚度，W 应采用弯曲应变能，参见第 4.5 节）。

根据以上方法，若已知结构按某阶模态振动的各个构件的 ΔW 和 W（图 2.23），即可根据式（2.159）确定整体结构的该阶模态的阻尼比。

利用式（2.162）或式（2.164）中定义的构件的等效阻尼比 h_{ei}，可将式（2.159）改写为：

$$_s h = \frac{\sum\limits_{i=1}^{m} h_{ei} \cdot W_i}{\sum\limits_{i=1}^{m} W_i} \quad (2.165)$$

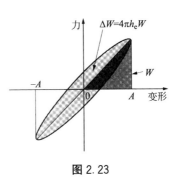

图 2.23

可见，结构某阶模态的阻尼比相当于各个构件的等效阻尼比以该模态下构件的最大应变能为权重的加权平均。在实际的计算分析中，通常需要对构件的等效阻尼比 h_{ei} 进行合理的假设。

当采用无阻尼体系的振型和圆频率计算 ΔW 和 W，式（2.159）和式（2.158）实际上是等效的，因此可以通过式（2.159）来理解式（2.158）的强行对角化的物理意义。此外，式（2.158）和式（2.159）均同样适用于比例阻尼体系。

当结构振幅较小时，通常认为结构构件的能量耗散率 $\Delta W/W$ 与频率无关，表现出滞回型耗能，而地基土的阻尼则通常采用等效的黏性阻尼来模拟（第 8.4 节）。与上部结构相比，地基土的等效阻尼比往往较大，这时有必要采用非比例阻尼来描述整体体系的阻尼特性。滞回型耗能和黏性阻尼同时存在时，仍可采用 Biggs 方法按两者的 ΔW 之和确定体系的模态阻尼比。

在直接通过数值积分计算结构的地震反应时，利用以上得到的各阶模态的阻尼比形成黏性阻尼矩阵，也是一种常用的方法［第 2.3 节（3）］。

2.7　特征值的计算

(1) 特征值问题

对于矩阵 $[A]$，计算使下式成立的特征值 λ 和特征向量 $\{u\}$ 的问题，称为标准**特征值问题**（eigenvalue problem）。

$$[A]\{u\} = \lambda \{u\} \quad (2.166)$$

多自由度体系的自由振动可以通过对称矩阵 $[M]$ 和 $[K]$ 表示为：

$$\omega^2[M]\{u\} = [K]\{u\} \qquad (2.167)$$

这种形式的问题称为**广义特征值问题**（generalized eigenvalue problem）。

将式（2.167）改写为如式（2.166）所示的标准特征值问题的形式，则有：

$$\omega^2\{u\} = [M]^{-1}[K]\{u\} \qquad (2.168)$$

此处，$[M]^{-1}[K]$ 通常为非对称矩阵。

如果在式（2.167）中使用柔度矩阵 $[\alpha] = [K]^{-1}$，则有

$$(1/\omega^2)\{u\} = [\alpha][M]\{u\} \qquad (2.169)$$

同样，$[\alpha][M]$ 通常也为非对称矩阵。

为使式（2.167）~式（2.169）具有除 $\{u\} = \{0\}$ 以外的解，ω 需满足以下条件：

$$|-\omega^2[M] + [K]| = 0 \qquad (2.170)$$

$$|-\omega^2[I] + [M]^{-1}[K]| = 0 \qquad (2.171)$$

$$|-(1/\omega^2)[I] + [\alpha][M]| = 0 \qquad (2.172)$$

利用式（2.170）~式（2.172）中关于 ω^2（或 $1/\omega^2$）的 N 次方程，可以确定 N 个特征值，并根据式（2.167）~式（2.169）确定相应的特征向量。以上特征值问题可采用不同的手算或电算方法求解。3 自由度体系的特征值问题可以直接求解三次方程组；当体系的自由度较多时，则需要采用下文介绍的**迭代法（幂乘法）**（power method）进行求解。

Jacobi 法和 Givens-Housholder 法[第1章[6]] 等方法是适于电算的求解方法，可通过在电子计算机上编写子程序来实现。

在利用电子计算机求解如式（2.167）所示的广义特征值问题时，通常先将其转换为关于对称矩阵的标准特征值问题。为此，进行变量代换，令：

$$\{v\} = [M]^{1/2}\{u\} \qquad (2.173)$$

则式（2.167）可改写为：

$$\omega^2\{v\} = [M]^{-1/2}[K][M]^{-1/2}\{v\} = [K']\{v\} \qquad (2.174)$$

式（2.174）是关于对称矩阵 $[K'] = [M]^{-1/2}[K][M]^{-1/2}$ 的标准特征值问题。式（2.174）和式（2.167）中的问题具有相同的

特征值。二者的特征向量之间满足式（2.173）所示的关系。

当 $[M]$ 为对角阵时，容易得到 $[M]^{-1/2}$ 如下：

$$[M]^{-1/2} = [\diagdown\, m_i^{-1/2}\, \diagdown] \qquad (2.175)$$

当 $[M]$ 不是对角阵时，需要先求解关于 $[M]$ 的特征值问题，$[M]\{w\} = p\{w\}$，再利用归一化特征矩阵 $[W]$ 按下式计算 $[M]^{-1/2}$：

$$[M]^{-1/2} = [W][\diagdown\, p^{-1/2}\, \diagdown][W]^{\mathrm{T}} \qquad (2.176)$$

下面考察特征向量的正交性。一般的非对称矩阵 $[A]$ 的特征向量 $\{v\}$ 和它的转置 $[A]^{\mathrm{T}}$ 的特征向量 $\{v'\}$ 满足以下正交性：

$$\{_r v'\}^{\mathrm{T}}\{_s v\} = 0 \quad (r \neq s) \qquad (2.177)$$

即归一化特征矩阵满足以下关系：

$$[V']^{\mathrm{T}}[V] = [I] \qquad (2.178)$$

如果 $[A]$ 为对称矩阵，则 $\{v'\}$ 与 $\{v\}$ 相等，特值向量与其本身是正交的，即：

$$[V]^{\mathrm{T}}[V] = [I] \qquad (2.179)$$

$$[V]^{\mathrm{T}}[A][V] = [\diagdown\, \lambda\, \diagdown]（特征值矩阵，对角阵） \qquad (2.180)$$

对于式（2.167）中的广义特征值问题，式（2.173）所示的代换矩阵 $[M]^{1/2}[U]$ $(= [V])$ 和式（2.174）中的 $[K'](= [A])$ 均满足式（2.179）和式（2.180）的正交性，即：

$$[U]^{\mathrm{T}}[M][U] = [I] \qquad (2.181)$$

$$[U]^{\mathrm{T}}[K][U] = [\diagdown\, \omega^2\, \diagdown] \qquad (2.182)$$

(2) 迭代法

为求解特征值问题 $[A]\{u\} = \lambda\{u\}$，可先假设一个向量 $\{u\}$ 作为试算向量，计算等式左侧的向量。如果假设的 $\{u\}$ 是真实的特征向量，则 $[A]\{u\}$ 的各个元素应为 $\{u\}$ 中相应元素的 λ 倍；如果 $\{u\}$ 不是真实的特征向量，则 $[A]\{u\}$ 和 $\{u\}$ 中的元素不成比例。此时，将 $[A]\{u\}$ 作为新的试算向量 $\{u\}$，再次进行上述计算，如此反复，$\{u\}$ 将逐渐逼近真实的特征向量。

上述迭代运算将使 $\{u\}$ 收敛到最大特征值对应的特征向量。将初始的试算向量记为 $\{u^{(1)}\}$。它可以表示为真实的各阶特征向量的线性组合：

$$\{u^{(1)}\} = \sum_{s=1}^{N} {}_s\beta \cdot \{{}_su\} \tag{2.183}$$

反复计算 $[A]\{u\}$ 并将其作为新的试算向量的迭代过程如下：

$$\left.\begin{aligned} \{u^{(2)}\} &= [A]\{u^{(1)}\} = \sum_{s=1}^{N} {}_s\beta \cdot {}_s\lambda \cdot \{{}_su\} \\ \{u^{(3)}\} &= [A]\{u^{(2)}\} = \sum_{s=1}^{N} {}_s\beta \cdot {}_s\lambda^2 \{{}_su\} \\ &\vdots \\ \{u^{(k)}\} &= [A]\{u^{(k-1)}\} = \sum_{s=1}^{N} {}_s\beta \cdot {}_s\lambda^{k-1} \{{}_su\} \end{aligned}\right\} \tag{2.184}$$

记 ${}_N\lambda > {}_{N-1}\lambda > \cdots, {}_s\lambda > \cdots > {}_1\lambda$，则有

$$\{u^{(k)}\} = ({}_N\lambda)^{k-1} \left[{}_N\beta \cdot \{{}_Nu\} + \sum_{s=1}^{N-1} \left(\frac{{}_s\lambda}{{}_N\lambda}\right)^{k-1} {}_s\beta\{{}_su\} \right] \tag{2.185}$$

由于 ${}_s\lambda/{}_N\lambda < 1$，当 k 趋于 ∞ 时，等式右边第 2 项趋近于零，即：

$$\{u^{(k)}\} \approx ({}_N\lambda)^{k-1} {}_N\beta \cdot \{{}_Nu\} \approx {}_N\lambda \cdot \{u^{(k-1)}\} \tag{2.186}$$

前后两步迭代中的特征向量的各个元素应具有以下近似的比例关系：

$$\frac{u_i^{(k)}}{u_i^{(k-1)}} \approx {}_N\lambda \tag{2.187}$$

不断重复以上迭代过程，直到特征向量的各个元素均足够精确地满足式（2.187）为止。为加快收敛，初始试算向量应尽可能接近 $\{{}_Nu\}$。此外，为了避免向量 $\{u\}$ 在迭代过程中不断增大，还需要进行适当的归一化。

通过上述迭代过程得到的特征值是最大特征值。但是对于一般的结构而言往往最关心的是 1 阶特征值，即最小特征值。为此，可以采用上述方法求解用柔度矩阵表示的式（2.169），从而得到 $\mu = 1/\omega^2$ 的最大值。设 $[D] = [K]^{-1}[M]$，则有：

$$[D]\{u\} = \mu\{u\} \tag{2.188}$$

如果需要进一步计算高阶特征值，可在迭代开始之前将已知的

低阶特征向量从试算向量中剔除。在众多方法中，此处只介绍 Newmark 法[5]。

在求得 1 阶模态的特征向量 $\{_1u\}$ 之后，可利用式（2.189）将 $\{_1u\}$ 从任意的试算向量 $\{u\}$ 中剔除，从而构造与 1 阶振型正交的试算向量 $\{\overline{u}\}$（图 2.24）。

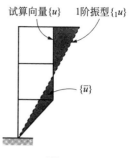

试算向量$\{u\}$　1阶振型$\{_1u\}$

$\{\overline{u}\}$

图 2.24

$$\{\overline{u}\} = \{u\} -_1\beta \cdot \{_1u\} \quad (2.189)$$

式中，

$$_1\beta = \frac{\{_1u\}^{\mathrm{T}}[M]\{u\}}{\{_1u\}^{\mathrm{T}}[M]\{_1u\}} = \frac{\displaystyle\sum_{i=1}^{N} m_i \cdot _1u_i \cdot u_i}{\displaystyle\sum_{i=1}^{N} m_i \cdot _1u_i^2} \quad (2.190)$$

采用 $\{\overline{u}\}$ 按式（2.184）进行迭代，即得到收敛于 2 阶模态的结果。由于数值误差的存在，试算向量中难免会有 $\{_1u\}$ 的残留，并有可能在迭代过程中被逐渐放大。因此，建议在每步迭代时均利用式（2.189）剔除 $\{_1u\}$。式（2.189）可以改写成矩阵的形式如下：

$$\{\overline{u}\} = \{u\} - \frac{\{_1u\}\{_1u\}^{\mathrm{T}}[M]\{u\}}{\{_1u\}^{\mathrm{T}}[M]\{_1u\}} = [_1S]\{u\} \quad (2.191)$$

式中，

$$[_1S] = [I] - \frac{\{_1u\}\{_1u\}^{\mathrm{T}}[M]}{\{_1u\}^{\mathrm{T}}[M]\{_1u\}} \quad (2.192)$$

当 $[M]$ 为对角阵时，有：

$$_1S_{ij} = \delta_{ij} - \frac{_1u_i \cdot _1u_j \cdot m_j}{\displaystyle\sum_{k=1}^{N} m_k \cdot _1u_k^2}, \quad \delta_{ij} = \begin{cases} 1 & (i = j) \\ 0 & (i \neq j) \end{cases}$$

对矩阵 $[D][_1S]$ 进行上述迭代计算，即得到 2 阶模态的特征值和特征向量。

在求得 1 阶和 2 阶模态之后，可进一步利用以下试算向量求解 3 阶模态。

$$\{\widetilde{u}\} = \{u\} - \{{}_1u\}_1\beta - \{{}_2u\}_2\beta$$

$$= \left([I] - \frac{\{{}_1u\}\{{}_1u\}^{\mathrm{T}}[M]}{\{{}_1u\}^{\mathrm{T}}[M]\{{}_1u\}} - \frac{\{{}_2u\}\{{}_2u\}^{\mathrm{T}}[M]}{\{{}_2u\}^{\mathrm{T}}[M]\{{}_2u\}}\right)\{u\}$$

$$= [{}_2S]\{u\}$$

$$(2.193)$$

需要注意的是，在求解高阶振型时，对低阶振型的解的精度有很高的要求。

(3) 计算剪切层模型特征值的列表法

集中质量剪切层模型按照向量 $\{u_k\}$ 振动时各质点满足以下力的平衡关系（图 2.25）：

$$Q_i = \sum_{k=i}^{N} \omega^2 m_k u_k = k_i(u_i - u_{i-1}) \qquad (2.194)$$

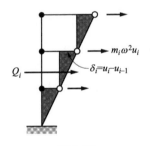

图 2.25

如果 u_k 是真实的 1 阶振型，那么体系在惯性力 $m_k\omega^2 u_k$ 作用下的侧向位移 u_k' 应等于 u_k。如果 u_k 不是真实的 1 阶振型，则与 u_k 相比，体系的侧向位移 u_k' 将更接近于真实的 1 阶振型。如此反复计算，可以使 u_k 收敛于 1 阶振型。

为了简化计算，可以采用表 2.1 所示的列表形式。

表 2.1

层	① m_i	② k_i	③ u_i	④ ①×③	⑤ $\sum_{k=i}^{N}$④	⑥ ⑤/②	⑦ $\sum_{k=i}^{N}$⑥	⑧ ③/⑦	⑨ ⑦/基准值
N									
⋮									
2									
1									

表中①～⑨各列的含义如下：

①质量，②层刚度，③试算向量，④$m_i u_i$＝惯性力$/\omega^2$

⑤ $\sum_{k=i}^{N} m_k u_k$ ＝层剪力$/\omega^2$，⑥δ_i/ω^2＝层间位移$/\omega^2$

⑦ $\sum_{k=1}^{i} \delta_k = \overline{u}_i/\omega^2$＝计算振型$/\omega^2$

⑧ $u_i/\overline{u}_i/\omega^2 \approx \omega^2$，⑨归一化

表 2.1 实际上是在计算式（2.169）等号右边的项。该方法称为 Stodola 法。

─── 例 2.9　采用 Stodola 法计算特征值

采用列表法求解 5 自由度集中质量剪切层模型的 1 阶和 2 阶模态。设各层质量均为 $19.6 \times 10^5 \mathrm{kg}$，层剪切刚度均为 $4.9 \times 10^8 \mathrm{N/m}$。

初始的试算向量应尽可能接近真实的 1 阶振型。此处假设倒三角形向量作为试算向量。采用列表法求解 1 阶模态的迭代过程如下：

$$
\begin{Bmatrix} 1 \\ 2 \\ 3 \\ 4 \\ 5 \end{Bmatrix} \rightarrow
\begin{Bmatrix} 1.000 \\ 1.933 \\ 2.733 \\ 3.333 \\ 3.666 \end{Bmatrix} \rightarrow
\begin{Bmatrix} 1.000 \\ 1.921 \\ 2.689 \\ 3.241 \\ 3.531 \end{Bmatrix}
\xrightarrow{\text{计算过程详见表 2.2}}
\begin{Bmatrix} 1.000 \\ 1.919 \\ 2.684 \\ 3.231 \\ 3.516 \end{Bmatrix}
$$

其中第 3 步迭代的详细过程如表 2.2 所示。

表 2.2

N	m_i	k_i	u_i	$m_i u_i$	$\sum m_i u_i$	δ_i/ω^2	$\sum \delta_i \omega^2$	ω^2	u'
	$\times 10^5$	$\times 10^8$		$\times 10^5$	$\times 10^5$	$\times 10^{-3}$	$\times 10^{-3}$		
5	19.6	4.9	3.531	69.21	69.21	14.12	174.1	20.28	3.516
4	19.6	4.9	3.241	63.52	132.7	27.08	160.0	20.26	3.231
3	19.6	4.9	2.689	52.70	185.4	37.84	132.9	20.23	2.684
2	19.6	4.9	1.921	37.65	223.1	45.52	95.04	20.21	1.919
1	19.6	4.9	1.000	19.60	242.7	49.52	49.52	20.19	1.000

ω^2 的平均值 20.23 $\rightarrow_1 \omega = 4.50$

采用同样的方法求解 2 阶模态。为了使试算向量尽量接近于真实的 2 阶振型，设初始试算向量为 $\{1，1，1，-1，-1\}$，并从中剔除上一步求得的 1 阶振型向量。根据式（2.190）有：

$$_1\beta = \frac{1 \times 1 + 1.919 \times 1 + 2.684 \times 1 - 3.231 \times 1 - 3.516 \times 1}{1^2 + 1.919^2 + 2.684^2 + 3.231^2 + 3.516^2}$$

$$= \frac{-1.144}{34.69} = -0.033$$

根据式（2.189）可以得到与 1 阶振型正交的试算向量 $\{\overline{u}\}$ 如下：

$$\begin{Bmatrix} 1 \\ 1 \\ 1 \\ -1 \\ -1 \end{Bmatrix} - (-0.033) \times \begin{Bmatrix} 1.000 \\ 1.919 \\ 2.684 \\ 3.231 \\ 3.156 \end{Bmatrix} = \begin{Bmatrix} 1.033 \\ 1.063 \\ 1.089 \\ -0.893 \\ -0.884 \end{Bmatrix} \rightarrow \begin{Bmatrix} 1.00 \\ 1.029 \\ 1.054 \\ -0.864 \\ -0.856 \end{Bmatrix} = \{\overline{u}\}$$

采用 $\{\overline{u}\}$ 进行列表法计算并在每次计算中均剔除 1 阶振型向量。其迭代过程如下：

$$\begin{Bmatrix} 1 \\ 1 \\ 1 \\ -1 \\ -1 \end{Bmatrix} \rightarrow \begin{Bmatrix} 1.000 \\ 1.266 \\ 0.778 \\ -0.484 \\ -1.112 \end{Bmatrix} \rightarrow \begin{Bmatrix} 1.000 \\ 1.304 \\ 0.726 \\ -0.391 \\ -1.169 \end{Bmatrix} \rightarrow \begin{Bmatrix} 1.000 \\ 1.308 \\ 0.716 \\ -0.376 \\ -1.191 \end{Bmatrix} \xrightarrow[\text{详见表 2.3}]{\text{计算过程}} \begin{Bmatrix} 1.000 \\ 1.309 \\ 0.715 \\ -0.379 \\ -1.195 \end{Bmatrix}$$

其中第 4 步迭代的详细过程如下：

$$_1\beta = \frac{1 \times 1 + 1.308 \times 1.919 + 0.716 \times 2.684 - 0.376 \times 3.231 - 1.191 \times 3.516}{34.69}$$

$$= 0.00085$$

$$\begin{Bmatrix} 1.000 \\ 1.308 \\ 0.716 \\ -0.376 \\ -1.191 \end{Bmatrix} - 0.00085\{_1u\} = \begin{Bmatrix} 0.999 \\ 1.306 \\ 0.714 \\ -0.379 \\ -1.194 \end{Bmatrix} \rightarrow \begin{Bmatrix} 1.000 \\ 1.307 \\ 0.715 \\ -0.379 \\ -1.195 \end{Bmatrix}$$

表 2.3

N	m_i	k_i	u_i	$m_i u_i$	$\sum m_i u_i$	δ_i / ω^2	$\sum \delta_i \omega^2$	ω^2	u'
	$\times 10^5$	$\times 10^8$		$\times 10^5$	$\times 10^5$	$\times 10^{-3}$	$\times 10^{-3}$		
5	19.6	4.9	-1.195	-23.42	-23.42	-4.780	-6.928	172.5	-1.196
4	19.6	4.9	-0.379	-7.428	-30.85	-6.296	-2.148	176.4	-0.371
3	19.6	4.9	0.715	14.01	-16.84	-3.736	4.148	172.4	0.716
2	19.6	4.9	1.307	25.62	8.78	1.792	7.584	172.3	1.309
1	19.6	4.9	1.000	19.60	28.38	5.729	5.729	172.7	1.000

ω^2 的平均值 173.3 $\rightarrow \omega = 13.16$

当认为估算的振型 $\{u'\}$ 收敛时，可以利用式 (2.195) 所示的瑞利商 （Rayleigh's quotient） 得到更加准确的特征值。

$$\omega^2 = \frac{\{u'\}^T [K] \{u'\}}{\{u'\}^T [M] \{u'\}} \tag{2.195}$$

对于本例的集中质量剪切层模型，利用上述最后一步迭代得到的 $\{u'\}$ 可以得到 2 阶特征值为 172.6：

$$\omega^2 = \frac{\sum\limits_{j=1}^{N} k_j (u'_j - u'_j)^2}{\sum\limits_{j=1}^{N} m_j u_j'^2} = 172.6 \tag{2.196}$$

第3章 数值分析方法

3.1 数值积分

在一系列很小的时间步长内对运动方程进行数值积分（numerical integration）是求解结构对地震地面运动这种不规则的外部作用的动力反应的有效方法。该方法利用体系到 t_n 时刻为止的已知的运动状态 $\{y_n\}$，$\{\dot{y}_n\}$ 和 $\ddot{y}_n$，推测时间步长 Δt 之后体系在 t_{n+1} 时刻的运动状态 $\{y_{n+1}\}$，$\{\dot{y}_{n+1}\}$ 和 $\{\ddot{y}_{n+1}\}$。通过递推计算可以得到体系完整的时程反应（图 3.1）。

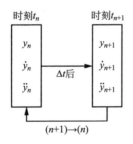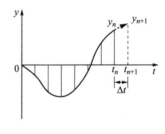

图 3.1

当结构在强烈地震作用下表现出弹塑性行为时，结构的恢复力特性可能发生复杂的变化。但是，如果采用数值积分方法，在每个时间步长内只需要考虑结构当前的动力特性，便可依次求解各个时刻的结构反应。

历史上人们提出了很多数值积分方法。本章介绍在地震反应分析中常用的加速度法、Runge-Kutta 法和基于运动方程精确解的积分方法。

3.2 加速度法

通过假设加速度在很小的时间步长内的变化，可以得到在地震反应分析中应用最为广泛的一系列数值积分方法，统称加速度法（acceleration method）。其递推公式可以统一表示成 Newmark-β 法的形式[1]。

（1）线性加速度法

线性单自由度体系在地震作用下的运动方程为：

$$m\ddot{y} + c\dot{y} + ky = -m\ddot{y}_0 \tag{3.1}$$

记体系在 t_n 和 $t_{n+1} = t_n + \Delta t$ 时刻的运动状态分别为 y_n、$\dot{y}_n$、$\ddot{y}_n$ 和 y_{n+1}、$\dot{y}_{n+1}$、$\ddot{y}_{n+1}$。t_n 时刻的运动状态以及 t_n 时刻和 t_{n+1} 时刻的地面加速度 $\ddot{y}_{0n}$ 和 $\ddot{y}_{0n+1}$ 均已知，需要求解 t_{n+1} 时刻的运动状态。

假设体系的加速度在时间步长 Δt 内线性变化，如图 3.2（a）所示。此时，对于 $t_n \leqslant t \leqslant t_{n+1}$，体系在 t 时刻的加速度、速度和位移分别为：

$$\ddot{y}(t) = \ddot{y}_n + \frac{\ddot{y}_{n+1} - \ddot{y}_n}{\Delta t}(t - t_n) \tag{3.2}$$

$$\dot{y}(t) = \dot{y}_n + \int_{t_n}^{t} \ddot{y}(t)\mathrm{d}t = \dot{y}_n + \ddot{y}_n(t - t_n) + \frac{1}{2}\frac{\ddot{y}_{n+1} - \ddot{y}_n}{\Delta t}(t - t_n)^2 \tag{3.3}$$

$$\begin{aligned} y(t) &= y_n + \int_{t_n}^{t} \dot{y}(t)\mathrm{d}t \\ &= y_n + \dot{y}_n(t - t_n) + \frac{1}{2}\ddot{y}_n(t - t_n)^2 + \frac{1}{6}\frac{\ddot{y}_{n+1} - \ddot{y}_n}{\Delta t}(t - t_n)^3 \end{aligned} \tag{3.4}$$

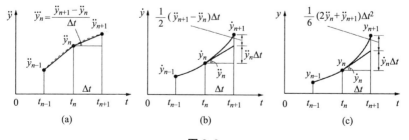

图 3.2

式（3.2）～式（3.4）分别将加速度、速度和位移表示成时间 t 的一次、二次和三次方程（图 3.2）。将 $t=t_n+\Delta t$ 代入式（3.3）和式（3.4）可以得到 t_{n+1} 时刻的位移 y_{n+1} 和速度 $\dot{y}_{n+1}$。运动方程式（3.1）在 t_{n+1} 时刻同样成立。因此得到如下所示的三个基本公式：

$$y_{n+1}=y_n+\dot{y}_n\Delta t+\frac{1}{6}(2\ddot{y}_n+\ddot{y}_{n+1})\Delta t^2 \tag{3.5}$$

$$\dot{y}_{n+1}=\dot{y}_n+\frac{1}{2}(\ddot{y}_n+\ddot{y}_{n+1})\Delta t \tag{3.6}$$

$$\ddot{y}_{n+1}=-\frac{c}{m}\dot{y}_{n+1}-\frac{k}{m}y_{n+1}-\ddot{y}_{0n+1} \tag{3.7}$$

求解由式（3.5）～式（3.7）组成的联立线性方程组，即可以用 t_n 时刻的已知的 y_n、$\dot{y}_n$ 和 $\ddot{y}_n$ 来表示 t_{n+1} 时刻的未知的 y_{n+1}、$\dot{y}_{n+1}$ 和 $\ddot{y}_{n+1}$。以上方法的基本假设是加速度在 Δt 内线性变化，因此称为**线性加速度法**（linear acceleration method）。

可采用以下两种方法求解由式（3.5）～式（3.7）组成的联立线性方程组：

- 通过加速度求解

将式（3.5）和式（3.6）代入式（3.7）中，求解 $\ddot{y}_{n+1}$ 得：

$$\ddot{y}_{n+1}=-\frac{\ddot{y}_{0n+1}+\dfrac{c}{m}\left(\dot{y}_n+\dfrac{1}{2}\ddot{y}_n\Delta t\right)+\dfrac{k}{m}\left(y_n+\dot{y}_n\Delta t+\dfrac{1}{3}\ddot{y}_n\Delta t^2\right)}{1+\dfrac{1}{2}\dfrac{c}{m}\Delta t+\dfrac{1}{6}\dfrac{k}{m}\Delta t^2} \tag{3.8}$$

将式（3.8）中求得的 $\ddot{y}_{n+1}$ 代回式（3.5）和式（3.6），可以得到用 t_n 时刻的运动状态表示的 y_{n+1} 和 $\dot{y}_{n+1}$。如此递推，可以逐步求解体系在后续时刻的反应。

在地震反应分析中，体系的初始状态通常为 $y(t=0)=0$，$\dot{y}(t=0)=0$，但由于地面运动加速度 $\ddot{y}_0(t=0)\neq0$，体系的初始加速度 $\ddot{y}(t=0)=-\ddot{y}_0(t=0)$。

非线性体系的运动方程可表示为：

$$m\ddot{y}+c\dot{y}+Q(y)=-m\ddot{y}_0 \tag{3.9}$$

则 t_{n+1} 时刻的力的平衡关系为：

$$\ddot{y}_{n+1} = -\frac{c}{m}\dot{y}_{n+1} - \frac{Q(y_{n+1})}{m} - \ddot{y}_{0n+1} \tag{3.10}$$

式（3.5）、式（3.6）和式（3.10）组成联立的三元一次非线性方程组。求解时，可以先假设一个 $\ddot{y}_{n+1}$，通过式（3.5）和式（3.6）确定 y_{n+1} 和 $\dot{y}_{n+1}$，再代入式（3.10）计算新的 $\ddot{y}_{n+1}$。通过迭代，直到假设的 $\ddot{y}_{n+1}$ 和计算得到的 $\ddot{y}_{n+1}$ 近似相等。可以取 $\ddot{y}_n$ 或者 $2\ddot{y}_n - \ddot{y}_{n-1}[=\ddot{y}_n + (\ddot{y}_n - \ddot{y}_{n-1})]$ 作为 $\ddot{y}_{n+1}$ 的初始值。求得 $\ddot{y}_{n+1}$ 后即可利用式（3.5）和式（3.6）计算 y_{n+1} 和 $\dot{y}_{n+1}$。

- 通过增量位移求解

当采用**分段线性**（piecewise linear）的恢复力模型定义结构的滞回行为时，采用增量形式可以有效地求解结构的弹塑性地震反应。

设结构的切线刚度 $k(t)$ 在时间步长 Δt 内不发生变化，可将运动方程表示为以下**增量形式**（图 3.3）：

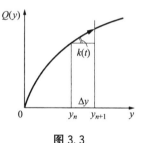

图 3.3

$$m\Delta\ddot{y} + c\Delta\dot{y} + k(t)\Delta y = -m\Delta\ddot{y}_0 \tag{3.11}$$

式中，

$$\left.\begin{array}{ll} \Delta y = y_{n+1} - y_n, & \Delta\dot{y} = \dot{y}_{n+1} - \dot{y}_n \\ \Delta\ddot{y} = \ddot{y}_{n+1} - \ddot{y}_n, & \Delta\ddot{y}_0 = \ddot{y}_{0n+1} - \ddot{y}_{0n} \end{array}\right\} \tag{3.12}$$

利用式（3.12），将式（3.5）和式（3.6）也表示成增量形式，则线性加速度法的基本公式变为：

$$\Delta y = \dot{y}_n \Delta t + \frac{1}{2}\ddot{y}_n \Delta t^2 + \frac{1}{6}\Delta\ddot{y}\Delta t^2 \tag{3.13}$$

$$\Delta\dot{y} = \ddot{y}_n \Delta t + \frac{1}{2}\Delta\ddot{y}\Delta t \tag{3.14}$$

$$\Delta\ddot{y} = -\frac{c}{m}\Delta\dot{y} - \frac{k(t)}{m}\Delta y - \Delta\ddot{y}_0 \tag{3.15}$$

求解由式（3.13）～式（3.15）组成的联立方程组，可得 Δy、$\Delta\dot{y}$ 和 $\Delta\ddot{y}$。

利用式（3.13）和式（3.14），Clough 将 $\Delta\dot{y}$ 和 $\Delta\ddot{y}$ 用 Δy 表示如下：

$$\Delta\dot{y} = \frac{3}{\Delta t}\Delta y - 3\dot{y}_n - \frac{\Delta t}{2}\ddot{y}_n \tag{3.16}$$

$$\Delta\ddot{y} = \frac{6}{\Delta t^2}\Delta y - \frac{6}{\Delta t}\dot{y}_n - 3\ddot{y}_n \tag{3.17}$$

将式（3.16）和式（3.17）代入式（3.15），可以将增量位移 Δy 表示成类似于静力作用下的位移的形式如下：

$$\Delta y = \frac{\overline{\Delta P}}{\overline{k}} \tag{3.18}$$

式中，

$$\overline{k} = k(t) + \frac{3}{\Delta t}c + \frac{6}{\Delta t^2}m \tag{3.19}$$

$$\overline{\Delta P} = m\left(-\Delta\ddot{y}_0 + \frac{6}{\Delta t}\dot{y}_n + 3\ddot{y}_n\right) + c\left(3\dot{y}_n + \frac{\Delta t}{2}\ddot{y}_n\right) \tag{3.20}$$

可见，增量位移 Δy 可由 t_n 时刻的运动状态完全确定。

将式（3.18）中的 Δy 代入式（3.16）和式（3.17），可以得到 $\Delta\dot{y}$ 和 $\Delta\ddot{y}$，进一步利用式（3.12）可确定 t_{n+1} 时刻的运动状态。

在结构的非线性恢复力模型中，切线刚度 $k(t)$ 往往取决于各个分析步中结构当前的位移和速度。在结构屈服或者速度反号时刚度会剧烈变化，应注意防止分析误差的累积。

对 y_{n+1}、$\dot{y}_{n+1}$ 和 $\ddot{y}_{n+1}$ 分别在 y_n、$\dot{y}_n$ 和 $\ddot{y}_n$ 处泰勒展开并保留到 $\ddot{y}_n$ 为止的展开项，即对于 y_{n+1} 保留到 Δt^3 项为止的前四项，对于 $\dot{y}_{n+1}$ 保留到 Δt^2 项为止的前三项，对于 $\ddot{y}_{n+1}$ 保留到 Δt 项为止的前两项，如式（3.21）～式（3.23）所示。消去 $\ddot{y}_n$ 即可得到线性加速度法的基本公式（3.5）和式（3.6）。可见，在利用线性加速度法求解位移时具有 Δt^4 量级的截断误差。

$$y_{n+1} = y(t_n + \Delta t) = y_n + \dot{y}_n\Delta t + \frac{1}{2}\ddot{y}_n\Delta t^2 + \frac{1}{6}\dddot{y}_n\Delta t^3 + \cdots \tag{3.21}$$

$$\dot{y}_{n+1} = \dot{y}_n + \ddot{y}_n\Delta t + \frac{1}{2}\dddot{y}_n\Delta t^2 + \cdots \tag{3.22}$$

$$\dddot{y}_{n+1} = \dddot{y}_n + \dddot{y}_n \Delta t + \cdots \tag{3.23}$$

(2) 平均加速度法

假设加速度在时间步长 Δt 内恒等于 t_n 和 t_{n+1} 时刻加速度的平均值（图 3.4），即：

$$\ddot{y}(t) = \frac{1}{2}(\ddot{y}_n + \ddot{y}_{n+1}) = （定值） \tag{3.24}$$

相应的，时间步长 Δt 内的速度可表示为 t 的一次方程，位移可表示为二次方程。

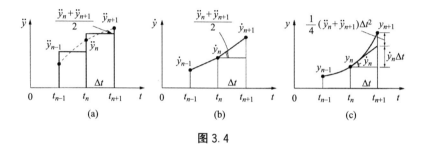

图 3.4

与线性加速度法类似，可得 t_{n+1} 时刻的运动状态与 t_n 时刻的运动状态之间的关系如下：

$$y_{n+1} = y_n + \dot{y}_n \Delta t + \frac{1}{4}(\ddot{y}_n + \ddot{y}_{n+1})\Delta t^2 \tag{3.25}$$

$$\dot{y}_{n+1} = \dot{y}_n + \frac{1}{2}(\ddot{y}_n + \ddot{y}_{n+1})\Delta t \tag{3.26}$$

$$\ddot{y}_{n+1} = -\frac{c}{m}\dot{y}_{n+1} - \frac{k}{m}y_{n+1} - \ddot{y}_{0n+1} \tag{3.27}$$

该方法称为**平均加速度法**（average acceleration method）。虽然与线性加速度法的系数略有不同，但处理方法完全相同。与式（3.8）类似，$\ddot{y}_{n+1}$ 的解可表示为：

$$\ddot{y}_{n+1} = -\frac{\ddot{y}_{0n+1} + \dfrac{c}{m}\left(\dot{y}_n + \dfrac{1}{2}\ddot{y}_n \Delta t\right) + \dfrac{k}{m}\left(y_n + \dot{y}_n \Delta t + \dfrac{1}{4}\ddot{y}_n \Delta t^2\right)}{1 + \dfrac{1}{2}\dfrac{c}{m}\Delta t + \dfrac{1}{4}\dfrac{k}{m}\Delta t^2} \tag{3.28}$$

利用式（3.25）和式（3.26）可以分别确定 y_{n+1} 和 $\dot{y}_{n+1}$。同样的，与式（3.18）类似，增量位移 Δy 可表示为：

$$\Delta y = \frac{\overline{\Delta P}}{\bar{k}} \qquad (3.29)$$

式中，

$$\bar{k} = k(t) + \frac{2}{\Delta t}c + \frac{4}{\Delta t^2}m \qquad (3.30)$$

$$\overline{\Delta P} = m\left(-\Delta \ddot{y}_0 + \frac{4}{\Delta t}\dot{y}_n + 2\ddot{y}_n\right) + 2c\dot{y}_n \qquad (3.31)$$

相应的增量速度和增量加速度：

$$\Delta \dot{y} = \frac{2}{\Delta t}\Delta y - 2\dot{y}_n \qquad (3.32)$$

$$\Delta \ddot{y} = \frac{4}{\Delta t^2}\Delta y - \frac{4}{\Delta t}\dot{y}_n - 2\ddot{y}_n \qquad (3.33)$$

平均加速度法的优点在于它的收敛与时间步长 Δt 的大小无关，即**无条件稳定**（unconditionally stable），因此非常适用于求解计算量较大的多自由度体系的地震反应分析。

式（3.25）和式（3.26）还可以写成以下更加易于理解的形式：

$$y_{n+1} = y_n + \frac{1}{2}(\dot{y}_n + \dot{y}_{n+1})\Delta t \qquad (3.34)$$

$$\dot{y}_{n+1} = \dot{y}_n + \frac{1}{2}(\ddot{y}_n + \ddot{y}_{n+1})\Delta t \qquad (3.35)$$

利用式（3.21）的泰勒展开式中到 Δt^2 为止的前三项和式（3.22）的到 Δt 为止的前两项消去 $\ddot{y}_n$，即得到式（3.34）。同样的，利用式（3.22）的到 Δt^2 为止的前三项和式（3.23）的到 Δt 为止的前两项消去 $\dddot{y}_n$，即得到式（3.35）。可见，采用平均加速度法求解的位移具有 Δt^3 量级的截断误差。

（3）脉冲加速度法

假设体系在 t_n 时刻前后各受到冲量为 $\ddot{y}_n\Delta t/2$ 的加速度脉冲作用，并由此确定体系在时间步长 Δt 内的加速度，如图 3.5 所示。

速度在时间步长 Δt 内保持不变。但在加速度脉冲作用下，速

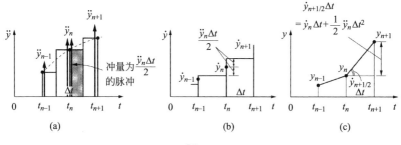

图 3.5

度在不同时间步长之间不再连续。相应的，位移在时间步长 Δt 内呈线性变化。记 $t_{n-1} \sim t_n$ 区间和 $t_n \sim t_{n+1}$ 区间的常速度分别为 $\dot{y}_{n-1/2}$ 和 $\dot{y}_{n+1/2}$，它们与加速度 $\ddot{y}_n$ 之间的关系为：

$$\dot{y}_{n+1/2} - \dot{y}_{n-1/2} = \ddot{y}_n \cdot \Delta t \qquad (3.36)$$

t_n 时刻前后的常速度与位移之间的关系为：

$$\dot{y}_{n-1/2} = \frac{y_n - y_{n-1}}{\Delta t} \qquad (3.37)$$

$$\dot{y}_{n+1/2} = \frac{y_{n+1} - y_n}{\Delta t} \qquad (3.38)$$

由式（3.36）～式（3.38）可得：

$$y_{n+1} = 2y_n - y_{n-1} + \ddot{y}_n \Delta t^2 \qquad (3.39)$$

利用式（3.39），可根据 t_{n-1} 和 t_n 时刻的运动状态确定 t_{n+1} 时刻的运动状态。该方法称为**脉冲加速度法**（impulse acceleration method）。

对于非线性体系，通过以下两式可以得到 $\ddot{y}_n$：

$$\dot{y}_n = \dot{y}_{n-1/2} + \frac{1}{2}\ddot{y}_n \Delta t = \frac{y_n - y_{n-1}}{\Delta t} + \frac{1}{2}\ddot{y}_n \Delta t \qquad (3.40)$$

$$\ddot{y}_n = -\frac{c}{m}\dot{y}_n - \frac{Q(y_n)}{m} - \ddot{y}_{0n} \qquad (3.41)$$

将利用式（3.40）和式（3.41）得到的 $\ddot{y}_n$ 代入式（3.39）即可得到位移的递推公式如下：

$$y_{n+1} = \frac{1}{1 + \frac{1}{2}\frac{c}{m}\Delta t}$$

$$\times \left(2y_n - y_{n-1} + \frac{1}{2}\frac{c}{m}\Delta t \cdot y_{n-1} - \frac{Q(y_n)}{m}\Delta t^2 - \ddot{y}_{0n}\Delta t^2\right)$$

$$(3.42)$$

利用式（3.42），可根据 t_{n-1} 和 t_n 时刻的位移确定 t_{n+1} 时刻的位移。该方法的特点在于直接使用 t_n 时刻的恢复力 $Q(t_n)$，而不使用切线刚度 $k(t)$。

根据式（3.39）和式（3.40），可得以下关系：

$$\dot{y}_n = \frac{1}{2\Delta t}(y_{n+1} - y_{n-1}) = \frac{1}{\Delta t}\left(\frac{y_{n+1} + y_n}{2} - \frac{y_n + y_{n-1}}{2}\right) \quad (3.43)$$

$$\ddot{y}_n = \frac{1}{\Delta t^2}(y_{n+1} - 2y_n + y_{n-1}) = \frac{1}{\Delta t}\left(\frac{y_{n+1} - y_n}{\Delta t} - \frac{y_n - y_{n-1}}{\Delta t}\right)$$

$$(3.44)$$

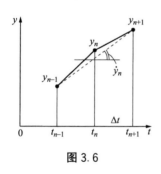

图 3.6

可见，脉冲加速度法可理解为分别对速度和加速度进行中心差分（central difference），如图 3.6 所示。

由于脉冲加速度法需要使用前两步的运动状态，因此在求解第 1 步时需要做一些特殊处理。一种做法是利用平均加速度法计算第 1 步的位移。记 $t=0$ 和 $t=\Delta t$ 时刻的地面运动加速度分别为 $(\ddot{y}_0)_0$ 和 $(\ddot{y}_0)_1$，当初位移和初速度均为零时，第 1 步的位移反应可表示为

$$y_1 = -\{(\ddot{y}_0)_1 + (\ddot{y}_0)_0\}\Delta t^2 \Big/ \left(4 + \frac{2c}{m}\Delta t + \frac{k}{m}\Delta t^2\right) \quad (3.45)$$

(4) Newmark-β 法

以上第（1）至（3）小节介绍的一系列加速度法的递推公式可以统一地表示为如下所示的 Newmark-β 法[1] 的递推公式：

$$\dot{y}_{n+1} = \dot{y}_n + \frac{1}{2}(\ddot{y}_n + \ddot{y}_{n+1})\Delta t \quad (3.46)$$

$$y_{n+1} = y_n + \dot{y}_n \Delta t + \left(\frac{1}{2} - \beta\right) \ddot{y}_n \Delta t^2 + \beta \ddot{y}_{n+1} \Delta t^2 \qquad (3.47)$$

根据对时间步长 Δt 内加速度的变化情况所做的不同假设，β 的取值如下（图 3.7）：

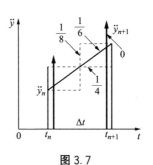

图 3.7

脉冲加速度法：$\beta = 0$

阶跃加速度法：$\beta = 1/8$（在 $t_n - \Delta t/2 \sim t_n + \Delta t/2$ 区间内，$\ddot{y} = \ddot{y}_n$；在 $t_{n+1} - \Delta t/2 \sim t_{n+1} + \Delta t/2$ 区间内，$\ddot{y} = \ddot{y}_{n+1}$）

线性加速度法：$\beta = 1/6$

平均加速度法：$\beta = 1/4$

(5) 多自由度体系

对于多自由度体系，只需将上述单自由度体系递推公式中的标量替换为向量，系数替换为矩阵即可。线性多自由度体系的 Newmark-β 法的公式为：

$$\{y_{n+1}\} = \{y_n\} + \{\dot{y}_n\} \Delta t + \left(\frac{1}{2} - \beta\right) \{\ddot{y}_n\} \Delta t^2 + \beta\{\ddot{y}_{n+1}\} \Delta t^2 \qquad (3.48)$$

$$\{\dot{y}_{n+1}\} = \{\dot{y}_n\} + \frac{1}{2}\left[\{\ddot{y}_n\} + \{\ddot{y}_{n+1}\}\right]\Delta t \qquad (3.49)$$

$$\{\ddot{y}_{n+1}\} = -[M]^{-1}[C]\{\dot{y}_{n+1}\} - [M]^{-1}[K]\{y_{n+1}\} - \{1\}\ddot{y}_{0n+1} \qquad (3.50)$$

可采用多种方法求解式（3.48）～式（3.50）。下面分别介绍通过加速度和通过增量位移进行求解的方法。

• 通过加速度求解

利用式（3.48）～式（3.50）求解 $\{\ddot{y}_{n+1}\}$ 可得：

$$\{\ddot{y}_{n+1}\} = [\overline{M}]^{-1}\{\overline{F}\} \qquad (3.51)$$

式中，

$$[\overline{M}] = [M] + \frac{\Delta t}{2}[C] + \beta \Delta t^2[K] \qquad (3.52)$$

$$\{\overline{F}\} = -[M]\{\ddot{y}_{0n+1}\} - [C]\Big(\{\dot{y}_n\} + \frac{\Delta t}{2}\{\ddot{y}_n\}\Big)$$

$$-[K]\Big[\{y_n\} + \{\dot{y}_n\}\Delta t + \Big(\frac{1}{2}-\beta\Big)\{\ddot{y}_n\}\Delta t^2\Big] \quad (3.53)$$

$\{\overline{F}\}$ 相当于由地震动和体系在 t_n 时刻的运动状态共同决定的名义外力。通过式（3.51）确定 $\{\ddot{y}_{n+1}\}$ 并代入式（3.48）和式（3.49），可以得到 $\{\dot{y}_{n+1}\}$ 和 $\{y_{n+1}\}$。如此递推求解，可以得到全部时程反应。

- 通过位移增量求解

可将式（3.48）~式（3.50）写成以下增量形式：

$$\{\Delta y\} = \{\dot{y}_n\}\Delta t + \frac{1}{2}\{\ddot{y}_n\}\Delta t^2 + \beta\{\Delta\ddot{y}\}\Delta t^2 \quad (3.54)$$

$$\{\Delta\dot{y}\} = \{\ddot{y}_n\}\Delta t + \frac{1}{2}\{\Delta\ddot{y}\}\Delta t \quad (3.55)$$

$$\{\Delta\ddot{y}\} = -[M]^{-1}[C]\{\Delta\dot{y}\} - [M]^{-1}[K(t)]\{\Delta y\} - \{1\}\Delta\ddot{y}_0 \quad (3.56)$$

式中，

$$\left.\begin{array}{ll}\{\Delta y\} = \{y_{n+1}\} - \{y_n\}, & \{\Delta\dot{y}\} = \{\dot{y}_{n+1}\} - \{\dot{y}_n\} \\ \{\Delta\ddot{y}\} = \{\ddot{y}_{n+1}\} - \{\ddot{y}_n\}, & \Delta\ddot{y}_0 = \ddot{y}_{0n+1} - \ddot{y}_{0n}\end{array}\right\} \quad (3.57)$$

利用式（3.54）~式（3.56）求解位移增量 $\{\Delta y\}$（Clough 法）可得：

$$\{\Delta y\} = [\overline{K}]^{-1}\{\overline{\Delta P}\} \quad (3.58)$$

式中，

$$[\overline{K}] = [K(t)] + \frac{1}{2\beta\Delta t}[C] + \frac{1}{\beta\Delta t^2}[M] \quad (3.59)$$

$$\{\overline{\Delta P}\} = -[M]\{1\}\Delta\ddot{y}_0 + [M]\Big(\frac{1}{\beta\Delta t}\{\dot{y}_n\} + \frac{1}{2\beta}\{\ddot{y}_n\}\Big)$$

$$+[C]\Big[\frac{1}{2\beta}\{\dot{y}_n\} + \Big(\frac{1}{4\beta}-1\Big)\{\ddot{y}_n\}\Delta t\Big] \quad (3.60)$$

利用式（3.58）求得的 $\{\Delta y\}$，可按下式计算 $\{\Delta\dot{y}\}$ 和 $\{\Delta\ddot{y}\}$：

$$\{\Delta\dot{y}\} = \frac{1}{2\beta\Delta t}\{\Delta y\} - \frac{1}{2\beta}\{\dot{y}_n\} - \Big(\frac{1}{4\beta}-1\Big)\{\ddot{y}_n\}\Delta t \quad (3.61)$$

$$\{\Delta\ddot{y}\} = \frac{1}{\beta\Delta t^2}\{\Delta y\} - \frac{1}{\beta\Delta t}\{\dot{y}_n\} - \frac{1}{2\beta}\{\ddot{y}_n\} \tag{3.62}$$

如此递推，可以得到全部时程反应。

(6) Newmark-β 法的稳定性

当采用数值积分方法进行递推求解时，如果时间步长 Δt 相对于结构的自振周期比较大，受数值积分方法截断误差的影响，积分过程可能发散，从而得不到正确的解[2]。下面以 Newmark-β 法为例加以说明。单自由度体系的 Newmark-β 法的基本公式为：

$$\dot{y}_{n+1} = \dot{y}_n + \frac{1}{2}(\ddot{y}_n + \ddot{y}_{n+1})\Delta t \tag{3.63}$$

$$y_{n+1} = y_n + \dot{y}_n\Delta t + \left(\frac{1}{2} - \beta\right)\ddot{y}_n\Delta t^2 + \beta\ddot{y}_{n+1}\Delta t^2 \tag{3.64}$$

且根据体系在 t_n 和 t_{n+1} 时刻均满足运动方程，有：

$$\ddot{y}_n = -2h\omega\dot{y}_n - \omega^2 y_n - \ddot{y}_{0n} \tag{3.65}$$

$$\ddot{y}_{n+1} = -2h\omega\dot{y}_{n+1} - \omega^2 y_{n+1} - \ddot{y}_{0n+1} \tag{3.66}$$

式中，$2h\omega = c/m$，$\omega^2 = k/m$。

利用式（3.63）～式（3.66）消去 $\ddot{y}_n$ 和 $\ddot{y}_{n+1}$，可得体系在 t_n 时刻和 t_{n+1} 时刻的位移和速度反应之间的关系如下：

$$\begin{Bmatrix} y_{n+1} \\ \dot{y}_{n+1} \end{Bmatrix} = [A]\begin{Bmatrix} y_n \\ \dot{y}_n \end{Bmatrix} + [B]\begin{Bmatrix} \ddot{y}_{0n} \\ \ddot{y}_{0n+1} \end{Bmatrix} \tag{3.67}$$

式中，

$$[A] = \frac{1}{d} \times$$

$$\begin{bmatrix} 1 - \left(\frac{1}{2} - \beta\right)\varphi^2 + h\varphi - \left(\frac{1}{2} - 2\beta\right)h\varphi^3 & \Delta t\{1 - (1 - 4\beta)h^2\varphi^2\} \\ \frac{1}{\Delta t}\left\{-\varphi^2 + \left(\frac{1}{4} - \beta\right)\varphi^4\right\} & 1 - \left(\frac{1}{2} - \beta\right)\varphi^2 - h\varphi + \left(\frac{1}{2} - 2\beta\right)h\varphi^3 \end{bmatrix}$$

$$\tag{3.68}$$

$$[B] = \frac{1}{d}\begin{bmatrix} \left\{-\left(\frac{1}{2} - \beta\right) - \left(\frac{1}{2} - 2\beta\right)h\varphi\right\}\Delta t^2 & -\beta\Delta t^2 \\ \left\{-\frac{1}{2} + \left(\frac{1}{4} - \beta\right)\varphi^2\right\}\Delta t & -\frac{1}{2}\Delta t \end{bmatrix}$$

$$\tag{3.69}$$

$$d = 1 + h\varphi + \beta\varphi^2 \tag{3.70}$$

$$\varphi = \omega\Delta t \tag{3.71}$$

设初始位移和初始速度分别为 d_0 和 v_0，反复利用式（3.67）可得体系在 t_n 时刻的运动状态为：

$$\begin{Bmatrix} y_n \\ \dot{y}_n \end{Bmatrix} = [A]^n \begin{Bmatrix} d_0 \\ v_0 \end{Bmatrix} + \sum_{i=1}^{n} [A]^{n-i} [B] \begin{Bmatrix} \ddot{y}_{0i-1} \\ \ddot{y}_{0i} \end{Bmatrix} \tag{3.72}$$

将 $[A]$ 的特征值组成的对角矩阵记为 $[\searc`]$，归一化特征向量矩阵记为 $[U]$，则有：

$$[A][U] = [U][\searc`] \tag{3.73}$$

$$[A]^n = [U][\searc`^n \searc`][U]^{-1} \tag{3.74}$$

可见，若 $|\lambda| \leqslant 1$，则 $[A]^n$ 在 $n \to \infty$ 时不会发散，即式（3.72）在 $n \to \infty$ 时不会发散。

将 $[A]$ 的特征方程 $|\lambda[I] - [A]| = 0$❶ 写成关于 λ 的函数如下：

$$F(\lambda) = \lambda^2 - 2\frac{1 - (1/2 - \beta)\varphi^2}{1 + h\varphi + \beta\varphi^2}\lambda + \frac{1 - h\varphi + \beta\varphi^2}{1 + h\varphi + \beta\varphi^2} = 0 \tag{3.75}$$

因此，Newmark-β 法稳定的条件是式（3.75）的两个解 λ_1 和 λ_2 的绝对值均小于 1，即 $|\lambda| \leqslant 1$。由于 φ、h 和 β 均为正，根据求根公式可知 $\lambda_1\lambda_2 \leqslant 1$，因此当式（3.75）的判别式 $D \leqslant 0$，λ_1 和 λ_2 为共轭复根时，$|\lambda| \leqslant 1$ 恒成立。另一方面，当 $D > 0$，λ_1 和 λ_2 为实根时，$|\lambda| \leqslant 1$ 成立的条件是 $F(1) \geqslant 0$ 且 $F(-1) \geqslant 0$。由此可得以下稳定性条件：

$$1 + \left(\beta - \frac{1}{4}\right)\varphi^2 \geqslant 0 \tag{3.76}$$

可见，Newmark-β 法的稳定性与阻尼比 h 无关。利用 $\varphi = \omega\Delta t = 2\pi(\Delta t/T)$，可将上述稳定性条件表示为[2]：

$$\left. \begin{aligned} &\text{无条件稳定} && \left(\frac{1}{4} \leqslant \beta\right) \\ &\text{当} \frac{\Delta t}{T} \leqslant \frac{1}{\pi\sqrt{1 - 4\beta}} \text{时稳定} && \left(0 \leqslant \beta \leqslant \frac{1}{4}\right) \end{aligned} \right\} \tag{3.77}$$

---

❶ 译注：$[I]$ 为单位矩阵。

可见，平均加速度法（$\beta=1/4$）为无条件稳定；线性加速度法（$\beta=1/6$）稳定的临界时间步长为 $\Delta t=0.55T$。对于多自由度体系，需要对于体系的最小自振周期满足这一条件。在实际的地震反应分析中，需要综合考虑对解的精度要求和计算成本等因素，选择合理的时间步长和积分算法。

3.3　Runge-Kutta 法

Runge 和 Kutta 提出的数值积分方法是一种历史悠久的求解微分方程的数值方法。考察如下 1 阶微分方程：

$$\dot{y}=f(y,\ t) \tag{3.78}$$

它表示的是函数 y（t）在 y-t 平面上的斜率。若直接利用 t_n 时刻的斜率 $\dot{y}_n$ 计算从 t_n 到 t_{n+1} 时刻的增量位移 $\dot{y}_n\Delta t$ 并求解 t_{n+1} 时刻的位移 y_{n+1}，则计算精度往往很差（图 3.8）。

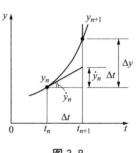

图 3.8

Runge-Kutta 法在时间步长 Δt 内选择几个不同的斜率 $f(y_k,t_k)$，将增量 $\Delta t\,f(y_k,t_k)$ 的加权平均作为增量位移，并根据相应阶数的泰勒级数确定各项权重系数。在众多公式中，较为常用的是以下具有 4 阶精度的 Kutta 公式（图 3.9）：

$$y_{n+1}=y_n+\frac{1}{6}(k_0+2k_1+2k_2+k_3) \tag{3.79}$$

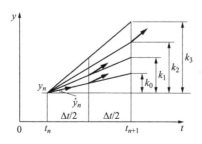

图 3.9

$$
\left.\begin{aligned}
k_0 &= \Delta t \cdot f(y_n, \ t_n) \\
k_1 &= \Delta t \cdot f\left(y_n + \frac{1}{2}k_0, \ t_n + \frac{1}{2}\Delta t\right) \\
k_2 &= \Delta t \cdot f\left(y_n + \frac{1}{2}k_1, \ t_n + \frac{1}{2}\Delta t\right) \\
k_3 &= \Delta t \cdot f(y_n + k_2, \ t_n + \Delta t)
\end{aligned}\right\}
\tag{3.80}
$$

以下由 Heun 提出的具有 3 阶精度的公式也比较常用[5]（图 3.10）：

$$
y_{n+1} = y_n + \frac{1}{4}(k_0 + 3k_2)
\tag{3.81}
$$

$$
\left.\begin{aligned}
k_0 &= \Delta t \cdot f(y_n, \ t_n) \\
k_1 &= \Delta t \cdot f\left(y_n + \frac{1}{3}k_0, \ t_n + \frac{1}{3}\Delta t\right) \\
k_2 &= \Delta t \cdot f\left(y_n + \frac{2}{3}k_1, \ t_n + \frac{2}{3}\Delta t\right)
\end{aligned}\right\}
\tag{3.82}
$$

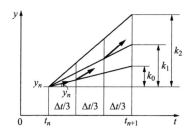

图 3.10

Runge-Kutta 法是一种不需要利用上一步结果的向前积分算法。

使用 Runge-Kutta 法求解 2 阶微分方程时，需要首先将其转化为如下所示的联立的 1 阶微分方程：

$$
\{\dot{V}\} = [A]\{V\} + \{B(t)\}
\tag{3.83}
$$

将式（3.79）中的标量替换成向量，可得向量形式的具有 4 阶精度的 Runge-Kutta 公式：

$$\{V_{n+1}\} = \{V_n\} + \frac{1}{6}(\{K_0\} + 2\{K_1\} + 2\{K_2\} + \{K_3\})$$

$$(3.84)$$

式中,

$$\left.\begin{aligned}
\{K_0\} &= \Delta t([A]\{V_n\} + \{B_n\}) \\
\{K_1\} &= \Delta t\left[[A]\left(\{V_n\} + \frac{1}{2}\{K_0\}\right) + \{B_{n+1/2}\}\right] \\
\{K_2\} &= \Delta t\left[[A]\left(\{V_n\} + \frac{1}{2}\{K_1\}\right) + \{B_{n+1/2}\}\right] \\
\{K_3\} &= \Delta t\left[[A](\{V_n\} + \{K_2\}) + \{B_{n+1}\}\right]
\end{aligned}\right\}$$

$$(3.85)$$

线性多自由度体系的运动方程可通过以下变量代换改写成形如式 (3.83) 的 1 阶联立微分方程:

$$\{V\} = \begin{Bmatrix} \{y\} \\ \{\dot{y}\} \end{Bmatrix}$$

$$(3.86)$$

$$[A] = \begin{bmatrix} [0] & [I] \\ -[M]^{-1}[K] & -[M]^{-1}[C] \end{bmatrix}$$

$$(3.87)$$

$$\{B\} = -\begin{Bmatrix} \{0\} \\ \{1\} \end{Bmatrix} \ddot{y}_0(t)$$

$$(3.88)$$

将式 (3.86)~式 (3.88) 代入式 (3.84) 和式 (3.85) 并记 $\{K_m\}$ 下半部分的元素为 $\{L_m\}(m=0, 1, 2, 3)$,可得关于 y 和 $\dot{y}$ 的递推公式如下:

$$\{y_{n+1}\} = \{y_n\} + \Delta t\{\dot{y}_n\} + \frac{\Delta t}{6}(\{L_0\} + \{L_1\} + \{L_2\})$$

$$(3.89)$$

$$\{\dot{y}_{n+1}\} = \{\dot{y}_n\} + \frac{1}{6}(\{L_0\} + 2\{L_1\} + 2\{L_2\} + \{L_3\}) \quad (3.90)$$

式中,

$$\left.\begin{aligned}
\{L_0\} &= \Delta t(-[P]\{\dot{y}_n\} - [Q]\{y_n\} - \{\ddot{y}_{0n}\}) \\
\{L_1\} &= \Delta t\Big[-[P]\left(\{\dot{y}_n\} + \frac{1}{2}\{L_0\}\right) \\
&\quad -[Q]\left(\{y_n\} + \frac{\Delta t}{2}\{\dot{y}_n\}\right) - \{\ddot{y}_{0n+1/2}\}\Big]
\end{aligned}\right\}$$

$$(3.91)$$

$$
\left.\begin{aligned}
\{L_2\} &= \Delta t \left[-[P]\left(\{\dot{y}_n\} + \frac{1}{2}\{L_1\} \right) \right. \\
&\qquad \left. - [Q]\left(\{y_n\} + \frac{\Delta t}{2}\{\dot{y}_n\} + \frac{1}{4}\Delta t\{L_0\} \right) - \{\ddot{y}_{0n+1/2}\} \right] \\
\{L_3\} &= \Delta t \left[-[P](\{\dot{y}_n\} + \{L_2\}) \right. \\
&\qquad \left. - [Q]\left(\{y_n\} + \Delta t(\dot{y}_n) + \frac{1}{2}\Delta t\{L_1\} \right) - \{\ddot{y}_{0n+1}\} \right]
\end{aligned}\right\} \tag{3-91}
$$

$$
[P] = [M]^{-1}[C], \quad [Q] = [M]^{-1}[K], \quad \ddot{y}_{0n+1/2} = (\ddot{y}_{0n} + \ddot{y}_{0n+1})/2
$$

与 Newmark-β 法类似，考察 **Runge-Kutta 法的稳定性条件**[4]。令 $\{B\} = \{0\}$，则式（3.83）描述了体系的自由振动。式（3.85）中的 $\{K_0\}$ 至 $\{K_3\}$ 均为 $\{V_n\}$ 的函数，将其代入 4 阶精度的 Runge-Kutta 公式 [式（3.84）] 可得：

$$
\begin{aligned}
\{V_{n+1}\} &= \{V_n\} + \frac{1}{6}(\{K_0\} + 2\{K_1\} + 2\{K_2\} + \{K_3\}) \\
&= \left([I] + [A]\Delta t + \frac{1}{2}[A]^2\Delta t^2 + \frac{1}{6}[A]^3\Delta t^3 + \frac{1}{24}[A]^4\Delta t^4\right)\{V_n\} \\
&= [\overline{A}]\{V_n\}
\end{aligned} \tag{3.92}
$$

为避免式（3.92）的递推过程发散，矩阵 $[\overline{A}]$ 的特征值的绝对值应小于 1。对于线性单自由度体系：

$$
[A] = \begin{bmatrix} 0 & 1 \\ -\omega^2 & -2h\omega \end{bmatrix} \tag{3.93}
$$

将 $[A]$ 代入式（3.92），可确定使 $[\overline{A}]$ 的特征值的绝对值小于 1 的 $\omega\Delta t$ 的限值，如表 3.1 所示。

表 3.1

h	$\Delta t/T$
0	0.450
0.1	0.470
0.5	0.417
1.0	0.443
2.0	0.119
5.0	0.045

当 $h \leqslant 1$ 时，稳定性条件近似为 $\Delta t / T \leqslant 1/2.5$。为了保证计算精度，往往需要采用比这一限值更小的时间步长。需要注意的是，当 $h > 1$ 时，满足稳定条件的时间步长迅速减小 [$\Delta t / T$ 约为 $1/(4.5h)$][4]。

当 $\{B\} = \{0\}$ 时，式（3.83）的精确解可表示为以下指数函数的形式并可展开成泰勒级数：

$$\{V\} = \{V_0\} \mathrm{e}^{[A]t}$$

$$= \{V_0\} \Big([I] + [A]t + \frac{1}{2!}[A]^2 t^2 + \frac{1}{3!}[A]^3 t^3 + \frac{1}{4!}[A]^4 t^4 + \cdots \Big)$$

$$(3.94)$$

体系在 t_n 时刻和 t_{n+1} 时刻的运动状态之间具有以下关系：

$$\{V_{n+1}\} = \mathrm{e}^{[A]\Delta t} \{V_n\} \tag{3.95}$$

可见，式（3.92）相当于将式（3.95）中 $\mathrm{e}^{[A]\Delta t}$ 的泰勒级数仅保留 Δt^4 项为止的前五项。

3.4　基于精确解的方法（Nigam-Jennings 法）

Jennings 和 Nigam 提出的数值积分方法假设地面运动加速度 $\ddot{y}_0$ 在某一时间步长 Δt 内线性变化（图 3.11），以运动方程的精确解为基础，为体系在时间步长的起点和终点时刻的运动状态建立矩阵形式的递推关系。如果没有舍入误差[3]，该方法能够给出精确解，且不会因截断误差而发散，因此在反应谱分析中是一种非常有效的方法，并且计算速度很快。

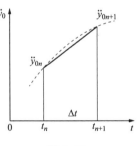

图 3.11

在如图 3.11 所示的 $t_n \sim t_{n+1}$ 区间内，体系的运动方程可写为：

$$\ddot{y} + 2h\omega\dot{y} + \omega^2 y = -\ddot{y}_{0n} - \frac{\Delta\ddot{y}_0}{\Delta t}(t - t_n) \tag{3.96}$$

式中，$\Delta\ddot{y}_0 = \ddot{y}_{0n+1} - \ddot{y}_{0n}$。

当前步的初始条件为 $t = t_n$，$y = y_n$，$\dot{y} = \dot{y}_n$，则式（3.96）的解（$t_n \leqslant t \leqslant t_{n+1}$）为：

$$y(t) = e^{-h\omega(t-t_n)} \{c_1 \cos\omega'(t-t_n) + c_2 \sin\omega'(t-t_n)\}$$

$$-\frac{\ddot{y}_{0n}}{\omega^2} + \frac{2h}{\omega^3}\frac{\Delta\ddot{y}_0}{\Delta t} - \frac{1}{\omega^2}\frac{\Delta\ddot{y}_0}{\Delta t}(t-t_n) \qquad (3.97)$$

式中，

$$\left.\begin{array}{l} \omega' = \sqrt{1-h^2}\,\omega \\[2mm] c_1 = y_n - \dfrac{2h}{\omega^3}\dfrac{\Delta\ddot{y}_0}{\Delta t} + \dfrac{\ddot{y}_{0n}}{\omega^2} \\[3mm] c_2 = \dfrac{1}{\omega'}\left(h\omega y_n + \dot{y}_n - \dfrac{2h^2-1}{\omega^2}\dfrac{\Delta\ddot{y}_0}{\Delta t} + \dfrac{h}{\omega}\ddot{y}_{0n}\right) \end{array}\right\} \qquad (3.98)$$

根据式（3.97）可以得到体系在 t_n 和 t_{n+1} 时刻的运动状态之间的递推公式如下：

$$\begin{Bmatrix} y_{n+1} \\ \dot{y}_{n+1} \end{Bmatrix} = \begin{bmatrix} a_{11} & a_{12} \\ a_{21} & a_{22} \end{bmatrix} \begin{Bmatrix} y_n \\ \dot{y}_n \end{Bmatrix} + \begin{bmatrix} b_{11} & b_{12} \\ b_{21} & b_{22} \end{bmatrix} \begin{Bmatrix} \ddot{y}_{0n} \\ \ddot{y}_{0n+1} \end{Bmatrix} \qquad (3.99)$$

式中，

$$a_{11} = e^{-h\omega\Delta t}\left(\frac{h}{\sqrt{1-h^2}}\sin\omega'\Delta t + \cos\omega'\Delta t\right)$$

$$a_{12} = \frac{e^{-h\omega\Delta t}}{\omega'}\sin\omega'\Delta t$$

$$a_{21} = -\frac{\omega}{\sqrt{1-h^2}}e^{-h\omega\Delta t}\sin\omega'\Delta t$$

$$a_{22} = e^{-h\omega\Delta t}\left(\cos\omega'\Delta t - \frac{h}{\sqrt{1-h^2}}\sin\omega'\Delta t\right)$$

$$b_{11} = e^{-h\omega\Delta t}\left\{\left(\frac{2h^2-1}{\omega^2\Delta t} + \frac{h}{\omega}\right)\frac{\sin\omega'\Delta t}{\omega'} + \left(\frac{2h}{\omega^3\Delta t} + \frac{1}{\omega^2}\right)\cos\omega'\Delta t\right\} - \frac{2h}{\omega^3\Delta t}$$

$$b_{12} = -e^{-h\omega\Delta t}\left\{\left(\frac{2h^2-1}{\omega^2\Delta t}\right)\frac{\sin\omega'\Delta t}{\omega'} + \frac{2h}{\omega^3\Delta t}\cos\omega'\Delta t\right\} - \frac{1}{\omega^2} + \frac{2h}{\omega^3\Delta t}$$

$$b_{21} = e^{-h\omega\Delta t}\left\{\left(\frac{2h^2-1}{\omega^2\Delta t} + \frac{h}{\omega}\right)\left(\cos\omega'\Delta t - \frac{1}{\sqrt{1-h^2}}\sin\omega'\Delta t\right)\right.$$

$$\left. -\left(\frac{2h}{\omega^3\Delta t} + \frac{1}{\omega^2}\right)(\omega'\sin\omega'\Delta t + h\omega\cos\omega'\Delta t)\right\} + \frac{1}{\omega^2\Delta t}$$

$$b_{22} = -\mathrm{e}^{-h\omega\Delta t}\left\{\frac{2h^2-1}{\omega^2\Delta t}\left(\cos\omega'\Delta t - \frac{h}{\sqrt{1-h^2}}\sin\omega'\Delta t\right)\right.$$

$$\left.-\frac{2h}{\omega^3\Delta t}(\omega'\sin\omega'\Delta t + h\omega\cos\omega'\Delta t)\right\} - \frac{1}{\omega^2\Delta t}$$

反复利用式（3.99）可逐步得到全部时程反应。当 Δt 一定时，a_{ij} 和 b_{ij} 只与 ω 和 h 有关，在计算过程中保持不变。

第4章 弹塑性反应

4.1 弹塑性恢复力模型

结构在变形较小时基本保持弹性。随着变形的增大，结构构件会出现开裂、屈服、钢筋滑移等现象。相应的，结构的恢复力-变形相关关系表现出弹塑性恢复力特性。

在罕遇的强烈地震作用下，结构会不可避免地屈服并进入塑性。因此，结构的塑性变形能力和滞回耗能能力对于保证结构在强烈地震作用下的安全非常重要。

单自由度体系对地面运动作用的弹塑性反应可以用以下运动方程来描述：

$$m\ddot{y} + Q(\dot{y}, y, t) = -m\ddot{y}_0 \tag{4.1}$$

通常将弹塑性恢复力 Q 表示成位移的函数，而将与速度相关的耗能和其他种种原因产生的阻尼全部计入阻尼力，从而将上式改写为：

$$m\ddot{y} + c\dot{y} + Q(y) = -m\ddot{y}_0 \tag{4.2}$$

图 4.1~图 4.4 给出了一些通过试验得到的往复荷载作用下结构构件的弹塑性滞回曲线。在弹塑性反应分析中，需要根据不同类型结构的特点采用不同的恢复力模型。

最常用的弹塑性恢复力模型是如图 4.5 所示的理想弹塑性模型（elasto-plastic force-displacement relation）。在结构或构件屈服之前，随着位移的增大，力按照初始刚度 k 线性增大（OA 段）；屈服后，位移继续增大而力则保持不变（AB 段）；位移一旦开始减小（速度反向），则恢复到初始刚度进入卸载（BC 段）；达到反向屈服承载力后再次屈服，力不随着位移的增大而改变（CD 段）。

如图 4.6 所示的具有或正或负的屈服后刚度 γk 的模型称为双

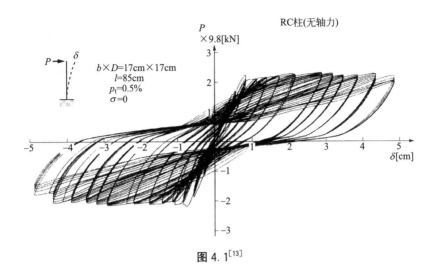

图 4.1[13]

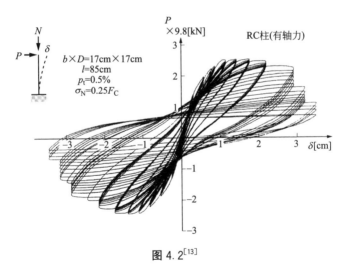

图 4.2[13]

线性（bilinear）恢复力模型。结构或构件屈服后沿着 AB 或 AB′ 段塑性流动，并按初始刚度卸载，经过 $2\delta_Y$ 的位移后达到 CD 或 C′D′ 段时反向屈服。

如图 4.7 所示的采用三折线型骨架线的恢复力模型称为三线性（trilinear）恢复力模型。

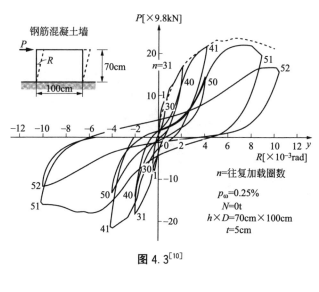

图 4.3[10]

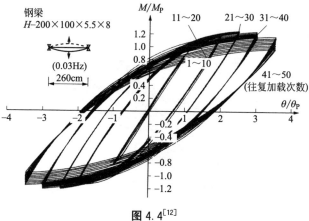

图 4.4[12]

如图 4.8 所示的 Ramberg-Osgood 恢复力模型由骨架曲线
（skeleton curve）和滞回曲线共同构成，通过调整各个参数的取
值，可以模拟不同的恢复力特性[8]。图 4.8 是稳态振动❶的情况。
Jennings 也讨论了非稳态振动时的滞回规则[15]。

---

❶ 译注：即等幅振动且正负振幅相等。

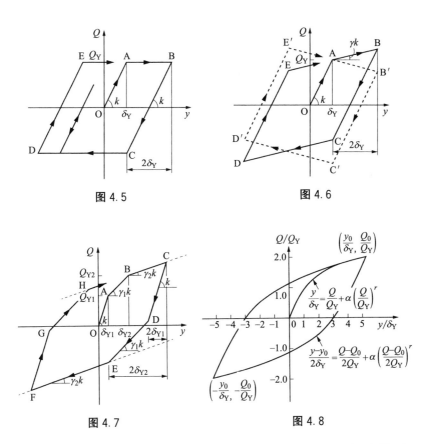

图 4.5

图 4.6

图 4.7

图 4.8

图 4.9 是包含滑移现象的**滑移型**（slip model）**恢复力模型**。该模型也可用于模拟成对交叉布置的斜撑。

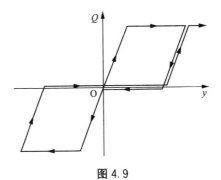

图 4.9

钢筋混凝土结构的恢复力模型需要同时考虑开裂、屈服、屈服后刚度退化、荷载反向时的最大点指向性等诸多重要特性，还要考虑往复加载次数、轴力和剪力作用等因素的影响[9][14]。

图 4.10 是一种可用于模拟弯曲屈服型 RC 构件的恢复力模型[9]。通常假设卸载刚度 $k' = k_Y / \sqrt{\mu}$（$\mu = |\delta|_{\max}/\delta_Y$）。图 4.11 中的模型忽略了开裂的影响，并假设卸载刚度 $k' = k_Y/\mu^\alpha$。当 $\alpha = 0$（$k' = k_Y$）时称为 Clough 模型[25]，当 $\alpha = 1$（$k' = k_Y/\mu$）时变为原点指向型模型。

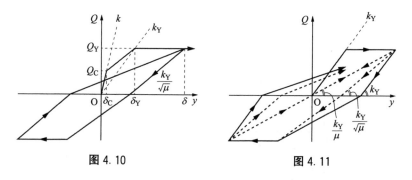

图 4.10　　　　　　　　　　图 4.11

对于 RC 抗震墙和短柱等容易发生剪切破坏的构件，还需要考虑剪切刚度退化、达到峰值承载力后的承载力退化以及与钢筋粘结滑移有关的捏拢等恢复力特性。图 4.12 是一种根据单层 RC 墙的试验数据建立的抗震墙的恢复力模型[11]。

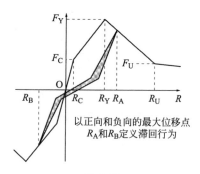

图 4.12

钢结构的应变硬化、局部屈曲
和轴力导致的承载力退化等现象对
恢复力特性有复杂的影响。通常近
似采用双线性、三线性或者 Ram-
berg-Osgood 模型来模拟钢结构构
件的受弯屈服行为。图 4.13 所示
的恢复力模型考虑了钢材的应变硬
化行为。

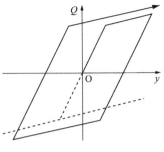

图 4.13

对于材料、构件和结构的弹塑性恢复力模型，人们在应力-应
变关系或力-位移关系的层面上开展了大量的试验研究。在计算分
析中，应在这些研究成果的基础上根据具体的分析目标选择合理的
恢复力模型。如第 9 章所述，对于剪切层模型，恢复力模型描述的
是一个楼层的弹塑性行为，而对于构件层次的力学模型，则需要为
柱、梁、墙等不同构件设置不同的基于弯矩-转角或者力-位移关系
的弹塑性恢复力模型。

在基于计算分析的震害预测中，准确把握结构或构件的塑性变
形与其损伤程度之间的关系是至关重要的。

4.2　对脉冲激励的弹塑性反应

考察处于静止状态的理想弹塑性单自由度体系对如图 4.14（a）
所示的地面加速度脉冲 $\ddot{y}_0 = -V\delta(t)$ 的反应。暂不考虑体系的阻
尼，运动方程为：

$$m\ddot{y} + Q(y) = mV\delta(t) \tag{4.3}$$

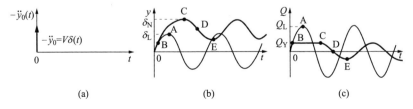

(a)　　　　　　　　　(b)　　　　　　　　　(c)

图 4.14

在 $t=0$ 时刻，质点开始进行初速度为 V，初始动能为 $(1/2)$ mV^2 的自由振动。设初始刚度为 k，圆频率 $\omega=\sqrt{k/m}$，则有：

$$y=\frac{V}{\omega}\sin\omega t \qquad (4.4)$$

$$\dot{y}=V\cos\omega t \qquad (4.5)$$

如果体系保持弹性而不屈服，则最大位移 δ_L 和最大剪力 Q_L（A 点）分别为：

$$\delta_L=\frac{V}{\omega} \qquad (4.6)$$

$$Q_L=k\delta_L=V\omega m \qquad (4.7)$$

相应的最大势能为 $(1/2)k\delta_L^2$ 或 $(1/2)Q_L\delta_L$，即图 4.15 中 $\triangle OAA'$ 的面积。它等于初始动能 $(1/2)mV^2$。

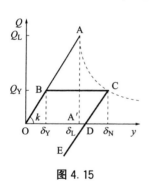

图 4.15

如果体系在剪力达到屈服承载力 Q_Y 时完全屈服，根据式 (4.4) 和式 (4.5)，体系达到屈服点 B（图 4.15）时的位移和速度为：

$$y=\delta_Y$$

$$\dot{y}=\sqrt{V^2-\omega^2\delta_Y^2}$$

将其作为初始条件，体系在 BC 段的运动方程为：

$$m\ddot{y}+Q_Y=0 \qquad (4.8)$$

设从体系达到 B 点开始所经历的时间为 t，上述运动方程的解可表示为：

$$y=-\left(\frac{Q_Y}{2m}\right)t^2+\sqrt{V^2-\omega^2\delta_Y^2}\,t+\delta_Y \qquad (4.9)$$

体系达到最大位移（C 点）时 $\dot{y}=0$，因此达到 C 点的时间：

$$t=\frac{\sqrt{V^2-\omega^2\delta_Y^2}}{\omega^2\delta_Y} \qquad (4.10)$$

将式 (4.10) 代入式 (4.9) 并考虑 $Q_Y=\omega^2\delta_Y m$，$Q_L=V\omega m$，弹塑性体系的最大位移反应 δ_N 可表示为：

$$\delta_N = \frac{1}{2}\left\{\left(\frac{V}{\omega\delta_Y}\right)^2 + 1\right\}\delta_Y = \frac{1}{2}\left\{\left(\frac{Q_L}{Q_Y}\right)^2 + 1\right\}\delta_Y \qquad (4.11)$$

令弹塑性体系达到最大位移（C 点）时所做的功（即图 4.15 中梯形 OBC 的面积）等于弹性体系达到最大位移（A 点）时的热能（即 $\triangle OAA'$ 的面积），可得：

$$\frac{1}{2}Q_L\delta_L = \frac{1}{2}Q_Y\delta_Y + Q_Y(\delta_N - \delta_Y) \qquad (4.12)$$

将 $\delta_L = (Q_L/Q_Y)\delta_Y$ 代入上式，即得到与式（4.11）完全相同的结果。

图 4.14（b）和（c）分别对比了弹性（细线）和弹塑性（粗线）体系的位移反应 y 和剪力 Q 的时程曲线。

根据式（4.11），可将屈服力 Q_Y 表示为塑性率 μ（$=\delta_N/\delta_Y$）的函数：

$$Q_Y = \frac{1}{\sqrt{2\mu-1}}Q_L \qquad (4.13)$$

弹塑性最大位移和弹性最大位移之间具有如下关系：

$$\frac{\delta_N}{\delta_L} = \frac{1}{2}\{(Q_L/Q_Y) + (Q_Y/Q_L)\} = \frac{\mu}{\sqrt{2\mu-1}} \qquad (4.14)$$

以上是体系对最简单的单位脉冲激励的反应。值得注意的是，弹塑性体系对实际地震作用的反应也表现出类似的特性。这在下文 4.4 节会有更详细的讨论。

4.3　弹塑性体系的稳态反应

在如式（4.15）所示的简谐地面运动作用下，双线性弹塑性体系的稳态振动可以用式（4.16）的运动方程来描述。

$$y_0 = a_0\cos pt \qquad (4.15)$$

$$m\ddot{y} + c\dot{y} + Q(y) = ma\cos pt \qquad (4.16)$$

式中，$\alpha = a_0 p^2$。

可以采用安藤[第1章][4] 或 Iwan 等人提出的精确方法求解弹塑性体系的稳态反应。下面仅介绍基于**等效线性化**（equivalent linearization）的近似求解方法。

(1) 基于最小二乘法的等效线性化方法

采用 Caughey 的等效线性化方法可以近似地求解具有双线性恢复力特性的单自由度体系的稳态反应[6][7]。体系的恢复力特性如图 4.16 所示，定义如下：

$$Q(y) = kq(y) \qquad (4.17)$$

式中，

$$
\left.
\begin{aligned}
&q(y) = y \pm (1-\gamma)(\delta - \delta_Y) \\
&\text{当} -\delta \leqslant y \leqslant -(\delta - 2\delta_Y) \text{ 且 } \dot{y} \geqslant 0 \text{ 时上式右侧第二项取正号} \\
&\text{当} \delta - 2\delta_Y \leqslant y \leqslant \delta \text{ 且 } \dot{y} \leqslant 0 \text{ 时上式右侧第二项取负号} \\
&q(y) = \gamma y \pm (1-\gamma)\delta_Y \\
&\text{当} -(\delta - 2\delta_Y) \leqslant y \leqslant \delta \text{ 且 } \dot{y} \geqslant 0 \text{ 时上式右侧第二项取正号} \\
&\text{当} -\delta \leqslant y \leqslant \delta - 2\delta_Y \text{ 且 } \dot{y} \leqslant 0 \text{ 时上式右侧第二项取负号}
\end{aligned}
\right\} \quad (4.18)
$$

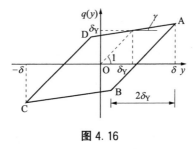

图 4.16

将体系发生稳态振动（即图 4.16 中的 ABCD）时的恢复力 $kq(y)$ 表示成等效线性化恢复力 $k_e y + c_e \dot{y}$ 与误差项 $\varepsilon(y, \dot{y}, t)$ 之和。根据式（4.16）有：

$$m\ddot{y} + c_e \dot{y} + k_e y + \varepsilon(y, \dot{y}, t) = ma\cos pt \qquad (4.19)$$

根据使误差 ε 的平方和在时域上的均值最小的原则，可以确定等效刚度 k_e 和等效黏性阻尼系数 c_e 的取值：

$$
\begin{aligned}
\overline{\varepsilon^2} &= \overline{\{(c_e - c)\dot{y} + k_e y - kq(y)\}^2} \\
&= \frac{1}{T}\int_0^T \{(c_e - c)\dot{y} + k_e y - kq(y)\}^2 \mathrm{d}t \to \min \quad (4.20)
\end{aligned}
$$

式中，$T = 2\pi/p$。

利用最小二乘法的概念，可以得到以下两个条件：

$$\frac{\partial \overline{\varepsilon^2}}{\partial k_e} = 0 \qquad (4.21)$$

$$\frac{\partial \overline{\varepsilon^2}}{\partial c_e} = 0 \qquad (4.22)$$

根据式（4.21）和式（4.22），可得：

$$\int_0^T \{(c_e - c)\dot{y} + k_e y - kq(y)\} y \, dt = 0 \qquad (4.23)$$

$$\int_0^T \{(c_e - c)\dot{y} + k_e y - kq(y)\} \dot{y} \, dt = 0 \qquad (4.24)$$

若忽略误差项 ε，可近似地假设式（4.19）具有以下形式的解（图 4.17）：

$$y = \delta\cos(pt - \phi) \qquad (4.25)$$

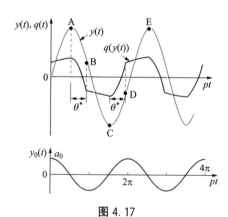

图 4.17

此时有：

$$\int_0^T \dot{y} y \, dt = 0 \qquad (4.26)$$

根据式（4.23）和式（4.24），则有：

$$k_e = \int_0^T kq(y) y \, dt \Big/ \int_0^T y^2 \, dt \qquad (4.27)$$

$$c_e = \int_0^T kq(y) \dot{y} \, dt \Big/ \int_0^T \dot{y}^2 \, dt + c \qquad (4.28)$$

记 $pt - \phi = \theta$ 并考虑周期性，则有：

$$k_e = \int_0^{2\pi} kq(\delta\cos\theta)\delta\cos\theta\mathrm{d}\theta \Big/ \int_0^{2\pi} \delta^2\cos^2\theta\mathrm{d}\theta$$

$$= k \left[\int_0^{2\pi} \frac{q(\delta\cos\theta)\cos\theta}{\pi\delta}\mathrm{d}\theta \right] \tag{4.29}$$

$$c_e = \int_0^{2\pi} kq(\delta\cos\theta)(-p\delta\sin\theta)\mathrm{d}\theta \Big/ \int_0^{2\pi} p^2\delta^2\sin^2\theta\mathrm{d}\theta + c$$

$$= -\frac{k}{p} \left[\int_0^{2\pi} \frac{q(\delta\cos\theta)\sin\theta}{\pi\delta}\mathrm{d}\theta \right] + c \tag{4.30}$$

记:

$$C(\delta) = C_1(\delta) \cdot \delta = \frac{1}{\pi} \int_0^{2\pi} q(\delta\cos\theta)\cos\theta\mathrm{d}\theta \tag{4.31}$$

$$S(\delta) = S_1(\delta) \cdot \delta = \frac{1}{\pi} \int_0^{2\pi} q(\delta\cos\theta)\sin\theta\mathrm{d}\theta \tag{4.32}$$

则等效刚度 k_e 和等效阻尼系数 c_e 可表示为:

$$k_e = C_1(\delta) \cdot k \tag{4.33}$$

$$c_e = -\frac{S_1(\delta)}{p} \cdot k + c \tag{4.34}$$

可见,等效刚度 k_e 是振幅 δ 的函数,等效阻尼系数 c_e 是振幅 δ 和频率 p 的函数。由于采用与频率成比例的等效黏性阻尼模型来模拟实际上只与振幅相关而与频率无关的滞回耗能,所以 c_e 与频率成反比。若采用第 1.9 节介绍的复刚度,利用式 (1.180) 和式 (1.181)[1],可将原体系不包括黏性阻尼 c 的弹塑性恢复力等效成如下形式:

$$k_e + ic_e p = \left[1 - i \cdot \frac{S_1(\delta)}{C_1(\delta)} \right] \cdot k_e = [1 + 2\beta_e(\delta) \cdot i] k_e(\delta) \tag{4.35}$$

将式 (4.18) 定义的恢复力模型代入式 (4.31) 和式 (4.32) 可得 $C_1(\delta)$ 和 $S_1(\delta)$ 如下:

$$C_1(\delta) = \begin{cases} \dfrac{1}{\pi} \left\{ (1-\gamma)\theta^* + \gamma\pi - \dfrac{1-\gamma}{2}\sin2\theta^* \right\} & (\delta > \delta_Y) \\ 1 & (\delta \leqslant \delta_Y) \end{cases} \tag{4.36}$$

---

❶ 译注:并参考式 (1.178)。

$$S_1(\delta) = \begin{cases} -\dfrac{1-\gamma}{\pi}\sin^2\theta^* = -\dfrac{4(1-\gamma)}{\pi}\dfrac{\delta_Y}{\delta}\left(1-\dfrac{\delta_Y}{\delta}\right) & (\delta > \delta_Y) \\ 0 & (\delta \leqslant \delta_Y) \end{cases}$$
$$(4.37)$$

式中，

$$\cos\theta^* = 1 - \frac{2\delta_Y}{\delta} = 1 - \frac{2}{\mu} \tag{4.38}$$

$$\mu = \frac{\delta}{\delta_Y} \tag{4.39}$$

θ^* 是 CD 或 AB 段内的相位差，只与塑性率 μ 有关（图 4.16 和图 4.17）。可见，C_1 和 S_1 仅为塑性率 μ 和屈服后刚度比 γ 的函数。

相应的，等效线性体系的等效圆频率 ω_e 和等效阻尼比 h_e 分别为：

$$\omega_e = \sqrt{\frac{k_e}{m}} = \sqrt{C_1} \cdot \omega_0 \tag{4.40}$$

$$h_e = \frac{c_e}{2\sqrt{k_e m}} = -\frac{S_1}{2C_1} \cdot \left(\frac{\omega_e}{p}\right) + \frac{h}{\sqrt{C_1}} \tag{4.41}$$

式中，

$$\omega_0 = \sqrt{\frac{k}{m}} : 初始圆频率 \tag{4.42}$$

$$h = \frac{c}{2\sqrt{km}} : 初始阻尼比 \tag{4.43}$$

体系发生共振时（$p = \omega_e$）的等效阻尼比为：

$$h_{er} = -\frac{S_1}{2C_1} + \frac{h}{\sqrt{C_1}} \tag{4.44}$$

图 4.18 和图 4.19 给出了 ω_e 和 h_{er}（初始阻尼为零）与塑性率 μ 之间的关系。

图 4.20 比较了理想弹塑性恢复力 kq（y）的滞回曲线和等效线性恢复力 $c_e\dot{y} + k_e y$（初始阻尼为零）的如图 1.54 那样的椭圆形滞回曲线。

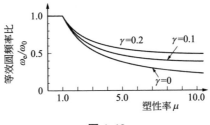

图 4.18

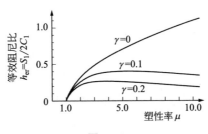

图 4.19

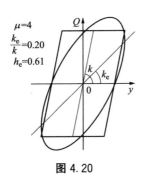

图 4.20

　　弹塑性体系在一个加载循环内的耗能可表示为滞回曲线 ABCD 所包围的面积（图 4.16）：

$$\Delta W = 4(1-\gamma)\delta_Y(\delta-\delta_Y)k$$

$$(4.45)$$

　　另一方面，将式（4.34）和式（4.37）代入式（1.178）可知具有等效黏性阻尼 c_e 的线性体系在一个加载循环内的耗能为：

$$\Delta W = \pi c_e p\delta^2 = -\pi S_1 k\delta^2 = 4(1-\gamma)\delta_Y(\delta-\delta_Y)k \quad (4.46)$$

可见二者是相等的且均与激振频率无关。

　　下面考察稳态振动的振幅。若忽略式（4.19）中的误差项 ε，则有：

$$\ddot{y} + 2h_e\cdot\omega_e\cdot\dot{y} + \omega_e^2\cdot y = \alpha\cos pt \qquad (4.47)$$

该等效线性体系发生稳态振动的振幅为：

$$\delta = \frac{1}{\sqrt{\{1-(p/\omega_e)^2\}^2+4h_e{}^2(p/\omega_e)^2}} \cdot \frac{\alpha}{\omega_e{}^2} \quad (4.48)$$

将式（4.40）和式（4.41）中的 h_e 和 ω_e 代入式（4.48）可得：

$$\delta = \frac{1}{\sqrt{\{C_1-(p/\omega_0)^2\}^2+\{-S_1+2h(p/\omega_0)\}^2}} \cdot \frac{\alpha}{\omega_0{}^2} \quad (4.49)$$

式（4.49）中的 C_1、S_1 均为 δ 或 μ 的函数。因此，式（4.49）是左右两边均包括未知数 δ 或 μ 的一个复杂的方程。设 f 是表示地面运动强度和体系屈服力的相对大小的系数：

$$f = \frac{\alpha}{\omega_0{}^2 \delta_Y} = \frac{m\alpha}{Q_Y} = \frac{\delta_s}{\delta_Y} \quad (4.50)$$

式中，$\delta_s = \alpha/\omega_0{}^2 = m\alpha/k$。

利用 f 可将式（4.49）改写为：

$$\left(\frac{p}{\omega_0}\right)^2 = C_1(\mu) \pm \left\{\frac{f^2}{\mu^2} - \left[-S_1(\mu)+2h\left(\frac{p}{\omega_0}\right)\right]^2\right\}^{1/2} \quad (4.51)$$

虽然通过式（4.51）仍然很难直接求解 μ，但是对于给定的 μ 和 f，可以求解 (p/ω_0)。当 $h=0$ 时尤为简单。以 f 为参数，可以得到如图 4.21 和图 4.22 所示的不同形式的共振曲线。图 4.21 是理想弹塑性体系（$\gamma=0$）关于塑性率 μ 的共振曲线（$h=0$），反映了具有一定的屈服承载力和屈服位移 δ_Y 的理想弹塑性体系对不同幅值不同频率的简谐外力作用的最大位移反应。

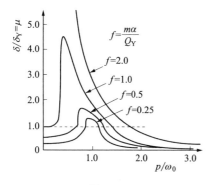

图 4.21

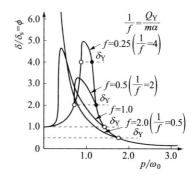

图 4.22

采用惯性力 ma 作用下的静位移 δ_{s} 对其进行归一化可得无量纲位移 ϕ。它与 μ 和 f 之间具有如下关系：

$$\phi = \frac{\delta}{\delta_{\mathrm{s}}} = \frac{\delta}{ma/k} = \frac{\mu Q_{\mathrm{Y}}}{ma} = \frac{\mu}{f} \tag{4.52}$$

图 4.22 是理想弹塑性体系关于归一化位移 ϕ 的共振曲线（$h=0$），反映了具有不同屈服承载力的体系对一定的外力作用（δ_{s} 不变）的最大位移反应。可见，对于相同的外力作用，当体系的屈服承载力在一定范围内变化时，体系的共振振幅随着屈服承载力的减小而减小，但当屈服承载力减小到一定程度后，共振振幅会突然增大。此外，共振周期也与体系的屈服承载力有关。

在式（4.48）中令 $p=\omega_{\mathrm{e}}$，可得体系发生共振时的塑性率 μ_{r}：

$$\mu_{\mathrm{r}} = \frac{1}{2h_{\mathrm{er}}} \cdot \frac{f}{C_1} = \frac{f}{-S_1(\mu_{\mathrm{r}}) + 2h\sqrt{C_1(\mu_{\mathrm{r}})}} \tag{4.53}$$

当 $\gamma=0$，$h=0$ 时，上式将变得非常简单。利用式（4.37）可将塑性率 μ_{r} 和振幅 ϕ_{r} 均表示为外力和屈服承载力之比 f 的函数：

$$\mu_{\mathrm{r}} = \frac{1}{1 - (\pi/4)f} = \frac{1/f}{1/f - \pi/4} \tag{4.54}$$

$$\phi_{\mathrm{r}} = \frac{\mu_{\mathrm{r}}}{f} \tag{4.55}$$

可见，当 $f > 4/\pi$ 时，共振曲线将不存在极大值（$p=0$ 时 $\delta \to \infty$）。

对于阻尼体系（$h>0$），给定 μ_{r} 可通过式（4.53）求解 f，从而得到 μ_{r} 和 f 的相关关系曲线。如果将初始黏性阻尼 c 也替换为复阻尼，参考第 1.9 节式（1.178）和式（1.181），设：

$$c = \frac{2\beta}{p} \cdot k \tag{4.56}$$

则有：

$$h_{\mathrm{er}} = -\frac{S_1}{2C_1} + \frac{\beta}{C_1} \tag{4.57}$$

与式（4.53）类似，可解得共振时体系的塑性率 μ_{r} 和振幅 ϕ_{r}（$\gamma=0$）为：

$$\mu_r = \frac{2}{1 - \pi f/4 + \sqrt{(1 - \pi f/4)^2 + 2\pi\beta}} \tag{4.58}$$

$$\phi_r = \frac{2/f^2}{1/f - \pi/4 + \sqrt{(1/f - \pi/4)^2 + 2\pi\beta/f^2}} \tag{4.59}$$

式（4.59）中的归一化屈服承载力（$1/f = Q_Y/m\alpha$）和归一化振幅（$\phi_r = \delta_r/\delta_s$）之间的关系如图 4.23 所示。随着屈服承载力的降低，受塑性变形耗能的影响，体系的最大弹塑性位移小于弹性位移反应。但如果屈服承载力过低，弹塑性位移反而会迅速增大。于是存在一个使变形最小的最优屈服承载力。当 $\beta = 0$ 时，该最优归一化承载力为 $1/f = Q_Y/m\alpha = \pi/2$。弹塑性体系对实际地震作用的位移反应往往也存在类似的最优屈服承载力。

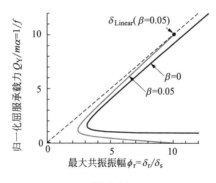

图 4.23

（2）基于最大点刚度的等效线性化方法

与上一节介绍的基于最小二乘法的方法相比，基于最大点刚度的等效线性化方法更加简单实用。该方法将力-位移曲线上位移最大点与原点连线的斜率作为等效刚度，并根据一个加载循环内耗能相等的原则确定等效黏性阻尼（图 4.24）。

对于理想弹塑性体系，等效刚度 k_e 为：

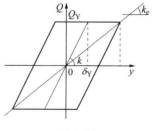

图 4.24

$$k_e = \frac{k}{\mu} \tag{4.60}$$

式中，$\mu = \delta/\delta_Y$ 是塑性率。

按式（4.61）计算等效黏性阻尼系数 c_e：

$$\Delta W = \pi c_e p \delta^2 = 4k\delta_Y(\delta - \delta_Y) \tag{4.61}$$

$$\therefore \quad c_e = \frac{4}{\pi} \frac{k}{p\mu}\left(1 - \frac{1}{\mu}\right)$$

相应的，等效线性体系的等效圆频率、等效阻尼比和共振时的等效阻尼比分别为：

$$\omega_e = \frac{\omega_0}{\sqrt{\mu}} \tag{4.62}$$

$$h_e = \frac{2}{\pi}\left(\frac{\omega_e}{p}\right)\left(1 - \frac{1}{\mu}\right) \tag{4.63}$$

$$h_{er} = \frac{2}{\pi}\left(1 - \frac{1}{\mu}\right) \tag{4.64}$$

图 4.25 比较了分别基于最小二乘法和基于最大点刚度法得到的 k_e 和 h_{er}。可见，当 μ 较小时二者基本相同。

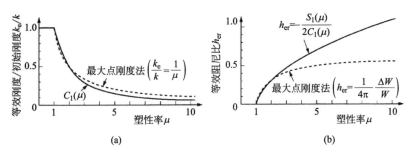

图 4.25

对于一定的 μ 和 f，将式（4.62）和式（4.63）代入式（4.48），得到关于 p/ω_0 的二次方程，从而可以画出等效线性体系的共振曲线。

Jennings 将基于最小二乘法的等效线性化方法称为 dynamic stiffness method（动力刚度法），而将根据滞回曲线的形状按最大点刚度确定等效刚度的方法称为 geometrical stiffness method（几何刚度法)[15]。

当体系的恢复力特性不同时，等效刚度和等效阻尼也不相同。在最大点刚度法中计算滞回曲线所包围的面积时应考虑恢复力模型的骨架曲线和振幅等因素的影响。

例如，经常采用如图 4.26 所示的刚度退化型双线性模型模拟 RC 框架结构的恢复力特性。该模型具有理想弹塑性的骨架曲线，但是卸载刚度 $k'=k/\sqrt{\mu}$。对于该模型，采用最大点刚度法确定的等效圆频率和共振时的等效阻尼为：

$$\omega_e = \frac{\omega_0}{\sqrt{\mu}}, \quad h_{er} = \frac{1}{\pi}\left(1 - \frac{1}{\sqrt{\mu}}\right) \qquad (4.65)$$

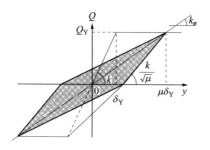

图 4.26

4.4　对地震作用的弹塑性反应

结构体系对地震作用的弹塑性反应是考察建筑抗震性能的一个基本问题。20 世纪 60 年代以来，伴随着电子计算机技术的发展，弹塑性地震反应分析方面的研究飞速发展。在 1960 年召开于东京的第 2 届世界地震工程大会上，Berg、Newmark、Penzien 和日本的 RAC 委员会等均发表了弹塑性地震反应分析方面的论文。这极大地促进了日本地震工程研究的发展[1]~[5]。

弹塑性体系在地面加速度 $\ddot{y}_0$ 作用下的运动方程为：

$$m\ddot{y} + c\dot{y} + Q(y) = -m\ddot{y}_0 \qquad (4.66)$$

在早期（1950~1960）的研究中，人们利用模拟机（东京大学地震研究所 RAC）或模拟计算机［京都大学模拟计算机、SERAC 模拟计算机（东京大学武滕清）］求解弹塑性体系对实际地震作用的反应。现在则通常利用数字计算机通过数值积分进行求解。

图 4.27（a）是一个双线性单自由度体系对地震作用的时程反应。其位移反应向一侧偏移，并产生了残余位移。从剪力的时程曲线可见，当体系进入塑性时剪力的增长变得非常缓慢。图 4.27（b）是体系的恢复力-位移相关关系曲线。曲线所包围的面积表示了塑性滞回耗能的大小。

通常采用最大位移反应 δ_{max} 和屈服位移 δ_Y 的比值，即**塑性率**（ductility factor）μ，来表示结构在地震作用下的损伤程度。

$$\mu = \frac{\delta_{max}}{\delta_Y} \tag{4.67}$$

还经常使用塑性变形 y_p 的绝对值之和，即**总塑性变形** YE（total yield excursion，对于双线型体系，YE 与总塑性耗能成比例），或恢复力 Q（y）所做的功，即**总塑性耗能** P（total plastic energy dissipation）等累积指标来表示结构在地震作用下的损伤。

$$YE = \sum |y_p| \tag{4.68}$$

$$P = \int Q(y)\dot{y}\,dt \tag{4.69}$$

下面考察弹塑性体系地震反应的基本特性。

（1）最大位移反应

弹塑性体系的屈服承载力对地震反应有显著影响。

对于具有一定初始周期的单自由度理想弹塑性体系（$\gamma=0$）和双线性体系（$\gamma=0.05$），图 4.28 给出了最大位移反应随体系的屈服承载力变化的情况。图中，纵轴为屈服震度，横轴为最大位移反应。采用的地震动为 1940 年 El Centro 记录的 NS 分量。屈服震度 q_Y 等于屈服承载力除以体系的重量，$q_Y = Q_Y/mg$（g 为重力加速度）。

对于短周期结构［图 4.28（a）］，随着屈服承载力的减小，体系的最大位移反应逐渐增大。对于长周期结构［图 4.28（b）］，当屈服承载力大于某个限值时，弹塑性最大位移反应和弹性最大位移

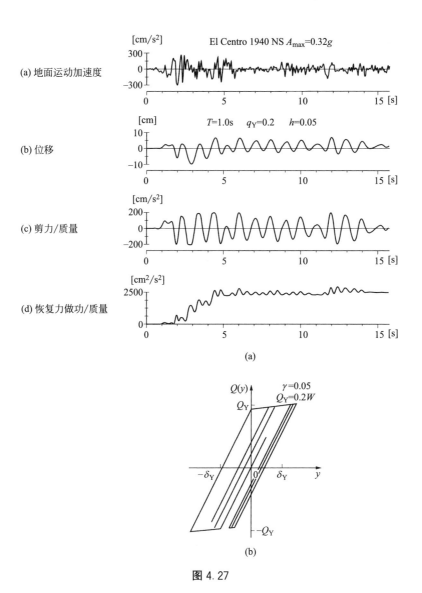

图 4.27

基本一致或者略小于弹性最大位移，且存在使最大位移反应最小的某个最优屈服承载力。然而当屈服承载力过小时，最大位移会表现出增大的趋势[5]。

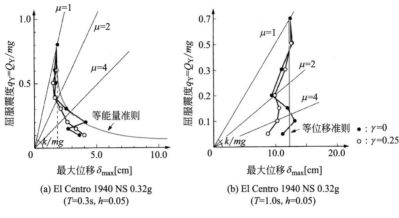

(a) El Centro 1940 NS 0.32g
(T=0.3s, h=0.05)

(b) El Centro 1940 NS 0.32g
(T=1.0s, h=0.05)

图 4.28

屈服后刚度为正的双线性体系的弹塑性最大位移反应也具有相同的特性，但与理想弹塑性体系相比，最大位移反应随屈服震度的变化更加平滑。当采用双线性刚度退化型恢复力模型时，体系的地震反应也具有类似的特点。

在图 4.28 所示的屈服承载力-最大位移反应相关关系图中，通过 μ 为定值的斜直线［式（4.70）］和最大位移反应曲线的交点，可以确定不同塑性率对应的屈服承载力需求。

$$q_Y = \left(\frac{\omega^2}{\mu g}\right)\delta_{\max} \tag{4.70}$$

计算具有不同周期的弹塑性体系对应于不同塑性率的屈服承载力需求，并以周期为横轴，屈服震度需求为纵轴，可以得到对应于不同塑性率的屈服承载力需求谱（图 4.29）。

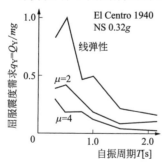

图 4.29

（2）等能量准则和等位移准则

以往的研究表明[5]，双线性弹塑性体系对地震作用的最大位移反应和体系的屈服承载力之间的相关关系具有以下规律：

　　① 在短周期范围内，初始周期相同的弹性体系的最大势能和如图 4.30（a）所示的弹塑性势能基本相等，而与屈服承载力的大小无关。这称为**等能量准则**（property of energy conservation）❶（△OAD＝▱OBCE）。

　　② 在长周期范围内，当屈服承载力大于某一限值时，弹塑性体系的最大位移反应和具有相同初始周期的弹性体系的最大位移反应基本相等 [图 4.30（b）]。这称为**等位移准则**（property of displacement conservation）（$\delta_N = \delta_L$）。❷

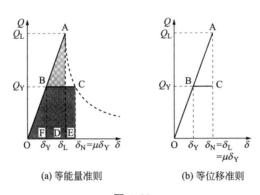

(a) 等能量准则　　　　(b) 等位移准则

图 4.30

　　此处假设体系的初始阻尼比为 2％～5％。上述等能量准则和等位移准则是根据结构对多条地震动记录的反应分析结果总结得到的经验性准则。根据这些准则，可直接利用弹性反应谱方便地估算弹塑性体系的最大位移反应。

　　在加速度反应谱基本上为定值的周期范围内，结构近似地服从等能量准则；而在速度反应谱基本上为定值的周期范围内，结构近似地服从等位移准则。这些准则同样适用于具有双线性刚度退化型恢复力模型的体系（图 4.26）。

　　表 4.1 总结了服从等能量准则和等位移准则时各个物理量之间的关系。

---

❶　译注：即 equal energy law。

❷　译注：即 equal displacmenet law。

表 4.1

	等能量准则		等位移准则	
弹塑性最大位移 $\delta_N=$	$\dfrac{1}{2}\left(\dfrac{Q_L}{Q_Y}+\dfrac{Q_Y}{Q_L}\right)\delta_L=\dfrac{\mu}{\sqrt{2\mu-1}}\delta_L$	(4.71)	δ_L	(4.72)
塑性率 $\mu=\delta_N/\delta_Y=$	$\dfrac{1}{2}\left\{1+\left(\dfrac{Q_L}{Q_Y}\right)^2\right\}$	(4.73)	$\dfrac{Q_L}{Q_Y}$	(4.74)
屈服承载力 $Q_Y=$	$\dfrac{1}{\sqrt{2\mu-1}}\cdot Q_L$	(4.75)	$\dfrac{1}{\mu}\cdot Q_L$	(4.76)

表中，

$\delta_L=S_D(T,h)$：弹性最大位移

$Q_L=k\delta_L=mS_A(T,h)$：弹性最大力

$Q_Y=k\delta_Y$：屈服承载力

δ_Y：屈服位移，δ_N：弹塑性最大位移，μ：塑性率

对于给定的屈服承载力，利用式（4.71）或式（4.72）可估算体系的最大位移反应，利用式（4.73）或式（4.74）可估算体系的塑性率。

同样，对于给定的塑性率限值，利用式（4.75）或式（4.76）可估算体系的屈服承载力需求。可见，如果允许体系发生塑性变形，则对体系的屈服承载力需求将小于弹性地震力。

对于具有开裂、屈服等行为而表现出三线性恢复力特性的 RC 框架结构，应合理确定体系的初始刚度。如果结构在屈服后变形迅速增大，则可以忽略混凝土开裂的影响，直接以屈服点对应的割线刚度作为初始刚度，为体系建立双线性恢复力模型（图 4.11），并根据等能量准则或等位移准则估算其地震反应。当采用三线性恢复力模型计算 RC 结构的弹塑性位移反应时，可参考青山建议的方法[第9章[1]]。

此外，RC 墙和短柱等构件在较大的侧向变形或轴力作用下会发生明显的承载力退化，构件进入塑性后发生的承载力退化会使构件的变形显著增大，从而造成严重的损伤。这一点需要特别注意[26]。

当结构体系中同时包含脆性构件
（如短柱、墙等）和延性构件（如受
弯构件等）时，其骨架曲线如图 4.31
所示。这种具有明显的承载力退化行
为的结构体系的地震反应特性非常复
杂，尚有许多问题有待深入研究。如
果能将退化型恢复力模型近似地等效
为具有一定等效塑性变形和等效承载

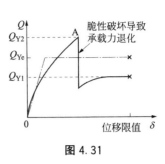

图 4.31

力的弹塑性体系，对于工程实践而言将非常方便。在这方面，冈田
等人提出了一种将脆性构件的一部分承载力与延性构件的承载力的
平方和开根号作为等效承载力的方法[第10章][24]。

（3）地震反应中的能量

除了最大塑性率之外，弹塑性体系在地震作用下耗散的能量也
与结构损伤密切相关。弹塑性地震反应中的能量平衡可表示如下：

$$\underbrace{\frac{1}{2}m\dot{y}^2}_{T}+\underbrace{\int_0^t c\dot{y}^2\mathrm{d}t}_{D}+\underbrace{\int_0^t Q(y)\dot{y}\mathrm{d}t}_{P}=\underbrace{\int_0^t (-m\ddot{y}_0)\,\dot{y}\mathrm{d}t}_{L} \quad (4.77)$$

将体系在地震反应结束时（$t\to\infty$，$\dot{y}\to0$）的能量用下标 E 表
示，则近似地有：

$$L_\mathrm{E}\approx D_\mathrm{E}+P_\mathrm{E}$$

研究表明，对于具有相同初始周期的弹性和弹塑性体系，地震
输入的总能量 L_E 基本相同，而与屈服承载力的大小无关[22][23]。对
于无阻尼体系，地震输入能量 L_E 与弹性反应谱值之间具有以下近
似关系：

$$L_\mathrm{E}\approx\frac{1}{2}mS_\mathrm{V0}^2=\frac{1}{2}kS_\mathrm{D0}^2 \quad (4.78)$$

根据 Housner[21] 和 Thomaides[2] 等人的研究，下式对理想弹
塑性体系近似成立：

$$\frac{1}{2}mS_\mathrm{V}^2\approx Q_\mathrm{Y}\cdot\sum\delta_\mathrm{p}+\frac{1}{2}k\delta_\mathrm{Y}^2 \quad (4.79)$$

式中，$\sum\delta_\mathrm{p}$ 是塑性变形的绝对值之和；S_V 是速度反应谱。

Housner 讨论了上式在结构抗震设计中的应用[21]。

对于钢结构，可以将结构的总耗能作为一个破坏准则。根据加藤和秋山的建议，一方面可以根据钢结构在单方向上的塑性变形能力确定其极限耗能能力；另一方面假设结构在地震作用下的正负塑性变形相等并确定在结构单方向上的地震输入能量，将二者进行比较可以评价结构的抗震性能第10章[25]。

(4) 弹塑性多自由度体系的地震反应特性

弹塑性多自由度体系对地震作用的反应特性不仅取决于体系刚度、承载力的分布和整体结构的破坏机制，还取决于地震动的强度和特性，难以一概而论。

以往的研究表明，剪切型多自由度体系对地震作用的最大弹塑性反应具有以下规律：

（ⅰ）当各层进入塑性的程度相近时，各层的弹性最大层间位移和弹塑性最大层间位移反应之间近似地服从等位移准则或等能量准则。

在日本建筑学会出版的《地震荷载和建筑结构的抗震性能》第1版中第9章[1]，假设结构各楼层均服从等能量准则，并按照式（4.80）近似地计算结构各层的弹塑性层间位移。

$$\delta_{Ni} = \mu_i \cdot \delta_{Yi} \tag{4.80}$$

式中，μ_i 是第 i 层的塑性率：

$$\mu_i = \frac{1}{2}\left\{1 + \left(\frac{Q_{Li}}{Q_{Yi}}\right)^2\right\} \tag{4.81}$$

Q_{Li} 是第 i 层的弹性剪力，可以通过模态分析得到；Q_{Yi} 是第 i 层的屈服承载力。

该方法成立的前提是各层进入塑性的程度基本一致（图 4.32）。

根据这一方法，设各层的塑性率限值为 μ_i，则各层的屈服承载力需求为：

$$Q_{Yi} = \frac{1}{\sqrt{2\mu_i - 1}} Q_{Li} \tag{4.82}$$

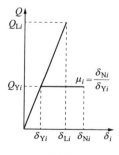

图 4.32

需要注意的是，如下文第（ⅲ）小节所

述，当重量、刚度或承载力沿高度分布有突变时，结构很可能会在承载力相对薄弱的部位发生变形集中。

（ⅱ）通过迭代计算可得到使所有楼层的塑性率相同的最优屈服承载力分布且该分布通常接近于弹性层剪力分布。

小堀和南井等人通过多自由度剪切层模型的参数分析指出，对于常见的质量和刚度分布，按下式计算的楼层屈服承载力系数 $C(\xi_i)$ 可使各个楼层的塑性率相等[27]（图 4.33）：

$$C(\xi_i) = \{2.5 - 2.7(1 - \xi_i) + 1.2(1 - \xi_i)^2\} \cdot C \quad (4.83)$$

式中，C 是基底剪力系数；$\xi_i = \sum_{j=i}^{N} \dfrac{m_j}{M}$ 是归一化高度；m_j 是第 j 层的质量。

相应的层剪力为：

$$Q(\xi_i) = C(\xi_i) \cdot (\sum_{j=i}^{N} m_j \cdot g) = (1 - \xi_i) C(\xi_i) M g$$

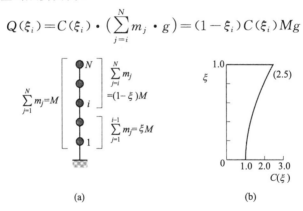

图 4.33

（ⅲ）塑性变形容易集中在屈服承载力相对较小的楼层，导致该层的塑性率增大。

以高层建筑的地震反应分析为基础，梅村和柴田提出了一种用于估算多自由度剪切层模型的弹塑性地震反应的偏差系数法[28]。该方法采用偏差系数（deviation coefficient）α（某一楼层与各层平均之比）表示结构的弹性层间位移 δ_{Li}、弹塑性位移 δ_{Ni} 和楼层屈服位移 δ_{Yi} 沿高度的分布，如下式所示：

$$\alpha_{Li} = \delta_{Li} \Bigg/ \sum_{j=l}^{n} \frac{\delta_{Lj}}{n} \quad \text{(弹性层间位移的偏差系数)}$$

$$\alpha_{Ni} = \delta_{Ni} \Bigg/ \sum_{j=1}^{n} \frac{\delta_{Nj}}{n} \quad \text{(弹塑性层间位移的偏差系数)} \quad (4.84)$$

$$\alpha_{Yi} = \delta_{Yi} \Bigg/ \sum_{j=1}^{n} \frac{\delta_{Yj}}{n} \quad \text{(屈服位移的偏差系数)}$$

（也可将 α_{Li}/α_{Yi} 视为弹性层剪力和屈服剪力之比沿高度的分布）

图 4.34 结合一个算例画出了式（4.84）中的三种 α。可见，当 $\alpha_L > \alpha_Y$ 时则 α_N 较大；反之，当 $\alpha_L < \alpha_Y$ 时则 α_N 较小。即当楼层的弹性位移大于屈服位移时，塑性变形容易在该楼层集中。梅村和柴田建议采用以下经验公式估算第 i 楼层的弹塑性层间位移 $\bar{\delta}_{Ni}$。

$$\bar{\delta}_{Ni} = \left(\frac{\alpha_{Li}}{\alpha_{Yi}}\right)^{m} \cdot \delta_{Li} \qquad (4.85)$$

通常取 $m=1$。此时，各楼层的塑性率 $\bar{\mu}_i$ 近似为：

$$\bar{\mu}_i = \frac{\bar{\delta}_{Ni}}{\delta_{Yi}} = \left(\frac{\alpha_{Li}}{\alpha_{Yi}}\right) \cdot \mu_i' \qquad (4.86)$$

式中，$\mu_i' = \delta_{Li}/\delta_{Yi}$ 为名义塑性率。

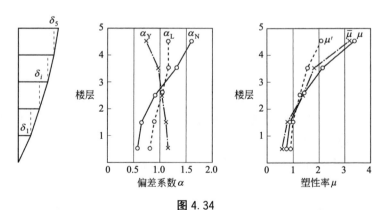

图 4.34

由图 4.34 可见，与名义塑性率 μ' 相比，按上式估算的塑性率 $\bar{\mu}$ 更加接近时程反应分析得到的准确的塑性率 μ。当所有楼层的名

义塑性率均相等时，有 $\alpha_{Li}/\alpha_{Yi}=1$，因此有

$$\overline{\delta}_{Ni}=\delta_{Li} \text{ 且 } \overline{\mu}_i=\mu_i' \tag{4.87}$$

即各层的弹塑性层间位移等于弹性层间位移且各层按式 (4.86) 估算的塑性率 $\overline{\mu}_i$ 均相等。上述方法是针对周期较长的中高层建筑（周期位于等速度段）建立的，各层层间位移之和近似地服从等位移准则。

4.5 弹塑性地震反应的等效线性分析

(1) 单自由度体系的等效线性分析

等效线性化体系能够考虑结构在地震作用下的刚度降低和阻尼增大，对于工程实践而言不失为一种估算结构的弹塑性地震反应的有效方法。在这方面也已经积累了不少研究成果。

从 Caughey 开始，针对弹塑性体系在随机激励下的等效线性化分析开展了很多研究[7][8]。Seed第8章[1][2]、Rosenblueth 和 Newmark第1章[9]、Sozen 和柴田[17] 等学者利用等效线性体系的时程反应近似地模拟结构对实际地震作用的弹塑性反应，验证了等效线性化方法的实用性。

下面介绍利用反应谱和等效线性体系估算结构最大弹塑性反应的方法。

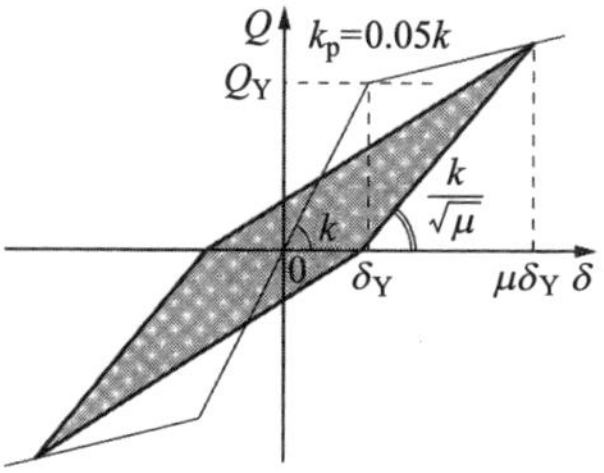

首先确定等效线性体系的等效刚度和等效阻尼与结构变形或塑性率之间的关系。对于具有如图 4.35 所示的刚度退化型恢复力特性的延性 RC 结构，基于最大点刚度法的等效刚度和等效周期为：

图 4.35

$$k_e = \frac{\{1+\gamma(\mu-1)\}k}{\mu} \tag{4.88}$$

$$T_e = \frac{2\pi}{\omega_e} = \frac{2\pi}{\sqrt{k_e/m}} \tag{4.89}$$

式中，$\mu=\delta_{max}/\delta_Y$，$\gamma=k_p/k$。

另一方面，利用弹塑性体系对地震作用的速度反应时程 $\dot{y}(t)$，可按照地震反应结束时地面运动做功 $\int_0^t (-m\ddot{y}_0)\dot{y}dt$ 等于等效阻尼做功 $\int_0^t c_e\dot{y}^2dt$ 的原则计算**平均等效阻尼比**（substitute damping）h_s，记 $c_e=2h_s\omega_e m$ 有：

$$h_s = -\int_0^t \ddot{y}_0\dot{y}dt \Big/ 2\omega_e\int_0^t \dot{y}^2dt \tag{4.90}$$

对于具有刚度退化型恢复力特性的弹塑性体系，按式（4.90）计算的平均等效阻尼比如图 4.36 所示。Gulkan 和 Sozen 也直接根据动力加载试验得到的 RC 结构非线性时程反应按式（4.90）计算结构的等效阻尼比[16]。

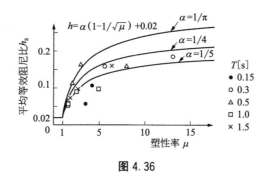

图 4.36

基于以上结果，构件的等效阻尼比 h_e 和构件的塑性率 μ 之间近似地存在以下函数关系：

$$h_e = 0.2\Big(1 - \frac{1}{\sqrt{\mu}}\Big) + 0.02 \tag{4.91}$$

式中，0.02 是初始阻尼比。

利用式（4.89）和式（4.91），结合地震反应谱，可以计算弹塑性单自由度体系的最大位移反应。由于最大位移反应或塑性率是未知的，可以先假设一个值并计算相应的等效周期 T_e 和等效阻尼比 h_e，再根据反应谱确定该等效线性体系的最大位移反应。当计算得到的最大位移反应与当初假设的最大位移不一致时，可将计算结果作为新的假设值并重复上述步骤。当这一迭代计算收敛

时，等效线性体系的最大位移反应将近似地等于原弹塑性体系的
最大位移反应，且相应的力和位移也近似地位于原弹塑性体系的
骨架线上。

对于具有不同初始周期和屈服承载力的单自由度体系，首先通
过数值积分方法求解其对 El Centro 地震作用的弹塑性反应，再根
据准确的最大位移反应确定相应的等效线性体系并计算其线性反
应。其结果如图 4.37 所示。可见，最大弹塑性反应和等效线性体
系的最大线性反应表现出类似的变化规律。在此基础上，通过迭代
计算可进一步使等效线性体系的反应收敛到相应的弹塑性体系的骨
架线上[19][20]。

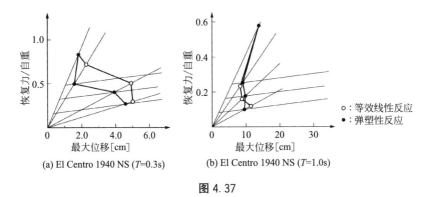

(a) El Centro 1940 NS (T=0.3s)　(b) El Centro 1940 NS (T=1.0s)

○：等效线性反应
●：弹塑性反应

图 4.37

(2) 等代结构（substitute structure）法

在上述等效线性化分析中，可以根据预设的塑性率限值，直接
利用式（4.89）和式（4.91）确定相应的等效周期和等效阻尼比，
并利用反应谱确定结构的最大位移。由此得到的等效线性体系的内
力可作为对应于该塑性率限值的屈服承载力需求。

在此基础上，柴田和 Sozen 提出在多层 RC 框架结构抗震设计
中近似地考虑结构的弹塑性反应特性的等代结构（substitute struc-
ture）法。其具体步骤如下[17][18]：

① 为各个构件设定塑性率限值并确定其等效刚度和等效阻尼，
建立等代结构（substitute structure）。

② 估算等代结构各阶模态的周期、振型和阻尼比。

③ 利用设计反应谱，采用振型分解反应谱法计算等代结构中各个构件的内力作为各个构件的承载力需求，并检查结构位移是否超过位移限值。

在使用等代结构法之前，需要根据作用在结构上的恒载和建筑功能需求等因素进行初步设计以预先设定结构和构件的基本尺寸。

• 等代结构

各个构件的等效受弯刚度可根据塑性率限值 μ_i 按下式计算（图 4.38）：

$$(EI)_{si} = \frac{(EI)_{ai}}{\mu_i} \tag{4.92}$$

式中，$(EI)_{si}$ 是构件的等效刚度；$(EI)_{ai}$ 是屈服刚度。

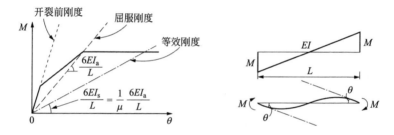

图 4.38

按下式计算各个构件的等效阻尼比 β_{ei}：

$$\beta_{ei} = 0.2\left(1 - \frac{1}{\sqrt{\mu_i}}\right) + 0.02 \tag{4.93}$$

• 振型分解反应谱法

近似地采用无阻尼体系的周期和振型，根据 Biggs 建议的加权平均阻尼的方法，按下式计算等代结构的 s 阶模态阻尼比 $_s h$：

$$_s h = \frac{1}{4\pi} \frac{\sum\limits_i \Delta W_i}{\sum\limits_i W_i} = \frac{\sum\limits_i \beta_{ei} \cdot W_i}{\sum\limits_i W_i} \tag{4.94}$$

式中，W_i 是构件的弯曲变形能：

$$W_i = \frac{L_i}{6(EI)_{si}} \cdot (M_A^2 + M_B^2 - M_A M_B)$$

式中，M_A 和 M_B 是等代结构中第 i 构件对应于 s 阶模态的杆端弯矩；L_i 是构件长度；$(EI)_{si}$ 是构件的等效刚度。

根据等代结构各阶模态的等效周期和等效阻尼比，利用设计反应谱计算各阶模态的最大反应，再进行 RSS（平方和的平方根）组合以得到等代结构中各个构件的弯矩和变形。可偏于保守地将 RSS 组合得到的构件内力 F_{iRSS} 按式（4.95）进行适当放大，并以此作为设计承载力需求 F_i。

$$F_i = F_{iRSS} \cdot \frac{V_{RSS} + V_{ABS}}{2V_{RSS}} \tag{4.95}$$

式中，V_{RSS} 和 V_{ABS} 分别是通过"平方和的平方根"和"绝对值之和"组合得到的等代结构的基底剪力。

设计反应谱应综合反映了建筑物所在场地的地震危险性、场地特性、建筑物的重要性和使用年限等因素的影响。由于等效线性化分析通过等效阻尼比来近似地考虑结构塑性耗能的影响，因此需要建立不同阻尼比对应的设计反应谱，即给出反应谱值随阻尼比变化的函数关系 [图 4.39（a）]。图 4.39（b）是柴田和 Sozen 建议的设计反应谱（以 $h=0.02$ 为基准）。

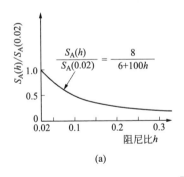

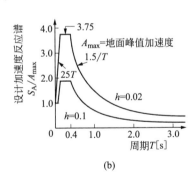

图 4.39

• 确定承载力需求

上述振型分解反应谱法得到的各个构件的内力可近似地作为使构件满足预设的塑性率限值的承载力需求。

为了实现预期的塑性分布，尚需从工程性的角度出发对计算结果进行一定的调整。比如，当希望只在梁端屈服而柱不屈服时，应适当增大柱的受弯屈服承载力需求。

最后，需要通过非线性时程分析检验按上述方法得到的结构在地震作用下是否表现出预期的抗震性能。以图 4.40 所示的 8 层框架结构为例。设梁和柱的塑性率限值分别为 6 和 1，假设梁屈服时的割线刚度（即屈服刚度）是开裂前初始刚度的 1/3，柱屈服时的割线刚度是开裂前初始刚度的 1/2。以构件屈服刚度除以塑性率限值作为等代结构中构件的等效刚度。表 4.2 给出了各个构件分别采用开裂前初始刚度、屈服刚度和等效刚度时结构的周期，以及按式（4.93）和式（4.94）确定的等代结构各阶模态的等效阻尼比。

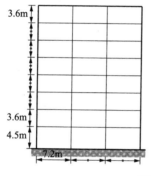

楼层	梁 [cm²]	柱 [cm²]
8, 7	40×60	60×60
6, 5	40×70	70×70
4, 3	40×80	80×80
2, 1	40×90	90×90

各层质量150t

图 4.40

利用振型分解反应谱法得到等代结构中各个构件的内力，并将其作为构件的屈服承载力。对于某一构件，取两个杆端内力中的较大值作为该构件的受弯承载力。采用如图 4.39 所示的设计反应谱，设地面峰值加速度 $A_{max}=0.3g$。为保证柱不屈服，人为地将所有柱的承载力提高 1.2 倍。

通过非线性动力反应分析，计算上述结构对实际地震作用的非线性反应（参见第 9.3 节），如图 4.41 所示。虽然结构对不同的地震动作用的反应具有一定的离散性，但总体上接近柱的塑性率为 1 而梁的塑性率为 6 的预期目标。

表 4.2

阶数	开裂前初始刚度对应的周期(s)	屈服刚度对应的周期(s)	等代结构		
			周期(s)	阻尼比	加速度谱值(g)
1	0.73	1.19	2.47	0.116	0.08
2	0.28	0.45	0.83	0.094	0.27
3	0.16	0.25	0.41	0.070	0.65
4	0.11	0.16	0.23	0.053	0.79
5	0.08	0.12	0.14	0.037	0.91

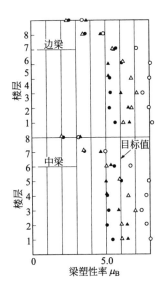

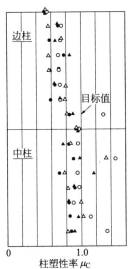

○ : El Centro NS
● : El Centro EW
△ : Taft   NS
▲ : Taft   EW
地面峰值加速度=0.3g

图 4.41

第5章 傅里叶分析*

5.1 傅里叶分析的种类

对于地震动这种不规则的振动，很难一眼看出其中蕴含的周期成分以及各种成分所占的比例。傅里叶分析（Fourier analysis）将看似杂乱无章的函数 $y(t)$ 分解为 $\sin\omega t$、$\cos\omega t$、$e^{i\omega t}$ 等简单的周期性函数，以便于考察其频域特性。根据所处理函数的不同特性，可分为以下三类：

（ⅰ）傅里叶级数

用于周期性函数。通过离散的傅里叶系数表示函数的频域特性。

（ⅱ）傅里叶积分（傅里叶变换）

用于能量有限 $\left(\int_{-\infty}^{\infty}|y(t)|\,dt<\infty\right)$ 的非周期性瞬态函数。通过连续的傅里叶谱表示函数的频域特性。

（ⅲ）调和分析

用于在 $-\infty<t<\infty$ 区间内能量无限大但功率（平方的均值）有限的非周期性函数。通过功率（平方的均值）谱密度表示函数的频域特性。

在实际应用中，时域信号通常被表示为有限个离散的数据点。可利用有限傅里叶级数（或变换）对其进行的傅里叶分析。快速傅里叶变换（FFT）的出现使人们可以利用电子计算机快速地完成有限傅里叶变换（Cooley 和 Tukey[4]），从而使傅里叶分析成为一种高效实用的信号分析方法。在地震工程中，FFT 在分析地震动记录和结构的时程反应方面的应用非常广泛，已成为一种不可或缺的分析工具。

可将傅里叶分析视为将信号在时域（time domain）和频域

（frequency domain）之间进行坐标变换的方法。傅里叶级数或傅里叶变换中的时域和频域信号是一一对应的，从信号的频谱可以完整地再现其时域波形。在调和分析中，时域信号的自相关函数（忽略相位的函数）和频域上的功率谱密度之间也存在一一对应的关系。

在线性体系的振动中，外力和反应之间的关系，在时域上需要用卷积［convolution，式（5.43）］来表示，而在频域上则可以表示为简单的乘积。这使得计算变得非常简单（式 5.44）。除此之外，时域上的微分和积分运算在频域上都变成了简单的代数运算。根据分析目的的不同合理选择时域或频域分析方法，不但有助于加深对振动现象本质的理解，还可以提高计算效率。

5.2　傅里叶级数

利用傅里叶级数（Fourier series），可将以周期 T 反复出现的任意波形 $y(t)$ 表示为无穷多个简谐波之和（图 5.1）：

$$y(t) = \frac{a_0}{2} + \sum_{n=1}^{\infty} (a_n \cos\omega_n t + b_n \sin\omega_n t) \tag{5.1}$$

式中，

$$a_n = \frac{2}{T} \int_0^T y(t) \cos\omega_n t \, \mathrm{d}t \qquad (n = 0, 1, 2, \cdots) \tag{5.2}$$

$$b_n = \frac{2}{T} \int_0^T y(t) \sin\omega_n t \, \mathrm{d}t \qquad (n = 1, 2, \cdots) \tag{5.3}$$

$$\omega_n = n w_0 = n \cdot \frac{2\pi}{T} \qquad (n = 0, 1, 2, \cdots) \tag{5.4}$$

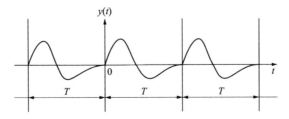

图 5.1

上述等式中的 $\int_0^T$ 也可以写成 $\int_{-T/2}^{T/2}$。a_n 和 b_n 称为函数 $y(t)$ 的**傅里叶系数**（Fourier coefficient）。对应于不同 ω_n 的傅里叶系数组成**离散谱**（线谱，discrete spectrum），表示了 $y(t)$ 的频域特性。当 $y(t)$ 为偶函数时，傅里叶级数只包含余弦波；当 $y(t)$ 为奇函数时，傅里叶级数只包含正弦波。

式（5.1）还可以为：

$$y(t) = \frac{a_0}{2} + \sum_{n=1}^{\infty} A_n \cos(\omega_n t - \theta_n) \tag{5.5}$$

式中，

$$A_n = \sqrt{a_n^2 + b_n^2} \tag{5.6}$$

$$\theta_n = \tan^{-1} \frac{b_n}{a_n} \tag{5.7}$$

$a_0/2$ 和 A_n 关于 ω_n 的函数称为**幅值谱**（amplitude spectrum）；θ_n 关于 ω_n 的函数称为**相位谱**（phase spectrum）。

利用欧拉公式

$$e^{\pm i\omega t} = \cos\omega t \pm i\sin\omega t$$

可将圆频率 ω 扩展到负数，并得到复数形式的傅里叶级数：

$$y(t) = \sum_{n=-\infty}^{\infty} c_n e^{i\omega_n t} \tag{5.8}$$

$$c_n = \frac{1}{T} \int_0^T y(t) e^{-i\omega_n t} \mathrm{d}t \tag{5.9}$$

c_n 称为**复傅里叶系数**（complex Fourier coefficient）。当 $y(t)$ 为实函数时，c_n 与 c_{-n} 共轭。a_n、b_n 和 c_n（$n=1,2,3,\cdots$）之间存在以下关系：

$$\left. \begin{array}{l} c_n = \dfrac{a_n - ib_n}{2} \\[2mm] c_0 = \dfrac{a_0}{2} \\[2mm] c_{-n} = \dfrac{a_n + ib_n}{2} \end{array} \right\} \tag{5.10}$$

$y(t)$ 的均方值 $\langle y^2(t) \rangle$ 与 $y(t)$ 的傅里叶级数之间存在以

下关系（即帕塞瓦尔定理，Parseval's theorem）：

$$\langle y^2(t)\rangle = \frac{1}{T}\int_0^T y^2(t)\mathrm{d}t = \frac{a_0^2}{4} + \frac{1}{2}\sum_{n=1}^{\infty}(a_n^2 + b_n^2) = \sum_{n=-\infty}^{\infty}|c_n|^2$$

(5.11)

a_0^2 和 $(a_n^2 + b_n^2)/2$（$n=1$，2，$\cdots$）或者 $|c_n|^2$（$n=\cdots$，-2，-1，0，1，2，$\cdots$）代表了 $y(t)$ 的均方值中不同周期成分的大小，称为**功率谱**（power spectrum）或**均方谱**（mean square spectrum）。功率谱只包含振幅信息而丢弃了相位信息（图 5.2）。

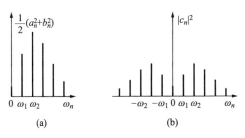

图 5.2

波形 $y(t)$ 与平移了 τ 的波形 $y(t+\tau)$ 之积的均值称为 $y(t)$ 的**自相关函数** $\varphi(\tau)$（autocorrelation function）：

$$\varphi(\tau) = \frac{1}{T}\int_0^T y(t)y(t+\tau)\mathrm{d}t$$

$$= \frac{a_0^2}{4} + \frac{1}{2}\sum_{n=1}^{\infty}(a_n^2 + b_n^2)\cos\omega_n\tau = \sum_{n=-\infty}^{\infty}|c_n|^2\cos\omega_n\tau$$

(5.12)

可见，某个周期函数的自相关函数是以功率谱为幅值的余弦函数的组合，且仍然是一个以 T 为周期的周期函数。

由式（5.12）可知，$\varphi(\tau)$ 为偶函数且有：

$$\varphi(0) = \langle y^2(t)\rangle$$

(5.13)

5.3　傅里叶变换（傅里叶积分）

对于在有限时间内能量有限 $\left(\int_{-\infty}^{\infty}|y(t)|\mathrm{d}t < \infty\right)$ 的非周期函

数，可利用**傅里叶积分**（Fourier integral）或**傅里叶变换**（Fourier transform）进行傅里叶分析。

将式（5.8）和式（5.9）的积分区间设为$-T/2 \sim T/2$并推导傅里叶级数在$T \to \infty$时的极限，可以得到傅里叶积分的表达形式。首先：

$$y(t) = \frac{1}{T} \sum_{n=-\infty}^{\infty} \left\{ \int_{-T/2}^{T/2} y(\tau) e^{-i\omega_n \tau} d\tau \right\} e^{i\omega_n t} \tag{5.14}$$

设$\Delta\omega_n = \omega_{n+1} - \omega_n = \omega_0 = 2\pi/T$，上式可改写为：

$$y(t) = \frac{1}{2\pi} \sum_{n=-\infty}^{\infty} \left\{ \int_{-T/2}^{T/2} y(\tau) e^{-i\omega_n \tau} d\tau \right\} e^{i\omega_n t} \Delta\omega_n \tag{5.15}$$

保持区间T内的函数不变，如图 5.3 所示，通过在其左右两侧添加零，使积分区间扩大到$-\infty \sim \infty$，同时将离散的变量ω_n替换为连续变量ω，$\sum \Delta\omega_n$变为$\int d\omega$，可得傅里叶积分公式如下：

$$y(t) = \frac{1}{2\pi} \int_{-\infty}^{\infty} \left\{ \int_{-\infty}^{\infty} y(\tau) e^{-i\omega\tau} d\tau \right\} e^{i\omega t} d\omega \tag{5.16}$$

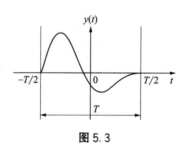

图 5.3

可将式（5.16）拆分成以下两个公式：

$$F(i\omega) = \int_{-\infty}^{\infty} y(t) e^{-i\omega t} dt \tag{5.17}$$

$$y(t) = \frac{1}{2\pi} \int_{-\infty}^{\infty} F(i\omega) e^{i\omega t} d\omega \tag{5.18}$$

$F(i\omega)$称为$y(t)$的**傅里叶变换**（Fourier transform），记作$\mathscr{F}[y(t)]$；$y(t)$则称为$F(i\omega)$的**逆傅里叶变换**（inverse Fourier transform），记作$\mathscr{F}^{-1}[F(i\omega)]$。二者合称为傅里叶变换对（Fourier transform pairs)。

$F(i\omega)$ 通常是一个复数形式的 **连续谱**（continuous spectrum）。当 $y(t)$ 为实函数时，其傅里叶变换 $F(i\omega)$ **共轭对称**（conjugate even，关于 ω 的实部为偶函数，虚部为奇函数）。

从式（5.18）可见，$y(t)$ 是振幅为 $(1/2\pi)F(i\omega)\mathrm{d}\omega$ 的 $\mathrm{e}^{i\omega t}$ 函数的叠加。

将式（5.17）和式（5.18）中的 ω 替换为频率 f，则有下式：

$$F(if)=\int_{-\infty}^{\infty}y(t)\mathrm{e}^{-i2\pi ft}\mathrm{d}t \tag{5.19}$$

$$y(t)=\int_{-\infty}^{\infty}F(if)\mathrm{e}^{i2\pi ft}\mathrm{d}f \tag{5.20}$$

在实际应用中也经常采用这种以频率 f 表示的傅里叶积分公式。

将傅里叶谱 $F(i\omega)$ 写成实部和虚部的形式如下：

$$F(i\omega)=A(\omega)-B(\omega)i \tag{5.21}$$

考虑到共轭对称性，式（5.18）可表示为：

$$y(t)=\frac{1}{\pi}\int_0^{\infty}\{A(\omega)\cos\omega t+B(\omega)\sin\omega t\}\mathrm{d}\omega \tag{5.22}$$

式中，

$$\left.\begin{array}{l}A(\omega)=\int_{-\infty}^{\infty}y(\tau)\cos\omega\tau\mathrm{d}\tau=\mathrm{Re}[F(i\omega)]\\[2mm]B(\omega)=\int_{-\infty}^{\infty}y(\tau)\sin\omega\tau\mathrm{d}\tau=-\mathrm{Im}[F(i\omega)]\end{array}\right\} \tag{5.23}$$

$A(\omega)$ 称为**傅里叶余弦变换**（Fourier cosine transform），$B(\omega)$ 称为**傅里叶正弦变换**（Fourier sine transform）。

还可以将傅里叶变换表示为振幅和相位角的形式：

$$F(i\omega)=C(\omega)\mathrm{e}^{-i\theta(\omega)}$$

$$\left\{\begin{array}{l}C(\omega)=|F(i\omega)|=\sqrt{A^2(\omega)+B^2(\omega)}\\[2mm]\theta(\omega)=-\arg F(i\omega)=\tan^{-1}\dfrac{B(\omega)}{A(\omega)}\end{array}\right. \tag{5.24}$$

当 $y(t)$ 为实函数时，$C(\omega)$ 为偶函数，$\theta(\omega)$ 为奇函数。式（5.18）可改写为：

$$y(t) = \frac{1}{2\pi} \int_{-\infty}^{\infty} C(\omega) e^{i(\omega t - \theta(\omega))} d\omega$$

$$= \frac{1}{\pi} \int_{0}^{\infty} C(\omega) \cos\{\omega t - \theta(\omega)\} d\omega \qquad (5.25)$$

$C(\omega)$ 称为**傅里叶幅值谱**（Fourier amplitude spectrum），$\theta(\omega)$ 称为**傅里叶相位谱**（Fourier phase spectrum）。

幅值谱 $C(\omega)$ 表示了地震动等瞬态波形的频率成分的分布。大崎等人的研究[5] 表明，相位谱 $\theta(\omega)$ 对 ω 的微分 $d\theta(\omega)/d\omega$ 的谱形与原波形 $y(t)$ 的持时长短有密切关系。

$y(t)$ 的**自相关函数** $\varphi(\tau)$ 可用傅里叶变换来表示。设函数 $y(t)$ 的持时为 T_L，其他时间点上 $y(t) = 0$，则有：

$$\mathscr{F}\left[\int_{-\infty}^{\infty} y(t) y(t+\tau) dt\right] = \int_{-\infty}^{\infty} y(t) e^{i\omega t} dt \int_{-\infty}^{\infty} y(t+\tau) e^{-i\omega(t+\tau)} d\tau$$

$$= \overline{F(i\omega)} \cdot F(i\omega) = |F(i\omega)|^2 \qquad (5.26)$$

因此有：

$$\varphi(\tau) = \frac{1}{T_L} \int_{-\infty}^{\infty} y(t) y(t+\tau) dt = F^{-1}\left[\frac{|F(i\omega)|^2}{T_L}\right]$$

$$= \frac{1}{2\pi} \int_{-\infty}^{\infty} \frac{|F(i\omega)|^2}{T_L} e^{i\omega\tau} d\omega \qquad (5.27)$$

由此定义**功率谱密度** $S(\omega)$（power spectral density function）或**均方谱密度**（mean square spectral density function）如下：

$$S(\omega) = \frac{|F(i\omega)|^2}{T_L} \qquad (5.28)$$

代入式（5.27）可得：

$$\varphi(\tau) = \frac{1}{2\pi} \int_{-\infty}^{\infty} S(\omega) e^{i\omega\tau} d\omega \qquad (5.29)$$

$$S(\omega) = \int_{-\infty}^{\infty} \varphi(\tau) e^{-i\omega\tau} d\tau \qquad (5.30)$$

即自相关函数和功率谱密度构成一对傅里叶变换对。

$\varphi(0)$ 即为函数 $y(t)$ 的均方值 $\langle y^2(t) \rangle$。当 $\tau = 0$ 时，式（5.27）变为：

$$\langle y^2 \rangle = \frac{1}{T_L} \int_{-\infty}^{\infty} y^2(t) dt$$

$$= \frac{1}{2\pi} \int_{-\infty}^{\infty} \frac{|F(i\omega)|^2}{T_{\mathrm{L}}} \mathrm{d}\omega = \frac{1}{2\pi} \int_{-\infty}^{\infty} S(\omega) \mathrm{d}\omega \qquad (5.31)$$

根据式（5.31），功率谱密度 $S(\omega)$ 的物理意义为：$S(\omega)$ 的总面积的 $1/2\pi$ 倍等于函数 $y(t)$ 的均方值，如图 5.4 所示。$(1/2\pi) S(\omega)\mathrm{d}\omega$ 表示了 $\omega \sim \omega+\mathrm{d}\omega$ 区间内的频率成分对均方值的贡献。

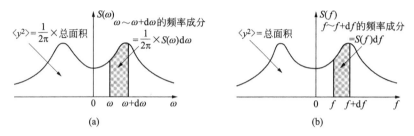

图 5.4

由式（5.28）可知 $S(\omega)$ 为实函数且关于 ω 对称。由式（5.27）可知，$\varphi(\tau)$ 也为实函数且关于 τ 对称。

将 ω 替换为 f，式（5.29）和（5.30）变为：

$$\varphi(\tau) = \int_{-\infty}^{\infty} S(f) \mathrm{e}^{i2\pi f\tau} \mathrm{d}f \qquad (5.32)$$

$$S(f) = \int_{-\infty}^{\infty} \varphi(\tau) \mathrm{e}^{-i2\pi f\tau} \mathrm{d}\tau \qquad (5.33)$$

式（5.31）变为：

$$\langle y^2 \rangle = \int_{-\infty}^{\infty} S(f) \mathrm{d}f \qquad (5.34)$$

即 $S(f)$ 的总面积等于均方值。需要注意的是，功率谱密度和自相关函数只包含原函数的振幅信息，而丢弃了相位的信息。1940 年 El Centro NS 记录的自相关函数和功率谱密度如图 5.5 所示。

注：也经常采用与式（5.28）相差 $1/2\pi$ 倍的式（5.28'）定义功率谱密度：

$$S'(\omega) = \frac{1}{2\pi} \cdot \frac{|F(i\omega)|^2}{T_{\mathrm{L}}} \qquad (5.28')$$

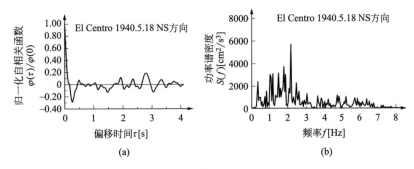

图 5.5

相应的自相关函数和均方值为：

$$\varphi(\tau) = \int_{-\infty}^{\infty} S'(\omega) e^{i\omega\tau} d\omega \qquad (5.29')$$

$$\langle y^2 \rangle = \int_{-\infty}^{\infty} S'(\omega) d\omega \qquad (5.30')$$

(1) 傅里叶变换的基本特性

傅里叶变换具有以下常用到的基本特性：

$$\mathscr{F}[y(t-\tau)] = e^{-i\omega\tau}\mathscr{F}[y(t)] \text{（平移定理）} \qquad (5.35)$$

$$\mathscr{F}[dy/dt] = i\omega\mathscr{F}[y(t)] \text{（一阶导数）} \qquad (5.36)$$

$$\mathscr{F}[d^2 y/dt^2] = -\omega^2\mathscr{F}[y(t)] \text{（二阶导数）} \qquad (5.37)$$

式（5.36）和式（5.37）成立的前提是函数 $y(t)$ 在 $t=-\infty$ 和 $t=\infty$ 处各阶导数 $d^{(n)}y/dt^n$（$n=0, 1, 2, \cdots$）为零。

设函数 $x(t)$ 是函数 $y_1(t)$ 和 $y_2(t)$ 的卷积（convolution）：

$$x(t) = \int_{-\infty}^{\infty} y_1(\tau) y_2(t-\tau) d\tau \qquad (5.38)$$

其傅里叶变换为：

$$\begin{aligned}
\mathscr{F}[x(t)] &= \int_{-\infty}^{\infty} e^{-i\omega t} dt \int_{-\infty}^{\infty} y_1(\tau) y_2(t-\tau) d\tau \\
&= \int_{-\infty}^{\infty} y_1(\tau) e^{-i\omega\tau} d\tau \int_{-\infty}^{\infty} y_2(t-\tau) e^{-i\omega(t-\tau)} d\tau \\
&= \mathscr{F}[y_1(t)] \cdot \mathscr{F}[y_2(t)] \qquad (5.39)
\end{aligned}$$

可见，函数卷积的傅里叶变换等于函数的傅里叶变换之积。

(2) 脉冲反应与传递函数的关系

单自由度线性体系的单位脉冲反应 $g(t)$ 和传递函数 $H(i\omega)$ 实际上构成了一个傅里叶变换对。

根据第 1.5 节第 (4) 小节介绍的杜哈梅积分，体系对复简谐外力 $f(t) = e^{i\omega t}$ 作用的稳态反应可以用单位脉冲反应 $g(t)$ 来表示。对于稳态反应，可认为外力从 $t = -\infty$ 时刻开始作用，因此可将积分下限设为 $-\infty$。又由于 $t < 0$ 时 $g(t)$ 为零，则 $g(t-\tau)$ 在 $\tau > t$ 时为零，因此可将积分上限 t 变为 ∞。因此有：

$$y(t) = \int_{-\infty}^{\infty} g(t-\tau) e^{i\omega\tau} \, d\tau = \int_{-\infty}^{\infty} g(t-\tau) e^{-i\omega(t-\tau)} e^{i\omega t} \, d\tau$$

$$= e^{i\omega t} \cdot \int_{-\infty}^{\infty} g(\theta) e^{-i\omega\theta} \, d\theta = \mathscr{F}[g(t)] \cdot e^{i\omega t} \qquad (5.40)$$

根据传递函数 $H(i\omega)$ 的定义，$y = H(i\omega) \cdot e^{i\omega t}$，因此有：

$$H(i\omega) = \mathscr{F}[g(t)] = \int_{-\infty}^{\infty} g(t) e^{-i\omega t} \, dt \qquad (5.41)$$

$$g(t) = \mathscr{F}^{-1}[H(i\omega)] \qquad (5.42)$$

(3) 单自由度线性体系的反应

处于静止状态的单自由度体系对外力作用 $f(t)$ 的反应 $y(t)$ 可以表示为单位脉冲反应 $g(t)$ 和外力 $f(t)$ 的卷积：

$$y(t) = \int_{-\infty}^{t} f(\tau) g(t-\tau) \, d\tau = \int_{-\infty}^{\infty} f(\tau) g(t-\tau) \, d\tau \qquad (5.43)$$

根据式 (5.39) 可知 $y(t)$ 的傅里叶变换 $Y(i\omega)$ 为：

$$Y(i\omega) = \mathscr{F}[y(t)] = \mathscr{F}[f(t)] \cdot \mathscr{F}[g(t)] = \mathscr{F}(i\omega) \cdot H(i\omega) \qquad (5.44)$$

即反应 $y(t)$ 的傅里叶变换等于外力的傅里叶变换乘以传递函数。当 $y(t)$ 为实函数时，$Y(i\omega)$、$F(i\omega)$ 和 $H(i\omega)$ 均为共轭对称的复函数。

通过逆傅里叶变换，可将 $y(t)$ 表示如下：

$$y(t) = \mathscr{F}^{-1}[F(i\omega) \cdot H(i\omega)] = \frac{1}{2\pi} \int_{-\infty}^{\infty} F(i\omega) \cdot H(i\omega) e^{i\omega t} \, d\omega \qquad (5.45)$$

(4) 地震动的傅里叶谱和速度反应谱[6]

持续时间为 T_E 的地震动加速度时程 $\ddot{y}_0(t)$ 的傅里叶幅值

谱为：

$$| F(i\omega) | = \sqrt{\left(\int_0^{T_E} \ddot{y}_0(\tau) \cos\omega\tau \, d\tau\right)^2 + \left(\int_0^{T_E} \ddot{y}_0(\tau) \sin\omega\tau \, d\tau\right)^2}$$

$$(5.46)$$

无阻尼（$h=0$）的速度反应谱 S_{V_0}[❶]：

$$S_{V_0} = \left| \int_0^t \ddot{y}_0(\tau) \sin\omega(t-\tau) \, d\tau \right|_{max}$$

$$= \sqrt{\left(\int_0^t \ddot{y}_0(\tau) \cos\omega\tau \, d\tau\right)^2 + \left(\int_0^t \ddot{y}_0(\tau) \sin\omega\tau \, d\tau\right)^2} \Bigg|_{max} \quad (5.47)$$

如果体系的最大反应出现在地震动过后，则 $|F(i\omega)| = S_{V_0}$，即地震动过后无阻尼体系作自由振动的最大速度等于 $|F(i\omega)|$。如果体系的最大反应出现在地震动结束之前，则往往有 $|F(i\omega)| < S_{V_0}$ 且二者相差不大。

图 5.6 比较了 El Centro 地震动记录的 $|F(i\omega)|$ 和 S_{V_0}。

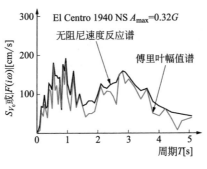

图 5.6

(5) 傅里叶系数和傅里叶变换之间的关系

如图 5.7（a）所示的仅存在于 $-T/2 \leqslant t \leqslant T/2$ 区间内的瞬态波形 $y(t)$ 的傅里叶变换为：

---

❶ 译注：根据 Hudson 的原文，此式应为 $S_{V_0} = \left| \int_0^t \ddot{y}_0(\tau) \cos\omega(t-\tau) \, d\tau \right|_{max}$，但不影响后续结果。

$$F(i\omega) = \int_{-T/2}^{T/2} y(t) e^{-i\omega t} dt \tag{5.48}$$

令图 5.7（a）中的波形以周期 T 反复出现，如图 5.7（b）中的周期波形 $y_p(t)$ 所示。其复傅里叶系数为：

$$c_n = \frac{1}{T} \int_{-T/2}^{T/2} y(t) e^{-i\omega_n t} dt \tag{5.49}$$

式中，$\omega_n = n \cdot (2\pi/T)(n = 0, \pm 1, \pm 2, \cdots)$。

图 5.7

由式（5.48）和式（5.49）可见，傅里叶变换在 $\omega = \omega_n$ 处等于复傅里叶系数 c_n 除以频率 $f_0 (= 1/T)$：

$$F(i\omega_n) = \frac{c_n}{f_0} = c_n T \tag{5.50}$$

如果在图 5.7（a）所示函数的左右两侧添加零使其周期 T 增大，式（5.48）中的傅里叶变换不变，式（5.49）所示的傅里叶系数 c_n 虽然与 T 成反比，但 $c_n T$ 是定值。因此当频率间隔（即 $1/T$）不断减小时，傅里叶系数将在更多的频率点上等于傅里叶变换 $F(i\omega)$。

如图 5.8 所示，傅里叶系数 c_n 相当于傅里叶幅值谱 $|F(i\omega)|$ 的一种分段近似。当以 $|c_n|/f_0$ $(= |c_n|T)$ 为纵轴时，以 ω_n 为中心且宽度为 ω_0 的长方形的面积等于 $2\pi|c_n|$（当横轴为 f 时，长方形面积则为 $|c_n|$）。在 $\omega = \omega_n$ 处，$c_n T = F(i\omega)$。

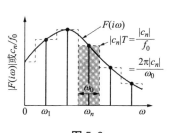

图 5.8

将函数 $y(t)$ 表示为傅里叶级数的形式并代入傅里叶变换

(式（5.48）），可以得到 $F(i\omega)$ 与 c_n 之间的一般关系如下：

$$F(i\omega) = \int_{-T/2}^{T/2} \left(\sum_{n=-\infty}^{\infty} c_n e^{i\omega_n t} \right) e^{-i\omega t} dt$$

$$= \sum_{n=-\infty}^{\infty} c_n \int_{-T/2}^{T/2} e^{-i(\omega-\omega_n)t} dt$$

$$= \sum_{n=-\infty}^{\infty} c_n T \cdot \frac{\sin\{\pi(\omega-\omega_n)/\omega_0\}}{\pi(\omega-\omega_n)/\omega_0} \quad (5.51)$$

可见，持时为 T 的有限函数在任意频率 ω 处的傅里叶变换可以按式（5.51）表示为该函数以周期 T 反复出现时的傅里叶系数 c_n 的加权平均。当 $\omega=\omega_n$ 时，加权系数在 ω_n 处等于 1，在 ω_m（$m\neq n$）处等于 0，即舍去了除 c_n 以外的所有值。当 $\omega\neq\omega_n$ 时，则所有的 c_n 都参与加权（图 5.9）。

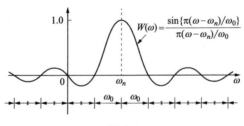

图 5.9

5.4 广义调和分析

对于如图 5.10 所示的 $-\infty\sim\infty$ 区间上功率（均方值）有限的非周期性稳态波形 $\left(\lim_{T\to\infty} 1/T \cdot \int_{-T/2}^{T/2} |y(t)|^2 dt < \infty\right)$，虽然无法直接进行傅里叶分析（波形的能量无穷大），但是可以利用它的自相关函数 $\varphi(\tau)$ 分析其频谱特性：

$$\varphi(\tau) = \lim_{T\to\infty} \frac{1}{T} \int_{-T/2}^{T/2} y(t) y(t+\tau) dt \quad (5.52)$$

自相关函数是原函数与平移了时间 τ 的函数的卷积的均值，是关于平移时间 τ 的偶函数，当 $\tau=0$ 时取最大值，如图 5.11 所示。

$$\varphi(\tau) = \varphi(-\tau) \quad (5.53)$$

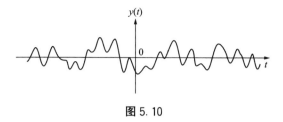

图 5.10

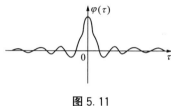

图 5.11

$$\varphi(0) = \langle y^2 \rangle \geqslant \varphi(\tau) \tag{5.54}$$

均值为零的不规则稳态波形的自相关函数 $\varphi(\tau)$ 通常是随 τ 的增大而衰减的瞬态函数 $(\lim_{\tau \to \pm\infty} \varphi(\tau) = 0)$。因此可以对 $\varphi(\tau)$ 进行傅里叶变换并通过功率（均方值）谱密度（函数）表示其频谱特性。

利用自相关函数和功能谱密度对有限功率的不规则稳态波形进行的频谱特性分析称为广义调和分析 (generalized harmonic analysis)。

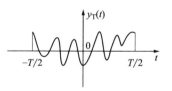

图 5.12

考察如式（5.55）所示的仅在 T 区间内存在的瞬态波形 $y_T(t)$ 当 $T \to \infty$ 时的极限（图 5.12）。

$$y_T(t) = \begin{cases} y(t) & (-T/2 \leqslant t \leqslant T/2) \\ 0 & (|t| \geqslant T/2) \end{cases} \tag{5.55}$$

定义原波形 $y(t)$ 的功率谱密度 $S(\omega)$ 和自相关函数 $\varphi(\tau)$ 如下：

$$S(\omega) = \lim_{T \to \infty} S_T(\omega) = \lim_{T \to \infty} \frac{|F_T(i\omega)|^2}{T}$$
$$= \lim_{T \to \infty} \frac{1}{T} \left| \int_{-T/2}^{T/2} y_T(t) e^{-i\omega t} dt \right|^2 \tag{5.56}$$

$$\varphi(\tau) = \lim_{T \to \infty} \varphi_T(\tau) = \lim_{T \to \infty} \frac{1}{T} \int_{-T/2}^{T/2} y_T(t) y_T(t + \tau) \mathrm{d}t \quad (5.57)$$

由式（5.28）和式（5.29）有：

$$\mathscr{F}[\varphi_T(\tau)] = \frac{|F_T(i\omega)|^2}{T} \quad (5.58)$$

$T \to \infty$ 时的极限为：

$$S(\omega) = \int_{-\infty}^{\infty} \varphi(\tau) \mathrm{e}^{-i\omega\tau} \mathrm{d}\tau \quad (5.59)$$

$$\varphi(\tau) = \frac{1}{2\pi} \int_{-\infty}^{\infty} S(\omega) \mathrm{e}^{i\omega\tau} \mathrm{d}\omega \quad (5.60)$$

即不规则稳态振动的自相关函数和功率谱密度构成一个傅里叶变换对。这称为**维纳-辛钦定理**（Wiener-Khintchine theorem）。

$y(t)$ 的均方值可以通过功率谱密度的积分表示如下：

$$\langle y^2 \rangle = \frac{1}{2\pi} \int_{-\infty}^{\infty} S(\omega) \mathrm{d}\omega = \int_{-\infty}^{\infty} S(f) \mathrm{d}f \quad (5.61)$$

实函数的自相关函数和功率谱密度均为实的偶函数，因此有：

$$S(\omega) = 2 \int_{0}^{\infty} \varphi(\tau) \cos\omega\tau \mathrm{d}\tau \quad (5.62)$$

$$\varphi(\tau) = \frac{1}{\pi} \int_{0}^{\infty} S(\omega) \cos\omega\tau \mathrm{d}\omega \quad (5.63)$$

虽然 $S(\omega)$ 的定义域是 $-\infty \sim \infty$，但在实际应用中经常使用仅在正频率范围内定义的功率谱密度 $G(\omega)$（图 5.13）：

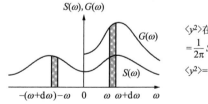

图 5.13

$$G(\omega) = 2S(\omega) \quad (\omega > 0) \quad (5.64)$$

$$\langle y^2(t) \rangle = \frac{1}{2\pi} \int_{0}^{\infty} G(\omega) \mathrm{d}\omega = \int_{0}^{\infty} G(f) \mathrm{d}f \quad (5.65)$$

G（ω）称为**单侧功率谱密度**（one-sided power spectral density function）。相应的，S（ω）称为**双侧功率谱密度**（two-sided power spectral density function）。

当波形 $y(t)$ 包含周期函数 $A_1\cos(\omega_1 t + \theta_1)$ 时有：

$$\varphi(\tau) = \varphi_1(\tau) + \frac{A_1^2}{2}\cos\omega_1\tau \tag{5.66}$$

$$\lim_{\tau \to \infty}\varphi_1(\tau) = 0$$

考虑到 $\displaystyle\int_{-\infty}^{\infty} e^{-i\omega t}\,dt = 2\pi\delta(\omega)$ ❶，$S(\omega)$ 可表示为：

$$S(\omega) = \int_{-\infty}^{\infty}\varphi_1(\tau)e^{-i\omega\tau}\,d\tau + \int_{-\infty}^{\infty}\frac{A_1^2}{2}\cos\omega_1\tau\, e^{-i\omega\tau}\,d\tau$$

$$= S_1(\omega) + \frac{A_1^2}{4}\cdot 2\pi\{\delta(\omega_1 - \omega) + \delta(\omega_1 + \omega)\}$$

$$\tag{5.67}$$

上式第 1 项 $S_1(\omega)$ 是 $y(t)$ 中的非周期成分的功率谱密度（连续函数），第 2 项是周期成分的功率谱密度（δ 函数）（图 5.14）。波形 $y(t)$ 的均方值为：

$$\langle y^2 \rangle = \frac{1}{2\pi}\int_{-\infty}^{\infty}S(\omega)\,d\omega = \frac{1}{2\pi}\int_{-\infty}^{\infty}S_1(\omega)\,d\omega + \frac{A_1^2}{2} \tag{5.68}$$

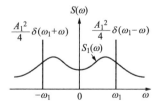

图 5.14

在实际应用中，经常需要通过在有限时间内观测的离散数据 $\{y(1), y(2), \cdots, y(N)\}$ 计算功率谱密度。下面介绍长期以来得到广泛应用的 Blackman-Tukey 方法[3]。

---

❶ 译注：δ 为德尔塔函数。

设数据点个数为 N，时间间隔为 Δt，且假设已消除了数据中的直流信号。离散数据的自相关函数 $\varphi(\tau)$ 为：

$$\varphi(l) = \frac{1}{N} \sum_{i=1}^{N-l} y(i+l)y(i) \quad (l = 0,\ 1,\ \cdots,\ m) \quad (5.69)$$

设 $\tau = l\Delta t$。通常将最大平移时间 $\tau_m = m\Delta t$ 设为数据总时长的 $1/10$ 左右。有时也将式（5.69）中的 $1/N$ 写成 $1/(N-l)$。相应的功率谱密度为：

$$S(r) = \Delta t \left\{ \varphi(0) + 2\sum_{l=1}^{m-1} \cos\left(2\pi \cdot \frac{r}{2m} \cdot l\right)\varphi(l) + (-1)^r \varphi(m) \right\}$$
$$(r = 0,\ 1,\ \cdots,\ m) \quad (5.70)$$

$S(r)$ 是 $\omega = r\omega_0$ 处的功率谱密度。功率谱密度的频率间隔 ω_0 与最大平移时间 τ_m 有关，即 $\omega_0 = 2\pi/(2\tau_m) = \pi/\tau_m$。应选择适当的时间间隔 Δt 以使频率大于 $1/(2\Delta t)$ 时 $S(r)$ 足够小。

对于实际的随机数据，采用上述方法得到的谱密度往往离散性很大，杂乱无章。为使功率谱密度函数更加平滑，可以对其进行加权平均处理或者采用适当的时域函数对自相关函数进行预处理。前一种方法称为谱窗（spectral window），后一种方法称为时滞窗（lag window）。二者实际上是平滑化方法在频域和时域上的不同表现形式。

平滑化方法的种类很多[1]。下面介绍比较常用的由 Hann 提出的 Hanning 窗（Hanning window）。利用谱窗进行平滑化的过程如下（图 5.15）：

$$S'(r\omega_0) = 0.25S(r\omega_0 - \omega_0) + 0.5S(r\omega_0) + 0.25S(r\omega_0 + \omega_0)$$
$$(5.71)$$

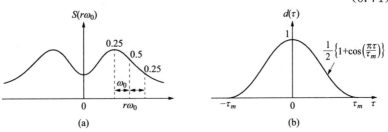

图 5.15

采用上式的谱窗进行平滑化处理和采用以下时间窗对自相关函数进行预处理是等效的：

$$d(\tau) = \begin{cases} \dfrac{1}{2}\left\{1 + \cos\left(\dfrac{\pi\tau}{\tau_m}\right)\right\} & (|\tau| \leqslant \tau_m) \\ 0 & (|\tau| > \tau_m) \end{cases} \tag{5.72}$$

利用式（5.73）：

$$S'(\omega) = \int_{-\tau_m}^{\tau_m} \varphi(\tau)d(\tau)e^{-i\omega\tau}d\tau \tag{5.73}$$

可将式（5.72）改写为：

$$d(\tau) = 0.5 + 0.25\{e^{(\pi\tau/\tau_m)i} + e^{-(\pi\tau/\tau_m)i}\}$$
$$= 0.5 + 0.25(e^{i\omega_0\tau} + e^{-i\omega_0\tau})$$

可见，自相关函数 $\varphi(\tau)$ 和式（5.72）之积的功率谱密度 $S'(\omega)$ 与式（5.71）相同。

当数据量较大时，利用快速傅里叶变换（fast Fourier transform，FFT）并结合适当的平滑化方法直接按式（5.28）计算功率谱密度，可显著提高计算效率。

此外，Burg 和赤池等人提出的最大熵法（Maximum entropy method，**MEM**）和基于时域最佳线性预测的方法可以利用较短的数据得到高精度的功率谱密度，最近也得到较多的应用。感兴趣的读者可以参阅专门的文献[2][7]。

5.5　离散傅里叶变换

振动的时程数据通常是以相等的时间间隔记录的离散数据。处理这种离散数据的傅里叶分析方法称为离散傅里叶变换（discrete Fourier transform）。随着快速傅里叶变换（FFT）技术的发展，它已成为一种非常有效的振动分析方法。

考察等时间间隔的实数序列 $\{y_k\}$（$k = 0, 1, \cdots, N-1$）。设时间间隔为 Δt，数据点个数 N 为偶数（图 5.16）。

同时经过 N 个数据点的波形可表示为包含 N 个未知系数 a_n 和 b_n 的有限傅里叶级数：

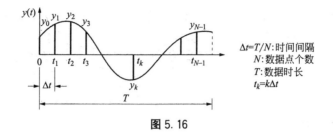

图 5.16

$$y(t) = \frac{a_0}{2} + \sum_{n=1}^{N/2-1} (a_n \cos 2\pi f_n t + b_n \sin 2\pi f_n t) + \frac{a_{N/2}}{2} \cos 2\pi f_{N/2} t$$

$$(5.74)$$

式中，

$$f_n = f_0 \cdot n \qquad (5.75)$$

$$f_0 = \frac{1}{T} : \text{基本频率} \qquad (5.76)$$

为了便于实际应用，本节以下均采用频率 f 的表达形式。

考虑到式（5.74）在 N 个数据点 $\{t_k, y_k\}$（$k=0, \cdots, N-1$）处成立，且有：

$$2\pi f_n t_k = 2\pi f_0 nk \Delta t = \left(\frac{2\pi n}{N}\right) \cdot k \qquad (5.77)$$

因此有：

$$y_k = \frac{a_0}{2} + \sum_{n=1}^{N/2-1} \left(a_n \cos \frac{2\pi n}{N} k + b_n \sin \frac{2\pi n}{N} k\right) + \frac{a_{N/2}}{2} \cos \pi k$$

$$(5.78)$$

$$(k=0, \cdots, N-1)$$

式（5.78）是关于未知系数 a_n 和 b_n 的 N 元联立方程组。求解该方程组，可通过 N 个数据点确定 N 个未知系数（$a_0, \cdots, a_{N/2}, b_1, \cdots, b_{N/2-1}$）。式（5.78）还可以改写成：

$$\{y_k\} = a_0/2 \cdot \{1\} + a_1 \left\{\cos \frac{2\pi}{N} k\right\} + b_1 \left\{\sin \frac{2\pi}{N} k\right\} + \cdots$$

$$\cdots + a_n \left\{\cos \frac{2\pi n}{N} k\right\} + b_n \left\{\sin \frac{2\pi n}{N} k\right\} + \cdots + \frac{a_{N/2}}{2} \{\cos \pi k\}$$

$$= [A] \begin{Bmatrix} \{a\} \\ \{b\} \end{Bmatrix} \qquad (5.79)$$

式中，$\{y_k\}$ 是表示数据的 N 维向量；$\{\cos(2\pi nk/N)\}$ 和 $\{\sin(2\pi nk/N)\}$ 均是由 $k=0，1，\cdots，N-1$ 对应的 N 个简谐波构成的 N 维向量。

$N=8$ 时各阶简谐波的时程如图 5.17 所示。各个简谐波在八等分处的取值组成的向量构成基向量。其线性组合可以表示任意数据向量。

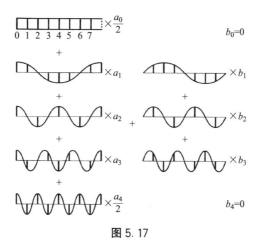

图 5.17

在求解 a_n 和 b_n 时需要利用离散的简谐波向量的正交性，即**选点正交性**（orthogonality for finite sum），如下所示：

$$\left.\begin{aligned}
&\left\{\cos\frac{2\pi n}{N}k\right\}^{\mathrm{T}}\left\{\cos\frac{2\pi l}{N}k\right\} \\
&=\sum_{k=0}^{N-1}\cos\frac{2\pi n}{N}k\cos\frac{2\pi l}{N}k=\begin{cases}0 & (n\neq l)\\ N/2 & (n=l\neq 0\ \text{或}\ N/2)\\ N & (n=l=0\ \text{或}\ N/2)\end{cases} \\
&\left\{\sin\frac{2\pi n}{N}k\right\}^{\mathrm{T}}\left\{\sin\frac{2\pi l}{N}k\right\} \\
&=\sum_{k=0}^{N-1}\sin\frac{2\pi n}{N}k\sin\frac{2\pi l}{N}k=\begin{cases}0 & (n\neq l)\\ N/2 & (n=l\neq 0)\\ 0 & (n=l=0)\end{cases} \\
&\left\{\cos\frac{2\pi n}{N}k\right\}^{\mathrm{T}}\left\{\sin\frac{2\pi l}{N}k\right\}=\sum_{k=0}^{N-1}\cos\frac{2\pi n}{N}k\sin\frac{2\pi l}{N}k=0
\end{aligned}\right\} \quad (5.80)$$

分别对式(5.79)两侧左乘$\{\cos(2\pi nk/N)\}^{\mathrm{T}}$和$\{\sin(2\pi nk/N)\}^{\mathrm{T}}$并考虑上述正交性，可得到$a_n$和$b_n$如下：

$$a_n = \frac{2}{N}\sum_{k=0}^{N-1} y_k \cos\frac{2\pi n}{N}k \quad \left(n=0,\ \cdots,\ \frac{N}{2}\right) \tag{5.81}$$

$$b_n = \frac{2}{N}\sum_{k=0}^{N-1} y_k \sin\frac{2\pi n}{N}k \quad \left(n=1,\ \cdots,\ \frac{N}{2}-1\right) \tag{5.82}$$

a_n和b_n称为**离散傅里叶系数**。共有$N/2+1$个a_n和$N/2-1$个b_n，合计N个（图5.18）。

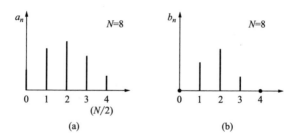

图 5.18

采用上述方法得到的式（5.74）中的$y(t)$所包含的最高频率f_m为：

$$f_m = \frac{N}{2} \cdot f_0 = \frac{N}{2T} = \frac{1}{2\Delta t} \tag{5.83}$$

$1/(2\Delta t)$称为**奈奎斯特频率**（Nyquist frequency），是对时间间隔为Δt的数据进行频谱分析的频率上限。

下面考察当数据中包含频率高于$1/(2\Delta t)$的成分时离散傅里叶变换的表现。

设原函数$\widetilde{y}(t)$（$0 \leqslant t \leqslant T$）的傅里叶级数如下所示：

$$\widetilde{y}(t) = \frac{A_0}{2} + \sum_{n=1}^{\infty}(A_n\cos 2\pi f_n t + B_n\sin 2\pi f_n t) \tag{5.84}$$

式中，A_n和B_n分别是式（5.2）和式（5.3）给出的傅里叶系数，其中包含了频率高于$1/(2\Delta t)$的成分。

虽然$\widetilde{y}(t)$和式（5.74）中的$y(t)$并不完全相等，但它们在N个数据点$\{t_k,\ y_k\}$（$k=0,\ \cdots,\ N-1$）处相等。因此有：

$$\{y_k\} = \frac{A_0}{2}\{1\} + \sum_{n=1}^{\infty}\left(A_n\left\{\cos\frac{2\pi n}{N}k\right\} + B_n\left\{\frac{2\pi n}{N}k\right\}\right) \quad (5.85)$$

对式（5.85）左乘 $\{\cos(2\pi nk/N)\}^{\mathrm{T}}$，则只剩下 n、$Nm+n$ 和 $Nm-n$ 的项。考虑到

$$\cos(Nm\pm n)\frac{2\pi}{N}k = \cos\frac{2\pi n}{N}k \quad (5.86)$$

结合式（5.81）中的 a_n 可得：

$$a_n = A_n + \sum_{m=1}^{\infty}(A_{Nm+n} + A_{Nm-n}) \quad (5.87)$$

同样的，

$$b_n = B_n + \sum_{m=1}^{\infty}(B_{Nm+n} - B_{Nm-n}) \quad (5.88)$$

由式（5.87）和式（5.88）可见，频率 f_n 和 $f_{Nm\pm n}$ 对应的离散傅里叶系数并没有区别，频率高于 $1/(2\Delta t)$ 的成分与频率低于 $1/(2\Delta t)$ 的成分重叠在了一起。这一现象称为混叠（aliasing）。例如，当 $N=8$ 时，$n=2$ 和 $n=8-2=6$ 所对应的时程函数如图 5.19 所示，在采样点上二者是相同的。因此，在实际分析中，应合理选择 Δt 以使数据中频率高于 $1/(2\Delta t)$ 的成分足够小。

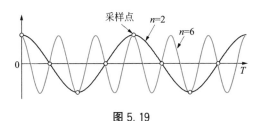

图 5.19

功率谱密度的自相关函数是偶函数，因此仅用 a_n 项就可以表示。离散傅里叶变换会使原本连续的功率谱密度函数在频率为 $1/(2\Delta t)$ 处折返（图 5.20），因此 $1/(2\Delta t)$ 又称为转折频率（folding frequency）。

下面考察复数形式的离散傅里叶级数。利用欧拉公式可将式（5.78）、式（5.81）和式（5.82）改写为：

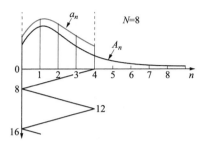

图 5.20

$$y_k = \sum_{n=-(N/2-1)}^{N/2} c_n e^{i(2\pi n/N)k} \tag{5.89}$$

$$c_n = \frac{1}{N} \sum_{k=0}^{N-1} y_k e^{-i(2\pi n/N)k}$$

$$[n = -(N/2-1), \cdots, -2, -1, 0, 1, 2, \cdots, N/2] \tag{5.90}$$

从式（5.90）可知：

$$c_{N-n} = c_{-n} \tag{5.91}$$

利用这一关系，可将式（5.89）中关于 n 的加和范围从 $-(N/2-1) \sim N/2$ 变为 $0 \sim (N-1)$。由此得到复数形式的离散傅里叶系数如下（图 5.21）：

$$y_k = \sum_{n=0}^{N-1} c_n e^{i(2\pi n/N)k} \tag{5.92}$$

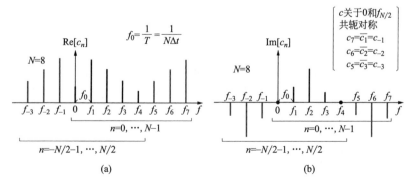

图 5.21

$$c_n = \frac{1}{N} \sum_{k=0}^{N-1} y_k \, e^{-i(2\pi n/N)k} \qquad (5.93)$$

若 y_k 为实数，则 c_0 和 $c_{N/2}$ 也为实数，c_n 和 c_{N-n} 为共轭复数。因此只需要计算 c_0，$\cdots$，$c_{N/2}$ 的 （$N/2+1$）个实部 c_0，$\cdots$，$c_{N/2}$ 和（$N/2-1$）个虚部 c_1，$\cdots$，$c_{N/2-1}$，共计 N 个实系数。

考虑到 $t_k = k\Delta t$，$T = N\Delta t$，$f_n = nf_0 = n(1/T)$ 以及 $c_n/f_0 = c_n T = F(if_n)$ 等关系，记 $f_0 = \Delta f$，$y_k = y(t_k)$，根据傅里叶变换的定义，可将式（5.92）和式（5.93）改写为：

$$y(t_k) = \sum_{n=0}^{N-1} F(if_n) \, e^{i2\pi f_n t_k} \Delta f \qquad (5.94)$$

$$F(if_n) = \sum_{k=0}^{N-1} y(t_k) \, e^{-i2\pi f_n t_k} \Delta t \qquad (5.95)$$

Cooley 和 Tukey 提出的**快速傅里叶变换**（fast Fourier transform，**FFT**）可利用电子计算机快速求解上述式（5.92）和式（5.93）或者式（5.94）和式（5.95）。在 FFT 中，采样点个数必须可以写成 2^m 的形式，因此在实际应用中往往需要在数据中补零以满足这一要求。FFT 虽然是一种通过离散的数据点求解周期函数的离散傅里叶系数的方法，但是根据式（5.50）中傅里叶系数和傅里叶变换之间的关系，只要根据数据的频谱范围合理设定 T 区间，该方法也可以用于对瞬态函数进行傅里叶变换和傅里叶逆变换。现在大多数计算机都内置了 FFT 子程序，使用起来非常方便。

利用式（5.44）和式（5.45）可以求解线性体系对不规则外力作用的反应：①对外力作用进行傅里叶变换；②计算体系的传递函数；③二者的乘积即为体系反应的傅里叶变换；④对其进行傅里叶逆变换即得到体系的时程反应。FFT 的出现使这一方法变得非常实用。需要注意的是，由于采用周期振动来描述瞬态振动，可能会在时程反应的开始和结束阶段产生一定的紊乱。

第6章 随机振动*

6.1 基于概率的地震反应分析

由于受诸多复杂因素的影响，地震动表现为一种不确定的随机现象。完全预测未来某地可能遭遇的地震动的强度和波形是不可能的。尽管如此，利用以往地震动的特性和场地特性等相关信息，可以在统计意义上推测某地可能遭遇的地震动的特性。本章介绍随机振动理论（random vibration）的基础知识。在随机振动理论中，地震动不再被视为确定性的时程记录，而是在本质上具有离散性的随机量。相应的，建筑结构的地震反应也是随机量。

在前几章介绍的确定性反应分析（deterministic response analysis）中，将外力表示为时间的确定性函数，采用解析方法或者数值方法求解结构的运动方程，得到的结构反应也是唯一确定的。与此相对，在不确定性反应分析（nondeterministic response analysis）中，结构受到的外力和结构反应都是具有离散性的随机变量，不能唯一确定，其特性只能以概率的形式来表示，比如振幅的概率密度函数、均值、均方值、自相关函数和功率谱密度等。相应的，外力和反应之间的关系也只能表示成概率的形式。总之，研究对象不再是某一个具体的振动过程，而是一系列振动的统计规律。

对于难以使用解析方法求解的随机振动问题，可以利用随机数生成具有一定统计规律的外力的集合，通过确定性的分析方法计算结构对每个外力的时程反应，再得到这些时程反应的统计特性。这一数值方法称为蒙特卡罗方法（Monte Carlo simulation）。

除了外力之外，决定结构动力特性的质量、刚度、承载力和阻尼等物理量在本质上也具有离散性。虽然在分析中也可以考虑这些离散性，但与外力的离散性相比，结构自身特性的不确定性对结构反应的影响相对较小，通常忽略不计。在本章中，仅将外力视为不确定量而将结构特性视为确定量。

6.2　随机变量

随机变量（random variable）是具有离散性的不确定量，通过取某一值或在某一范围内取值的概率来描述。例如，不规则的振动在某一时刻的振幅就可以视为一个连续的随机变量 X。

概率密度函数（probability density function）$p(x)$ 描述了随机变量 X 在 $x \leqslant X \leqslant x+\mathrm{d}x$ 区间内取值的概率（图 6.1）：

$$\mathrm{Prob}[x \leqslant X \leqslant x+\mathrm{d}x] = p(x)\mathrm{d}x \tag{6.1}$$

式中，$p(x)$ 满足以下条件：

$$\int_{-\infty}^{\infty} p(x)\mathrm{d}x = 1 \tag{6.2}$$

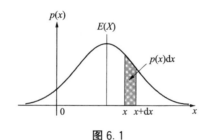

图 6.1

概率分布函数（probability distribution function）$P(x)$ 描述了 $X \leqslant x$ 的概率：

$$\mathrm{Prob}[X \leqslant x] = P(x) \tag{6.3}$$

式中，$P(x)$ 满足以下条件：

$$P(\infty) = 1, \ P(-\infty) = 0 \tag{6.4}$$

$$\frac{\mathrm{d}P(x)}{\mathrm{d}x} = p(x) \tag{6.5}$$

对于两个随机变量 X 和 Y，联合概率密度函数（joint probability density function）$p(x, y)$ 描述了 X 在 $x \leqslant X \leqslant x+\mathrm{d}x$ 区间内取值且 Y 在 $y \leqslant Y \leqslant y+\mathrm{d}y$ 区间内取值的概率（图 6.2）：

$$\mathrm{Prob}[x \leqslant X \leqslant x+\mathrm{d}x, \ y \leqslant Y \leqslant y+\mathrm{d}y] = p(x, y)\mathrm{d}x\mathrm{d}y \tag{6.6}$$

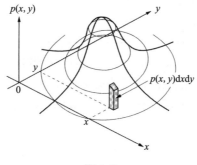

图 6.2

式中，

$$\int_{-\infty}^{\infty}\int_{-\infty}^{\infty} p(x，y)\mathrm{d}x\mathrm{d}y = 1 \tag{6.7}$$

此外，当下式成立时，称随机变量 X 和 Y 相互独立（statistically independent）。

$$p(x，y) = p(x) \cdot p(y) \tag{6.8}$$

随机变量的实现值（观测值）一方面服从概率分布，另一方面具有偶然性。随机变量的期望（expectation）表示了所有实现值的整体平均特性，是一个确定量。X 和 X^2 的期望 $E[X]$ 和 $E[X^2]$ 分别称为均值（mean）和均方值（mean square）：

$$E[X] = \int_{-\infty}^{\infty} p(x)x\mathrm{d}x \approx \sum_{j=1}^{N} \frac{x^j}{N} \tag{6.9}$$

$$E[X^2] = \int_{-\infty}^{\infty} p(x)x^2\mathrm{d}x \approx \sum_{j=1}^{N} \frac{(x^j)^2}{N} \tag{6.10}$$

式中，x^j（$j = 1，\cdots，N$）是实现值（观测值）。

$(X - E[X])^2$ 的期望称为方差（variance）σ^2，σ 称为标准差（standard deviation）。当均值为零时，$\sigma^2 = E[X^2]$。

$$E[(X - E[X])^2] = \sigma^2 = E[X^2] - (E[X])^2 \tag{6.11}$$

描述振动的随机变量的均值往往为零。当均值不为零时（例如变动风压），通常先减去均值以得到均值为零的随机变量再考察其特性。振幅的均方值 $E[X^2]$（$= \sigma^2$）或均方根 $\sqrt{E[X^2]}$（$= \sigma$）（root mean square）是表示有效振幅的重要指标。

两个随机变量 X 和 Y 之积的期望为：

$$E[XY] = \int_{-\infty}^{\infty} \int_{-\infty}^{\infty} p(x, y) xy \, \mathrm{d}x \mathrm{d}y \approx \sum_{j=1}^{N} \frac{x^j y^j}{N} \quad (6.12)$$

式中，$\{x_j, y_j\}$ $(j=1, \cdots, N)$ 是实现值。

当 X 和 Y 相互独立时有：

$$E[XY] = E[X] \cdot E[Y] \quad (6.13)$$

$(X-E[X])(Y-E[Y])$ 的期望称为协方差（covariance）C_{xy}：

$$C_{xy} = E[(X-E[X])(Y-E[Y])] = E[XY] - E[X] \cdot E[Y] \quad (6.14)$$

C_{xy} 与 $\sigma_x \sigma_y$ 之比 τ 称为相关系数（correlation coefficient）。当 X 和 Y 相互独立（无关）时，$\tau=0$；当二者线性相关时，$\tau=\pm 1$。

$$\tau = \frac{C_{xy}}{\sigma_x \sigma_y} (\sigma_x \text{ 和 } \sigma_y \text{ 分别是 } X \text{ 和 } Y \text{ 的标准差}) \quad (6.15)$$

在工程应用中，通常采用如图 6.3 所示的高斯分布或正态分布（Gaussian distribution，normal distribution）作为概率密度函数。

$$p(x) = \frac{1}{\sqrt{2\pi} \sigma} \mathrm{e}^{-(x-\mu)^2/2\sigma^2} \quad (6.16)$$

式中，μ 是均值；σ^2 是方差；σ 是标准差。

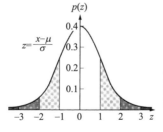

图 6.3

$\mu=0$ 且 $\sigma=1$ 的正态分布称为标准正态分布（standard normal distribution）。令 $z=(x-\mu)/\sigma$，可将均值为 μ 方差为 σ^2 的正态分布转换为标准正态分布（图 6.3）。x 在 $\mu-n\sigma$ 和 $\mu+n\sigma$ 之间取值的概率为：

$$\text{Prob}[\mu - \sigma \leqslant x \leqslant \mu + \sigma] = 0.683$$
$$\text{Prob}[\mu - 2\sigma \leqslant x \leqslant \mu + 2\sigma] = 0.954$$
$$\text{Prob}[\mu - 3\sigma \leqslant x \leqslant \mu + 3\sigma] = 0.997$$

6.3 随机过程

地震动、变动风压、波浪、车辆在行驶中的振动等不规则变量在不同时刻的取值均可视为服从某一概率分布的随机变量。诸如此类的关于时间 t 的随机变量 $X(t)$ 称为 随机过程（random process，stochastic process）。随机过程在某一时刻 t_1 的取值是概率密度函数为 $p(x; t_1)$ 的随机变量（图 6.4）。实际观测到的波形 $x(t)$ 是概率过程 $X(t)$ 中可能出现的无数波形中的一个，称为该随机过程的样本函数（sample function）。随机过程相当于可能出现的所有无数个波形的集合（ensemble）$\{x^1(t), x^2(t), \cdots\}$。

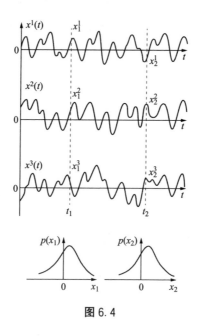

图 6.4

随机过程 $X(t)$ 在某一时刻 t_1 的取值的集合 $\{x^1(t_1), x^2(t_1), \cdots\}$ 的概率密度函数 $p(x; t_1)$ 称为总体概率密度函数（图 6.4）：

$$\text{Prob}[x \leqslant X(t) \leqslant x + \mathrm{d}x] = p(x; t)\mathrm{d}x \qquad (6.17)$$

随机过程 X（t）在两个不同的时刻 t_1 和 t_2 的取值的集合 $\{x^j(t_1), x^j(t_2)\}$（$j = 1, 2, \cdots$）的联合概率密度函数 p（$x_1, x_2; t_1, t_2$）如下：

$$\text{Prob}[x_1 \leqslant X(t_1) \leqslant x_1 + \mathrm{d}x_1, x_2 \leqslant X(t_2) \leqslant x_2 + \mathrm{d}x_2]$$
$$= p(x_1, x_2; t_1, t_2)\mathrm{d}x_1\mathrm{d}x_2$$

$$(6.18)$$

特性不随时间变化的随机过程称为平稳随机过程（stationary random process）。如果随机过程在各个时刻的概率密度函数均与时间无关 [p（$x; t$）$= p$（x）] 且两个时刻的联合概率密度函数与具体时刻无关而只与时间差有关 [p（$x_1, x_2; t_1, t_2$）$= p$（$x_1, x_2; t_1 - t_2$）]，则称该随机过程为弱平稳随机过程（weakly stationary random process）。如果所有高阶（即许多不同时刻处的值之间的）联合概率密度函数均与具体时刻无关，则称为强平稳随机过程。工程应用中常见的物理量通常属于弱平稳随机过程。平稳随机过程的均值 E [X（t）] 和均方值 E [X^2（t）] 均与时间无关。

随机过程 X（t）在两个不同时刻的取值之积的均值称为该随机过程的自相关函数（autocorrelation function）R（τ），是反映随机过程频谱特性的重要参数。平稳随机过程的自相关函数只与时间差 τ 有关：

$$R(\tau) = E[X(t)X(t + \tau)]$$
$$= \int_{-\infty}^{\infty} p(x_1, x_2; \tau)x_1 x_2 \mathrm{d}x_1 \mathrm{d}x_2 \approx \sum_{j=1}^{N} \frac{x^j(t)x^j(t + \tau)}{N}$$

$$(6.19)$$

根据总体概率密度函数得到的各种期望值称为总体均值（ensemble average），记作 E []。

下面计算给定的样本函数 x（t）的振幅的概率密度函数 r（x）。假设该函数是一个平稳随机过程，则有（图 6.5）：

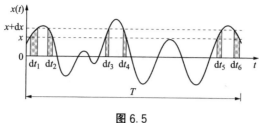

图 6.5

$$\mathrm{Prob}[x \leqslant x(t) \leqslant x + \mathrm{d}x] = r(x)\mathrm{d}x = \lim_{T \to \infty} \frac{\mathrm{d}t_1 + \mathrm{d}t_2 + \cdots + \mathrm{d}t_n}{T}$$
$$(6.20)$$

r（x）也称为**时间概率密度函数**（temporal probability density function），对于等时间间隔的数据 $\{x^1, x^2, \cdots, x^N\}$ 可表示为：

$$r(x) \approx \frac{N_x}{N \Delta x} \tag{6.21}$$

式中，N_x 是落在 $x \sim x + \Delta x$ 区间内的数据点个数；N 是数据点总数。

设样本函数 x（t）在间隔为 τ 的两个不同时刻的取值为 $\{x_1^1, x_2^1\}$，$\{x_1^2, x_2^2\}$，$\cdots$，$\{x_1^N, x_2^N\}$，则时间联合概率密度函数为：

$$r(x_1, x_2; \tau) \approx \frac{N_{x_1 x_2}}{N \cdot \Delta x_1 \Delta x_2} \tag{6.22}$$

式中，$N_{x_1 x_1}$ 是 x_1^i 在 $x_1 \sim x_1 + \Delta x_1$ 且 x_2^j 在 $x_2 \sim x_2 + \Delta x_2$ 区间内的数据对 $\{x_1^i, x_2^j\}$ 的个数。

关于时间的均方值 $\langle x^2(t) \rangle$ 和自相关函数 φ（t）$= \langle x$（t）x（$t+\tau$）$\rangle$ 分别为：

$$\langle x^2(t) \rangle = \int_{-\infty}^{\infty} r(x) x^2 \mathrm{d}x = \lim_{T \to \infty} \frac{1}{T} \int_{-T/2}^{T/2} x^2(t) \mathrm{d}t \approx \sum_{j=1}^{N} \frac{(x^j)^2}{N}$$
$$(6.23)$$

$$\varphi(\tau) = \langle x(t) x(t+\tau) \rangle = \int_{-\infty}^{\infty} \int_{-\infty}^{\infty} r(x_1, x_2; \tau) x_1 x_2 \mathrm{d}x_1 \mathrm{d}x_2$$

$$= \lim_{T \to \infty} \frac{1}{T} \int_{-T/2}^{T/2} x(t) x(t+\tau) \mathrm{d}t \approx \sum_{j=1}^{N} \frac{x_1^j \cdot x_2^j}{N} \tag{6.24}$$

式中，x_1 和 x_2 是时间间隔为 τ 的数据对（图 6.6）。

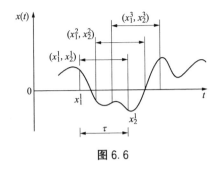

图 6.6

根据时间概率密度函数得到的各种期望称为时间均值（temporal average），记作⟨ ⟩。

对于某一平稳随机过程，如果其总体概率密度函数和样本函数的时间概率密度函数相同，则称该随机过程具有遍历性（ergodic）。遍历过程总是平稳过程。

$$r(x) = p(x) \tag{6.25}$$

$$r(x_1, x_2; \tau) = p(x_1, x_2; \tau) \tag{6.26}$$

对于遍历过程，一个实测的样本函数的统计特性可以代表随机过程的统计特性。

$$E[X] = \langle x(t) \rangle \tag{6.27}$$

$$E[X^2] = \langle x^2(t) \rangle \tag{6.28}$$

$$R(\tau) = \varphi(\tau) \tag{6.29}$$

在实际应用中，往往获取大量实测的样本函数以计算总体均值。因此，通常假设随机过程具有遍历性并利用实测样本函数的时间均值分析随机过程的统计特性。

在下文中不再区分总体均值和时间均值。自相关函数均记为 $R(\tau)$，由傅里叶变换得到的功率谱密度均记为 $S(\omega)$。

6.4 功率谱密度与自相关函数

平稳随机过程的频谱特性可以用自相关函数和由傅里叶变换得到的功率谱密度来表示：

$$S(\omega) = \int_{-\infty}^{\infty} R(\tau) e^{-i\omega\tau} d\tau \tag{6.30}$$

$$R(\tau) = \frac{1}{2\pi} \int_{-\infty}^{\infty} S(\omega) e^{i\omega\tau} d\omega \tag{6.31}$$

如第 5.4 节所述，上式称为 Wiener-Khintchine 定理。功率谱密度表示了各种频率成分对均方值的贡献：

$$E[X^2] = R(0) = \frac{1}{2\pi} \int_{-\infty}^{\infty} S(\omega) d\omega = \int_{-\infty}^{\infty} S(f) df \tag{6.32}$$

下面考察几种简单的平稳随机过程的功率谱密度和自相关函数的特性。

(1) 白噪声

白噪声（white noise）是描述平稳随机作用的一种最常用的简化模型。白噪声的均值为零，在整个频率范围内功率谱密度为定值，自相关函数为 $\tau = 0$ 的 δ 函数（图 6.7）：

$$S(\omega) = S_0 \tag{6.33}$$

$$R(\tau) = E[X(t)X(t+\tau)] = \frac{1}{2\pi} \int_{-\infty}^{\infty} S_0 e^{i\omega\tau} d\omega = S_0 \delta(\tau)$$
$$\tag{6.34}$$

$$E[X(t)] = 0 \tag{6.35}$$

$$E[X^2(t)] = \frac{1}{2\pi} \int_{-\infty}^{\infty} S_0 d\omega = \infty \tag{6.36}$$

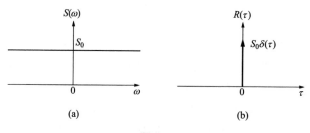

图 6.7

白噪声的自相关函数是 δ 函数，这意味着即使是时间间隔很短的两个时刻的取值也是完全无关的。此外，理想白噪声的均方值无穷大，实际上不可能存在，而只是一种理想化的模型。但由于理想白噪声分析起来非常简便，与实际的随机现象也比较相似，因此得到了广泛应用。

(2) 有限带宽白噪声

功率谱密度在一定频率范围内为定值的信号称为有限带宽白噪声（band limited white noise）。当功率谱密度在 $-\omega_1 \sim \omega_1$ 范围内为定值时（图 6.8），可表示如下：

$$S(\omega) = \begin{cases} S_0 & (|\omega| \leqslant \omega_1) \\ 0 & (|\omega| > \omega_1) \end{cases} \tag{6.37}$$

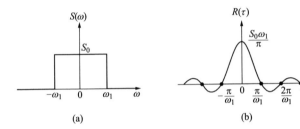

图 6.8

相应的自相关函数和均方值为：

$$R(\tau) = \frac{1}{2\pi} \int_{-\omega_1}^{\omega_1} S_0 e^{i\omega\tau} d\omega = \frac{S_0}{\pi} \frac{\sin\omega_1\tau}{\tau} \tag{6.38}$$

$$E[X^2] = R(0) = \frac{S_0\omega_1}{\pi} = \frac{S(\omega) \text{ 的面积}}{2\pi} \tag{6.39}$$

当功率谱密度在 $-\omega_2 \sim -\omega_1$ 和 $\omega_1 \sim \omega_2$ 范围内为定值时（图 6.9），可表示如下：

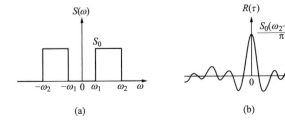

图 6.9

$$S(\omega) = \begin{cases} S_0 & (-\omega_2 \leqslant \omega \leqslant -\omega_1, \ \omega_1 \leqslant \omega \leqslant \omega_2) \\ 0 & (|\omega| < \omega_1, \ |\omega| > \omega_2) \end{cases} \quad (6.40)$$

相应的自相关函数和均方值为：

$$R(\tau) = \frac{2}{2\pi} \int_{\omega_1}^{\omega_2} S_0 \cos\omega\tau \, d\omega = \frac{S_0}{\pi} \frac{\sin\omega_2\tau - \sin\omega_1\tau}{\tau}$$

$$= \frac{S_0(\omega_2 - \omega_1)}{\pi} \left\{ \frac{\sin(\omega_2 - \omega_1)\tau/2}{(\omega_2 - \omega_1)\tau/2} \right\} \cos \frac{\omega_1 + \omega_2}{2}\tau$$

$$(6.41)$$

$$E[X^2] = \frac{S_0}{\pi}(\omega_2 - \omega_1) \quad (6.42)$$

保持功率（均方值）不变并使 $\omega_2 \to \omega_1$，则 $S(\omega)$ 变为 $\omega = \pm\omega_1$ 的 δ 函数，$R(\tau)$ 变为稳态的余弦波。

（3）马尔可夫谱

在实际应用中也经常采用如下式所示的功率谱密度（图 6.10）：

$$S(\omega) = \frac{2a}{\omega^2 + a^2} \quad (6.43)$$

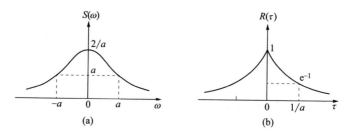

图 6.10

相应的自相关函数和均方值为：

$$R(\tau) = \frac{1}{2\pi} \int_{-\infty}^{\infty} S(\omega) e^{i\omega\tau} \, d\omega = \frac{2a}{\pi} \int_0^{\infty} \frac{\cos\omega\tau}{\omega^2 + a^2} \, d\omega = e^{-a|\tau|}$$

$$(6.44)$$

$$E[X^2] = R(0) = 1 \quad (6.45)$$

如图 6.11 所示的线性阻尼器对白噪声的反应便是一个具有马尔可夫谱的随机过程。

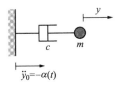

图 6.11

$$m\dot{v} + cv = m\alpha(t) \tag{6.46}$$

$$\dot{v} + bv = \alpha(t) \tag{6.47}$$

$$S_v(\omega) = \left| \frac{1}{b + i\omega} \right|^2 S_0 = \frac{S_0}{b^2 + \omega^2} \tag{6.48}$$

6.5　线性体系的平稳随机反应

考察单自由度体系对功率谱密度为 $S(\omega)$ 的均值为零的平稳随机地面运动 $\ddot{y}_0 = -\alpha(t)$ 的稳态反应。运动方程为：

$$\ddot{y} + 2h\omega_0\dot{y} + \omega_0^2 y = \alpha(t) \tag{6.49}$$

式中，$\alpha(t)$ 满足以下条件：

$$E[\alpha(t)] = 0 \tag{6.50}$$

$$E[\alpha(t)\alpha(t + \tau)] = R_\alpha(\tau) \tag{6.51}$$

$$S_\alpha(\omega) = \int_{-\infty}^{\infty} R_\alpha(\tau) e^{-i\omega\tau} d\tau \tag{6.52}$$

考察结构从 $t = -\infty$ 开始的稳态反应，考虑到结构在 $t < \tau$ 时的脉冲反应 $g(t - \tau) = 0$，则有：

$$y = \int_{-\infty}^{t} \alpha(\tau) g(t - \tau) d\tau = \int_{-\infty}^{\infty} \alpha(\tau) g(t - \tau) d\tau$$

$$= \int_0^{\infty} \alpha(t - \tau) g(\tau) d\tau \tag{6.53}$$

式中，$g(t) = (1/\omega_0')e^{-h\omega_0 t}\sin\omega_0' t$ 是单位脉冲反应函数，$\omega_0' = \omega_0\sqrt{1 - h^2}$。

由于外力的均值为零，反应的均值 $E[y]$ 也为零。根据式（6.51），结构反应的自相关函数为：

$$R_y(\tau) = E[y(t)y(t+\tau)]$$

$$= E\left[\int_0^\infty \alpha(t-\tau_1)g(\tau_1)d\tau_1 \int_0^\infty \alpha(t+\tau-\tau_2)g(\tau_2)d\tau_2\right]$$

$$= \int_0^\infty \int_0^\infty E[\alpha(t-\tau_1)\alpha(t+\tau-\tau_2)]g(\tau_1)g(\tau_2)d\tau_1 d\tau_2$$

$$= \int_0^\infty \int_0^\infty R_\alpha(\tau+\tau_1-\tau_2)g(\tau_1)g(\tau_2)d\tau_1 d\tau_2$$

$$(6.54)$$

结构反应的功率谱密度为：

$$S_y(\omega) = \int_{-\infty}^\infty R_y(\tau)e^{-i\omega\tau}d\tau$$

$$= \int_0^\infty g(\tau_1)e^{i\omega\tau_1}d\tau_1 \int_0^\infty g(\tau_2)e^{-i\omega\tau_2}d\tau_2$$

$$\times \int_{-\infty}^\infty R_\alpha(\tau+\tau_1-\tau_2)e^{-i\omega(\tau+\tau_1-\tau_2)}d\tau$$

$$= H(-i\omega) \cdot H(i\omega) \cdot S_\alpha(\omega) \qquad (6.55)$$

式中，$H(i\omega) = \mathscr{F}[g(t)]$ 是位移传递函数，$H(-i\omega) = \overline{H(i\omega)}$ 是 $H(i\omega)$ 的共轭复数。

可见，随机外力作用下结构稳态反应的功率谱密度是外力的功率谱密度与传递函数的绝对值平方的乘积（图 6.12）。

$$S_y(\omega) = |H(i\omega)|^2 S_\alpha(\omega) \qquad (6.56)$$

式中，

$$|H(i\omega)|^2 = \left|\frac{1}{\omega_0^2 - \omega^2 + 2h\omega_0\omega i}\right|^2 = \frac{1}{(\omega_0^2 - \omega^2)^2 + 4h^2\omega_0^2\omega^2}$$

$$(6.57)$$

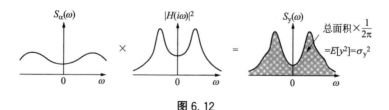

图 6.12

结构反应的均方值 σ_y^2 为：

$$\sigma_y^2 = R_y(0) = \frac{1}{2\pi}\int_{-\infty}^{\infty} S_y(\omega)\,\mathrm{d}\omega = \frac{1}{2\pi}\int_{-\infty}^{\infty} |H(i\omega)|^2 \cdot S_a(\omega)\,\mathrm{d}\omega$$

$$(6.58)$$

地震动往往包含许多不同的周期成分，其功率谱密度在较宽的频率范围内相对比较稳定。相比之下，在小阻尼体系对随机外力作用的反应中，自振频率所对应的周期成分往往比较显著，其功率谱密度在自振频率附近会有显著的峰值。前者称为宽带过程（wide band process），后者则称为窄带过程（narrow band process）。

考察结构对白噪声地面运动作用的稳态反应。设地面运动加速度的功率谱密度为 S_0，则结构反应的功率谱密度 $S_y(\omega)$ 为：

$$S_y(\omega) = \frac{S_0}{(\omega_0^2 - \omega^2)^2 + 4h^2\omega_0^2\omega^2}$$

$$(6.59)$$

利用留数积分可得结构位移反应的均方值为：

$$\sigma_y^2 = \frac{1}{2\pi}\int_{-\infty}^{\infty} \frac{S_0}{(\omega_0^2 - \omega^2)^2 + 4h^2\omega_0^2\omega^2}\,\mathrm{d}\omega = \frac{S_0}{4h\omega_0^3} \qquad (6.60)$$

即在白噪声地面运动作用下，结构稳态反应的均方值与阻尼比成反比，与圆频率的 3 次方成反比。如果采用式（5.29′）和（5.30′）定义功率谱密度，则均方值为：

$$\sigma_y^2 = \int_{-\infty}^{\infty} \frac{S'_0}{(\omega_0^2 - \omega^2)^2 + 4h^2\omega_0^2\omega^2}\,\mathrm{d}\omega = \frac{\pi S'_0}{2h\omega_0^3}$$

可见，两种不同定义的功率谱密度之间存在 $S = 2\pi S'$ 的关系。

地震动的功率谱往往比较杂乱，但对于比较平滑的功率谱，当结构自振频率附近的成分贡献较大时，可将结构反应的均方值近似地表示为（图 6.13）：

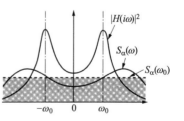

图 6.13

$$\sigma_y^2 \approx \frac{S_a(\omega_0)}{4h\omega_0^3} \qquad (6.61)$$

在白噪声地面运动作用下，根据式（6.54）且考虑 $R_a(\tau) = S_0\delta(\tau)$，结构反应的自相关函数可表示阻尼体系自由振动反应的形式（图 6.14）：

$$R_y(\tau) = \frac{S_0}{4h\omega_0^3} e^{-h\omega_0|\tau|} \left(\cos\sqrt{1-h^2}\,\omega_0|\tau| + \frac{h}{\sqrt{1-h^2}} \sin\sqrt{1-h^2}\,\omega_0|\tau| \right)$$

$$(6.62)$$

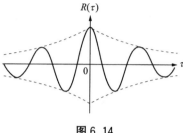

图 6.14

因此，利用结构对平稳随机作用（例如环境脉动、风振等）的反应的自相关函数，可以估算结构的阻尼比和自振周期。

结构对白噪声地面运动作用的速度反应的均方值为：

$$H_{\dot{y}}(i\omega) = \frac{i\omega}{\omega_0^2 - \omega^2 + 2h\omega_0\omega i} \tag{6.63}$$

$$\sigma_{\dot{y}}^2 = \frac{S_0}{2\pi} \int_{-\infty}^{\infty} \frac{\omega^2}{(\omega_0^2 - \omega^2)^2 + 4h^2\omega_0^2\omega^2} d\omega = \frac{S_0}{4h\omega_0} = \omega_0^2 \sigma_y^2 \tag{6.64}$$

根据 $\ddot{Y} = \ddot{y} + \ddot{y}_0 = -2h\omega_0\dot{y} - \omega_0^2 y$，绝对加速度反应的均方值为：

$$H_{\ddot{Y}}(i\omega) = \frac{-2h\omega_0\omega i - \omega_0^2}{\omega_0^2 - \omega^2 + 2h\omega_0\omega i} \tag{6.65}$$

$$\sigma_{\ddot{Y}}^2 = \frac{S_0}{2\pi} \int_{-\infty}^{\infty} \frac{\omega_0^4 + 4h^2\omega_0^2\omega^2}{(\omega_0^2 - \omega^2)^2 + 4h^2\omega_0^2\omega^2} d\omega = \frac{(1+4h^2)\omega_0 S_0}{4h} \tag{6.66}$$

最后，考察多自由度体系对地面运动作用的稳态反应。根据第 2 章的内容，结构第 j 层的位移反应可表示为：

$$y_j(t) = \sum_{s=1}^{N} {}_s\beta \cdot {}_s u_j \cdot {}_s q_0(t) \tag{6.67}$$

结构的 j 点对地面运动加速度 $\alpha(t) = e^{i\omega t}$ 作用的反应（传递函数）为：

$$y_j(t) = \sum_{s=1}^{N} {}_s\beta \cdot {}_s u_j \cdot {}_s H(i\omega) e^{i\omega t} = H_j(i\omega) \cdot e^{i\omega t} \qquad (6.68)$$

因此，在功率谱密度为 $S_\alpha(\omega)$ 的地面运动作用下，结构 j 点的稳态反应可表示为：

$$S_{yj}(\omega) = H_j(i\omega) \cdot \overline{H_j(i\omega)} S_\alpha(\omega)$$

$$= \left\{ \sum_s \sum_r {}_s\beta \cdot {}_r\beta \cdot {}_s u_j \cdot {}_r u_j \cdot {}_s H(i\omega) \cdot {}_r\overline{H(i\omega)} \right\} S_\alpha(\omega)$$

$$(6.69)$$

$$\sigma_{yj}^2 = \frac{1}{2\pi} \sum_s \sum_r \left\{ {}_s\beta \cdot {}_r\beta \cdot {}_s u_j \cdot {}_r u_j \int_{-\infty}^{\infty} {}_s H(i\omega) \cdot {}_r\overline{H(i\omega)} \cdot S_\alpha(\omega) \mathrm{d}\omega \right\}$$

$$(6.70)$$

如果忽略各阶模态之间的耦合，上式可简化为：

$$\sigma_{yj}^2 \approx \frac{1}{2\pi} \sum_s {}_s\beta^2 {}_s u_j^2 \int_{-\infty}^{\infty} |{}_s H(i\omega)|^2 S_\alpha(\omega) \mathrm{d}\omega$$

$$\approx \sum_s {}_s\beta^2 {}_s u_j^2 \frac{S_\alpha({}_s\omega)}{4_s h_s \omega^3} \qquad (6.71)$$

6.6　线性体系的非平稳随机反应

考察处于静止状态的单自由度体系对 $t=0$ 时刻施加的均值为零的平稳白噪声地面运动作用 $\ddot{y}_0 = -\alpha(t)$ 的瞬态反应（图 6.15）。运动方程为：

$$\ddot{y} + 2h\omega_0 \dot{y} + \omega_0^2 y = \alpha(t) \qquad (6.72)$$

式中，

$$E[\alpha(t)] = 0, \quad E[\alpha(t)\alpha(t+\tau)] = S_0 \delta(\tau) \qquad (6.73)$$

设单位脉冲反应函数为 $g(t)$，则从 $t=0$ 时刻起结构的瞬态反应为：

$$y(t) = \int_0^t g(t-\tau)\alpha(\tau)\mathrm{d}\tau$$

利用 $\int f(x)\delta(x-a)\mathrm{d}x = f(a)$，结构位移反应的均方值可计

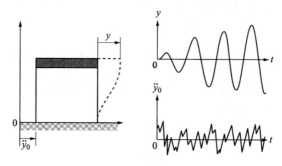

图 6.15

算如下:

$$\sigma_y^2 = E\left[\int_0^t \alpha(\tau_1) g(t-\tau_1) \, \mathrm{d}\tau_1 \int_0^t \alpha(\tau_2) g(t-\tau_2) \, \mathrm{d}\tau_2\right]$$

$$= \int_0^t\!\!\int_0^t E\left[\alpha(\tau_1)\alpha(\tau_2)\right] g(t-\tau_1) g(t-\tau_2) \, \mathrm{d}\tau_1 \mathrm{d}\tau_2$$

$$= \int_0^t\!\!\int_0^t S_0 \delta(\tau_1-\tau_2) g(t-\tau_1) g(t-\tau_2) \, \mathrm{d}\tau_1 \mathrm{d}\tau_2$$

$$= \int_0^t S_0 g^2(t-\tau_1) \, \mathrm{d}\tau_1 = S_0 \int_0^t g^2(\tau) \mathrm{d}\tau \tag{6.74}$$

利用不定积分公式:

$$\int e^{ax} \sin^2 bx \, \mathrm{d}x = \frac{e^{ax}}{4b^2+a^2}\left\{\sin bx\left(a\sin bx - 2b\cos bx\right) + \frac{2b^2}{a}\right\}$$

有:

$$\int g^2(\tau) \mathrm{d}\tau = \frac{1}{\omega_0'^2}\int e^{-2h\omega_0\tau} \sin^2 \omega_0'\tau \, \mathrm{d}\tau$$

$$= -\frac{e^{-2h\omega_0\tau}}{4h\omega_0^3}\left(1 + \frac{2h^2}{1-h^2}\sin^2\omega_0'\tau + \frac{h}{\sqrt{1-h^2}}\sin 2\omega_0'\tau\right) \tag{6.75}$$

代入式(6.74)可得:

$$\sigma_y^2 = \frac{S_0}{4h\omega_0^3}\left\{1 - e^{-2h\omega_0 t}\left(1 + 2\varepsilon^2\sin^2\omega_0' t + \varepsilon\sin 2\omega_0' t\right)\right\} \tag{6.76}$$

$$\omega_0' = \sqrt{1-h^2}\,\omega_0, \quad \varepsilon = \frac{h}{\sqrt{1-h^2}}$$

当 $h=0$ 时，利用 $e^{-2h\omega_0 t}=1-2h\omega_0 t+O(h^2)$ 可得

$$\sigma_y^2=\frac{S_0}{4\omega_0^3}(2\omega_0 t-\sin2\omega_0 t) \tag{6.77}$$

式（6.76）和式（6.77）与 Caughey 给出的结果相同[5]。当 $t=\infty$ 时，式（6.76）收敛到 $S_0/(4h\omega_0^3)$（图 6.16）。

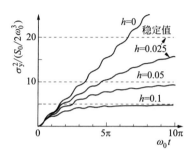

图 6.16

若忽略 $\sin\omega_0' t$ 项，则式（6.76）可近似地改写为：

$$\sigma_y^2=\begin{cases}\dfrac{S_0}{4h\omega_0^3}(1-e^{-2h\omega_0 t}) & (h\neq0) \tag{6.78}\\[3mm]\dfrac{S_0 t}{2\omega_0^2} & (h=0) \tag{6.79}\end{cases}$$

当功率谱密度 $S(\omega)$ 不是定值但变化比较平缓时，可近似地将式（6.76）和式（6.77）或者式（6.78）和式（6.79）中的 S_0 替换为 $S(\omega_0)$ 并计算 σ_y^2。

下面利用式（6.78）和式（6.79）计算持续时间为 t_1 功率谱密度为 S_0 的白噪声地面运动作用的反应谱。设最大位移反应是位移反应均方根的 a 倍（关于 a 的取值参见第 6.7 节），则速度反应谱为：

$$S_V=\omega_0\cdot a\sigma_y=a\sqrt{\frac{S_0}{4h\omega_0}(1-e^{-2h\omega_0 t_1})}=a\sqrt{\frac{S_0 T}{8\pi h}(1-e^{-4\pi h t_1/T})} \tag{6.80}$$

式中，T 是结构自振周期。

当 $h=0$ 时 S_V 与周期 T 无关：

$$S_V = a\sqrt{\frac{S_0 t_1}{2}} \tag{6.81}$$

$S_0 = 2000\text{cm}^2/\text{s}^3$，$t_1 = 10\text{s}$，$a = 2$ 时的速度反应谱如图 6.17 所示。它与实际地震动的反应谱具有类似的变化规律。

阻尼比 h 对反应谱的影响可表示如下：

$$\frac{S_V(h)}{S_V(h=0)} = \sqrt{\frac{1 - e^{-2h\omega_0 t_1}}{2h\omega_0 t_1}} = \sqrt{\frac{1 - e^{-4\pi h(t_1/T)}}{4\pi h(t_1/T)}} \tag{6.82}$$

除了阻尼比 h 以外，反应谱还与地震动的有效持时 t_1/T 有关。当 t_1/T 约为 5～3 时，式（6.82）中的反应谱关于阻尼的变化规律与根据实际地震动得出的经验公式比较接近（图 6.18）。

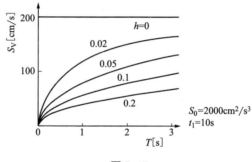

图 6.17

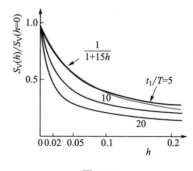

图 6.18

下面近似地计算结构对白噪声作用的瞬态反应的能量的期

望[6]。对式（6.72）乘以 $\dot{y}$ 可得：

$$\frac{\mathrm{d}}{\mathrm{d}t}\left(\frac{1}{2}\dot{y}^2 + \frac{1}{2}\omega_0^2 y^2\right) + 2h\omega_0\dot{y}^2 = \alpha(t)\dot{y} \tag{6.83}$$

两边同时取期望，则有：

$$\frac{\mathrm{d}}{\mathrm{d}t}\underbrace{\left(\frac{1}{2}\sigma_{\dot{y}}^2 + \frac{1}{2}\omega_0^2\sigma_y^2\right)}_{e(t)} + 2h\omega_0\sigma_{\dot{y}}^2 = E[\alpha(t)\dot{y}] \tag{6.84}$$

假设结构反应在自振周期附近较窄的频段内比较显著，则近似地有：

$$\sigma_{\dot{y}}^2 = \omega_0^2\sigma_y^2 \approx e(t) \tag{6.85}$$

式中，$e(t)$ 是单位质量的动能的期望。$2h\omega_0\sigma_{\dot{y}}^2$ 是阻尼力功率的期望 $\dot{d}(t)$。

式（6.84）右边是地震动功率的期望 $\dot{l}(t)$。

$$\begin{aligned}
E[\alpha(t)\dot{y}] &= E\left[\alpha(t)\int_0^t \alpha(\tau)\dot{g}(t-\tau)\mathrm{d}\tau\right] \\
&= \int_0^t E[\alpha(t)\alpha(\tau)]\dot{g}(t-\tau)\mathrm{d}\tau \\
&= \int_0^\infty S_0\delta(t-\tau)\dot{g}(t-\tau)\mathrm{d}\tau\,(当\,\tau > t\,时，\dot{g}(t-\tau)=0) \\
&= \frac{1}{2}S_0 \tag{6.86}
\end{aligned}$$

式中，$\dot{g}(t)$ 如图 6.19 所示，可表示为：

$$\dot{g}(t) = \begin{cases} \dfrac{1}{\sqrt{1-h^2}}\mathrm{e}^{-h\omega_0 t}\cos(\omega_0' t + \varphi) & \left(\varphi = \tan^{-1}\dfrac{h}{\sqrt{1-h^2}},\ t > 0\right) \\ 0 & (t < 0) \end{cases} \tag{6.87}$$

利用式（6.85），可以近似地建立关于动能 $e(t)$ 的 1 阶微分方程如下[第1章[16]]：

$$\frac{\mathrm{d}e(t)}{\mathrm{d}t} = \frac{1}{2}S_0 - 2h\omega_0 e(t) \tag{6.88}$$

它的解为：

动能：
$$e(t) = \begin{cases} \dfrac{S_0}{4h\omega_0}(1 - e^{-2h\omega_0 t}) & (h \neq 0) \quad\quad (6.89) \\[3mm] \dfrac{S_0 t}{2} & (h = 0) \quad\quad (6.90) \end{cases}$$

地震输入能量：
$$l(t) = \int_0^t \frac{1}{2}S_0 \mathrm{d}t = \frac{S_0 t}{2} \quad\quad (6.91)$$

阻尼力做功：
$$d(t) = l(t) - e(t) \quad\quad (6.92)$$

将式（6.78）和式（6.79）所示的 σ_y^2 乘以 ω_0^2 可以得到与上式相同的结果（初始条件为 $e(0) = 0$）。

结构在白噪声地面运动作用下能量的变化规律如图 6.20 所示。设地震动在 $t = t_1$ 时刻停止时体系的动能为 e_1，则此后体系的动能为：

$$e(t) = e_1 \cdot e^{-2h\omega_0(t-t_1)} \quad\quad (6.93)$$

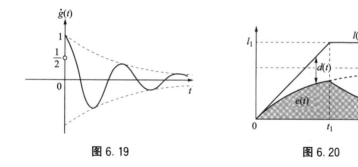

图 6.19　　　　　　　　　图 6.20

6.7　振幅的分布

上文利用均方值和功率谱密度考察了结构的随机反应特性。对于结构安全而言，还需要考虑一定时间内结构反应超过某一限值的概率、反应的极值和最大值的概率分布等特性。因此，除了均方值之外，而应掌握各种振幅分布特性与均方值之间的关系。

在分析振幅特性时，通常假设随机振动的振幅服从高斯分布（正态分布）。如果外力的幅值服从高斯分布，那么线性体系反应的振幅也服从高斯分布。

（1）振幅超越某一限值的概率

考察服从高斯分布且均值为零的平稳随机过程 $x(t)$ 在单位时间内超越某一限值的概率。假设结构的地震反应是在结构自振周期附近比较显著的狭带过程（图 6.21）。

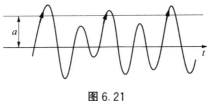

图 6.21

设 $x(t)$ 在时间 dt 内以正斜率超过限值 a 的概率为 $\nu_a^+ dt$。根据图 6.22，$\nu_a^+ dt$ 可表示为：

$$\begin{aligned} \nu_a^+ dt &= \mathrm{Prob}[x(t) < a,\ x(t+\Delta t) > a] \\ &= \mathrm{Prob}[a - \dot{x}(t)dt < x(t) < a] \end{aligned} \tag{6.94}$$

$\nu_a^+ dt$ 相当于某一时刻的 x 和 $\dot{x}$ 位于图 6.23 中的阴影部分的概率。因此，可通过对 x 和 $\dot{x}$ 的联合概率密度函数 $p(x, \dot{x})$ 在图 6.23 的阴影区域内进行积分得到 $\nu_a^+ dt$：

$$\begin{aligned} \nu_a^+ dt &= \int_0^\infty \int_{a-\dot{x}dt}^a p(x, \dot{x})dx d\dot{x} \\ &= \int_0^\infty \dot{x} dt \cdot p(a, \dot{x})d\dot{x} = dt \int_0^\infty \dot{x} p(a, \dot{x})d\dot{x} \end{aligned} \tag{6.95}$$

$$\therefore \qquad \nu_a^+ = \int_0^\infty \dot{x} p(a, \dot{x})d\dot{x} \tag{6.96}$$

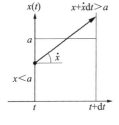

图 6.22

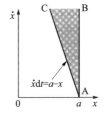

图 6.23

当时间间隔很短时，$x(t)$ 要么只超过限值 a 一次，要么不会超过限值 a，因此 ν_a^+ 也可理解为单位时间内 $x(t)$ 以正斜率超过 a 的次数的期望 N：

$$N(a) = 1 \times \nu_a^+ + 0 \times (1 - \nu_a^+) = \nu_a^+ \qquad (6.97)$$

$x(t)$ 的绝对值在单位时间内超过限值 a 的概率为：

$$\nu_a = \nu_a^+ + \nu_{-a}^- = \int_0^\infty \dot{x} p(a, \dot{x}) \mathrm{d}\dot{x} + \int_0^\infty \dot{x} p(-a, -\dot{x}) \mathrm{d}\dot{x} \qquad (6.98)$$

假设 x 和 $\dot{x}$ 的联合概率密度函数为二维高斯分布，对于稳态反应可认为 x 和 $\dot{x}$ 不相关（$E[x\dot{x}] = 0$），由此可得：

$$p(x, \dot{x}) = \frac{1}{2\pi \sigma_x \sigma_{\dot{x}}} \exp\left\{ -\frac{1}{2} \left(\frac{x^2}{\sigma_x^2} + \frac{\dot{x}^2}{\sigma_{\dot{x}}^2} \right) \right\} \qquad (6.99)$$

因此，$x(t)$ 的绝对值在单位时间内超过 a 的概率 v_a 为：

$$\nu_a = \frac{1}{\pi} \frac{\sigma_{\dot{x}}}{\sigma_x} \mathrm{e}^{-a^2/2\sigma_x^2} \qquad (6.100)$$

当 $a = 0$ 时，上式表示的是 $x(t)$ 穿越零点 $x = 0$ 的次数的期望，即平均频率 f_0 的 2 倍。当阻尼较小时，它近似等于结构自振频率的 2 倍（图 6.24）。设自振周期为 $T_0[\mathrm{s}]$，则有：

$$\nu_a = \frac{1}{\pi} \frac{\sigma_{\dot{x}}}{\sigma_x} = 2f_0 = \frac{2}{T_0} \qquad (6.101)$$

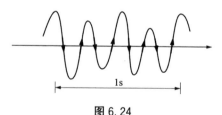

图 6.24

设：

$$\nu_a = \frac{1}{T_1} \qquad (6.102)$$

则平稳过程的绝对值在 $T_1(\mathrm{s})$ 时间内超过如式（6.103）所示的限值 a 的次数的期望为 1：

$$\frac{a}{\sigma_{\mathrm{x}}} = \sqrt{2\ln\left(\frac{2T_1}{T_0}\right)} \tag{6.103}$$

例如，在 10 倍自振周期的时间内，被绝对值超过 1 次的限值的大小约为均方值的 2.45 倍。

当限值 a 很大时，绝对值超过 a 的概率非常小，可以认为是独立事件。因此可将其视为关于单位时间内平均发生次数 v_a 的泊松过程[第7章][32]，从而可以计算 T 时间内超过 a 的概率（图 6.25）。

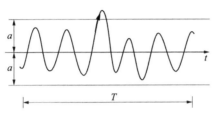

图 6.25

根据泊松分布，绝对值在 T 时间内超过 a 值 n 次的概率为：

$$\mathrm{Prob}\,[N=n] = \frac{(\nu_a T)^n}{n\,!}\exp(-\nu_a T) \tag{6.104}$$

考虑式（6.100），绝对值在 T 时间内不超过 a 的概率为：

$$P(a,\,T) = \mathrm{Prob}[\,|\,x\,|<a\,;\,\,T\,]$$

$$= \mathrm{Prob}[N=0] = \mathrm{e}^{-\nu_a T} = \exp\left\{-\frac{2T}{T_0}\exp\left(-\frac{a^2}{2\sigma_{\mathrm{x}}^2}\right)\right\} \tag{6.105}$$

式（6.105）与根据 Cartright[8] 的研究得到的最大值分布相同。此外，根据下式：

$$\frac{2T}{T_0} = \mathrm{e}^{\lambda^2/2} \quad \therefore \quad \lambda = \sqrt{2\ln\left(\frac{2T}{T_0}\right)} \tag{6.106}$$

$$y = \frac{a}{\sigma_{\mathrm{x}}} \tag{6.107}$$

可将式（6.105）改写为：

$$P(y,\,T) = \exp\left\{-\exp\left(\frac{\lambda^2}{2} - \frac{y^2}{2}\right)\right\} = \exp\left\{-\exp\frac{1}{2}(\lambda+y)(\lambda-y)\right\} \tag{6.108}$$

当 T/T_0 和 y 均很大时，近似地认为 $y=\lambda$，则上式可以简化为：

$$P(y,\ T)=\exp\{-\exp(-\lambda(y-\lambda))\} \tag{6.109}$$

$$p(y,\ T)=\frac{\mathrm{d}P}{\mathrm{d}y}=\lambda\exp\{-\lambda(y-\lambda)-\mathrm{e}^{-\lambda(y-\lambda)}\} \tag{6.109'}$$

这正是 Davenport 采用的 I 型极值分布[9]❶。式（6.109）的期望和方差分别为：

$$E[y]=\lambda+\frac{\gamma}{\lambda} \tag{6.110}$$

$$\sigma_y^2=\frac{\pi^2}{6\lambda^2} \tag{6.111}$$

式中，$\gamma=0.5772$ 是欧拉常数。

图 6.26 比较了高斯分布、极值分布和下一节将要介绍的包络线分布（瑞利分布）的概率密度函数。

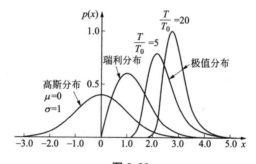

图 6.26

可根据式（6.105）计算超越概率为 p 的限值 a 如下[7]：

$$p=1-\exp\left\{-\frac{2T}{T_0}\exp\left(-\frac{a^2}{2\sigma_x^2}\right)\right\} \tag{6.112}$$

$$\frac{a}{\sigma_x}=\sqrt{2\ln\left[\frac{1}{\ln\{1-(1-p)\}}\cdot\frac{2T}{T_0}\right]} \tag{6.113}$$

当 $\ln\{1/(1-p)\}=1$，即 $p=1-\mathrm{e}^{-1}=0.63$ 时，上式与式

---

❶　译注：即 Gumbel 分布。

（6.103）相同。

a/σ_x 与 T/T_0 之间的关系如图 6.27 所示。可见，最大值与均方值的比值大约为 2～3。实际地震反应也大致如此。

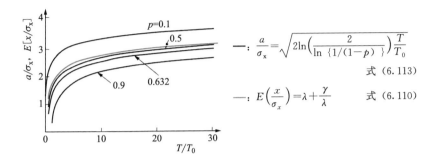

$$—: \frac{a}{\sigma_x} = \sqrt{2\ln\left(\frac{2}{\ln\{1/(1-p)\}}\right)\frac{T}{T_0}}$$
式（6.113）

$$—: E\left(\frac{x}{\sigma_x}\right) = \lambda + \frac{\gamma}{\lambda} \qquad 式（6.110）$$

图 6.27

（2）包络线分布

对于结构的地震反应这样的狭带平稳过程，Crandall 给出了其包络线的概率分布[1]。

位移和速度反应可近似地表示为（图 6.28）：
$$\left.\begin{array}{l} x(t) \approx A(t)\cos\{\omega_0 t + \phi(t)\} \\ \dot{x}(t) \approx -\omega_0 A(t)\sin\{\omega_0 t + \phi(t)\} \end{array}\right\} \qquad (6.114)$$
式中，ω_0 是等效圆频率；$A(t)$ 和 $\phi(t)$ 虽然是时间的函数，但与 $\cos\omega_0 t$ 相比随时间的变化相对平缓（slowly varying）。

$A(t)$ 相当于结构反应的包络线，可表示为：
$$A^2(t) = x^2(t) + \frac{\dot{x}(t)^2}{\omega_0^2} \qquad (6.115)$$

$A(t)$ 位于 a 和 $a+\mathrm{d}a$ 之间的概率等于 $x - \dot{x}/\omega$ 平面上圆环 s 的面积，如图 6.29 所示。

$$p(a)\mathrm{d}a = \iint_s p\left(x, \frac{\dot{x}}{\omega_0}\right)\mathrm{d}s \qquad (6.116)$$

设 x 和 $\dot{x}$ 的联合概率密度函数 $p(x, \dot{x})$ 为 2 维高斯分布。与上文第（1）小节相同，可将其表示为式（6.99）。将式（6.99）中的 $\dot{x}$ 代换为 $\dot{x}/\omega_0$ 并令 $\omega_0 = \sigma_{\dot{x}}/\sigma_x$ 可得：

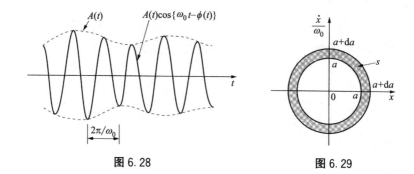

图 6.28　　　　　　　　　　　　图 6.29

$$p\left(x, \frac{\dot{x}}{\omega_0}\right) = \omega_0 p(x, \dot{x}) = \frac{1}{2\pi\sigma_x^2} \exp\left(-\frac{a^2}{2\sigma_x^2}\right) a\,\mathrm{d}\theta\,\mathrm{d}a \quad (6.117)$$

$$\therefore \qquad p(a)\,\mathrm{d}a = \int_0^{2\pi} \int_a^{a+\mathrm{d}a} \frac{1}{2\pi\sigma_x^2} \exp\left(-\frac{a^2}{2\sigma_x^2}\right) a\,\mathrm{d}\theta\,\mathrm{d}a \qquad (6.118)$$

因此，包络值 A 的概率密度为：

$$p(a) = \frac{a}{\sigma_x^2} \exp\left(-\frac{a^2}{2\sigma_x^2}\right) \qquad (6.119)$$

形如式（6.119）的分布称为**瑞利分布**（Rayleigh distribution）。其均值和均方值分别为：

$$E[A] = \sqrt{\frac{\pi}{2}}\,\sigma_x \approx 1.25\sigma_x \qquad (6.120)$$

$$E[A^2] = 2\sigma_x^2 \qquad (6.121)$$

式中，σ_x 是振幅的标准差（RMS 值）。

第7章　地震动特性

7.1　地震

地幔的热对流引起地壳板块运动并使地壳岩石的应变能缓慢地累积。当应变能超过一定的限值时，岩石将发生剧烈的破坏并释放出大量的能量，引发地震[4]。地震释放的能量以弹性波动的形式在地球内部传播并到达地表，使建筑物摇晃并造成各种各样的震害。

地壳最先发生破裂的位置称为**震源**（hypocenter, focus），震源在地表的投影称为**震中**（epicenter）。**震源距**（hypocentral distance）、**震源深度**（focal depth）和**震中距**（epicentral distance）如图 7.1 所示。实际上地壳破裂发生在非常广阔的断层面上，发生破裂的区域称为**震源区域**（source region）。大地震的震源区域可能覆盖几十甚至数百公里的范围。震源不一定位于震源区域的中央。对地表的建筑结构造成影响的地面运动的特性也往往不同于震源附近的振动特性。

图 7.2 给出了 1978 年接连发生于宫城县近海的两次地震的震源和震源区域。图 7.3 是震源区域的断面示意图。

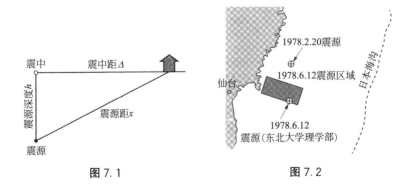

图 7.1　　　　　　　　　　　　图 7.2

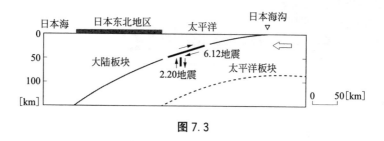

图 7.3

世界地震活动的分布如图 7.4 所示[7]。包括日本、北美洲和南美洲的西海岸在内的**环太平洋地震带**（circumpacific seismic zone）和横跨地中海、印度洋和东南亚的**欧亚地震带**（Eurasian seismic zone）是地震多发的地区。此外，地幔从地球内部突出而形成的海脊附近也是地震多发地区。

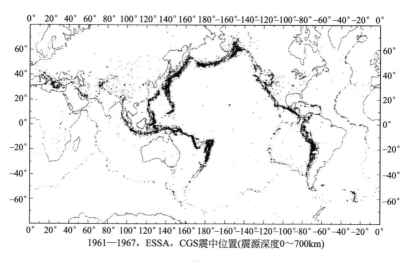

1961—1967，ESSA，CGS震中位置(震源深度0~700km)

图 7.4

日本历史上历次大地震的震中位置如图 7.5 所示[2]。日本列岛遭受的破坏性地震大多是在地壳板块从太平洋向日本列岛下方俯冲的界面上发生的海底地震（板缘地震），以及由于地壳运动引起应变累积而发生在内陆地区的浅源地震（内陆型地震）。1978 年宫城县近海地震是典型的板缘地震，其震源位于地壳向下俯冲的倾斜断层面上（图 7.3）。

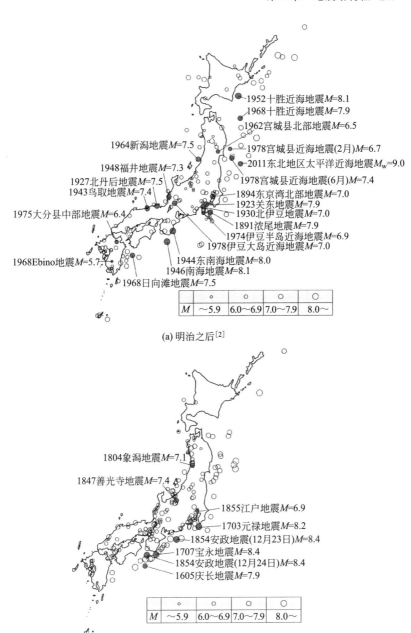

1952十胜近海地震M=8.1
1968十胜近海地震M=7.9
1962宫城县北部地震M=6.5
1964新潟地震M=7.5
1978宫城县近海地震(2月)M=6.7
2011东北地区太平洋近海地震M_w=9.0
1948福井地震M=7.3
1978宫城县近海地震(6月)M=7.4
1927北丹后地震M=7.5
1894东京湾北部地震M=7.0
1943鸟取地震M=7.4
1923关东地震M=7.9
1975大分县中部地震M=6.4
1930北伊豆地震M=7.0
1891浓尾地震M=7.9
1974伊豆半岛近海地震M=6.9
1978伊豆大岛近海地震M=7.0
1968Ebino地震M=5.7
1944东南海地震M=8.0
1946南海地震M=8.1
1968日向滩地震M=7.5

M	～5.9	6.0～6.9	7.0～7.9	8.0～
	∘	○	○	○

(a) 明治之后[2]

1804象潟地震M=7.1
1847善光寺地震M=7.4
1855江户地震M=6.9
1703元禄地震M=8.2
1854安政地震(12月23日)M=8.4
1707宝永地震M=8.4
1854安政地震(12月24日)M=8.4
1605庆长地震M=7.9

M	～5.9	6.0～6.9	7.0～7.9	8.0～
	∘	○	○	○

(b) 明治之前[2]

图 7.5

7.2 地震的大小与地震动的强度

(1) 地震的大小

用震级（magnitude）衡量地震的大小。震级是 1935 年由 Richter 最先提出的。最初的震级 M 的定义是距离震中 100km 处的 Wood Anderson 地震仪（自振周期 0.8s，阻尼比 0.8，放大率 2800 倍）在记录纸上记录到的单位为微米（μm）的最大振幅的对数。当在距离震中 100km 处记录的振幅为 $1\mu m$ 时，$M=0$；振幅为 1cm 时，$M=4$。在实际应用中，可根据任意地点记录到的最大振幅按下式计算震级：

$$M = \log A - \log A_0(\Delta) \tag{7.1}$$

$A_0(\Delta)$ 反映了 $M=0$ 的地震引起的地面运动振幅 A_0 随震中距 Δ 的增大而减少的规律[4]。

根据式（7.1），地震震级和地面运动振幅 A 之间存在以下关系：

$$A = 10^M \cdot A_0(\Delta) \tag{7.2}$$

$\Delta[km]$	30	50	100	200	300	400	500
$\log A_0(\Delta)$	0.9	0.4	0	-0.5	-1.0	-1.5	-1.7

表中的数值是根据美国南加州地区的地震数据得到的。

除此之外，还有根据体波振幅与周期之比定义的体波震级 M_b 和根据周期约为 20s 的面波振幅定义的面波震级 M_s 等不同的确定地震震级的方法。

日本气象厅采用坪井式计算地震震级：

$$M = \log A + 1.73\log\Delta - 0.83 \tag{7.3}$$

式中，A 是以 μm 为单位的水平地面运动的峰值位移，Δ 是以 km 为单位的震中距。

根据式（7.3），水平地面运动的峰值位移可表示为：

$$A = 6.76 \cdot 10^M \cdot \Delta^{-1.73} \tag{7.4}$$

对于某一次地震，根据不同地点记录的振幅可以计算出不同的震级，其误差大约为±1/4。

地震释放能量 E 与震级 M 之间具有以下关系（Richter（1956））：

$$\log E = 11.8 + 1.5M[\text{erg}] \tag{7.5}$$

根据这一关系，地震释放能量与 $10^{1.5M}$ 成比例。相应的，地震震级 M 每增大 1 级，地震释放能量增大 32 倍；M 增大 2 级，能量增大约 1000 倍；M 增大 4 级，能量则增大约 100 万倍。

1923 年日本关东大地震的震级 $M=7.9$，相应的地震释放能量约为 5×10^{23} erg。一次震级 $M=8.5$ 的地震释放的能量约为 4×10^{24} erg。一次强台风所蕴含的能量约相当于一次 7～8 级地震，而广岛原子弹爆炸所释放能量约相当于一次 6～7 级地震。

也经常用**地震矩**（seismic moment）衡量地震的大小。地震矩可以通过断层破裂面积和平均滑移量或者地震发生前后的应力降来计算。根据地震矩确定的震级称为**矩震级 M_w**，其应用也非常广泛。

由于地壳中能够积累的应变能存在一定的上限，因此通常认为地震震级也存在上限。迄今为止日本记录到最大震级的地震是 2011 年东北地区太平洋近海地震，其震级 $M_w=9.0$。

（2）地震动的强度

地震动在某一点的强烈程度，除了取决于地震本身的大小和震源特性之外，还与震源距、地表土层特性等因素有关。可以用地面运动的加速度、速度和位移等物理量定量地评价地震动的强度。其中，地面峰值加速度与结构受到的地震力的大小直接相关，因此在实际工程设计中经常被用来表示地震动的强度。

长期以来，**烈度表**（intensity scale）广泛用于评价地震地面运动在某一地点的强烈程度。以往的烈度是根据地震中人的感受、室内物品的晃动、结构震害以及地表破坏等现象而定性确定的。1949 年颁布的**气象厅烈度表**将烈度划分为八个等级，沿用了很长时间。

从 1996 年开始，气象厅用**仪器烈度**取代了以往以人的感受和周边现象为依据的烈度。仪器烈度是以遍布日本全国的加速度仪获取的数字化地震动记录为基础计算得到的。气象厅颁布的新烈度表将仪器烈度划分为 10 个等级，并同时发布了**烈度等级说明表**（表 7.1），以便于公众理解烈度与地震现象和震害之间的关系。

表 7.1　气象厅烈度等级说明表（2009 年 3 月 31 日修订，精简版）

烈度等级	说明
0	• 人体无感，强震仪能够记录到一定的振动
1	• 室内处于安静状态的人可能感觉到轻微的晃动
2	• 室内处于安静状态的人大多感觉到晃动，睡眠中的人可能惊醒。 • 电灯等悬挂物发生轻微摆动
3	• 室内绝大多数人感到晃动，行人也有可能感到晃动，睡眠中的人大多会惊醒。 • 柜中餐具振动作响。 • 电线发生轻微晃动
4	• 绝大多数人的震感明显，绝大多数行人感觉到晃动，睡眠中的人绝大多数会惊醒。 • 电灯等悬挂物发生明显晃动，柜中餐具振动作响，底座不稳的物品可能倾覆。 • 电线发生明显晃动，骑自行车的人也会感觉到晃动。 • 出于安全考虑，铁路暂时停运，高速公路暂时封闭，并根据情况采取限速或其他交通管制措施(不同部门、不同地区的安全标准会有所相同)
5弱	• 大多数人感到恐慌，想要抓住物体。 • 电灯等悬挂物剧烈摆动，柜中餐具和书架上的书有可能坠落，底座不稳的物品大多会倾覆，未固定的家具会移位，放置不稳的家具有可能倾覆。 • 个别玻璃窗会破碎坠落，电线杆发生明显的摇晃，一些道路会遭受破坏。 • 抗震性能较差的木结构房屋的墙壁等构件轻微开裂。 • 可能出现地面龟裂、液化、山体碎石坠落、塌方等现象。 • 带有地震保护装置的天然气表自动锁闭，天然气供应中断。 • 可能停水、停电。 • 带有地震保护装置的电梯自动停止运行，须在确认安全之后方可恢复运行，往往耗时较长
5强	• 大多数人需要扶着物体才能行走，移动困难。 • 柜中餐具和书架上的书等物品纷纷坠落，电视机也可能坠落，未固定的家具可能倾覆。

续表

烈度等级	说明
5 强	• 玻璃窗破碎坠落,未经加固的砌体围墙可能倒塌,固定不牢的自动贩卖机可能倾覆,自行车难以骑行,汽车可能停在路上。 • 抗震性能较差的木结构房屋的墙壁等构件发生开裂。 • 抗震性能较差的钢筋混凝土房屋的墙、梁、柱等构件发生开裂。 • 出现地面龟裂、液化、山体碎石坠落、塌方等现象。 • 出于安全考虑,会以整个街区为单位切断天然气供应
6 弱	• 难以站立,未固定的家具大多发生移位,有些会倾覆,门有可能打不开。 • 墙砖和玻璃窗破碎坠落。 • 抗震性能较好的木结构房屋的墙壁等构件轻微开裂。 • 抗震性能较差的木结构房屋的墙壁等构件大量开裂,甚至可能出现较大的裂缝,房顶瓦片坠落,房屋可能歪斜甚至倒塌。 • 抗震性能较好的钢筋混凝土房屋的墙、梁、柱等构件发生开裂。 • 抗震性能较差的钢筋混凝土房屋的墙、梁、柱等构件大量开裂。 • 可能出现地裂缝、塌方和地表滑移等现象
6 强	• 无法站立,除非趴在地上否则无法移动,当晃动过于强烈时根本无法移动甚至可能会被抛起。 未固定的家具绝大多数会移动,大多会倾覆。 • 许多建筑物的墙砖和玻璃窗破损坠落,未经加固的砌体围墙大多倒塌。 • 抗震性能较好的木结构房屋的墙壁等构件发生开裂。 • 抗震性能较差的木结构房屋的墙壁出现较大的裂缝,大量房屋歪斜甚至倒塌。 • 抗震性能较好的钢筋混凝土房屋的墙、梁、柱等构件大量开裂。 • 抗震性能较差的钢筋混凝土房屋的墙、梁、柱等构件出现 X 形裂缝,底部或中部楼层可能因柱子破坏而倒塌。 • 出现较大的地裂缝,多处塌方,甚至可能发生大规模山体滑坡和崩塌。 • 大片地区中断水、电、气供应
7	• 无法站立,除非趴在地上否则无法移动,当晃动过于强烈时根本无法移动甚至可能会被地面抛起。 • 未固定的家具绝大多数会移动或倾覆,甚至可能被弹起来。 • 许多建筑物的墙砖和玻璃窗破损坠落,未经加固的砌体围墙大多倒塌,许多物体歪斜甚至倾覆。 • 抗震性能较好的木结构房屋的墙壁等构件大量开裂,个别房屋可能歪斜。 • 抗震性能较差的木结构房屋大多会歪斜或者倒塌。 • 抗震性能较好的钢筋混凝土房屋的墙、梁、柱等构件会大量开裂。

烈度等级	说明
7	• 抗震性能较差的钢筋混凝土房屋的底部或中部楼层发生明显变形,个别房屋可能整体倾斜,墙、梁、柱等构件大量出现 X 形裂缝,许多房屋的底部或中部楼层会因柱子破坏而倒塌 • 出现很大的地裂缝,多处塌方,甚至可能发生大规模山体滑坡和崩塌

注:(1)气象厅烈度原则上是由布置在地表或低矮建筑底层的烈度仪观测得到的。表中给出的是在观测到的某一烈度下周边地区可能出现的现象和地震破坏的情况。不能按照表中给出的现象反推烈度。

(2)地震地面运动受场地和地形影响显著。上述仪器烈度是烈度仪所在位置的观测值。即使在同一座城市、乡镇或村庄,不同地点的烈度也可能有所不同。此外,中高层建筑的上部楼层的晃动往往比地面的晃动更加剧烈。在同一栋建筑中,不同楼层和位置的晃动程度也不一样。

(3)即使烈度相同,地震动的振幅(晃动的幅度)、周期(往复晃动一周的时间)和持续时间等参数也不相同,不同场地上的建筑物或构筑物的震害也会有所不同。

(4)本表给出的是某一仪器烈度下的常见现象和震害。实际震害可能更加严重,也可能相对轻微。此外,某一烈度对应的现象未必都会出现。

(5)本表主要根据近年来发生的地震震例总结而成。今后大约每五年会根据新出现的震例、建筑结构抗震性能的提升等各方面情况加以修订,以使其符合实际情况。

美国和其他一些国家通常采用划分为 13 个等级的修正的麦卡利烈度表(modified Mercalli(MM)scale,1931 Wood,Anderson)。表 7.2 对比了气象厅烈度和修正的麦卡利烈度。

表 7.2 烈度等级对照表(1949 年)

气象厅烈度表(1949 年)	修正的麦卡利烈度表
0:无感(No Feeling) 人体无感,地震仪能够感知。 加速度 0.8Gal(cm/s²)以下	无感:加速度 0.5Gal 以下 只有地震仪能够感知
	I:0.5~1.0Gal 感觉非常轻微,只有个别人能够感觉到晃动
I:微震(Slight) 安静的或对地震非常敏感的人能感觉到晃动。 0.8~2.5Gal	II:1.0~2.1Gal 建筑物上部楼层中安静的人当中有少数人能感觉到晃动,固定不牢的物体发生摇晃
II:轻震(Weak) 大多数人有感,门窗轻微振动。 2.5~8.0Gal	III:2.1~5.0Gal 建筑物的上部楼层晃动比较明显,静止的自行车发生轻微的摇晃,大多数人不觉得发生了地震

气象厅烈度表（1949 年）	修正的麦卡利烈度表
Ⅲ：弱震（Rather Strong） 房屋摇晃，门、窗嘎嘎作响，电灯等悬挂物发生明显晃动，容器中的水面发生晃动。 8.0～25Gal	Ⅳ：5.0～10.0Gal 白天室内的人大多数有感，器皿、玻璃窗、门发生晃动，静止的自行车明显摇晃
Ⅳ：中震（Strong） 房屋剧烈晃动，底座不稳的花瓶倾覆，容器中的水溅出，行人也能感觉到晃动，大多数人逃往室外。 25～80Gal	Ⅴ：10.0～21.0Gal 绝大多数人有感，多数人会被惊醒，底座不稳的物品发生倾覆，钟摆停止摆动
	Ⅵ：21.0～44.0Gal 所有人有感，大多数人感到恐慌并逃往室外
Ⅴ：强震（Very Strong） 墙壁开裂，墓碑、石灯等倾倒，烟囱、石墙等发生破坏。 80～250Gal	Ⅶ：44.0～94.0Gal 绝大多数人逃往室外，底座不稳或设计不良的物品发生明显破坏
	Ⅷ：94.0～202Gal 坚固的建筑物也遭受损伤，烟囱、纪念碑、墙壁等发生坠落，家具倾倒。喷砂冒水，井水发生变化
Ⅵ：烈震（Disastrous） 30%以下的房屋倒塌，山体崩塌，出现地裂缝，大多数人无法站立。 250～400Gal	Ⅸ：202～432Gal 坚固的建筑物也遭受损伤，局部发生破坏，地表出现明显的裂缝
	Ⅹ：432Gal 以上石砌体结构大多被毁，地表严重开裂，铁轨弯曲
Ⅶ：巨震（Very Disastrous） 30%以上的房屋倒塌，山体崩塌，出现地裂缝，断层出露地表。 400Gal 以上	Ⅺ：很少有建筑物能够幸存，桥梁破坏，显著的地裂缝
	Ⅻ：全毁，地表出现可见的波动，一些物体被抛向空中

气象厅烈度表（1949 年）中的烈度 I 与峰值加速度 a 之间大致具有以下关系（河角式）：

$$\left.\begin{array}{ll} a = 0.45 \times 10^{0.5I} [\text{Gal}] & (I = 1 \sim 6) \\ a_7 > 400\text{Gal} & (I = 7) \end{array}\right\} \tag{7.6}$$

式（7.6）主要是针对卓越周期在 0.3s 左右的硬土场地（东京、本乡）提出的，并且给出的是某一烈度对应的峰值加速度的中值。可以取 $I \pm 0.5$ 对应的峰值加速度分别作为烈度 I 对应的峰值加速度的上限和下限：

I	0	1	2	3	4	5	6	7
$a(I\pm0.5)$	0.8	2.5	8	25	80	250	400	[Gal]
$a(I)$		1.4	4.5	14	45	140	(450)	[Gal]

为了尽量与以往根据主观感受和地震现象确定的烈度相协调，1996 年开始采用的仪器烈度在对加速度时程记录进行滤波处理的基础上还在频谱成分等方面进行了适当的调整。仪器烈度与峰值加速度之间的对应关系也并非河角式那样简单。

（3）地震动强度与震级、震源距之间的关系

在某地的地震动强度 A 与地震震级 M 和震源距 x 之间建立的函数关系 $A(M, x)$ 称为**衰减关系**（attenuation law）。式（7.2）和式（7.4）实际上也反映了一定的衰减规律。衰减关系可以以位移、速度或加速度等不同物理量的形式给出。下面只介绍关于地面峰值加速度的函数关系。河角提出的烈度（旧）I 与震级 M 和震源距 x 的关系为：

$$I = \begin{cases} 2M - 0.8686\ln x - 0.01668x - 3.9916 & (\Delta < 100\text{km}) \\ 2(M - \ln\Delta) - 0.00183\Delta - 0.307 & (\Delta > 100\text{km}) \end{cases}$$

$$(7.7)$$

式中，Δ 是震中距（km），h 是震源深度（km），ln 是自然对数，$x = \sqrt{\Delta^2 + h^2}$ 是震源距（km），I 是气象厅烈度（旧），M 是震级。

结合式（7.7）和式（7.6），可根据 M 和 Δ 推算硬土场地的地面峰值加速度 a。金井清建议按以下考虑了场地卓越周期的公式估算地面峰值加速度[11]：

$$a_{\max} = \frac{5}{\sqrt{T_G}} \cdot 10^{0.61M - 1.73\log_{10}x + 0.13}$$

$$(7.8)$$

式中，x 是震源距（km），T_G 是场地的卓越周期（s）。

式（7.8）仅考虑了震中附近区域。可进一步以下考虑关于震源距的修正：

$$a_{\max} = \frac{5}{\sqrt{T_G}} \cdot 10^{0.61M - (1.66 + 3.60/x)\log_{10}x + (0.167 - 1.83/x)}$$

$$(7.9)$$

世界各国学者提出的各种各样的衰减关系大多具有以下形式：

$$A = \alpha_1 \cdot 10^{\alpha_2 M} \cdot R^{-\alpha_3} \tag{7.10}$$

为了考虑震源很小时地面运动幅值饱和的现象，有时也将震源距 R 写成 $R + R_0$ 的形式。

上述地震动强度、震级和震源距之间的关系只能反映大致的趋势。实际的地震地面运动强度受地质条件、场地土层特性和局部地形等因素的影响；往往具有很大的离散性。1978 年宫城县近海地震中不同地点记录到的地面峰值加速度与震中距之间的关系如图 7.6 所示。

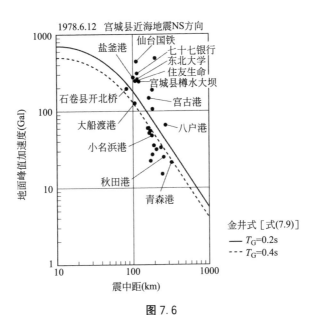

图 7.6

对于震源距往往较小的内陆型地震，震中附近的地面峰值加速度存在一定的上限。表俊一郎[22] 指出，当 $M = 7$ 或更大时，根据墓碑倾覆等现象推测的震中区域的有效峰值加速度的上限值大致略高于 500Gal。这一数值相当于 Seed 等人根据强震记录得到的上限值的 70% 左右。

> **例 7.1 估算地面峰值加速度**
>
> 采用金井式（7.8）计算 $M=7.5$，$\Delta=100\text{km}$，$h=31\text{km}$，$T_G=0.3\text{s}$ 时的地面峰值加速度。
>
> $$x=\sqrt{100^2+30^2}=104\text{km}$$
>
> $$\therefore \quad a_{\max}=\frac{5}{0.3}10^{0.61\times7.5-1.73\log_{10}104+0.13}\approx150\text{Gal}$$

7.3 地震动强度的频度

(1) 地震的年平均发生次数

关于地震动强度在某一地点的概率分布的统计资料是评价建筑和城市的地震安全性的基础。主要包括以下两类资料：

① 当地曾遭受的地震动强度的直接的统计资料，如烈度等级（宇佐美·胜又）、峰值位移（石本·饭田，服部·北川）等。这些资料中往往包含了当地的地表土层特性等信息。

② 根据历史地震的震级和当地的震源距通过衰减关系（attenuation law）间接推测得到的地震动强度（烈度等级、地面运动峰值）的统计资料（河角，金井等）。

现考察某地曾经遭受的烈度 I 的概率分布。设 Y 年间当地遭受烈度大于 I 的地震作用的次数为 $L(I)$，则一年间地震烈度超过 I 的平次次数 $N(I)$ 为：

$$N(I)=\frac{L(I)}{Y}（次／年）\tag{7.11}$$

设：

$$\log N(I)=a-bI\tag{7.12}$$

如果只考虑烈度超过 I_0 的地震作用，可将式（7.12）改写为：

$$\log N(I)=a'-b(I-I_0)\tag{7.13}$$

设遭遇烈度大于 I_0 的地震作用的年平均总次数为 N_0，则式（7.13）可改写为：

$$N(I) = N_0 10^{-b(I-I_0)} = N_0 e^{-\beta(I-I_0)} \tag{7.14}$$

相应的，一年间地震烈度小于 I 的概率为：

$$F(I) = \mathrm{Prob}[I_0 < X < I] = 1 - \frac{N(I)}{N_0} = 1 - e^{-\beta(I-I_0)}$$

$$\tag{7.15}$$

根据不同地区的气象厅烈度的统计资料[2]，经验性的烈度-频度关系如图 7.7 所示。地震震级的频度也可以表示成与式（7.12）和式（7.13）类似的形式（Gutenberg-Richter）。设一年间发生震级大于 M 的地震的次数为 $N(M)$，震级在 M 与 $M+dM$ 之间的地震次数为 $n(M)\,dM\left[N(M) = \int_M^\infty n(M)\,dM\right]$，则有：

$$\log n(M) = a - bM, \quad \log N(M) = A - bM \tag{7.16}$$

1904 年至 1946 年间全球地震震级的频度 $n(M)$ 如图 7.8 所示（Housner[10]）。

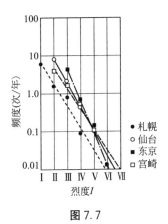

图 7.7

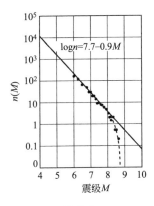

图 7.8

例 7.2　烈度的统计数据

在 1975 年之前的 49 年零两个月间，仙台市气象台观测到的地震烈度统计如下表所示。

烈度 I	I	II	III	IV	V
观测期间的发生次数	571	278	87	17	5
$L(I)$(次)	958	387	109	22	5
$N(I)$(次/年)	19.5	7.87	2.22	0.45	0.1

仅考虑 $I \geqslant 2$ 的数据，采用最小二乘法可确定式（7.13）中的系数如下（图 7.7）：

$$\log N(I) = 0.929 - 0.636(I-2) \qquad (7.17)$$

（2）地震动强度的发生概率

记一年内遭受烈度超过 I 的地震作用的概率为 q。当 q 较小时，一年间要么只发生一次，要么不发生，因此有：

$$N(I) = 1 \times q + 0 \times (1-q) = q \qquad (7.18)$$

即地震作用的发生概率 q 等于年平均次数 $N(I)$。

假设 q 不随时间变化且地震的发生是与年份无关的独立事件，可认为在遭遇了一次烈度超过 I 的地震作用的 t 年之后再次遭遇烈度超过 I 的地震作用的概率 $P(t)$ 服从**几何分布**（geometrical distribution）：

$$P(t) = q(1-q)^{t-1} \qquad (7.19)$$

式（7.19）实际上表示了烈度超过 I 的地震作用的重现期 t 的概率分布。其期望 $\overline{T}$ 为：

$$\overline{T} = \sum_{t=1}^{\infty} q(1-q)^{t-1} \cdot t = \frac{1}{q} \qquad (7.20)$$

或

$$\overline{T} = \frac{1}{N(I)} \qquad (7.21)$$

即**平均重现期** $\overline{T}$（average return period）可表示为发生概率或年平均次数的倒数。

考察 t 年内遭遇 1 次或多次烈度超过 I 的地震作用的概率 p。

因为 t 年内一次也不遭遇的概率为 $(1-q)^t$，所以有：

$$p = 1 - (1-q)^t \tag{7.22}$$

当 q 很小且 t 很大时，$(1-q)^t \approx \mathrm{e}^{-qt}$，则式（7.22）可改写为：

$$p \approx 1 - \mathrm{e}^{-qt} \tag{7.23}$$

令 $t = \overline{T} = 1/q$，则在 $\overline{T}$ 时间内遭遇一次或多次平均重现期为 $\overline{T}$ 的地震作用的概率 p_{R} 为：

$$p_{\mathrm{R}} = 1 - \mathrm{e}^{-1} = 0.632 \tag{7.24}$$

即平均 $\overline{T}$ 年发生 1 次的地震作用在 $\overline{T}$ 年间发生 1 次或多次的概率约为 63%，1 次都不发生的概率约为 37%。

也可以假设地震作用的发生是一个泊松过程。假设某一地点在单位时间内地震作用的平均次数 $N(I)$ 不随时间变化，且不同年份发生的地震作用是相互独立的事件，则可认为烈度大于 I 的地震作用在 t 年间发生 n 次的概率 p_n 服从泊松分布，即：

$$p_n = \frac{\{N(I)t\}^n \mathrm{e}^{-N(I)t}}{n!} \tag{7.25}$$

令 $n = 0$（$0! = 1$），则 t 年间烈度大于 I 的地震作用完全不发生的概率，亦即 t 年间的地震作用的烈度均小于 I 的概率为：

$$p_0 = \mathrm{e}^{-N(I)t} = \mathrm{Prob}[X \leqslant I] \tag{7.26}$$

设地震作用的时间间隔 T 的概率分布函数为 $F_{\mathrm{T}}(t)$，则：

$$\mathrm{Prob}[T > t] = [时间 \, t \, 内不发生的概率] = p_0$$

$$= 1 - F_{\mathrm{T}}(t) = [地震作用的时间间隔 \, T > t \, 的概率]$$

$$\therefore \quad f_{\mathrm{T}}(t) = \frac{\mathrm{d}F_{\mathrm{T}}(t)}{\mathrm{d}t} = \frac{\mathrm{d}(1 - \mathrm{e}^{-N(I)t})}{\mathrm{d}t} = N(I)\mathrm{e}^{-N(I)t} \tag{7.27}$$

利用时间间隔 T 的概率密度函数 $f_{\mathrm{T}}(t)$，可将平均重现期 $\overline{T}$ 表示为：

$$\overline{T} = \int_0^\infty t f_{\mathrm{T}}(t)\mathrm{d}t = \frac{1}{N(I)} \tag{7.28}$$

将 t 年间至少遭遇 1 次烈度大于 I 的地震作用的概率 p 记为 $1 - p_0$，利用式（7.14）可以得到与式（7.23）类似的形式如下[5]：

$$p = \text{Prob}[X \geqslant I，t \text{ 年间}] = 1 - p_0 = 1 - e^{-N(I)t} = 1 - e^{-N_0 t e^{-\beta(I-I_0)}}$$

$$(7.29)$$

根据式（7.29），对于给定的概率 p 和时间 t，可以求得与之对应的烈度 I。当 t 等于地震作用的平均重现期 $\overline{T}$，即 $t = \overline{T}$ 时，由 $N(I) = 1/\overline{T}$ 可知，概率 $p = 1 - e^{-1} = 0.632$。

（3）地震危险性

如果已知某地曾经遭遇的地震烈度和年平均次数之间的关系，

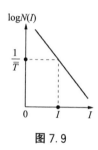

图 7.9

根据年平均发生次数和平均重现期之间的关系，$N(I) = 1/\overline{T}$，可确定平均重现期 $\overline{T}$ 所对应的地震作用烈度 I，如图 7.9 所示。

将某一平均重现期 $\overline{T}$ 所对应的地震烈度以等高线表示在地图上，可得到预期地震烈度的分布图，又称为**地震危险性图**（seismicity map）。

利用式（7.6）和式（7.7），河角根据历史地震的震级和震源距推算了各地的峰值加速度及其频度，并在此基础上绘制了重现期分别为 75 年、100 年和 200 年的预期峰值加速度分布图，称为"河角图"。它们为日本《建筑基准法》中的地域系数（1952 年）奠定了基础（图 7.10）。

也可以根据极值统计的理论确定某地在一年间遭遇的最大地震作用 x 的概率分布函数 $\Phi(x)$。这时，平均重现期可表示为 $1/\{1 - \Phi(x)\}$。

尾崎、北川和服部等人详细分析了日本在 1644 年至 1972 年间的地震资料。他们利用金井提出的基岩速度与震级和震源距之间的衰减关系，通过统计各地的年间峰值速度并采用第 Ⅱ 型 Gumbel 渐近分布[1]，绘制了某一重现期对应的基岩峰值速度分布图，如图 7.11 所示。

---

[1] 译注：Frechet 分布。

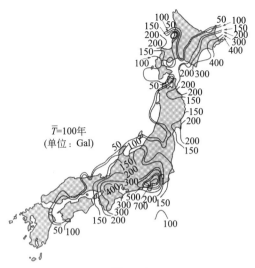

图 7.10

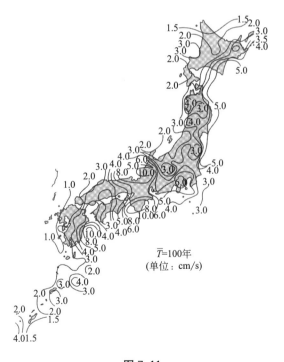

图 7.11

（4）地震的周期性

在以上的讨论中，地震危险性被认为是在很长一段时间内的平均值，与具体的时间无关。

然而，历史地震的经验和地震学的研究成果表明，在某一地区往往会以几十至几百年的周期重复发生大地震。这种周期性绝非确定性的，而是概率性的。对于在历史上曾经多次发生大地震的地区，如果很长时间没有发生大地震，则经常认为随着应变能的不断累积，在当地发生大地震的概率会不断增大（**空白域**）。因此，在重复发生大地震的时间间隔的尺度上，发生大地震的概率是时间相依的，并且和过去发生的地震密切相关。地震危险性的这种时间相依性，不但会影响地震预报，而且在对建筑和城市进行抗震设计及制订防灾规划时也应予以充分考虑。

将对仙台市造成较大影响的宫城县近海地震（震源位于图 7.12（a）中阴影范围内）的震级按照年代顺序排列，如图 7.12（b）所

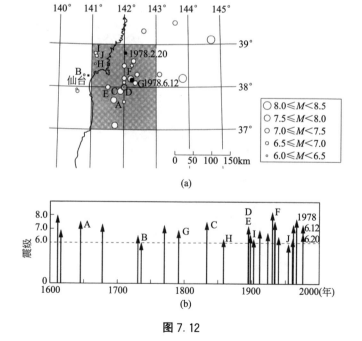

图 7.12

示。可见，该地区大约以 40～50 年的周期重复发生大地震。将这些地震的年间最大震级作为随机变量，分别采用 Ⅰ 型和 Ⅲ 型 Gumbel 极值分布 $\Phi^1(M)$ 和 $\Phi^3(M)$ 进行拟合，得到的结果如图 7.13 所示。对于地震震级这种具有上限的物理量，往往采用第 Ⅲ 型分布或者宇津建议的修正 G-R 公式[17][30][31][32] 作为其概率分布函数。

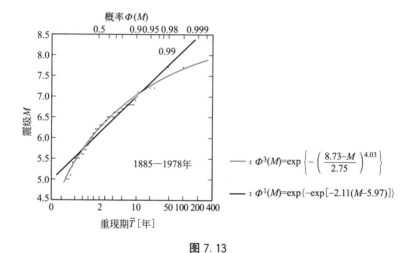

图 7.13

7.4　强震特性

(1) 强震记录

对能够造成结构破坏的强震地面运动以及相应的结构反应进行观测和分析，是研究结构地震反应特性的最直接有效的方法之一。

1931 年，在受邀访美的末广恭二的建议下，美国西海岸率先开始观测强震地面运动，并于 1933 年 3 月在长滩地震中获取了世界最早的强震记录。此后，人们逐渐获取了更多的强震记录，包括 1940 年 5 月获取的后来被广泛使用的 El Centro，California 记录和 1952 年 7 月获取的 Taft，California 记录。

1952 年，武藤清和高桥龙太郎等人研发了日本最早的强震仪（strong motion accelerograph，SMAC），从此开启了日本强震观测的历史。截至 1980 年，日本全国各地已布置包括公有和私有在内的约 1200 台强震仪，积累了大量的强震记录。强震仪在地震作用达到一定强度时自动触发并记录约 0.1 秒到几秒周期范围内的 2 个水平分量和 1 个竖向分量的加速度时程。最初的强震仪采用纸带或薄膜作为存储介质，后来改用磁带作为存储介质。

目前，日本强震记录的获取和发布由强震观测事业推进联络委员会统一管理[23]。日本国内几家主要的强震观测机构负责对数据进行数字化处理和分析并向公众发布[24][25]。

1988 年日本气象厅开始在全国推广 87 型电磁式强震仪，并在 1995 年阪神地震之后全面提升了全国的地震观测能力。到目前为止，气象厅在全国布设了约 660 台 95 型烈度仪进行强震观测。

阪神地震后的 1996 年，防灾科学技术研究所的 K-NET（全国强震观测台网）投入使用。目前 K-NET 已在全国设置了网格密度约为 20km 的 1000 个强震观测台站。此外，作为政府地震调查研究促进总部的工作之一，KiK-NET（基岩强震观测台网）也在全国拥有约 700 个观测站点。每个观测站点均通过在测井中布设强震仪同时观测地表和地下的地震动。

气象厅和防灾科学技术研究所的强震观测数据均通过互联网向公众分开。

图 7.14 是于 1978 年 6 月 12 日宫城县近海地震中在日本东北大学工学部建筑系系馆（9 层钢骨混凝土结构）的 1 层和 9 层获取的强震记录的时程。

该建筑位于距离仙台市中心约 4km，海拔约 100m 的青叶山上（建筑概况参见第 1 章参考文献 [1]）。在这次地震中，该建筑的第 9 层南北方向的峰值加速度达到 1040Gal。这是当时全世界在建筑物上获取的地震反应的最大记录（图 7.14 中的数字化记录来自建筑研究所）。

地震波可以大致分为 **P** 波（primary wave，压缩波，纵波）、**S** 波（secondary wave，剪切波，横波）和面波（surface wave）。P 波的传播速度最快，S 波次之（约为 P 波波速的几分之一至十几分之一，$V_s/V_p = \sqrt{(1-2\nu)/2(1-\nu)}$，$\nu$ 为泊松比），面波略慢于 S 波。造成建筑震害的主要是 S 波引起的振幅较大的水平地面运动。

图 7.14 中的时程记录已经去除了开始部分的 P 波，只给出了主要的 S 波的部分。

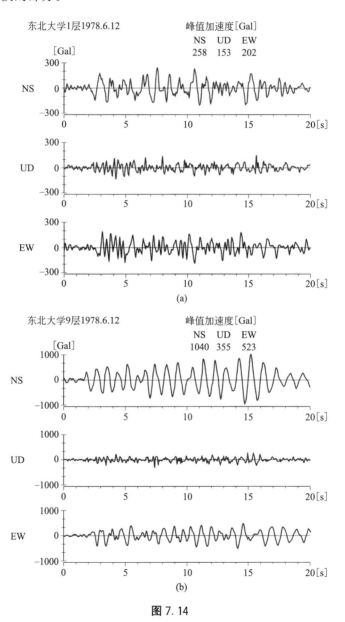

图 7.14

(2) 地震动强度指标

峰值加速度是最为常用的地震动强度指标。除此之外，峰值速度、峰值位移、加速度的平方和或均方根也是常用的指标。

通过对获取的加速度时程进行积分，可以得到地震动的速度和位移时程。需要注意的是，对加速度时程基线的处理对于通过积分得到的速度和位移时程结果有很大的影响。加速度基线的微小偏移都可能对结果产生巨大的影响。Berg-Housner 方法是一种常用的基线校正方法。它采用多项式调整加速度记录的基线以使速度或者位移的平方和最小[26]。美国的强震记录统一采用 Trifunac 等人提出的考虑高通滤波和仪器校正的方法进行基线校正[27]。图 7.15 给出了由 1940 年 El Centro 波 NS 分量的加速度时程积分得到的速度和位移时程。此处采用 2 次多项式对加速度时程进行了基线校正，相当于对速度和位移时程分别采用 3 次和 4 次多项式进行了基线校正。通过使位移的平方和最小来确定多项式的系数。

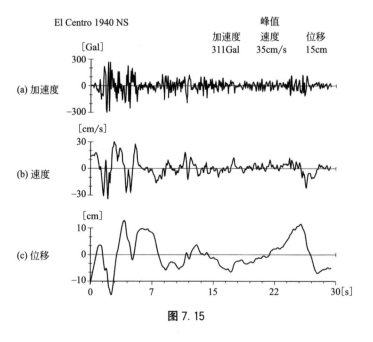

图 7.15

地震动对建筑结构造成的影响，不仅仅取决于地面运动的峰值，还与往复作用的次数、持时和频谱成分等多方面因素有关。

如果希望采用单一指标来表示地震动对建筑结构影响的强烈程度，式（1.135）定义的谱烈度（spectral intensity）是一个不错的选择。

实际地震动的谱烈度 SI（2％阻尼比）和峰值加速度 A_m、峰值速度 V_m 之间的关系分别如图 7.16 和图 7.17 所示。峰值加速度 A_m 和峰值速度 V_m 之间的关系如图 7.18 所示。峰值加速度 A_m 与均方根加速度 σ_A 之间的关系如图 7.19 所示。可见，各个指标在总体上均具有一定的相关性[21]。若将几个指标组合使用，可以更加准确地把握地震动的特性。图下的表格中列出了图中所示的 14 条地震动记录的峰值加速度及其在图中的符号。

图 7.16～图 7.19 同时给出了各个指标之间近似的相关关系式。

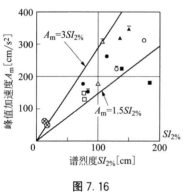

图 7.16

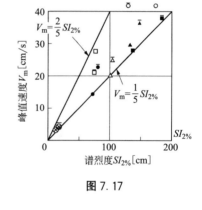

图 7.17

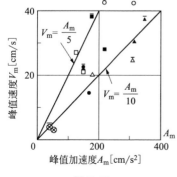

图 7.18

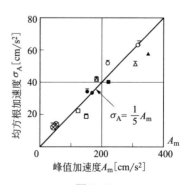

图 7.19

No.			$A_{max}+$ [Gal]	$A_{max}-$ [Gal]	A_{max} 平均值[Gal]	
1	El Centro	NS	280	315	298	○
2	1940. 5. 18	EW	222	158	190	○̄
3	Taft	NS	149	175	162	●
4	1952. 7. 21	EW	155	147	151	●̄
5	Olympia	NS	149	182	165	△
6	1949. 4. 13	EW	261	309	285	△̄
7	Managua	NS	319	296	307	▲
8	1972. 12. 23	EW	285	351	318	▲̄
9	Vernon	NS	131	125	128	□
10	1933. 3. 10	EW	113	152	132	□̄
11	Hachinohe	NS	225	147	186	■
12	1968. 5. 16	EW	183	177	180	■̄
13	Sendai	NS	57. 5	53. 3	55	⊗
14	1962. 4. 30	EW	47. 5	33. 8	41	⊗̄

(3) 地震的规模和震源距的影响

受地震规模、震源机制（例如板缘地震和板内地震）和从震源到场地的传播过程等因素的影响，地震动的特性千差万别。

根据 Housner 建议的模型[第1章[15]]，地震规模和震中距对地震动的速度反应谱的影响如图 7.20 所示。需要注意的是，强烈地震引起的地震动往往包含更加显著的长周期成分。

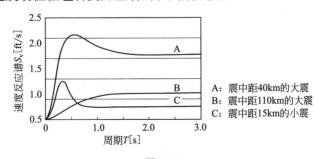

图 7.20

(4) 场地的影响

震害经验表明，场地和地形（小地形）对地震动特性和建筑震害具有很大的影响。关东地震中木结构房屋的破坏率和场地冲积层厚度之间的关系（竹山、久田、大崎）如图7.21所示[6]。福井地震以来的多次震害表明，在冲积层较厚的场地上，木结构房屋的震害更加严重。

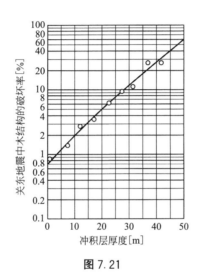

图7.21

1978年宫城县近海地震中的建筑震害受场地的影响非常显著。位于仙台市周边冲积土层上的建筑震害远重于仙台市中心洪积层阶地上的建筑震害。宫城县近海地震中钢筋混凝土结构和钢结构建筑的震害分布如图7.22所示。图7.23对比了仙台市老城区和东部冲积平原的土层断面图和墓碑倾覆率的分布以及据此推算的地面峰值加速度的分布。可见，场地比较坚硬的老城区的墓碑倾覆率很小；与之相比，冲积平原（特别是软弱的淤泥土层）上的墓碑倾覆率明显更大（北村信）[20]。

从上述实际震害可以看出，覆盖在坚硬土层之上的软弱地表土层相当于具有放大作用的滤波器，对地震动特性有明显的影响。

图7.25比较了1978年6月宫城县近海地震中，在三个不同场地上（图7.24）获取的强震记录及其加速度反应谱[24][25]。其中：

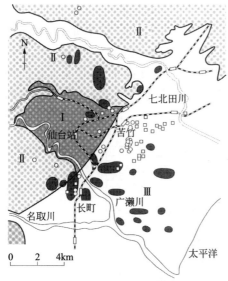

○：受损的钢筋混凝土结构建筑
□：受损的钢结构建筑
●：木结构发生破坏的区域
Ⅰ：阶地沉积物
Ⅱ：新第三纪丘陵地(Ⅱ：表层为
青叶山阶地)
Ⅲ：冲积层

图 7.22

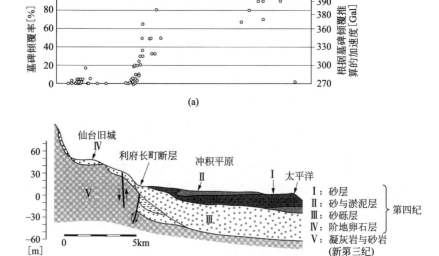

(a)

Ⅰ：砂层
Ⅱ：砂与淤泥层
Ⅲ：砂砾层   第四纪
Ⅳ：阶地卵石层
Ⅴ：凝灰岩与砂岩
      (新第三纪)

(b)

图 7.23

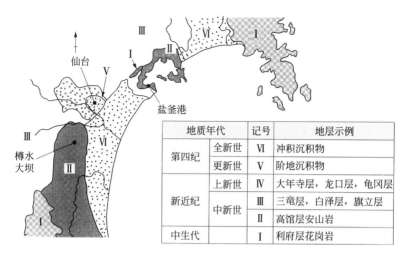

地质年代		记号	地层示例
第四纪	全新世	VI	冲积沉积物
	更新世	V	阶地沉积物
新近纪	上新世	IV	大年寺层，龙口层，龟冈层
	中新世	III	三竜层，白泽层，旗立层
		II	高馆层安山岩
中生代		I	利府层花岗岩

图 7.24

图（a）是在仙台市住友生命大厦（地上 18 层，地下 2 层）获取的记录。其地表以下 5m 为第三纪上新世凝灰岩（$N > 50$，$V_s \approx 600\text{m/s}$），强震仪位于大厦地下 2 层（震中距 $\Delta = 112\text{km}$）。

图（b）是在位于仙台市以南约 10km 处的樽水大坝获取的记录。强震仪位于坝底（从坝顶向下约 50m 处）。场地为第三纪中新世的角砾凝灰岩（$V_p \approx 3.5 \sim 4\text{km/s}$）。据推测这一地层（高馆层）与仙台市内深约 800~1000m 处的地层比较接近（$\Delta = 117\text{km}$）。

图（c）是在位于仙台市北东约 16km 处的盐釜港获取的记录。强震仪位于自由地表。地表以下是厚约 15m 的极其软弱的淤泥或砂层（$N = 0 \sim 10$），更深处是新近纪中新世的泥岩（$N > 50$）（$\Delta = 100\text{km}$）。

从上述三条强震记录的反应谱可以看出，即使对于同一次地震，在震中距基本相同的不同地点获取的地震动的频谱特性也会有非常明显的差异。可见场地对地震动特性具有显著影响。受软弱土层的影响，盐釜港的反应谱在 0.7~0.9s 处有一个显著的峰值。与樽水大坝的反应谱相比，仙台市内的反应谱在 1s 周期附近的成分更加显著。可见，几米到几十米的表层场地土固然对地震动特性影响很大，几百米深处的土层特性也具有重要的工程意义。

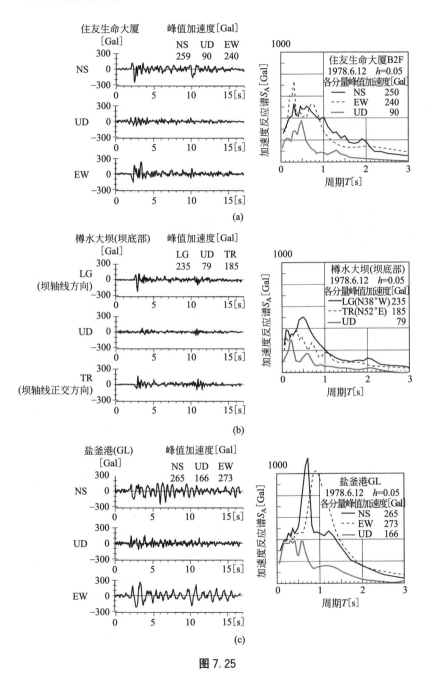

图 7.25

地脉动（microtremor）是了解场地土层特性的有效工具。受车辆振动和机械设备振动等各种振源的影响，地面总在以不足几微米（1 微米＝10^{-3}mm）的振幅轻微振动。其卓越周期（从十几分之一秒至一两秒）和振幅特性可以反映场地土层的动力特性。地脉动在白天的振幅往往比夜间大，但频谱成分基本保持稳定。金井清深入研究了地脉动的卓越周期和振幅等振动特性与场地土层特性之间的关系以及地脉动与强震地面运动在反应谱方面的相似性[1]。

饱和砂土场地在地震作用下会发生液化（liquifaction）并丧失承载力。在 1964 年新潟地震中，新潟市内许多建筑物因为场地液化而严重下沉和倾斜。图 7.26 是位于新潟市川岸町公寓首层的强震仪在新潟地震中获取的强震记录。记录的后半段包含了非常罕见的长周期振动。普遍认为这是建筑所在的场地发生液化造成的。

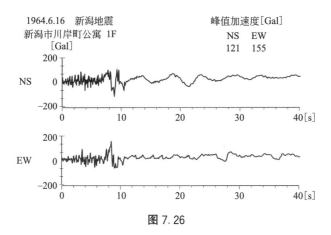

图 7.26

(5) 地面运动的相位差和埋深的影响

地表上两个不同地点的地震动的振幅和相位均会有所不同。这是地震动本身的随机性、场地土层的不均匀性、地震动入射方向等多种因素共同作用的结果。一般来说，两点相距越远，其地震动的相关程度越低。

由于建筑的基础对地面运动具有一定的约束作用，建筑基础底面的平均振幅往往小于自由场地的振幅。山源浩将这种建筑基础的约束作用使地震动减小的现象称为输入损失。

当建筑物有地下室时，埋置于地下的基础的振动往往小于地面振动。地下室的挡土墙还会减小从下方入射的地震动在深度方向上的相位差，从而进一步减小地震作用[29]。此外，在基础与地基的接触面上还会有一定的能量逸散。以往的震害经验表明，设置地下室对于建筑物的地震安全是有利的。

7.5 模拟地震动

受特定的震源机制和场地特性的影响，在实际地震中获取的强震记录未必能够反映未来地震的强震特性。

针对这一问题，可将某地的预期地震动的时程视为具有一定反应谱特性的随机过程的样本函数，在综合考虑场地条件、震源机制和衰减规律等因素的基础上利用随机数和概率统计的方法在计算机中生成强震地面运动时程。这称为模拟地震动（simulated earthquake）。长期以来，很多学者在模拟地震动方面开展了大量研究并提出了各种各样的模拟方法[9~16]。下面介绍一种最为常用的方法。

将地震动加速度时程表示为两个函数 $g(t)$ 和 $z(t)$ 的乘积，如式（7.30）所示。其中，$z(t)$ 是具有一定功率谱特性 $S(\omega)$ 的平稳随机过程的样本函数；$g(t)$ 是表示地震动的非平稳特性的确定性函数，也称为包络函数（envelope function）。

$$\ddot{y}_0(t) = g(t) \cdot z(t) \tag{7.30}$$

(1) 不规则平稳波形

可采用不同方法生成平稳随机过程的样本函数 $z(t)$。一种常用的方法是将符合一定功率谱特性的等周期等间隔简谐波按照随机相位叠加。

$$\begin{aligned}
z(t) &= \sum_{i=1}^{N} \sqrt{\frac{2S(\omega_i)\Delta\omega}{\pi}} \cos(\omega_i t + \varphi_i) \\
&= \sum_{i=1}^{N} 2\sqrt{S(2\pi f_i)\Delta f} \cos(2\pi f_i t + \varphi_i)
\end{aligned} \tag{7.31}$$

式中，$S(\omega)$ 是设定的双侧功率谱密度函数；

$$\Delta\omega = \frac{\omega_U - \omega_L}{N}(\omega_U \text{ 和 } \omega_L \text{ 分别是 } \omega \text{ 的上限和下限；} N \text{ 是所叠加})$$

的简谐波个数)

$$\omega_i = \omega_L + \left(i - \frac{1}{2}\right)\Delta\omega$$

φ_i 是 $0\sim2\pi$ 之间服从连续均匀分布的随机数。

地震动的功率谱密度函数 $S(\omega)$ 通常采用有限带宽白噪声模型（参见 6.4 节）或者金井和田治见提出的以下模型[15]：

$$S_z(\omega) = |H_g(\omega)|^2 \cdot S_0 = \frac{1 + 4h_g^2\omega^2/\omega_g^2}{(1 - \omega^2/\omega_g^2)^2 + 4h_g^2\omega^2/\omega_g^2} \cdot S_0 \tag{7.32}$$

式中，h_g 通常在 $0.3\sim0.5$ 范围内取值；ω_g 是场地的卓越圆频率。

具有如式（7.32）所示的功能谱密度的平稳随机振动 $z(t)$ 的均方值为：

$$\langle z^2(t) \rangle = \sigma_z^2 = \frac{1}{2\pi}\int_{-\infty}^{\infty}|H_g(\omega)|^2 S_0 \mathrm{d}\omega = \frac{1 + 4h_g^2}{4h_g} \cdot \omega_g \cdot S_0 \tag{7.33}$$

式（7.32）相当于表示地表土层的单自由度体系（图 7.27）对白噪声 S_0 的绝对加速度反应的功率谱密度。

也可以采用其他方法生成 $z(t)$。比如将具有随机频率的简谐波进行叠加，或者通过数值积分方法直接求解图 7.27 中的单自由度体系对白噪声的加速度反应时程 $z(t)$[16][10]。

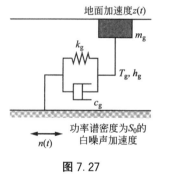

图 7.27

(2) 包络函数

表示非平稳特性的 $g(t)$ 函数也有不同的生成方法。下式给出了几种利用指数函数生成 $g(t)$ 的方法。式中的 a 和 b 可以进一步表示成频率的函数。

$$g(t) = a(\mathrm{e}^{-b_1 t} - \mathrm{e}^{-b_2 t}) \tag{7.34}$$

$$g(t) = at\mathrm{e}^{-bt} \text{ 或}(a_1 + a_2 t)\mathrm{e}^{-bt} \tag{7.35}$$

式（7.34）和式（7.35）中的 $g(t)$ 函数如图 7.28 所示。

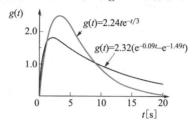

图 7.28

图 7.29 是 Amin、Ang 和 Jennings 等人建议的 $g(t)$ 函数。

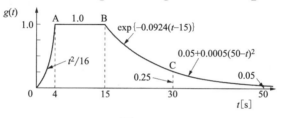

图 7.29

Jennings 建议对不同规模的地震采用不同的 $g(t)$ 函数[12]。例如，对于类似 El Centro 1940 的地震（$M=7$ 以上），建议按下式确定 $g(t)$ 函数：

$$g(t)=\begin{cases} t^2/16 & (t \leqslant 4) \\ 1.0 & (4 < t \leqslant 15) \\ \exp\{-0.0924(t-15)\} & (15 < t \leqslant 30) \\ 0.05 + 0.0005(50-t)^2 & (30 < t \leqslant 50) \end{cases} \tag{7.36a}$$

而对于 $M=8$ 以上的更大的地震则建议采用以下 $g(t)$ 函数：

$$g(t)=\begin{cases} t^2/16 & (t \leqslant 4) \\ 1.0 & (4 < t \leqslant 35) \\ \exp\{-0.0357(t-35)\} & (35 < t \leqslant 80) \\ 0.05 + 0.0000938(120-t)^2 & (80 < t \leqslant 120) \end{cases}$$

$$\tag{7.36b}$$

利用图 7.27 的模型，如果对底部输入的白噪声时程预先乘以非平稳函数 $g(t)$，则可以利用数值积分方法直接计算地表的加速度反应时程。

─── 例 7.3　生成模拟地震动 ───

图 7.30 是利用式（7.30）、式（7.31）和式（7.34）生成的一条模拟地震动。设功率谱密度在 0～10Hz 频率范围内为定值 $250 \text{cm}^2/\text{s}^3$，叠加的简谐波的个数 N 取 300。非平稳函数采用图 7.28 中的 $g(t) = 2.32(\text{e}^{-0.09t} - \text{e}^{-1.49t})$（Corotis et al.[28]）。

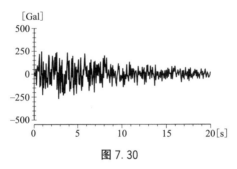

图 7.30

通过变换随机相位 φ，生成 20 个模拟地震动，其中，最大和最小峰值加速度分别为 499Gal 和 308Gal，均值为 354Gal，变异系数为 0.127；峰值加速度出现的时刻最早为 0.95s，最迟为 6.63s，均值为 2.93s。图 7.31 给出了这 20 条模拟地震动的平均速度反应谱和均值加减 1 倍标准差的速度反应谱。

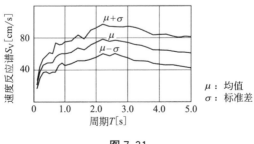

图 7.31

第8章 场地的振动

8.1 场地与建筑抗震

场地特性对建筑物的地震反应具有显著影响。场地在抗震工程中的重要意义主要体现在以下两个方面：

(1) 场地是地震动的传播介质

表层场地特性对建筑结构受到的地震作用有很大的影响（图8.1）。基岩上覆盖的具有一定振动特性的场地土层将由基岩入射的地震动放大并改变其频谱特性[1][2][3]。地质构造、平原、山地、盆地等广域场地特性以及崖地、坡地、谷地等局部地形都会对地震动特性有明显影响。

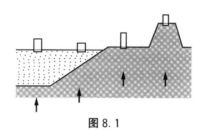

图 8.1

在考察表层场地的水平振动时，一般采用 8.2 节和 8.3 节介绍的 1 维连续体剪切模型。

(2) 场地为上部结构提供支承

场地在支承上部结构的同时，也会在上部结构基底剪力的作用下而发生变形，建筑物的基础还会侧滑（sway）或者转动（rocking）（图 8.2）。由基础的侧滑和转动引起的上部结构的振动称为侧滑-摇摆振动。对于剪力墙结构这种刚性结构体系，基础位移引起的上部结构的位移在总位移中占有较大的比例，其自振周期和阻尼等动力特性也受到场地特性影响显著。对于框架-剪力墙结构，剪力墙底部的支承条件对结构的力-位移特性和动力特性也有很大的影响（图 8.3）。

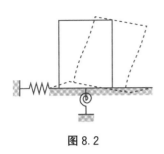

图 8.2

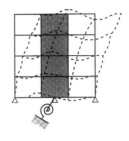

图 8.3

　　合理评价支承于场地上的基础在上部结构的水平剪力、竖向力和弯矩作用下的刚度和阻尼等特性，是考察土与结构耦合系统的地震反应特性的一个基本问题。

　　在分析场地-基础系统的动力特性时，通常将场地视为半无限弹性体并推导解析解，也为场地建立有限元模型并得到数值解，还可以根据具体情况采用特殊的集中质量模型。8.4 节将讨论空间弹性场地上基础的刚度和阻尼特性。

8.2　剪切振动

（1）波动解

　　在地震工程中，经常采用只发生剪切变形的 1 维弹性模型模拟场地土层的动力反应，如图 8.4 所示。

　　假设密度 ρ、剪切模量 G 和截面积 A 沿高度均匀分布。x 表示沿高度方向的坐标，y 为水平位移。微元 ABCD 的动力平衡方程如下：

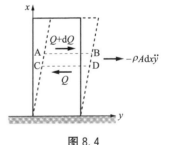

图 8.4

$$\left(-\rho A\,\mathrm{d}x\,\frac{\partial^2 y}{\partial t^2}\right)+\left(Q+\frac{\partial Q}{\partial x}\mathrm{d}x\right)-Q=0 \qquad (8.1)$$

$$Q=AG\,\frac{\partial y}{\partial x} \qquad (8.2)$$

则有：

$$\rho \frac{\partial^2 y}{\partial t^2} = G \frac{\partial^2 y}{\partial x^2} \qquad (8.3)$$

$$\frac{\partial^2 y}{\partial t^2} = V^2 \frac{\partial^2 y}{\partial x^2} \qquad (8.4)$$

式中，

$$V^2 = \frac{G}{\rho} \qquad (8.5)$$

式（8.4）是无阻尼剪切振动的基本方程，又称为 1 维**波动方程**（wave equation）。

V 称为**剪切波速**（shear wave velocity），即波的传播速度。

式（8.4）的解可以表示为式（8.6）或式（8.7）的形式。

$$y(x, t) = f(x - Vt) + g(x + Vt) \qquad (8.6)$$

$$y(x, t) = f\left(t - \frac{x}{V}\right) + g\left(t + \frac{x}{V}\right) \qquad (8.7)$$

式（8.6）或式（8.7）称为 d'Alembert 解或波动解。将其代入波动方程可知原波动方程恒成立。f 和 g 是由初始条件和边界条件确定的任意函数。

$f(x - Vt)$ 表示的是形状不变且沿 x 轴正方向以速度 V 传播的波（正行波），而 $g(x + Vt)$ 表示的是沿 x 轴负方向以速度 V 传播的波（逆行波），如图 8.5 所示。

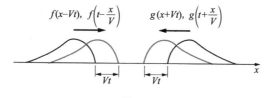

图 8.5

沿正向和负向传播的波长和幅值均不变的简谐波可分别表示为（图 8.6）：

$$y = \mathrm{e}^{i\kappa(x - Vt)} = \mathrm{e}^{i(\kappa x - pt)} \text{（正行波）} \qquad (8.8)$$

$$y = \mathrm{e}^{i\kappa(x + Vt)} = \mathrm{e}^{i(\kappa x + pt)} \text{（逆行波）} \qquad (8.9)$$

式中，

$$\kappa = \frac{p}{V} = \frac{2\pi}{\lambda} \text{ 是波数（wave number，波形在空间上的圆频率）；}$$

$$(8.10)$$

$$\lambda = \frac{2\pi}{\kappa} = \frac{2\pi V}{p} = VT \text{ 是波长；} \qquad (8.11)$$

p 是波形在时域的圆频率；$T = 2\pi/p$ 是波形在时域的周期。

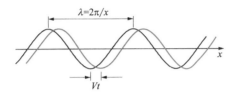

图 8.6

在无阻尼剪切体系中传播的稳态振动的波速 V 恒定，与波长 λ 和周期 T 无关（有阻尼体系中的波速和频率有关，且在传播过程中不断衰减）。

在传播过程中波形不变的任意瞬态振动可以表示成以相同速度传播的具有不同波长的稳态波形的叠加。例如，正行波 $f(x - Vt)$ 可以表示为：

$$f(x - Vt) = \frac{1}{2\pi} \int_{-\infty}^{\infty} F(i\kappa) \mathrm{e}^{i\kappa(x - Vt)} \mathrm{d}\kappa \qquad (8.12)$$

式中，

$$F(i\kappa) = \int_{-\infty}^{\infty} f(z) \mathrm{e}^{-i\kappa z} \mathrm{d}z \quad [f(z) \text{ 是 } t = 0 \text{ 时刻在空间上的波形}]$$

$$(8.13)$$

$f(t - x/V)$ 可以表示为：

$$f\left(t - \frac{x}{V}\right) = \frac{1}{2\pi} \int_{-\infty}^{\infty} F(ip) \mathrm{e}^{ip(t - x/V)} \mathrm{d}p \qquad (8.14)$$

式中，

$$F(ip) = \int_{-\infty}^{\infty} f(y) \mathrm{e}^{-ipy} \mathrm{d}y \quad [f(y) \text{ 是 } x = 0 \text{ 处的时域波形}]$$

$$(8.15)$$

同样的，逆行波也可以表示为上述傅里叶积分的形式。

(2) 反射与透射

考察具有不同特性的两个剪切层的界面处的入射波、反射波和透射波之间的关系。对于如图 8.7 所示的情况，当入射波 f_2 为稳态简谐波时：

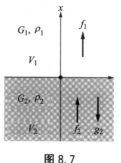

图 8.7

$$f_2 = A_0 e^{ip(t-x/V_2)} = A_0 e^{i\kappa_2(V_2 t - x)} \tag{8.16}$$

$$g_2 = B_2 e^{ip(t+x/V_2)} = B_2 e^{i\kappa_2(V_2 t + x)} \tag{8.17}$$

$$f_1 = A_1 e^{ip(t-x/V_1)} = A_1 e^{i\kappa_1(V_1 t - x)} \tag{8.18}$$

式中，f_2 是从下向上传播的入射波，g_2 是在界面上反射形成的向下传播的反射波，f_1 是传递到上层的透射波。它们均服从所在剪切层的运动方程（式 8.4），且在界面处（$x=0$）有：

$$\begin{cases} (f_2+g_2)_{x=0} = f_{1x=0} & (8.19) \\ G_2 \dfrac{\partial(f_2+g_2)}{\partial x}\bigg|_{x=0} = G_1 \dfrac{\partial f_1}{\partial x}\bigg|_{x=0} & (8.20) \end{cases}$$

$$\therefore \quad \begin{cases} A_0 + B_2 = A_1 & (8.21) \\ \rho_2 V_2 (A_0 - B_2) = \rho_1 V_1 A_1 & (8.22) \end{cases}$$

由此可以得到反射波和透射波的振幅与入射波振幅之间的比例关系如下：

$$\frac{B_2}{A_0} = \frac{1-\alpha}{1+\alpha} = X \quad （反射系数，-1 \leqslant X \leqslant 1） \tag{8.23}$$

$$\frac{A_1}{A_0} = \frac{2}{1+\alpha} = 1+X \quad （透射系数，0 \leqslant 1+X \leqslant 2） \tag{8.24}$$

式中，α 是波动阻抗（wave impedance）：

$$\alpha = \frac{\rho_1 V_1}{\rho_2 V_2} \tag{8.25}$$

可见，反射波 g_2 是速度为 V_2 的逆行波，且振幅为入射波 f_2 振幅的 X 倍；透射波 f_1 是速度为 V_1 的正行波，且振幅为入射波

f_2 振幅的 $(1+X)$ 倍。

任意波形都可以表示为如式 (8.12) 或式 (8.14) 所示的稳态简谐波叠加的形式。由于式 (8.23) 和式 (8.24) 对于不同频谱成分的波动都成立，所以下式对于任意入射波也成立：

$$g_2\left(t+\frac{x}{V_2}\right)=X \cdot f_2\left(t+\frac{x}{V_2}\right) \tag{8.26}$$

$$f_1\left(t-\frac{x}{V_1}\right)=(1+X) \cdot f_2\left(t-\frac{x}{V_1}\right) \tag{8.27}$$

（ⅰ）当出射侧为刚体时（固定边界），$V_1=\infty$，因此 $\alpha=\infty$，$X=-1$，在界面处产生关于坐标原点中心对称的后退反射波，界面处的位移为零〔图 8.8（a）〕。

$$g_2\left(t+\frac{x}{V_2}\right)=-f_2\left(t+\frac{x}{V_2}\right) \tag{8.28}$$

（ⅱ）当出射侧为真空时（自由边界），$V_1=0$，因此 $\alpha=0$，$X=1$，在界面处产生关于界面对称的逆行波〔图 8.8（b）〕。

$$g_2\left(t+\frac{x}{V_2}\right)=f_2\left(t+\frac{x}{V_2}\right) \tag{8.29}$$

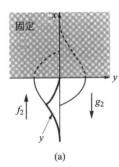
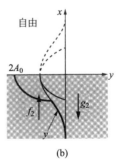

图 8.8

自由边界时的介质的位移反应为：

$$y(x,\ t)=f_2\left(t-\frac{x}{V_2}\right)+f_2\left(t+\frac{x}{V_2}\right) \tag{8.30}$$

界面（$x=0$）处的振幅为 $2f_2(t)$，是入射波振幅的 2 倍。

式 (8.30) 对于加速度同样成立，因此，当在地表观测到 $a_0(t)$

的加速度（$=2f_2(t)$）时，可按式（8.31）计算地面以下深度为 H 处的加速度 a_H。金井的研究表明，式（8.31）与基岩场地的实测结果吻合良好[第7章][1]。

$$a_H(t) = \frac{1}{2}\left\{ a_0\left(t - \frac{H}{V_2}\right) + a_0\left(t + \frac{H}{V_2}\right) \right\} \tag{8.31}$$

（ⅲ）对于如图 8.9 所示的一般情况，从硬土层向软土层入射时，透射波的振幅将增大；反之振幅会减小。

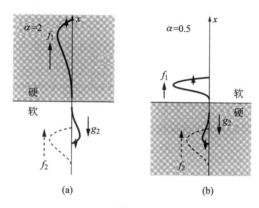

(a)　　　　　　　　(b)

图 8.9

8.3　波动在场地土层中的传播特性

经常使用如图 8.10 所示的土层剪切模型分析场地土层的振动特性。利用该模型可以计算各个土层对从下方入射的稳态简谐波 $C_N \mathrm{e}^{ip(t+x/V_N)}$ 的反应，亦即入射地震动在场地中的传播特性。

为各个土层建立如图 8.10 所示局部坐标，第 N 层（基岩）的 x 坐标向下无限延伸（注意此处 x 轴方向与 8.2 节相反，以向下为正）。考虑与应变率成比例的黏性阻尼或复剪切模量（滞回阻尼），各土层的运动方程可表示为：

$$\rho \frac{\partial^2 y}{\partial t^2} = G \frac{\partial^2 y}{\partial x^2} + \eta \frac{\partial^3 y}{\partial x^2 \partial t} \tag{8.32}$$

设该方程的解为：

$$y = u(x) \cdot \mathrm{e}^{ipt} \tag{8.33}$$

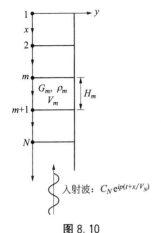

图 8.10

代入式（8.32）可得：

$$\frac{\mathrm{d}^2 u}{\mathrm{d}x^2} + \frac{p^2}{V^2}u = 0 \qquad (8.34)$$

$$u(x) = C\mathrm{e}^{i(p/V)x} + D\mathrm{e}^{-i(p/V)x} \qquad (8.35)$$

式中，C 和 D 是待定系数；

$$V^2 = \frac{G}{\rho}(1 + rpi) \qquad (8.36)$$

$$r = \frac{\eta}{G} = \frac{2h}{p_1} \qquad (8.37)$$

p_1 是定义 h 时采用的圆频率。

也可以写成：

$$V^2 = \frac{G}{\rho}(1 + 2\beta i) \qquad (8.38)$$

第 m 层的位移 y_m 和剪应力 τ_m 的解分别为：

$$y_m(x, t) = C_m\mathrm{e}^{ip(t+x/V_m)} + D_m\mathrm{e}^{ip(t-x/V_m)} \qquad (8.39)$$

$$\tau_m(x, t) = (G_m + i\eta_m p) \cdot \frac{\partial y}{\partial x} \qquad (8.40)$$

$$= ip\rho_m V_m \{C_m\mathrm{e}^{ip(t+x/V_m)} - D_m\mathrm{e}^{ip(t-x/V_m)}\}$$

此外，各土层在第 2 点到第 N 点的边界处的位移和剪力应满足以下连续条件（$m = 1, \cdots, N-1$）：

$$y_m(H_m, t) = y_{m+1}(0, t) \qquad (8.41)$$

$$\tau_m(H_m, t) = \tau_{m+1}(0, t) \qquad (8.42)$$

由此可得：

$$C_{m+1} + D_{m+1} = C_m\mathrm{e}^{i(pH_m/V_m)} + D_m\mathrm{e}^{-i(pH_m/V_m)} \qquad (8.43)$$

$$C_{m+1} - D_{m+1} = \alpha_m\{C_m\mathrm{e}^{i(pH_m/V_m)} - D_m\mathrm{e}^{-i(pH_m/V_m)}\} \qquad (8.44)$$

式中，

$$\alpha_m = \frac{\rho_m V_m}{\rho_{m+1}V_{m+1}} \qquad (8.45)$$

根据式（8.43）和（8.44），可以得到相邻土层的待定系数之间的关系：

$$\begin{Bmatrix} C_{m+1} \\ D_{m+1} \end{Bmatrix} = [A_m] \begin{Bmatrix} C_m \\ D_m \end{Bmatrix} \tag{8.46}$$

式中，

$$[A_m] = \begin{bmatrix} \dfrac{1}{2}(1+\alpha_m)\,\mathrm{e}^{i(pH_m/V_m)} & \dfrac{1}{2}(1-\alpha_m)\,\mathrm{e}^{-i(pH_m/V_m)} \\ \dfrac{1}{2}(1-\alpha_m)\,\mathrm{e}^{i(pH_m/V_m)} & \dfrac{1}{2}(1+\alpha_m)\,\mathrm{e}^{-i(pH_m/V_m)} \end{bmatrix}$$

$$\tag{8.47}$$

在第 1 层的 $x=0$（地表）处：

$$\tau = 0 \tag{8.48}$$

因此有：

$$C_1 = D_1 \tag{8.49}$$

根据式（8.47）有：

$$\begin{Bmatrix} C_2 \\ D_2 \end{Bmatrix} = [A_1] \begin{Bmatrix} C_1 \\ D_1 \end{Bmatrix} = [A_1] \begin{Bmatrix} 1 \\ 1 \end{Bmatrix} C_1 \tag{8.50}$$

进一步可得下式：

$$\begin{Bmatrix} C_N \\ D_N \end{Bmatrix} = [A_{N-1}]\,[A_{N-2}] \cdots [A_1] \begin{Bmatrix} 1 \\ 1 \end{Bmatrix} C_1$$

$$= [A] \begin{Bmatrix} 1 \\ 1 \end{Bmatrix} C_1 = \begin{Bmatrix} A_{11} + A_{12} \\ A_{21} + A_{22} \end{Bmatrix} C_1 \tag{8.51}$$

式中，矩阵 $[A]$ 的元素通常为复数且是频率 p 的函数。

基岩（第 N 层）的位移为：

$$y_N = \underbrace{C_N\,\mathrm{e}^{ip(t+x/V_N)}}_{\text{入射波 } z\text{（已知）}} + D_N\,\mathrm{e}^{ip(t-x/V_N)}$$

$$\tag{8.52}$$

上式等号右边第 1 项是从下方入射的已知入射波 z；第 2 项是从上部土层反射回来的波动的总和。

在第 1 层的 $x=0$ 处，即地表的位移为：

$$y_1 = 2C_1\,\mathrm{e}^{ipt} \tag{8.53}$$

在第 N 层的 $x=0$ 处，即基岩表面的位移为：

$$y_N = (C_N + D_N)\,\mathrm{e}^{ipt} \tag{8.54}$$

入射波和地面运动之间的复传递函数 $H'_{N1}(p)$ 为：

$$H'_{N1}(p) = \frac{y_1}{z} = \frac{2C_1}{C_N} = \frac{2}{A_{11} + A_{12}} \tag{8.55}$$

基岩表面的运动与地面运动之间的传递函数 $H'_{N_1}(p)$ 为：

$$H'_{N_1}(p) = \frac{y_1}{y_N} = \frac{2C_1}{C_N + D_N} = \frac{2}{A_{11} + A_{12} + A_{21} + A_{22}} \tag{8.56}$$

通过入射波的傅里叶变换与传递函数之积的逆傅里叶变换可以计算场地的反应（第 5 章）。

此外，第 m 层和第 n 层的振幅的比值为：

$$H_{mn}(p) = \frac{C_m + D_m}{C_n + D_n} = \frac{H'_{n1}(p)}{H'_{m1}(p)} \tag{8.57}$$

例 8.1 波在两个土层中的传播特性

如图 8.11 所示的双土层场地模型的传递矩阵为：

$$[A] = \begin{bmatrix} \dfrac{1}{2}(1+\alpha_1)\,e^{ipH/V_1} & \dfrac{1}{2}(1-\alpha_1)\,e^{-ipH/V_1} \\ \dfrac{1}{2}(1-\alpha_1)\,e^{ipH/V_1} & \dfrac{1}{2}(1+\alpha_1)\,e^{-ipH/V_1} \end{bmatrix} \tag{8.58}$$

$$\therefore A_{11} + A_{12} = \frac{1}{2}(e^{ipH/V_1} + e^{-ipH/V_1}) + \frac{\alpha_1}{2}(e^{ipH/V_1} - e^{-ipH/V_1})$$

$$= \cos\frac{pH}{V_1} + i\alpha_1 \sin\frac{pH}{V_1} \tag{8.59}$$

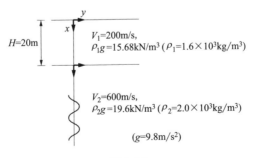

图 8.11

$$A_{21} + A_{22} = \frac{1}{2}(e^{ipH/V_1} + e^{-ipH/V_1}) - \frac{\alpha_1}{2}(e^{ipH/V_1} - e^{-ipH/V_1})$$

$$= \cos\frac{pH}{V_1} - i\alpha_1\sin\frac{pH}{V_1} \qquad (8.60)$$

式中，

$$\alpha_1 = \frac{\rho_1 V_1}{\rho_2 V_2} \qquad (8.61)$$

根据式（8.55），地面运动 y_1 和入射波 z 之比的绝对值为：

$$\left|\frac{y_1}{z}\right| = \left|\frac{2C_1}{C_2}\right| = |H(p)| = \frac{2}{\sqrt{\cos^2(pH/V_1) + \alpha_1^2\sin^2(pH/V_1)}}$$

$$(8.62)$$

根据式（8.55）和式（8.56），基岩表面处的运动 y_2 与入射波 z 之比的绝对值为：

$$\left|\frac{y_2}{z}\right| = \left|\frac{y_1}{z}\right| \Big/ \left|\frac{y_1}{y_2}\right| = 2\Big/\sqrt{1 + \alpha_1^2\tan^2\frac{pH}{V_1}} \qquad (8.63)$$

图 8.11 中的双土层模型的传递函数（地表振幅/（2×入射波振幅））的绝对值如图 8.12 所示。由于采用入射波振幅的 2 倍（即没有上部土层时基岩入射波引起的地表振幅）对纵轴进行归一化，所以图中的传递函数相当于式（8.62）的一半。当无阻尼场地发生共振时：

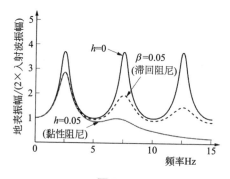

图 8.12

$$\cos \frac{{}_sp H}{V_1} = 0 \tag{8.64}$$

相应的自振周期为：

$${}_sT = \frac{1}{2s-1} \cdot \left(\frac{4H}{V_1}\right) (s=1, 2, \cdots) \tag{8.65}$$

1 阶周期为：

$${}_1T = \frac{4H}{V_1} \tag{8.66}$$

这个公式很常用，请务必牢记。

共振时振幅的放大倍数为：

$$\left|\frac{y_1}{2z}\right|_{共振} = \left|\frac{1}{\alpha_1}\right| = \left|\frac{\rho_2 V_2}{\rho_1 V_1}\right| \tag{8.67}$$

由于从地表向下传播存在能量会向无限远处逸散，因此即使传播介质本身没有阻尼，共振振幅也不会无限增大。对于本例的情况，无阻尼共振时振幅的放大倍数为（600×19.6）/（200×15.68）＝3.75。

图 8.12 中的虚线和蓝线分别给出了传播介质本身的滞回阻尼和黏性阻尼的影响。设两种阻尼模型对应于 1 阶模态的阻尼比均为 0.05。虚线对应于式（8.38）中 $\beta=0.05$ 的滞回阻尼的情况；蓝线对应于式（8.36）中 $r=2\times0.05/p_1$ 的黏性阻尼的情况（p_1 是 1 阶圆频率，$h=0.05$）。在 1 阶共振点处，滞回阻尼和黏性阻尼具有相同的效果，可将能量逸散引起的阻尼比 $\alpha_1/2$ 与传播介质本身的阻尼比 0.05 之和视为场地 1 阶模态的等效阻尼比。对于高阶振动，两个阻尼模型有明显的区别。与滞回阻尼相比，黏性阻尼对高阶振动的抑制作用更加显著。

此外，根据式（8.63），基岩表面的振幅比例 $|y_2/2z|$ 恒小于 1，且在无阻尼共振时恒为 0。

当基岩为刚体（$V_2=\infty$）时，$\alpha_1=0$，土层相当于一端固支的剪切杆。此时，如果土层本身没有阻尼，共振时地表的振幅将趋于无穷大。

根据式（8.49）和式（8.55），对于双土层场地，入射波的振幅为 C_2，则场地土层的振型可表示为：

$$y(x,\ t) = \{C_1 e^{i(p/V_1)x} + D_1 e^{-i(p/V_1)x}\}\ e^{ipt}$$

$$= \frac{2C_2}{A_{11} + A_{12}} \cos(p/V_1)x \cdot e^{ipt}$$

$$= \frac{2C_2 \cos(p/V_1)x}{\cos(pH/V_1) + i\alpha_1 \sin(pH/V_1)} \cdot e^{ipt}$$

$$(8.68)$$

当基岩为刚体时，$\alpha_1 = 0$，则有：

$$y(x,\ t) = \frac{2C_2}{\cos(pH/V_1)} \cdot \cos(p/V_1)x \cdot e^{ipt} \quad (8.69)$$

式中的实部和虚部分别表示了底部固定的剪切型土层对 $2C_2 \cos pt$ 和 $2C_2 \sin pt$ 的基岩振动的稳态反应；x 是从地表向下的深度。

例 8.2　根据实际场地的土层模型计算地震地面运动

图 8.13（a）是仙台市卸町附近的场地土层参数。当地的钢筋混凝土结构在宫城县近海地震中破坏严重[3]。在确定土层的剪切波速和复阻尼比时，考虑了大振幅下土层的非线性反应。即首先根据地脉动测试得到场地土层的动力特性，

场地模型	土层编号	土类	土层厚度 (m)	容重 (kN/m³)	剪切波速 (m/s)	阻尼比
1 2 3 4	1	覆土	3	13.7	70	0.15
	2	砂砾	4	18.6	160	0.10
	3	砂砾	23	18.6	240	0.10
	4	凝灰质砂岩	∞	19.6	540	0.05

(a)

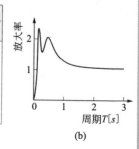

(b)

图 8.13

初步建立分析模型并得到场地在地震作用下的应变水平（表层 0.2%，砂砾层 0.05%，基岩 0.02%），在此基础上折减各个土层的剪切波速（表层 0.7 倍，砂砾层 0.8 倍，基岩 0.9 倍）并增大其阻尼比。由此得到的场地土层模型的传递函数如图 8.13（b）所示。

当地震动从下方入射时，将入射波的傅里叶变换与传递函数相乘再进行逆傅里叶变换，可以得到地面运动时程（第 5 章式（5.44）和式（5.45））。此处，采用 1978 年宫城县近海地震中仙台住友生命大楼地下 2 层处获取的时程记录的一半，即 $(1/2)\ddot{y}_0(t)$ 作为入射波。数值计算采用快速傅里叶变换（FFT）。

得到的地面运动的反应谱如图 8.14 所示。蓝线是没有上述地表土层时基岩表面处的振动 $\ddot{y}_0(t)$ 的反应谱。当存在地表土层时，加速度反应的短周期成分被显著放大。这与实际震害特征相符。

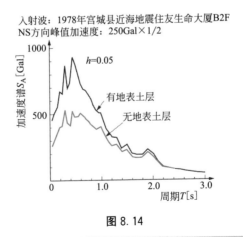

图 8.14

8.4　场地上刚性基础的振动

场地土层在地震作用下的变形会导致建筑结构的基础发生侧移或者转动。对于刚性结构，场地土层的变形对上部结构地震反应的影响不可忽视。结合以往的研究成果，本节介绍场地上刚性基础在简谐外力 e^{ipt} 作用下的刚度和阻尼特性。这些内容在土-结构耦合体系的地震反应分析中是为场地建立分析模型的基础。

（1）动力基床系数

设底面积为 A 的刚性基础对竖向往复荷载 P_V 的竖向位移反应为 v，如图 8.15 所示。竖向**动力基床系数**（dynamic coefficient of subgrade reaction，dynamic modulus of soil reaction）可定义为：

$$k_v = \frac{P_V}{Av} \, [\text{N/cm}^3] \tag{8.70}$$

同样的，定义水平力和弯矩作用下的动力基床系数为：

$$k_h = \frac{P_H}{Au} \tag{8.71}$$

$$k_r = \frac{M}{J\theta} \tag{8.72}$$

式中，P_H 和 M 分别是作用在基础表面的水平力和弯矩；u 和 θ 分别是基础的水平位移和转角；J 是基础底面的转动惯量。

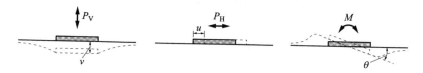

图 8.15

基床系数相当于将场地视为如图 8.16 所示的一系列弹簧时单位面积弹簧的刚度。

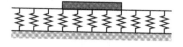

图 8.16

根据式（8.70）至式（8.72），基础的刚度 P/δ 可以表示为基床系数乘以基础面积 kA（对于弯矩作用的情况，M/θ 可表示为基床系数乘以基础底面转动惯量 $k_r J$）。

通常假设基础为刚性并通过实际建筑物的振动测试来获取动力基床系数。例如,在图 8.17 所示的竖向激振实验中,共振频率为 ω_0,基础质量为 M,基础底面积为 A,则 k_v 为:

$$k_v \approx \frac{M\omega_0^2}{A} \tag{8.73}$$

久田和中川等人通过竖向激振实验得到的动力基床系数如表 8.1 所示[4]。

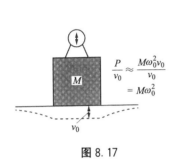

图 8.17

表8.1 久田等人的测试结果

土质	基床系数(N/cm^3)
覆土	30～50
砂质黏土	30～50
砂土	80～100
砂砾土	110～130

注:激振实验中基础底面积 $A = 0.5\text{cm}^2$,地表平均压强为 $40\sim60\text{kN/m}^2$,忽略土体附加质量的影响。

动力基床系数不但与场地土层特性有关,还与基础面积、振动频率和振幅等因素有关。根据现有的实验结果,Tschebotarioff[5] 认为 $k_v \propto A^{-1/2} \sim A^{-2/5}$。根据下文中介绍的半无限场地的解析解,$k_v \propto A^{-1/2}$。实际场地土层特性的分布并不均匀,不同位置的土层厚度和基岩深度也不相同。在通过小比例尺的试验获得的基床系数估算实际足尺基础的基床系数时,应考虑应力不均匀分布影响。

山本[6] 的研究表明,水平和转动动力基床系数与竖向基床系数之间存在以下关系:

$$k_h \approx 0.5k_v \tag{8.74}$$

$$k_r \approx 2k_v \tag{8.75}$$

(2) 半无限空间场地上基础的静刚度

对于某一假设的基底反力分布,可得到放置在均匀半无限空间弹性体上的圆形刚性基础的静刚度,如表 8.2 所示。静刚度是场地

的剪切模量 G、泊松比 ν 和基础的半径 r 的函数。由于基础附着在场地上，基础底面也可能产生拉力。基础的位移是根据假设的基底反力分布得到的，其分布往往是不均匀的。表中给出的数值是用圆形基础的圆心处的位移（或转动）计算得到的刚度。

表 8.2　圆形基础的静刚度

	竖向	水平	转动
刚板分布	$\dfrac{4rG}{1-\nu}$	$\dfrac{8rG}{2-\nu}$	$\dfrac{8r^3G}{3(1-\nu)}$
均匀分布	$\dfrac{\pi rG}{1-\nu}$	$\dfrac{2\pi rG}{2-\nu}$	$\dfrac{\pi r^3G}{2(1-\nu)}$

注：表中 r 是半径，G 是剪切模量，ν 是泊松比（对应于基础圆心处位移的刚度）。

　　基础在竖向力作用下基底反力的三种不同的分布如图 8.18 所示。其中，图（a）称为**布辛内斯克分布**（Bousinesque distribution），是半无限场地上刚性圆形基础在竖向静力作用下的反力分布的解析解，也称为**刚板分布**。当采用图 8.18（b）或图 8.18（c）中的反力分布时，变形后的基础底面均不再是平面。

(a) 布辛内斯克分布(刚板分布)　　(b) 均匀分布　　(c) 抛物线分布

图 8.18

　　对于黏土场地，基底反力往往更接近于图 8.18（a）中的分布；对于砂土场地，则比较接近图 8.18（c）中的分布。

　　半无限空间场地上基础的刚度与其半径成正比，亦即与基础面积的平方根成正比。因此，基床系数与基础面积的平方根成反比。需要注意的是，刚度还与假设的基底反力分布和场地土层的泊松比有关。

　　对于矩形基础，可以按照面积相等的原则近似地等效为半径为 r_e 的圆形基础，并利用表 8.2 中的公式计算其刚度。对于 $l \times l$ 的正方形基础：

$$l^2 = \pi r_e^2 \, (r_e = 0.56l) \tag{8.76}$$

也可以利用小堀等人建议的方法，假设基底反力均匀分布并求解矩形基础静刚度的解析解[12]。

(3) 半无限空间场地上刚性基础的动力特性

利用空间弹性场地的控制方程 Navier 方程，对于给定的基底反力或位移边界条件，可求解半无限弹性场地上的刚性基础对简谐外力作用的动力反应。从 Reissner (1936) 开始，许多学者对这个问题进行了研究[7]。

早期的研究通过在柱面坐标系中假设一定的基底反力分布并将其表示为傅里叶-贝塞尔展开的形式，求解半无限场地上圆形基础对简谐外力作用的反应。随后，人们针对矩形基础、分层场地、基础位移边界条件（混合边界值问题）、埋置基础等问题展开研究，提出了多种近似的处理方法。

各种解析解的推导及其数值分析方法超出了本书的讨论范围。下面仅介绍一些常用的解析解。

如图 8.19 所示，放置于半无限场地上的质量为零、半径为 r 的圆形刚性基础对竖向简谐力 $P\mathrm{e}^{ipt}$ 的位移反应 v 可表示为：

$$v = \frac{P}{Gr}(f_1 + f_2 i)\,\mathrm{e}^{ipt} \tag{8.77}$$

解的实部是基础对外力作用 $P\cos pt$ 的位移反应：

$$v = \frac{P}{Gr}(f_1 \cos pt - f_2 \sin pt) \tag{8.78}$$

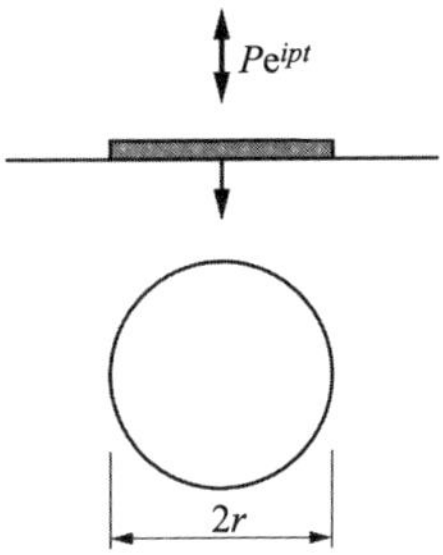

图 8.19

利用数值方法计算解中包含的无限积分可以得到 f_1 和 f_2，并将其表示为无量纲频率 a_0 和泊松比 ν 的函数。

$$a_0 = \frac{pr}{V} = pr\sqrt{\frac{\rho}{G}} = \frac{2\pi r}{\lambda} = \kappa r \tag{8.79}$$

式中，

$$V^2 = \frac{G}{\rho},\ V \text{ 是剪切波速，} \lambda \text{ 是波长，} \kappa \text{ 是波数。} \tag{8.80}$$

定义基础的动力复刚度为外力与变形之比：

$$K = \frac{Gr}{f_1 + f_2 i} = \left(\frac{f_1}{f_1^2 + f_2^2} - \frac{f_2}{f_1^2 + f_2^2} i \right) Gr \qquad (8.81)$$

需要注意的是，由于刚度是复数，外力和变形之间存在相位差，即存在阻尼作用。这是振动能量向无限远处逸散而产生的。即使完全弹性的场地也存在这样的阻尼作用，称为**逸散阻尼**（radiation damping）。此外，因为它是由"半无限"这一几何概念而产生的，所以也称为**几何阻尼**（geometrical damping）。

Sung[8] 给出的竖向外力作用下圆形基础的 f_1 和 f_2 如图 8.20 所示。当 $a_0 = 0$ 时即相当于静力解（$K_s = Gr/f_{1s}$）。图中分别给出

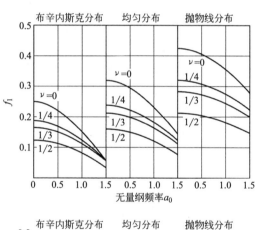

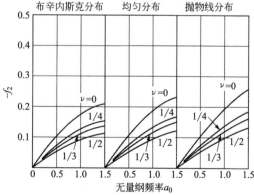

图 8.20

了假设基底反力分布为布辛内斯克分布、均匀分布和抛物线分布三种不同情况下对应于基础圆心位移的 f_1 和 f_2。可见，f_1 和 f_2 随假设的基底反力分布和泊松比的不同而不同。

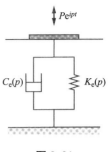

图 8.21

为了便于理解，可将式（8.81）中的复刚度表示为等效刚度 K_e 和黏性阻尼 C_e 组成的并联模型，如图 8.21 所示。即：

$$K_e + ip \cdot C_e = \frac{Gr}{f_1 + f_2 i} \qquad (8.82)$$

式中，

$$K_e = \frac{f_1}{f_1^2 + f_2^2} \cdot Gr = \overline{K}_e \cdot Gr \qquad (8.83)$$

$$C_e = \frac{-f_2}{f_1^2 + f_2^2} \cdot \frac{Gr}{p} = \left\{ \frac{-f_2}{a_0 (f_1^2 + f_2^2)} \right\} \cdot \rho V \cdot r^2 = \overline{C}_e \cdot \rho V \cdot r^2 \qquad (8.84)$$

式（8.83）和式（8.84）中的 K_e 和 C_e 以及无量纲的 $\overline{K}_e$ 和 $\overline{C}_e$ 均为频率 p 的函数。

小堀、南井和铃木等人给出了正方形基础在竖向、水平和转动三种加载模式下的无量纲等效刚度 $\overline{K}_e$ 和等效黏性阻尼系数 $\overline{C}_e$ 关于无量纲频率 $\overline{a}_0$ 的变化规律，如图 8.22 所示。此处假设基底反力均匀分布，竖向和水平位移均取基础中央的位移，转动取基础边缘的竖向位移除以基础边长的一半[12]。

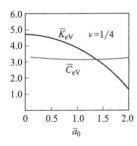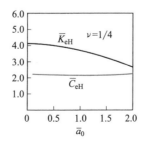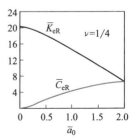

图 8.22

图中，$\bar{a}_0 = pd/V$，d 是正方形基础边长的一半；

$$\left.\begin{aligned}
\bar{K}_{eV} &= K_{eV}/Gd \\
\bar{K}_{eH} &= K_{eH}/Gd \\
\bar{K}_{eR} &= K_{eR}/(Gd^3/3) \\
\bar{C}_{eV} &= C_{eV}/\rho V d^2 \\
\bar{C}_{eH} &= C_{eH}/\rho V d^2 \\
\bar{C}_{eR} &= C_{eR}/(\rho V d^4/3)
\end{aligned}\right\} \qquad (8.85)$$

式中，K_{eV}、K_{eH} 和 K_{eR} 分别为竖向、水平和转动等效刚度；C_{eV}、C_{eH} 和 C_{eR} 分别为竖向、水平和转动的等效黏性阻尼系数。

由图 8.22 可见，当 $\bar{a}_0 < 2$ 时，水平振动的 $\bar{K}_{eH}$ 和 $\bar{C}_{eH}$ 变化均不明显，特别是 $\bar{C}_{eH}$ 基本不随 $\bar{a}_0$ 的变化而变化。竖向振动 $\bar{K}_{eV}$ 的变化较为显著，$\bar{C}_{eV}$ 则基本保持不变。转动时的 $\bar{K}_{eR}$ 和 $\bar{C}_{eR}$ 则均随 $\bar{a}_0$ 的变化而显著变化。由于难以得到关于频率的解析函数，在工程应用中通常近似地认为等效刚度和阻尼系数在卓越频率附近的一定频率范围内为常数。

如图 8.23 所示的由等效质量 M_e 和静刚度 K_s 组成的模型也可以表示等效刚度的频率相关性。

对于图 8.19 中的圆形基础发生竖向振动的情况：

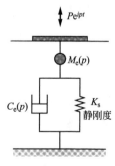

图 8.23

$$(K_s - M_e p^2) + ipC_e = \frac{Gr}{f_1 + f_2 i} \qquad (8.86)$$

$$K_s = \frac{Gr}{f_{1s}} \qquad (8.87)$$

式中，$f_{1s} = f_1(a_0 = 0)$。

因此，M_e 可表示为：

$$M_e = \left(\frac{1}{f_{1s}} - \frac{f_1}{f_1^2 + f_2^2}\right)\frac{Gr}{p^2} = \left\{\frac{1}{a_0^2} \cdot \left(\frac{1}{f_{1s}} - \frac{f_1}{f_1^2 + f_2^2}\right)\right\}\rho r^3$$

$$= \overline{M}_e \cdot \rho r^3 \tag{8.88}$$

图 8.24 是对应于图 8.22 中的正方形基础的等效刚度和阻尼系数的无量纲等效质量（小堀、南井、铃木[13]）。图中，

$$\overline{m}_{eV} = \frac{M_{eV}}{\rho d^3}, \quad \overline{m}_{eH} = \frac{M_{eH}}{\rho d^3} \tag{8.89}$$

式中，M_{eV} 和 M_{eH} 分别为竖向和水平振动的等效质量。

由图 8.24 可见，水平振动和竖向振动的等效质量均基本不随 $\overline{a}_0$ 变化而变化。此外，转动时的等效转动惯量则会随 $\overline{a}_0$ 的变化而显著变化。

场地的等效质量是为了近似地表示场地动力刚度的频率相关性而构造的假想值，只与场地和基础的相对位移有关。在计算地震动引起的惯性力时不考虑这一等效质量。

图 8.23 所示模型的等效阻尼系数 C_e 与图 8.21 中相同。

也有学者将式（8.77）中的 $f_1 + f_2 i$ 关于频率 p 的变化规律近似地表示成稳定体系的有理数传递函数并用于计算分析[14]。

（4）场地动力刚度的近似计算公式

通常采用由刚度为 k 的弹簧和截面积为 A_e 的半无限土柱组成的体系来描述半无限空间场地的逸散阻尼，如图 8.25 所示。

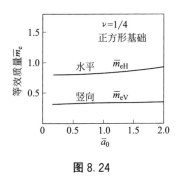

图 8.24

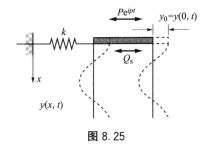

图 8.25

假设质量为零的基础发生以下水平振动：

$$y_0 = u e^{ipt} \tag{8.90}$$

作用在基础上的力包括激振力 P，弹簧反力 $-ky_0$ 和与基础底

面接触的土柱的剪力$-Q_s$。

考虑到$x=0$处土柱的振动y与y_0一致且只有下行波,则土柱的运动$y(x,t)$可表示为:

$$y(x,t)=f\left(t-\frac{x}{V}\right)=u\mathrm{e}^{ip(t-x/V)} \tag{8.91}$$

$$\therefore \quad Q_s=-A_eG\frac{\partial y}{\partial x}\bigg|_{x=0}=\frac{A_eG}{V}iup\mathrm{e}^{ipt}=\frac{A_eG}{V}\frac{\mathrm{d}y_0}{\mathrm{d}t}$$

$$\therefore \quad P=ky_0+\frac{A_eG}{V}\frac{\mathrm{d}y_0}{\mathrm{d}t}=\left(k+\rho VA_e\frac{\mathrm{d}}{\mathrm{d}t}\right)y_0 \tag{8.92}$$

$$\therefore \quad C_e=\rho V\cdot A_e$$

可见,土柱中逸散的波动对应的基底剪力Q_s等于阻尼系数为ρVA_e的黏性阻尼力。图 8.25 中的模型与图 8.21 中的模型类似,但是弹簧刚度和阻尼系数均与频率无关。

在绝大多数情况下,图 8.21 或图 8.23 场地模型中的K_e、C_e或M_e都被近似地认为与频率无关。

山原提出了一种确定场地模型参数的实用方法。该方法采用表 8.2 中的静刚度K_s和根据基础面积A(基础底面惯性矩I)、场地土层纵波波速V_p和剪切波速V_s确定的等效阻尼系数C_e,按下式计算不同受力模式下的动力刚度[第1章][6]:

$$K=K_s+ipC_e \tag{8.93}$$

式中,

$C_{eV}=\rho V_p\cdot A$(竖向),$C_{eH}=\rho V_s\cdot A$(水平),$C_{eR}=\rho V_p\cdot I$(转动);

$K_s=\alpha\cdot Gr$;

α 是与泊松比、基底反力分布和基础形状有关的常数(见表 8.2);

r 是基础的等效半径,I 是基础底面惯性矩。

Parmelee 在圆形刚性基础精确解的基础上,给出了水平振动和转动的近似计算公式[15]:

$$K_H=\frac{6.77}{1.79-\nu}Gr, \quad C_H=\frac{6.21}{2.54-\nu}\rho V_sr^2 \tag{8.94}$$

$$K_R = \frac{2.52}{1.00-\nu}Gr^3, \quad C_R = \frac{0.136}{1.13-\nu}\rho V_s r^4 \quad (8.95)$$

田治见通过将地表集中荷载作用下的解表示为近似公式并根据基底反力分布进行积分，将以往只能通过数值方法求解的振动表示成一般形式的解[第1章][5]。将解的实部和虚部分别按频率展开，可得到图 8.23 场地模型的刚度、等效黏性阻尼系数和等效质量。当假设基底反力均匀分布（转动时为三角形分布）时，其结果如表 8.3 所示。

表 8.3

	K_s	C_e	$M_e(I_e)$
竖向	$\dfrac{\pi}{1-\nu}Gr$	$\dfrac{\Gamma_1}{2(1-\nu)}\rho V_s \cdot \pi r^2$	$\dfrac{\pi}{1-\nu}\dfrac{\Gamma_1^2}{12}\cdot\rho r^3$
水平	$\dfrac{2\pi}{2-\nu}Gr$	$\dfrac{\Gamma_2}{2-\nu}\rho V_s \cdot \pi r^2$	$\dfrac{2\pi}{2-\nu}\dfrac{\Gamma_2^2}{12}\cdot\rho r^3$
转动	$\dfrac{\pi}{2(1-\nu)}Gr^3$	$\dfrac{\pi}{24}\dfrac{\Gamma_1^3}{1-\nu}\cdot\rho\dfrac{r^6}{V_s}\cdot p^2$	$\dfrac{\pi}{12}\dfrac{\Gamma_1^2}{1-\nu}\cdot\rho r^5$

注：$\Gamma_1 = 1.212(\nu=1/3) \sim 1.263(\nu=1/2)$
$\Gamma_2 = 0.912(\nu=1/3) \sim 0.878(\nu=1/2)$

表中的 K_s 和表 8.2 中基底反力均匀分布时的静刚度相同。转动时的 C_e 和圆频率 p 的平方成正比。在工程应用中，往往忽略等效质量 M_e 的影响。

随基底反力分布、泊松比和基础位移的取值方法的不同，以上介绍的基础-场地系统的动力特性会有很大的不同。因此，即使对于同一个问题，当分析中采用的假设或其他条件不同时，也会得到很不相同的结果。此外，实际工程中的场地条件和基础形式往往十分复杂，场地特性还与土体的应变水平有关，尚存在诸多有待解决的问题。因此，在计算场地的刚度和阻尼时，应结合实验和现场测试结果做出正确的工程判断。

第9章 建筑的地震反应分析

9.1 建筑的力学模型

以结构动力学为基础分析和预测建筑对地震作用的反应，称为建筑的**地震反应分析**（earthquake response analysis）。根据分析目的的不同，可以为建筑建立不同的力学模型。实际建筑对两个水平方向和一个竖直方向的地震作用的动力反应往往比较复杂。在地震反应分析中通常将其简化为平面模型并分析它对一个水平方向的地震作用的反应。在这种平面模型中，通常假设各榀结构在各个楼层处的侧向位移相同。因此，将各榀结构关于各个楼层水平自由度的刚度矩阵叠加起来即可得到整体结构的刚度矩阵（图9.1）。

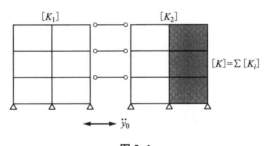

图9.1

在建筑的地震反应分析中，经常采用各个楼层的刚度和承载力表示建筑的力学特性（基于楼层的模型），并将整体结构简化为通过弹簧串联的一系列质点，即9.2节将要介绍的集中质量剪切层模型。

当需要考察建筑中的柱、梁、墙等结构构件的弹塑性反应时，可以根据各个构件的刚度和承载力等力学特性建立杆系模型（基于构件的模型，9.3节）。

当质量和刚度在楼层平面上分布不均匀时，建筑会发生扭转。

这时需要建立能够同时考虑两个水平方向的平动和楼板转动的扭转反应的力学模型（三维力学模型，图9.2）。

对于不能忽视楼板变形的平面狭长的建筑（图9.3），或者受到非一致地震地面运动作用的建筑，需要建立能够反映各榀结构的地震反应差异的三维模型。在考虑柱的双向受弯和轴力变化对角柱的影响时，双向地震动的耦合作用会有不可忽视的影响。对于大跨结构，还需要考虑竖向振动的影响（图9.4）。

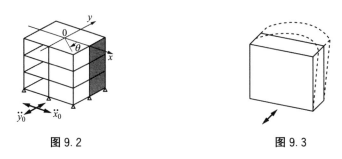

图9.2 　　　　　　　　　　　　　　　图9.3

当需要考虑场地的影响时，可以采用多种不同方法建立场地的力学模型，如半无限空间弹性模型、具有等效刚度和黏性阻尼的简化模型以及有限元模型。在此基础上可以建立能够考虑土与结构相互作用的地震反应分析模型（图9.5）。为场地建立有限元模型时，需要妥善处理场地的半无限性。为此，可以采用边界单元（boundary element，如 Lysmer 的黏性边界或者 Waas、Lysmer 和田治见等人提出的薄层单元❶等）来模拟半无限空间场地的能量逸散（图9.6）。

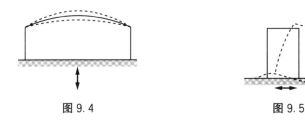

图9.4 　　　　　　　　　　　　　　　图9.5

---

❶　译注：thin layered element。

本章介绍建筑的地震反应分析中常用的力学模型和分析方法。

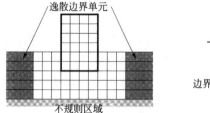
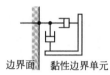

图 9.6

9.2 集中质量剪切层模型

集中质量剪切层模型采用一个剪切弹簧模拟建筑物某一楼层的层刚度、层屈服剪力等恢复力特性，是建筑的地震反应分析中最常用的一种简化力学模型（图 2.5，图 9.7）。

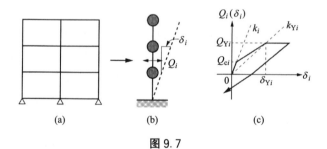

图 9.7

（1）层刚度

可采用武藤清提出的 D 值法确定剪切层模型中的层刚度。对于纯框架结构，可直接利用图 2.9 中的公式计算层刚度（例 2.2）。对于剪力墙结构，需要选择合适的外力分布[❶]并考虑弯曲变形、剪切变形、基础转动和连梁约束效应的影响，计算各个楼层的层间位移（$\delta_i = y_i - y_{i-1}$）和层剪力 Q_i，以二者之比作为层刚度 $k_i (= Q_i / \delta_i)$[3]。

---

❶ 经常采用的外力分布包括倒三角分布、均匀分布和对应于 1 阶模态的分布。

在弹塑性地震反应分析中，除了初始刚度之外，还需要确定结构的屈服刚度 k_Y [图 9.7 (c)]，并结合屈服层剪力确定楼层的屈服位移 δ_Y。它是计算塑性率并评价结构损伤程度的基础。因此在确定屈服刚度时，应尽可能反映实际情况。

由于混凝土开裂使构件刚度显著下降，因此钢筋混凝土结构的屈服刚度往往远小于初始刚度。在实际分析中确定混凝土结构的层刚度时，往往采用混凝土结构设计规范给出的屈服刚度降低率 α_Y 对初始刚度进行折减并得到混凝土构件的屈服刚度[1]。对于框架梁，α_Y 通常为 $1/2 \sim 1/4$；对于框架柱，由于存在轴压力，折减幅度略小。

(2) 层屈服剪力

在建立剪切层模型时，以整体结构屈服时各个楼层的层剪力作为各楼层剪切弹簧的屈服剪力。在计算结构屈服时的层剪力时，需要首先确定各个构件的承载力并假设结构的屈服机制[1][2]。

整体结构的屈服承载力可以表示为各榀结构的屈服承载力之和。建筑的水平极限承载力又称为保有水平耐力。

结构在强烈地震作用下的弹塑性反应和屈服机制往往非常复杂。图 9.8 (a) 和图 9.8 (b) 给出了两种理想化的屈服机制。

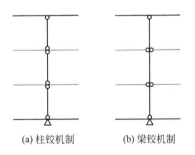

(a) 柱铰机制　　　　(b) 梁铰机制

图 9.8

图 9.8 (a) 所示的柱的上下两端形成塑性铰的屈服机制称为柱铰机制。此时，楼层的层屈服剪力等于该楼层所有柱子的屈服承载力 $(M_{Y\pm}+M_{YF})/h$ 之和。各层的层屈服剪力相互独立，这符合剪切层模型的假设。

图 9.8（b）所示的梁端和底层柱脚形成塑性铰，柱子整体发生刚体转动的屈服机制称为梁铰机制。此时，结构的弹塑性反应特性与柱铰机制有所不同。在柱铰机制下，塑性变形倾向于集中在最先屈服的薄弱楼层。在梁铰机制下，贯穿各个楼层的柱子使上下楼层之间产生相互作用，有助于使各层的变形趋于均匀。这时，各层之间相互独立的剪切层模型往往不再符合实际。此外，实际结构往往会出现梁铰机制和柱铰机制相混合的屈服机制。

不论对于梁铰机制还是柱铰机制，经常采用以下两种实用的简化方法计算框架结构的层屈服剪力。

• 节点弯矩分配法

比较各个梁柱节点处的柱端屈服弯矩之和 $\sum M_{YC}$ 和梁端屈服弯矩之和 $\sum M_{YB}$（图 9.9）。如果柱端屈服弯矩之和较小，则认为在该节点处形成柱铰，取柱端屈服弯矩作为柱端弯矩，并通过将柱端弯矩之和按照梁的线刚度成比例进行分配得到梁端弯矩。如果梁端屈服弯矩之和小于柱端屈服弯矩之和，则认为在该节点处形成梁铰，将梁端屈服弯矩之和按柱的线刚度分配给上下层的柱子。由此得到柱的弯矩图并计算相应的楼层剪力作为层屈服剪力。对于刚度和承载力均匀分布的纯框架结构，这种方法非常简便[11]。

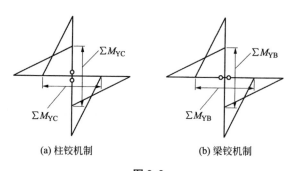

(a) 柱铰机制　　　　　　　(b) 梁铰机制

图 9.9

• 虚功法

首先假设结构屈服时的外力分布，根据外力做功等于塑性铰处的内力做功的原则计算外力的大小，从而得到结构的屈服承载力。

该方法由青山[1] 提出，既适用于出现梁铰机制的框架结构，也适用于连梁和墙脚屈服的剪力墙结构等不同情况。

对于如图 9.10 所示的形成梁铰机制的框架结构，假设外力服从倒三角形分布，框架柱端和梁端的相对转角均为 θ，则根据虚功原理有：

$$\left.\begin{array}{l} \theta\{Ph_1 + 2P(h_1 + h_2) + 3P(h_1 + h_2 + h_3)\} = \sum_j M_{Yj} \cdot \theta \\[4mm] P_k = kP = \dfrac{k \sum\limits_j M_{Yj}}{\sum\limits_{r=1}^{n} r\left(\sum\limits_{i=1}^{r} h_i\right)}, \quad \sum_j : \text{出现塑性铰的杆端屈服弯矩之和} \\[4mm] Q_{Yi} = \sum\limits_{k=i}^{n} P_k \end{array}\right\}$$

$$(9.1)$$

在使用该方法时，假设的外力分布和结构屈服机制应尽可能符合实际。

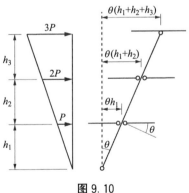

图 9.10

该方法也经常用于计算剪力墙和框架-剪力墙结构的屈服承载力。以图 9.11 所示的多层框架-剪力墙结构为例，假设梁端全部屈服，剪力墙底部受弯屈服，结构形成如图 9.12 所示的包含剪力墙底部弯曲塑性铰（考虑轴力影响）的屈服机制。

令外力做功等于所有塑性铰处的内力做功，可得下式：

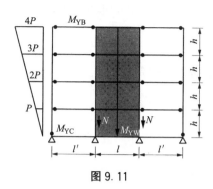

图 9.11

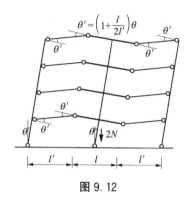

图 9.12

$$\sum_{i=1}^{4} (ih\theta) \cdot iP = 16\left(1 + \frac{l}{2l'}\right)\theta M_{YB} + 2\theta M_{YC} + \theta M_{YW}$$

$$P = \frac{16\left(1 + \dfrac{l}{2l'}\right)M_{YB} + 2M_{YC} + M_{YW}}{\sum\limits_{i=1}^{4} i^2 \cdot h} \tag{9.2}$$

相应的，各层的层屈服剪力为：

$$Q_{Yi} = \left(\sum_{j=i}^{4} j\right) \cdot P$$

如果考虑剪力墙摇摆时的底部抬起，可假设如图 9.13 所示的屈服机制[1]，从而有：

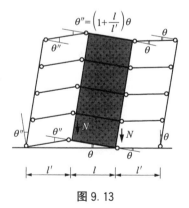

$$\sum_{i=1}^{4} (ih\theta) \cdot iP = 4\left(4 + \frac{2l}{l'}\right)\theta M_{YB} +$$

$$\left(2 + \frac{l}{l'}\right) \cdot \theta\,(M_{YC} + M_{YF}) + \theta Nl \tag{9.3}$$

图 9.13

与式（9.2）类似，可以得到各楼层的层屈服剪力。当结构左右不对称时，正负两个方向的屈

---

❶ 译注：M_{YF} 为基础梁的屈服弯矩。

服剪力会有所不同。可近似地取两个方向的平均值作为层屈服剪力，也可以将结构近似地表示成左右对称的模型。对于剪力墙底部抬起的情况，拉力 N 的大小与诸多未知因素有关，尚有待进一步研究。

当各层框架梁具有不同的屈服弯矩时，上述方法仍然适用，不再赘述。

> **例 9.1　二层框架结构的水平极限承载力（保有水平耐力）**[1]
>
> 计算例 2.1 中的二层钢筋混凝土框架结构的水平极限承载力。忽略长期荷载产生的弯矩。假设各层柱受拉纵筋配筋率 p_t 均为 0.4%，2 层梁为 0.8%，顶层梁为 0.4%，按下式计算柱和梁的屈服弯矩 M_y：
>
> 柱：
> $$M_y = 0.8a_t \cdot \sigma_y \cdot D + 0.5ND\left(1 - \frac{N}{bDF_c}\right) \quad (9.4)$$
>
> 梁：
> $$M_y = 0.9a_t \cdot \sigma_y \cdot d \quad (9.5)$$
>
> 式中，a_t 是受拉纵筋面积；D 是构件的截面高度；d 是截面有效高度；$\sigma_y = 29.4\mathrm{kN/cm^2}$ 是钢筋的屈服强度；$F_c = 2.06\mathrm{kN/cm^2}$ 是混凝土抗压强度[2]。
>
> 只考虑长期荷载产生的轴力 N（1 层柱 $N=196\mathrm{kN}$，2 层柱 $N=98\mathrm{kN}$）。水平力产生的轴力对柱子承载力的影响正负基本抵消，故忽略不计。
>
> 各层柱和梁的屈服弯矩如图 9.14 所示。
>
> • 节点弯矩分配法
>
> 根据节点弯矩分配法，2 层和 1 层均为梁端屈服，且 1 层柱脚屈服，整体结构形成梁铰机制时的弯矩和剪力分布如图 9.15 所示。

---

❶　译注：此处并未严格区分极限承载力和屈服承载力。当采用理想弹塑性恢复力模型时，二者相等。

❷　译注：b 是构件的截面宽度，N 是轴力。

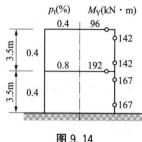

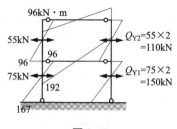

图 9.14　　　　　　　　　　图 9.15

层屈服剪力系数（层屈服剪力/该层以上楼层的总重量）q_Y 为：

$$q_{Y2}=\frac{110\text{kN}}{196\text{kN}}=0.56，\quad q_{Y1}=\frac{150\text{kN}}{392\text{kN}}=0.38$$

• 虚功法

假设结构形成如图 9.16 所示的屈服机制，设虚位移 $\theta=1$ [式 (9.1)]，则外力做功和内力做功分别为：

$$M_E=2P\times(3.5+3.5)+P\times3.5=17.5P\ [\text{kN}\cdot\text{m}]$$

$$\sum M_y\cdot\theta=2(96+192+167)=910\text{kN}\cdot\text{m}$$

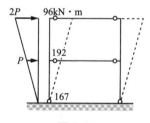

图 9.16

由 $\sum M_y\theta=M_E$ 可得 $P=52\text{kN}$，则各层的屈服剪力 Q_Y 和层屈服剪力系数 q_Y 为：

$$\begin{cases}Q_{Y2}=52\times2=104\text{kN}\\Q_{Y1}=52\times3=156\text{kN}\end{cases}\quad\begin{cases}q_{Y2}=104/196=0.53\\q_{Y1}=156/392=0.40\end{cases}$$

可见对于这个算例，上述两种方法得到的结果差别不大。

―― 例 9.2　二层框架结构的弹塑性地震反应 ――

利用振型分解反应谱法计算双层框架结构对大震作用的弹塑性位移反应。采用例 2.3 中简化的剪切层模型的周期和振型作为结构的动力特性。假设柱和梁的屈服刚度降低率均为 $\alpha_Y=0.25$，则屈服刚度 $\alpha_Y k_i$ 对应的周期为（参见例 2.3 简化的剪切层模型的特征值）：

$$_1T=\frac{0.26}{\sqrt{0.25}}=0.52\text{s}, \quad _2T=\frac{0.10}{\sqrt{0.25}}=0.2\text{s}$$

由于对所有构件的刚度作了相同的折减，所以结构的振型与弹性状态下相同。

利用梅村谱计算具有屈服刚度的弹性体系的位移反应。设地面峰值加速度为 $0.3g$，则：

1 阶 $_1S_D=45\times0.52\times0.3=7.02\text{cm}$

2 阶 $_2S_D=90\times(0.2)^2\times0.3=1.08\text{cm}$

采用 RSS 组合计算结构的层间位移如下（利用例 2.3 中简化的剪切层模型的振型 $\beta\{u\}$）：

$$\delta_{L1}=\sqrt{(0.635\times7.02)^2+(0.367\times1.08)^2}=4.48\text{cm}$$

$$\delta_{L2}=\sqrt{(0.559\times7.02)^2+(0.562\times1.08)^2}=3.97\text{cm}$$

假设各楼层均服从等能量准则（图 9.17），则可估算各层的塑性率 μ_i 和弹塑性层间位移 δ_{Ni} 如下：

$$\mu_i=\frac{1}{2}\left\{\left(\frac{\delta_{Li}}{\delta_{Yi}}\right)^2+1\right\}, \quad \delta_{Ni}=\mu_i\cdot\delta_{Yi} \tag{9.6}$$

上式成立的前提是各楼层进入塑性的程度相差不大。根据屈服刚度 $\alpha_Y k_i$ 和采用虚功法计算的屈服剪力，可得各层的屈服位移 δ_{Yi} 如下：

$$\delta_{Y1}=\frac{156\text{kN}}{343\text{kN/cm}\times0.25}=1.82\text{cm}$$

$$\delta_{Y2}=\frac{104\text{kN}}{255\text{kN/cm}\times0.25}=1.63\text{cm}$$

由此可以得到结构的弹塑性位移反应为：

$$\begin{cases} \mu_1 = 3.53 \\ \mu_2 = 3.47 \end{cases}, \quad \begin{cases} \delta_{N1} = 6.42\text{cm} \\ \delta_{N2} = 5.66\text{cm} \end{cases}$$

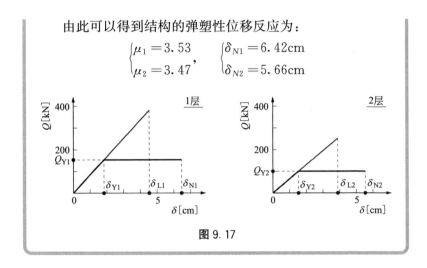

图 9.17

例 9.3　二层框架结构（单柱模型）的水平极限承载力（保有水平耐力）

对于各跨相等的连续多跨框架结构，可取出其中的一根柱子，将其简化为如图 9.18 所示的"弥次郎兵卫"式的单柱模型❶。考察其水平极限承载力。柱和梁截面参数均与例 9.1 相同，设 1 层和 2 层柱的轴力分别为 392kN 和 196kN。各个构件的屈服弯矩如图 9.18 所示。

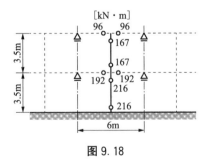

图 9.18

---

❶　译注：即鱼骨模型，fishbone model。

根据节点弯矩分配法，2 层和 1 层均为柱端出铰，结构形成柱铰机制时的弯矩和剪力分布如图 9.19 所示。层屈服剪力系数为：

$$q_{Y1} = \frac{123.4}{392} = 0.31, \quad q_{Y2} = \frac{95.4}{196} = 0.49$$

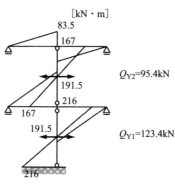

图 9.19

9.3 杆系模型

结构中的柱、梁、墙等构件分别具有不同的力学特性。以各个构件为单元在建筑的地震反应分析中考虑各个构件的弹塑性行为，有助于更好地把握结构在地震作用下的损伤演化过程。

为结构中的各个构件分别建立力学模型并将其组装成整体结构的力学模型进行地震反应分析，称为基于构件的地震反应分析。与上一节讨论的基于楼层的剪切层模型相比，基于构件的地震反应分析更加繁琐，但能够更加准确而详细地获得结构对地震作用的弹塑性反应。

首先从构件的刚度矩阵出发，考察如图 9.20 所示的平面框架结构的地震反应。假设结构处于弹性小变形状态。

忽略构件的剪切和轴向变形而只考虑其弯曲变形，则柱、梁构件的杆端力-杆端位移关系（即单元刚度矩阵）可表示如下（图 9.21）：

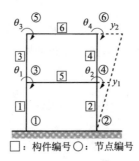

图 9.20

□：构件编号 ○：节点编号

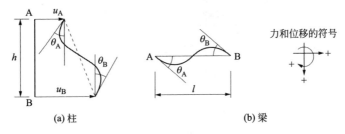

(a) 柱　　　　　　　　(b) 梁

图 9.21

柱：

$$\begin{Bmatrix} M_A \\ M_B \\ P_A \\ P_B \end{Bmatrix} = \begin{bmatrix} 4EI/h & 2EI/h & -6EI/h^2 & 6EI/h^2 \\ 2EI/h & 4EI/h & -6EI/h^2 & 6EI/h^2 \\ -6EI/h^2 & -6EI/h^2 & 12EI/h^3 & -12EI/h^3 \\ 6EI/h^2 & 6EI/h^2 & -12EI/h^3 & 12EI/h^3 \end{bmatrix} \times \begin{Bmatrix} \theta_A \\ \theta_B \\ u_A \\ u_B \end{Bmatrix}$$

(9.7)

梁：

$$\begin{Bmatrix} M_A \\ M_B \end{Bmatrix} = \begin{bmatrix} 4EI/l & 2EI/l \\ 2EI/l & 4EI/l \end{bmatrix} \begin{Bmatrix} \theta_A \\ \theta_B \end{Bmatrix}$$

(9.8)

当忽略柱、梁构件的轴向变形时，框架结构的位移状态可以用各楼层的水平位移和各个梁柱节点的转角来表示。图 9.20 中的二层框架结构的位移可以表示为两个楼层的水平位移 y 和四个梁柱节点的转角 θ。因此，框架的位移向量 $\{U\}$ 和作用在梁柱节点和楼层上的荷载向量 $\{F\}$ 可分别表示为：

$$\{U\}=\begin{Bmatrix} y_1 \\ y_2 \\ \theta_1 \\ \theta_2 \\ \theta_3 \\ \theta_4 \end{Bmatrix} \quad (9.9), \qquad \{F\}=\begin{Bmatrix} F_1 \\ F_2 \\ M_1 \\ M_2 \\ M_3 \\ M_4 \end{Bmatrix} \quad (9.10)$$

根据梁柱节点处的弯矩平衡，与某一节点连接的各个构件的杆端弯矩之和等于节点受到的弯矩作用。根据力的平衡，某一楼层上下柱端的剪力之和等于该楼层受到的外力作用。根据这些关系，可以得到（节点数＋楼层数）个平衡方程。考虑到杆端弯矩和杆端剪力（图 9.22）均可表示为节点转角和楼层位移的 1 次函数，则整体结构的平衡方程最终可以表示为：

$$\{F\}=[K]\{U\} \tag{9.11}$$

对于图 9.20 所示的二层框架结构，将四个梁柱节点的弯矩平衡方程和两个楼层的水平力平衡方程放在一起，即可写成式（9.11）的形式（图 9.22）。

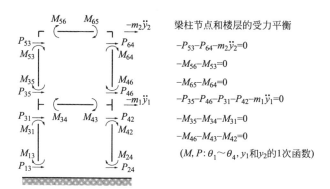

梁柱节点和楼层的受力平衡

$-P_{53}-P_{64}-m_2\ddot{y}_2=0$

$-M_{56}-M_{53}=0$

$-M_{65}-M_{64}=0$

$-P_{35}-P_{46}-P_{31}-P_{42}-m_1\ddot{y}_1=0$

$-M_{35}-M_{34}-M_{31}=0$

$-M_{46}-M_{43}-M_{42}=0$

（M，P：$\theta_1\sim\theta_4$，y_1 和 y_2 的 1 次函数）

图 9.22

式（9.11）中的 $[K]$ 为整体刚度矩阵。根据各位移量在矩阵中的位置，将单元刚度矩阵中的相应元素相加则得到整体刚度矩阵。此时，应根据图 9.20 和图 9.21 正确建立构件的杆端变形 $\{\theta_A，\theta_B，u_A，u_B\}$ 与结构的梁柱节点转角 θ_i 和楼层水平位移 y_i

之间的对应关系。

例如，图 9.20 中的框架结构 2 层左侧柱子的单元刚度矩阵为：

$$\begin{Bmatrix} M_{53} \\ M_{35} \\ P_{53} \\ P_{35} \end{Bmatrix} = \begin{bmatrix} k_{11} & k_{12} & k_{13} & k_{14} \\ k_{21} & k_{22} & k_{23} & k_{24} \\ k_{31} & k_{32} & k_{33} & k_{34} \\ k_{41} & k_{42} & k_{43} & k_{44} \end{bmatrix} \begin{Bmatrix} \theta_3 \\ \theta_1 \\ y_2 \\ y_1 \end{Bmatrix} \tag{9.12}$$

矩阵中各个元素 k_{ij} 在整体刚度矩阵中对应的位置如下：

$$[K] = \begin{array}{c|cccccc|c}
 & y_1 & y_2 & \theta_1 & \theta_2 & \theta_3 & \theta_4 & \\
\hline
 & k_{44} & k_{43} & k_{42} & & k_{41} & & y_1 \\
 & k_{34} & k_{33} & k_{32} & & k_{31} & & y_2 \\
 & k_{24} & k_{23} & k_{22} & & k_{21} & & \theta_1 \\
 & & & & & & & \theta_2 \\
 & k_{14} & k_{13} & k_{12} & & k_{11} & & \theta_3 \\
 & & & & & & & \theta_4 \\
\end{array}$$

对于固支于地面的首层柱，将柱脚的边界条件（$\theta_B = 0$，$u_B = 0$）代入式（9.7）可得到表示柱头位移（θ_A，u_A）和作用力（M_A，P_A）之间关系的 2×2 矩阵。根据 θ_A 和 u_A 可以计算相应的柱脚反力（M_B，P_B）。

感兴趣的读者可参阅相关的专业书籍以了解集成整体刚度矩阵的具体步骤。

假设结构质量全部集中在楼面处且忽略梁柱节点的转动惯量，则结构在地震作用下受到的惯性力为：

$$\{F\} = \begin{Bmatrix} -m_1(\ddot{y}_1 + \ddot{y}_0) \\ -m_2(\ddot{y}_2 + \ddot{y}_0) \\ 0 \\ \vdots \\ 0 \end{Bmatrix} \tag{9.13}$$

通过将刚度矩阵 $[K]$ 分块，可将结构的运动方程表示为：

$$\begin{Bmatrix} -m_1(\ddot{y}_1 + \ddot{y}_0) \\ -m_2(\ddot{y}_2 + \ddot{y}_0) \\ \hline 0 \\ \vdots \\ 0 \end{Bmatrix} = \begin{bmatrix} K_{11} & \vdots & K_{12} \\ \hline K_{21} & \vdots & K_{22} \end{bmatrix} \begin{Bmatrix} y_1 \\ y_2 \\ \hline \theta_1 \\ \vdots \\ \theta_2 \end{Bmatrix} \qquad (9.14)$$

$$\begin{Bmatrix} -m_1(\ddot{y}_1 + \ddot{y}_0) \\ -m_2(\ddot{y}_2 + \ddot{y}_0) \end{Bmatrix} = [K_{11}]\{y\} + [K_{12}]\{\theta\} \qquad (9.15)$$

$$\{0\} = [K_{21}]\{y\} + [K_{22}]\{\theta\} \qquad (9.16)$$

根据式（9.16）有：

$$\{\theta\} = -[K_{22}]^{-1}[K_{21}]\{y\} \qquad (9.17)$$

由此可得无阻尼体系关于水平位移的运动方程如下：

$$[M]\{\ddot{y}\} + [k]\{y\} = -[M]\{1\}\ddot{y}_0 \qquad (9.18)$$

式中，

$$[M] = \begin{bmatrix} m_1 & 0 \\ 0 & m_2 \end{bmatrix} ：质量矩阵 \qquad (9.19)$$

$$[k] = [K_{11}] - [K_{12}][K_{22}]^{-1}[K_{21}] \qquad (9.20)$$

式（9.20）中的刚度矩阵 $[k]$ 只包含与惯性力对应的位移分量，称为减缩刚度矩阵（reduced stiffness matrix）。

采用数值方法求解式（9.18），可以得到 $\{y\}$。利用式（9.17）可以进一步得到 $\{\theta\}$，利用式（9.7）和式（9.8）可以确定构件的内力。还可以在式（9.18）中引入阻尼矩阵 $[C]$，通常根据假设的阻尼比来构造阻尼矩阵（参见 2.3 节）。

为了进一步考虑结构的弹塑性行为，需要首先建立能够反映构件弹塑性行为的力学模型。人们提出了很多不同类型的弹塑性力学模型[4][5][6][12]。下面只介绍如图 9.23 所示的包含杆端弹塑性转动弹簧、杆件中部弹塑性剪切弹簧和杆端刚域的杆单元模型[7][14]。

假设弹簧与弹簧之间的杆件始终保持弹性（设截面受弯刚度为 EI）并采用分段线性（piecewise linear）函数定义弹塑性弹簧的恢复力特性。杆端位移和杆端力的增量向量之间存在以下比例关系：

$$\{\Delta M_A, \ \Delta M_B, \ \Delta P_A, \ \Delta P_B\}^{\mathrm{T}} = [K]\{\Delta\theta_A, \ \Delta\theta_B, \ \Delta u_A, \ \Delta u_B\}^{\mathrm{T}}$$
$$(9.21)$$

式中，构件的瞬时刚度矩阵：

$$[K] = [L]^{\mathrm{T}}[B]^{\mathrm{T}}[F]^{-1}[B][L] \tag{9.22}$$

$$[F] = \frac{l'}{6EI}\begin{bmatrix} 2+f_{\mathrm{A}}+\gamma' & -1+\gamma' \\ -1+\gamma' & 2+f_{\mathrm{B}}+\gamma' \end{bmatrix} \tag{9.23}$$

$$[B] = \begin{bmatrix} 1+\lambda_{\mathrm{A}} & \lambda_{\mathrm{B}} \\ \lambda_{\mathrm{A}} & 1+\lambda_{\mathrm{B}} \end{bmatrix} \tag{9.24}$$

$$[L] = \begin{bmatrix} 1 & 0 & 1/l & -1/l \\ 0 & 1 & 1/l & -1/l \end{bmatrix} \tag{9.25}$$

$$\{f_{\mathrm{A}},\ f_{\mathrm{B}}\}^{\mathrm{T}} = \frac{6EI}{l'}\left\{\frac{1}{k_{\mathrm{PA}}},\ \frac{1}{k_{\mathrm{PB}}}\right\}^{\mathrm{T}} \tag{9.26}$$

$$\gamma' = \frac{6EI}{l'}\cdot\frac{1}{k_{\mathrm{s}}l'} \tag{9.27}$$

式中，f_{A} 和 f_{B} 是转动弹簧的瞬时柔度；k_{PA} 和 k_{PB} 是转动弹簧的瞬时刚度；k_{s} 是剪切弹簧的瞬时刚度。

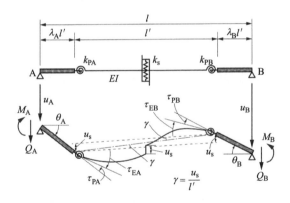

图 9.23

转动弹簧的变形增量 $\Delta\tau_{\mathrm{PA}}$、$\Delta\tau_{\mathrm{PB}}$ 和剪切弹簧的变形增量 $\Delta\gamma(\Delta\gamma = \Delta u_{\mathrm{s}}/l'$，$\Delta u_{\mathrm{s}}$ 是单元的剪切变形增量）与杆端位移增量之间存在以下关系：

$$\{\Delta\tau_{\mathrm{PA}},\ \Delta\tau_{\mathrm{PB}},\ \Delta\gamma\}^{\mathrm{T}} = [X]\{\Delta\theta_{\mathrm{A}},\ \Delta\theta_{\mathrm{B}},\ \Delta u_{\mathrm{A}},\ \Delta u_{\mathrm{B}}\}^{\mathrm{T}} \tag{9.28}$$

$$[X] = [f][F]^{-1}[B][L] \tag{9.29}$$

$$[f] = \frac{l'}{6EI} \begin{bmatrix} f_A & 0 \\ 0 & f_B \\ \gamma' & \gamma' \end{bmatrix} \qquad (9.30)$$

为了正确模拟构件的弹塑性变形，在设置杆端转动弹簧的弹塑性恢复力特性时应注意使构件的弯矩分布尽量符合实际情况。例如，具有反对称弯矩分布的钢筋混凝土构件在杆端屈服时的曲率分布如图 9.24（b）所示。上述杆单元模型中杆端的塑性转动将全部集中在两个杆端转动弹簧上，如图 9.24（c）所示。这里，按照如图 9.25 所示方法设定杆端转动弹簧的弹塑性特性，将有助于更好地模拟具有反对称弯矩分布的杆件在屈服时的杆端转角[7][14]。

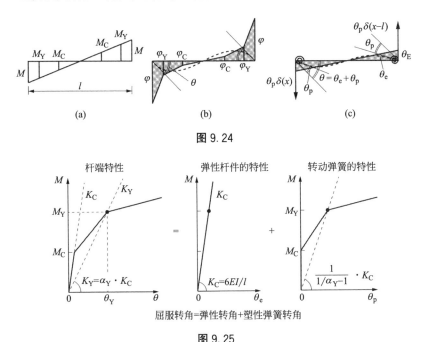

图 9.24

图 9.25

此外，通过在杆件中间增设弹塑性转动弹簧可以模拟任意弯矩分布的杆件的弹塑性行为（图 9.26）。

在基于构件的弹塑性模型中引入阻尼矩阵 $[C]$，结构的增量形式的运动方程变为（参见第 3 章）：

图 9.26

$$[M]\{\Delta\ddot{y}\} + [C]\{\Delta\dot{y}\} + [K(t)]\{\Delta y\} = -[M]\{1\}\Delta\ddot{y}_0$$

$$\{\Delta\theta\} = -[K_{22}]^{-1}[K_{21}]\{\Delta y\}$$

$$\{\Delta\tau_{PA}, \ \Delta\tau_{PB}, \ \Delta\gamma\}^T = [X]\{\Delta\theta_A, \ \Delta\theta_B, \ \Delta u_A, \ \Delta u_B\}^T$$

$$(9.31)$$

式中，$\{\Delta y\}$ 是结构水平位移增量（$=\{y_{t+\Delta}\} - \{y_t\}$）；$\{\Delta\theta\}$ 是梁柱节点的转角增量；$\Delta\theta_A$，$\Delta\theta_B$ 和 Δu_A，Δu_B 是杆端位移增量；$\Delta\tau_{PA}$，$\Delta\tau_{PB}$ 和 $\Delta\gamma$ 分别是杆单元模型中转动弹簧和剪切弹簧的变形增量。$[K(t)]$ 是减缩的整体瞬时刚度矩阵。

弯曲和剪切弹塑性弹簧的瞬时刚度（某一变形状态下的切线刚度）需根据各个弹簧的恢复力特性及其当前所处的变形状态来确定。在此基础上可根据式（9.21）得到各个构件的瞬时刚度矩阵，进而可以得到整体瞬时刚度矩阵 $[K(t)]$。

求解式（9.31），可以得到结构在不同时刻的弹塑性位移反应。当结构中有构件的瞬时刚度发生变化时，需要更新结构的瞬时刚度矩阵。

关于求解式（9.31）所需采用的数值积分方法，请参见第 3 章。

9.4　扭转反应

(1) 单层建筑的扭转反应

当楼层的质量或刚度存在偏心时，在地震作用下，建筑楼层会在平面内发生整体转动，即**扭转振动**（torsional vibration）。1968 年十胜近海地震和 1978 年宫城县近海地震中均有建筑因扭转振动而发生严重破坏。

考察如图 9.27 所示的刚度不均匀分布的单层建筑对水平双向地震作用的反应。

假设楼板为刚性，x 和 y 两个正交方向上各榀结构具有任意刚

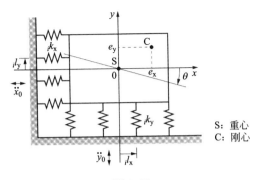

图 9.27

度 $_ik_x$ 和 $_ik_y$（i 表示弹簧编号），楼板的运动状态可以用重心的平动位移 x、y 和转角 θ 三个自由度（x，y，θ）来描述。

矩形楼板的**转动惯量**（rotational inertia）I 和回转半径（radius of gyration）i 为（图 9.28）：

$$I = \int r^2 \mathrm{d}m = \iint \rho(x^2 + y^2)\,\mathrm{d}x\,\mathrm{d}y = \frac{1}{12}m(a^2 + b^2) \quad (9.32)$$

$$i = \sqrt{\frac{I}{m}} = \sqrt{\frac{a^2 + b^2}{12}} \quad (9.33)$$

正方形楼板（$a \times a$）的回转半径 $i \approx 0.4a$。

采用**偏心距**（eccentricity）e_x 和 e_y 表示刚度偏心的程度：

$$e_x = \sum_i \frac{_ik_y \cdot _il_x}{K_y}, \quad e_y = \sum_i \frac{_ik_x \cdot _il_y}{K_x} \quad (9.34)$$

式中，$_il_x$ 和 $_il_y$ 分别为刚度 $_ik_y$ 所在位置的 x 坐标和刚度 $_ik_x$ 所在位置的 y 坐标（以静止状态下的重心 S 为坐标原点且坐标区分正负）（图 9.27）。

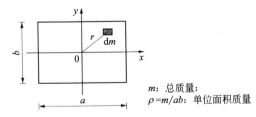

m：总质量；
$\rho = m/ab$：单位面积质量

图 9.28

x 和 y 方向的总刚度分别记为 K_x 和 K_y，二者之比记为 α：

$$\{K_x, K_y\} = \left\{ \sum_i {}_i k_x, \sum_i {}_i k_y \right\} \tag{9.35}$$

$$\alpha = \frac{K_y}{K_x} \tag{9.36}$$

坐标点 (e_x, e_y) 称为**刚心** (center of stiffness)。当外力作用在刚心上时，建筑只发生平动而不会扭转。偏心距和回转半径之比称为**偏心率** $\bar{e}$：

$$\{\bar{e}_x, \bar{e}_y\} = \left\{ \frac{e_x}{i}, \frac{e_y}{i} \right\} \tag{9.37}$$

如果忽略各个构件本身的扭转刚度，则结构**关于重心的扭转刚度** K_θ 为：

$$K_\theta = \sum_i {}_i k_x \cdot {}_i l_y^2 + \sum_i {}_i k_y \cdot {}_i l_x^2 \tag{9.38}$$

同样的，结构**关于刚心的扭转刚度** K_θ' 可表示为：

$$K_\theta' = \sum_i {}_i k_x ({}_i l_y - e_y)^2 + \sum_i {}_i k_y ({}_i l_x - e_x)^2 \tag{9.39}$$

$$= K_\theta - (K_x \cdot e_y^2 + K_y \cdot e_x^2)$$

采用 K_x 对扭转刚度进行归一化，可定义如下式所示的**弹性半径** j 和**弹性半径率** $\bar{j}$，用于评价结构是否容易发生扭转。

$$j = \sqrt{\frac{K_\theta'}{K_x}} \tag{9.40}$$

$$\bar{j} = \frac{j}{i} = \sqrt{\frac{K_\theta'/I}{K_x/m}} \tag{9.41}$$

$\bar{j}$ 相当于结构只发生扭转的体系 (I, K_θ') 和只发生平动时的圆频率之比。

根据 x 和 y 方向的力的平衡和关于重心的扭矩平衡，结构发生扭转振动的运动方程为：

$$\left. \begin{array}{l} m(\ddot{x} + \ddot{x}_0) + \sum_i {}_i k_x (x + {}_i l_y \cdot \theta) = 0 \\[2mm] m(\ddot{y} + \ddot{y}_0) + \sum_i {}_i k_y (y - {}_i l_x \cdot \theta) = 0 \\[2mm] I\ddot{\theta} + \sum_i {}_i k_x (x + {}_i l_y \cdot \theta) {}_i l_y - \sum_i {}_i k_y (y - {}_i l_x \cdot \theta) {}_i l_x = 0 \end{array} \right\} \tag{9.42}$$

式中，$\ddot{x}_0$ 和 $\ddot{y}_0$ 是两个水平方向的地面运动加速度。当建筑基础不同位置的运动之间存在相位差时也可能使地震作用包含扭转分量 $\ddot{\theta}_0$，但由于实际上很少观测到地震动的扭转分量，通常忽略不计。

整理可得：

$$\left.\begin{array}{l} m\ddot{x} + K_x \cdot x + K_x \cdot e_y \cdot \theta = -m\ddot{x}_0 \\ m\ddot{y} + K_y \cdot y - K_y \cdot e_x \cdot \theta = -m\ddot{y}_0 \\ I\ddot{\theta} + K_x \cdot e_y \cdot x - K_y \cdot e_x \cdot y + K_\theta \cdot \theta = 0 \end{array}\right\} \quad (9.43)$$

在上式中将转动 θ 表示为距离重心 i 处的位移 z：

$$z = i\theta \quad (9.44)$$

并且记：

$$\{\omega_x^2, \ \omega_y^2, \ \omega_\theta^2\} = \left\langle \frac{K_x}{m}, \ \frac{K_y}{m}, \ \frac{K_\theta}{I} \right\rangle \quad (9.45)$$

则式 (9.43) 可进一步表示为：

$$\begin{Bmatrix} \ddot{x} \\ \ddot{y} \\ \ddot{z} \end{Bmatrix} + \begin{bmatrix} \omega_x^2 & 0 & \omega_x^2 \bar{e}_y \\ 0 & \omega_y^2 & -\omega_y^2 \bar{e}_x \\ \omega_x^2 \bar{e}_y & -\omega_y^2 \bar{e}_x & \omega_\theta^2 \end{bmatrix} \begin{Bmatrix} x \\ y \\ z \end{Bmatrix} = \begin{Bmatrix} -\ddot{x}_0 \\ -\ddot{y}_0 \\ 0 \end{Bmatrix} \quad (9.46)$$

下面只讨论结构仅在一个方向偏心即<u>单向偏心</u>的情况（设 $e_y = 0$）。

此时，x 和 y 方向的振动相互独立，x 方向只有平动，y 方向则伴随着扭转。扭转振动的运动方程为：

$$\begin{Bmatrix} \ddot{y} \\ \ddot{z} \end{Bmatrix} + \omega_y^2 \begin{bmatrix} 1 & -\bar{e} \\ -\bar{e} & \bar{j}^2 + \bar{e}^2 \end{bmatrix} \begin{Bmatrix} y \\ z \end{Bmatrix} = \begin{Bmatrix} 1 \\ 0 \end{Bmatrix} (-\ddot{y}_0) \quad (9.47)$$

式中，

$$\left.\begin{array}{l} \bar{e} = \bar{e}_x \\ j^2 = \dfrac{K_\theta'}{K_y} = \dfrac{K_\theta - e_x^2 K_y}{K_y} \\ \dfrac{\omega_\theta^2}{\omega_y^2} = \dfrac{K_\theta/I}{K_y/m} = \bar{j}^2 + \bar{e}^2 \end{array}\right\} \quad (9.48)$$

考察体系的自振特性，令 $\ddot{y}_0 = 0$，

$$\{y, \ z\}^\mathrm{T} = \{v, \ w\}^\mathrm{T} \cdot e^{i\omega t} \quad (9.49)$$

且设

$$\omega = \varphi \cdot \omega_y \tag{9.50}$$

则有：

$$\begin{vmatrix} \varphi^2 - 1 & \overline{e} \\ \overline{e} & \varphi^2 - (\overline{j}^2 + \overline{e}^2) \end{vmatrix} = 0 \tag{9.51}$$

$$\frac{w}{v} = \frac{1 - \varphi^2}{\overline{e}} \tag{9.52}$$

图 9.29 给出了扭转频率比 φ 关于偏心率 $\overline{e}$ 和弹性半径率 $\overline{j}$ 的变化规律。$_1\varphi$ 和 $_2\varphi$ 分别是 1 阶和 2 阶扭转模态的频率比。

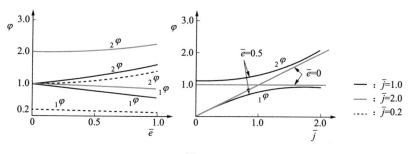

图 9.29

1968 年十胜近海地震中发生扭转破坏的钢筋混凝土结构的偏心率 $\overline{e}$ 和弹性半径率 $\overline{j}$ 的范围大致为[1]：

$$\overline{e} = 0.3 \sim 0.6, \ \overline{j} = 0.4 \sim 1.2$$

结构的扭转反应可以表示为以下振型叠加的形式：

$$\begin{Bmatrix} y \\ z \end{Bmatrix} = \sum_{s=1}^{2} \begin{Bmatrix} {}_sv \\ {}_sw \end{Bmatrix}_s \beta \cdot {}_sq_0(t) \tag{9.53}$$

式中，${}_sq_0$ 和 ${}_s\beta$ 满足下式：

$${}_s\ddot{q}_0 + 2{}_sh \cdot {}_s\omega \cdot {}_s\dot{q}_0 + {}_s\omega^2 \cdot {}_sq_0 = -\ddot{y}_0 \tag{9.54}$$

$${}_s\beta = \frac{\begin{Bmatrix} {}_sv \\ {}_sw \end{Bmatrix}^T \begin{Bmatrix} 1 \\ 0 \end{Bmatrix}}{\begin{Bmatrix} {}_sv \\ {}_sw \end{Bmatrix}^T \begin{bmatrix} 1 & 0 \\ 0 & 1 \end{bmatrix} \begin{Bmatrix} {}_sv \\ {}_sw \end{Bmatrix}} = \frac{{}_sv}{{}_sv^2 + {}_sw^2} \tag{9.55}$$

刚心的位移 y_c 可表示为：

$$y_c = \sum_{s=1}^{2} {}_s\beta(_s v - \overline{e} \cdot {}_s w) \cdot {}_s q_0 \tag{9.56}$$

总剪力可表示为总刚度与刚心位移之积 $K_y y_c$。距离重心 $\pm i$ 处的位移 $y_{\pm i}$ 可表示为：

$$y_{\pm i} = y \mp z = \sum_{s=1}^{2} {}_s\beta(_s v \mp {}_s w)_s q_0 \tag{9.57}$$

例 9.4 单层结构的扭转振动反应特性

偏心率 $\overline{e} = 0.5$ 和弹性半径率 $\overline{j} = 1.0$ 的结构发生扭转振动时的模态如图 9.30 所示。通过振型分解反应谱法计算该结构在地震作用下的扭转振动反应。假设加速度反应谱为定值，即位移反应谱值与结构周期的平方成比例。

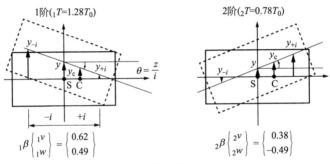

图 9.30

设忽略扭转运动时结构的周期为 T_0，对应的位移反应谱值为 S_0，则扭转周期 $_1 T$（$= T_0 / {}_1\varphi$）和 $_2 T$（$= T_0 / {}_2\varphi$）对应的位移谱值 $_1 S$ 和 $_2 S$ 分别为：

$$\left. \begin{array}{l} _1 S = S_D [1.28 T_0] = 1.64 S_0 \\ _2 S = S_D [0.78 T_0] = 0.61 S_0 \end{array} \right\} \tag{9.58}$$

根据图 9.30 和式（9.56）、式（9.57），采用 RSS 组合计算结构刚心的位移 y_c 和距重心 $\pm i$ 处的位移 $y_{\pm i}$ 可如下：

$$y_{cRSS} = \sqrt{(0.37 \, {}_1 S)^2 + (0.63 \, {}_2 S)^2} = 0.72 S_0 \tag{9.59}$$

$$y_{-i\text{RSS}} = |\ y + z\ |_{\text{RSS}} = \sqrt{(1.11_1 S)^2 + (-0.11_2 S)^2} = 1.82 S_0 \tag{9.60}$$

$$y_{+i\text{RSS}} = |\ y - z\ |_{\text{RSS}} = \sqrt{(0.13_1 S)^2 + (0.87_2 S)^2} = 0.57 S_0 \tag{9.61}$$

y_{-i} 表示较柔侧结构的位移，y_{+i} 则表示较刚侧结构的位移。

当结构发生扭转时，较柔侧结构的位移和内力往往远大于不考虑扭转振动的情况，在抗震设计中应予以重视。

结构受静力作用时，设忽略结构偏心时的刚心处的位移为 $y_c' = P/K_y$，则：

$$y_{\pm i}' = y_c' \mp (i \mp e)\theta = \left\{ 1 \mp \frac{(1 \mp \bar{e})\bar{e}}{\bar{j}^2} \right\} \cdot y_c' \tag{9.62}$$

对于图 9.30 所示的情况（$\bar{e} = 0.5$，$\bar{j} = 1.0$）：$y_{+i}' = 0.75 y_c'$，$y_{-i}' = 1.75 y_c'$

静力作用下结构的位移分布与结构的 1 阶振型比较接近，可用于估算扭转振动对较柔侧结构的位移放大的效应。另一方面，较刚侧结构的位移受 2 阶振型影响较大，难以通过静力作用下结构的位移来估算。采用不考虑结构偏心时的位移作为较刚侧结构的位移通常是偏于安全的。

(2) 多层建筑的扭转反应

已知两个方向各榀平面结构的抗侧刚度，如图 9.31 所示，分析多层建筑的整体扭转反应。记 x 和 y 方向第 i 榀平面结构的刚度矩阵分别为 $[_iK_x]$ 和 $[_iK_y]$[8][13]。

第 i 榀平面结构的恢复力 $\{_iF\}$ 和水平位移 $\{_iD\}$ 之间具有以下关系（图 9.32）：

$$\{_iF\} = [_iK]\{_iD\} \tag{9.63}$$

在以各楼层重心为原点的坐标系下，记 x 和 y 方向各榀结构的坐标分别为 $_il_y$ 和 $_il_x$（考虑正负号）。将其写成如下式所示的对角矩阵的形式（设层数为 N）：

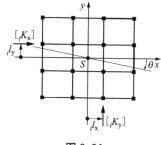

图 9.31

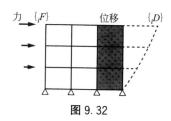

图 9.32

$$\left[_{i}l_{y}\right]=\begin{bmatrix}_{i}l_{y1} & \cdots & 0 \\ & _{i}l_{y2} & & \vdots \\ \vdots & & \ddots & \\ 0 & \cdots & & _{i}l_{yN}\end{bmatrix} \tag{9.64}$$

$$\left[_{i}l_{x}\right]=\begin{bmatrix}_{i}l_{x1} & \cdots & 0 \\ & _{i}l_{x2} & & \vdots \\ \vdots & & \ddots & \\ 0 & \cdots & & _{i}l_{xN}\end{bmatrix} \tag{9.65}$$

则各榀平面结构的水平位移可以表示为各楼层重心的平动向量 $\{x\}$、$\{y\}$ 和转动向量 $\{\theta\}$ 的线性组合：

$$\{_{i}x\}=\{x\}+\left[_{i}l_{y}\right]\{\theta\} \quad (x \text{ 方向第 } i \text{ 榀结构}) \tag{9.66}$$

$$\{_{i}y\}=\{y\}-\left[_{i}l_{x}\right]\{\theta\} \quad (y \text{ 方向第 } j \text{ 榀结构}) \tag{9.67}$$

将式（9.66）和式（9.67）中的位移向量代入式（9.63）可得各榀结构的恢复力。

根据各层的力的平衡和关于各层重心的扭矩平衡，无阻尼体系发生扭转振动的运动方程为：

$$\left.\begin{aligned}-\left[M\right]\{\ddot{x}+\ddot{x}_{0}\}&=\sum_{i=1}^{n}\left[_{i}K_{x}\right](\{x\}+\left[_{i}l_{y}\right]\{\theta\}) \\ -\left[M\right]\{\ddot{y}+\ddot{y}_{0}\}&=\sum_{i=1}^{n}\left[_{i}K_{y}\right](\{y\}-\left[_{i}l_{x}\right]\{\theta\}) \\ -\left[I\right]\{\ddot{\theta}\}&=\sum_{i=1}^{n}\left[_{i}l_{y}\right]\left[_{i}K_{x}\right](\{x\}+\left[_{i}l_{y}\right]\{\theta\}) \\ &\quad -\sum_{i=1}^{m}\left[_{i}l_{x}\right]\left[_{i}K_{y}\right](\{y\}-\left[_{i}l_{x}\right]\{\theta\})\end{aligned}\right\} \tag{9.68}$$

$$
\begin{bmatrix} [M] & 0 & 0 \\ 0 & [M] & 0 \\ 0 & 0 & [I] \end{bmatrix} \begin{Bmatrix} \ddot{X} \\ \ddot{Y} \\ \ddot{\Theta} \end{Bmatrix} + \begin{bmatrix} [K_{xx}] & [K_{xy}] & [K_{x\theta}] \\ [K_{yx}] & [K_{yy}] & [K_{y\theta}] \\ [K_{\theta x}] & [K_{\theta y}] & [K_{\theta\theta}] \end{bmatrix} \begin{Bmatrix} X \\ Y \\ \Theta \end{Bmatrix}
$$

$$
= - \begin{Bmatrix} [M]\{1\}\ddot{x}_0 \\ [M]\{1\}\ddot{y}_0 \\ 0 \end{Bmatrix} \tag{9.69}
$$

式中，

$$
X = \{x\}, \ Y = \{y\}, \ \Theta = \{\theta\} \tag{9.70}
$$

$$
[M] = \begin{bmatrix} m_1 & & \cdots & & 0 \\ & m_2 & & & \vdots \\ \vdots & & \ddots & \\ 0 & & \cdots & & m_N \end{bmatrix} \tag{9.71}
$$

$$
[I] = \begin{bmatrix} I_1 & & \cdots & & 0 \\ & I_2 & & & \vdots \\ \vdots & & \ddots & \\ 0 & & \cdots & & I_N \end{bmatrix} \tag{9.72}
$$

$$
\left.
\begin{aligned}
& [K_{xx}] = \sum_{i=1}^{n} [_iK_x], \ \ [K_{yy}] = \sum_{i=1}^{n} [_iK_y] \\
& [K_{xy}] = [K_{yx}]^T = [0] \\
& [K_{x\theta}] = [K_{\theta x}]^T = \sum_{i=1}^{n} [_iK_x][_il_y] \\
& [K_{y\theta}] = [K_{\theta y}]^T = -\sum_{i=1}^{m} [_iK_y][_il_x] \\
& [K_{\theta\theta}] = \sum_{i=1}^{n} [_il_y][_iK_x][_il_y] + \sum_{i=1}^{m} [_il_x][_iK_y][_il_x]
\end{aligned}
\right\} \tag{9.73}
$$

由式（9.73）可见，通过各榀平面结构的刚度矩阵和表示各榀结构相对于重心位置的对角坐标矩阵可得到整体结构的扭转刚度矩阵。式中忽略了各个构件本身的抗扭刚度。

式（9.69）的解可以表示为结构各阶模态反应的组合：

$$\left\{\begin{array}{c}X\\Y\\\Theta\end{array}\right\}=\sum_{s=1}^{3N}\left({}_s\beta_U\left\{\begin{array}{c}{}_sU\\{}_sV\\{}_sW\end{array}\right\}{}_sq_{0x}(t)+{}_s\beta_V\left\{\begin{array}{c}{}_sU\\{}_sV\\{}_sW\end{array}\right\}{}_sq_{0y}(t)\right)\quad(9.74)$$

式中，

$${}_s\beta_U=\{{}_sU\}^T[M]\{1\}/{}_sM,\quad{}_s\beta_V=\{{}_sV\}^T[M]\{1\}/{}_sM$$

$${}_sM=\{{}_sU\}^T[M]\{{}_sU\}+\{{}_sV\}^T[M]\{{}_sV\}+\{{}_sW\}^T[I]\{{}_sW\}$$

$\{{}_sU,\ {}_sV,\ {}_sW\}$ 是 s 阶特征向量

${}_sq_{0x}(t),\ {}_sq_{0y}(t)$ 是地面运动 $\ddot{x}_0$ 和 $\ddot{y}_0$ 作用下的 s 阶模态反应

$$(9.75)$$

对于实际的多层建筑，往往难以分别确定各个楼层的偏心率。但是当各榀平面结构都采用剪切模型时，仍可以像单层建筑那样计算其各个楼层的偏心率。志贺的研究表明[第1章][1]，对于这样的剪切型体系，当各层的重心和刚心都分别在一条直线上（即各层的偏心距均相同）且各层楼面的回转半径、两个方向的刚度比和弹性半径（$\sqrt{扭转刚度/平动刚度}$）均相同时，可以在不考虑扭转的周期和振型的基础上，利用等效的单层扭转体系的周期比和扭转振型近似地计算多层体系的扭转振动特性。当各个楼层的偏心程度差异较大时，则需要根据式（9.69）对多层扭转体系进行动力反应分析以考察其扭转振动特性。

9.5　土与结构的相互作用

(1) 单层建筑的侧滑-摇摆（sway-rocking）振动

当场地刚度较小时，场地土层的变形引起的建筑基础的侧滑（sway）和摇摆（rocking）会对上部结构的地震反应产生不可忽视的影响。

考察如图 9.33 所示的弹性场地上的单层建筑[9]，可采用等效刚度和阻尼近似地表示场地和基础的动力特性（参见第 8 章）。

设自由场地地表的运动为 z，建筑顶部和基础对于自由场地的相对位移分别为 y_1 和 y_0，基础的转角为 θ，则结构发生侧滑-摇摆振动的运动方程为（图 9.34）：

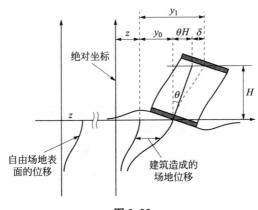

图 9.33

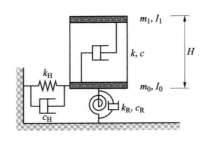

图 9.34

$$m_1(\ddot{y}_1 + \ddot{z}) + c(\dot{y}_1 - \dot{y}_0 - \dot{\theta}H) + k(y_1 - y_0 - \theta H) = 0$$
$$m_0(\ddot{y}_0 + \ddot{z}) + c_H\dot{y}_0 + k_Hy_0$$
$$\left.\begin{array}{l} - c(\dot{y}_1 - \dot{y}_0 - \dot{\theta}H) - k(y_1 - y_0 - \theta H) = 0 \\ I\ddot{\theta} + c_R\dot{\theta} + k_R\theta - c(\dot{y}_1 - \dot{y}_0 - \dot{\theta}H)H - k(y_1 - y_0 - \theta H)H = 0 \end{array}\right\}$$

$$(9.76)$$

式中，m_1 和 m_0 分别是上部结构和基础的质量（不包含土体的等效质量）；$I = I_1 + I_0$ 是转动惯量（I_1 和 I_0 分别是各层楼面关于各自重心的转动惯量）；k 和 c 分别是上部结构的刚度和阻尼系数；k_H 和 c_H 分别是表示场地的平动弹簧的刚度和阻尼系数；k_R 和 c_R 分别是表示场地的转动弹簧的刚度和阻尼系数。

在式（9.76）的第 2 式和第 3 式的等号左边分别加上 $m_{He}\ddot{y}_0$

和 $I_{Re}\ddot{\theta}$ 可进一步考虑场地土的等效质量 m_{He} 和等效转动惯量 I_{Re}。请注意，地面运动加速度 $\ddot{z}$ 不会在场地的等效质量上产生惯性力。

将式（9.76）改写为以下矩阵形式：

$$[M]\{\ddot{Y}\} + [C]\{\dot{Y}\} + [K]\{Y\} = -[M]\{f\}\ddot{z} \qquad (9.77)$$

式中，

$$[M] = \begin{Bmatrix} I & 0 & 0 \\ 0 & m_0 & 0 \\ 0 & 0 & m_1 \end{Bmatrix} \qquad (9.78)$$

$$[C] = \begin{Bmatrix} c_R + cH^2 & cH & -cH \\ cH & c_H + c & -c \\ -cH & -c & c \end{Bmatrix} \qquad (9.79)$$

$$[K] = \begin{Bmatrix} k_R + kH^2 & kH & -kH \\ kH & k_H + k & -k \\ -kH & -k & k \end{Bmatrix} \qquad (9.80)$$

$$\{Y\} = \begin{Bmatrix} \theta \\ y_0 \\ y_1 \end{Bmatrix}, \quad \{f\} = \begin{Bmatrix} 0 \\ 1 \\ 1 \end{Bmatrix} \qquad (9.81)$$

建筑的总位移 y_1 是场地平动位移 y_0、基础摇摆产生的位移 θH 和上部结构的变形 δ 三部分之和。

$$y_1 = y_0 + \theta H + \delta \qquad (9.82)$$

不同于自由场地的加速度 $\ddot{z}$，建筑基础的绝对加速度是 $(\ddot{y}_0 + \ddot{z})$。

由图 9.33 可见，建筑的存在会影响场地的内力和变形。当场地处于弹性范围内时，可以像式（9.76）那样认为自由场地的运动不受土-结构耦联体系动力反应的影响。但如果考虑场地的非线性反应，则往往需要为建筑周边的场地建立离散化的分析模型以考虑场地和结构之间的相互影响。

总之，建筑的振动会受到场地特性的影响，建筑周边场地的反应也会受建筑振动的影响。这称为**土与结构的相互作用**（soil-structure interaction）。

土与结构的相互作用对建筑地震反应的影响主要体现在以下几个方面：

① 受场地变形的影响，建筑的周期会比假设基础完全固定时有所增大。

② 受场地中能量逸散的影响，建筑的阻尼会有所增大。对于抗侧刚度较大的低矮建筑，由此产生的附加阻尼可以明显地减小结构的地震反应。此外，一般认为场地的非线性反应会显著减小地震对结构的输入，然而尚难以定量地评价这一效果。

③ 由于建筑基础的运动不同于自由场地，在建筑基础处获取的强震记录或多或少地会受到土-结构耦联体系的动力特性的影响。当这一影响较小时可以忽略不计，否则在使用建筑基础处获取的强震记录对结构进行地震反应分析时有必要先对其进行适当的修正。

准确评价场地的动力特性对于分析土与结构的相互作用至关重要。在这方面仍存在诸多难题。例如，实际场地在强烈地震作用下的动力特性，桩基等基础结构和地下室对场地动力特性的影响，以及这些因素对输入的地震动特性的影响等问题，都有待进一步研究。

例 9.5　单层结构的侧滑模型

考察如图 9.35 所示的弹性场地上的单层结构。仅考虑上部结构的质量，忽略基础的质量和场地的附加质量，且仅考虑场地变形的水平分量而不考虑场地的转动变形。

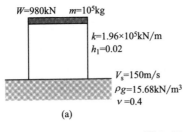
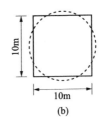

图 9.35

采用水平放置的弹簧和黏性阻尼器模拟场地的动力特性，如图 9.36 所示。设自由场地的运动为 z，基础和上部结构相对于自由场地的运动分别为 y_0 和 y_1，则该体系的运动方程为：

$$\left.\begin{array}{l} m\ddot{y}_1 + c(\dot{y}_1 - \dot{y}_0) + k(y_1 - y_0) = -m\ddot{z} \\ c_H\dot{y}_0 + k_H y_0 - c(\dot{y}_1 - \dot{y}_0) - k(y_1 - y_0) = 0 \end{array}\right\} \quad (9.83)$$

可见，这是一个非比例阻尼体系（2.6 节）。

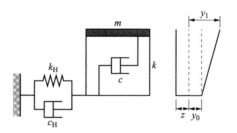

图 9.36

首先考察土-结构耦联体系的周期和阻尼。设 $\ddot{z} = 0$，且

$$\{y_0,\ y_1\}^T = \{u_0,\ u_1\}^T e^{\lambda t} \quad (9.84)$$

通过特征方程可得：

$$\begin{vmatrix} m\lambda^2 + c\lambda + k & -(c\lambda + k) \\ -(c\lambda + k) & (c + c_H)\lambda + (k + k_H) \end{vmatrix} = 0 \quad (9.85)$$

记：

$$\frac{k}{m} = \omega_1^2, \qquad \frac{c}{m} = 2h_1\omega_1 \quad (9.86)$$

$$\frac{k_H}{m} = \omega_0^2, \qquad \frac{c_H}{m} = 2h_0\omega_0 \quad (9.87)$$

$$\omega_0 = \varphi_0 \cdot \omega_1 \quad (9.88)$$

设特征值为：

$$\lambda = \varphi \cdot \omega_1 \quad (9.89)$$

则式（9.85）可表示为关于 φ 的一元三次方程：

$$2(h_1 + h_0 \varphi_0) \varphi^3 + (1 + \varphi_0^2 + 4h_1 h_0 \varphi_0) \varphi^2$$
$$+ 2(h_0 \varphi_0 + h_1 \varphi_0^2) \varphi + \varphi_0^2 = 0 \qquad (9.90)$$

式（9.90）的共轭复数解表示了耦联体系的振动特性：

$$\lambda = \varphi \omega_1 = \lambda_R \pm \lambda_I \cdot i = -h\omega \pm \sqrt{1 - h^2} \omega \cdot i \qquad (9.91)$$

$$\left. \begin{array}{l} \therefore \omega = |\lambda| = \sqrt{\lambda_R^2 + \lambda_I^2} \\ h = -\lambda_R / |\lambda| \end{array} \right\} \qquad (9.92)$$

在本例中，上部结构的参数如下：

$m = 9.8 \times 10^5 \text{N} / 9.8 \text{m/s}^2 = 10^5 \text{kg}$，$k = 1.96 \times 10^8 \text{N/m}$

$\omega_1 = 44.3$，$T = 0.14 \text{s}$

$h_1 = 0.02$（基础固定时的阻尼比）

$\therefore c = 2h_1 \omega_1 m = 177.2 \text{kN} \cdot \text{s/m}$

设场地土的剪切波速 $V_s = 150 \text{m/s}$，单位重量 $\rho g = 15.68 \text{kN/m}^3$，泊松比 $v = 0.4$。利用等效半径 r_e 和 Parmelee 建议的简化公式 [式（8.94）、式（8.95）] 计算场地的等效刚度和阻尼系数如下：

$$r_e = 10 \text{m} \times 0.56 = 5.6 \text{m}$$

$$k_H = \frac{6.77}{1.79 - 0.4} \left(\frac{15.68}{9.8} \right) \times 150^2 \times 5.6 = 9.82 \times 10^5 \text{kN/m}$$

$$c_H = \frac{6.21}{2.54 - 0.4} \left(\frac{15.68}{9.8} \right) \times 150 \times 5.6^2 = 2.18 \times 10^4 \text{kN} \cdot \text{s/m}$$

根据式（9.86）～式（9.90）可得

$$4.961 \varphi^3 + 6.20 \varphi^2 + 5.122 \varphi + 5.004 = 0$$

上式具有一个负实数解和表示体系振动的两个共轭复数解：

$$\lambda = \omega_1 \varphi = 44.3 \times (-0.0612 \pm 0.9438i)$$

$$\therefore \omega = \underbrace{44.3}_{\omega_1} \times \underbrace{0.946}_{|\varphi|} = 41.9, \quad T = \frac{2\pi}{\omega} = 0.15 \text{s}$$

$$h = \frac{0.0612 \times 44.3}{41.9} = 0.065$$

可见，受场地的影响，体系的周期从基础固定时的 0.14s 增大到 0.15s，阻尼比则从 2% 大幅提高至 6.5%。

还可以采用 Biggs 方法（2.6 节）估算体系的阻尼比：

$$\left.\begin{array}{l} h=\dfrac{1}{4\pi}\dfrac{\sum \Delta W_i}{\sum W_i} \\[4mm] \Delta W_i=\pi c_i p\delta_i^2,\ W_i=\dfrac{1}{2}k_i\delta_i^2 \end{array}\right\} \tag{9.93}$$

在上式中，体系中各部分的变形 δ_i 和体系的圆频率 p 的取值可忽略阻尼的影响。由于只需要知道 δ_i 的相对大小，为简便起见，采用 $1g$ 的惯性力作用下的变形。

$$\delta_1=\frac{980\mathrm{kN}}{1.96\times 10^5\mathrm{kN/m}}=0.5\mathrm{cm}$$

$$\delta_0=\frac{980\mathrm{kN}}{9.82\times 10^5\mathrm{kN/m}}=0.1\mathrm{cm}$$

各部分的弹性应变能为：

$$W_1=0.5\times (1.96\times 10^5)\times 0.005^2=2.45\mathrm{kN\cdot m}$$

$$W_0=0.5\times (9.82\times 10^5)\times 0.001^2=0.49\mathrm{kN\cdot m}$$

体系的圆频率计算如下：

$$K=\frac{1}{1/(1.96\times 10^5)+1/(9.82\times 10^5)}=1.62\times 10^5\mathrm{kN/m}$$

$$p=40.4,\ T(近似)=0.156\mathrm{s}$$

各部分的耗能为：

$$\Delta W_1=\pi\times 177.2\times 40.4\times 0.005^2=0.56\mathrm{kN\cdot m}$$

$$\Delta W_0=\pi\times 2.18\times 10^4\times 40.4\times 0.001^2=2.77\mathrm{kN\cdot m}$$

从而可估算体系的阻尼比为：

$$h(近似)=\frac{1}{4\pi}\frac{0.56+2.77}{2.45+0.49}=0.090=9.0\%$$

由于场地的等效阻尼系数 c_H 非常大，上述简化方法得到的阻尼比与准确解之间差异较大，但仍在同一个数量级上。

　　设自由场地的运动 $\ddot{z}=-\mathrm{e}^{ipt}$，考察建筑顶部和基础的稳态反应，亦即求解传递函数。设解为 $y_1=Y_1\mathrm{e}^{ipt}$ 和 $y_0=Y_0\mathrm{e}^{ipt}$ 并代入式（9.83）可得：

$$Y_1=\cfrac{m}{-mp^2+\cfrac{1}{1/K+1/K_{\mathrm{H}}}}, \ Y_0=\frac{K}{K+K_{\mathrm{H}}}\cdot Y_1$$

$$(9.94)$$

　　式中，$K=k+icp$，$K_{\mathrm{H}}=k_{\mathrm{H}}+ic_{\mathrm{H}}p$。

　　由于 K 和 K_{H} 是复数，因此 Y_1 和 Y_0 也是复数。设建筑顶部和基础的绝对加速度反应分别为：

$$\ddot{z}_1=y_1+\ddot{z}=Z_1\mathrm{e}^{ipt}, \ \ddot{z}_0=y_0+\ddot{z}=Z_0\mathrm{e}^{ipt}$$

　　则有：

$$Z_1=-p^2Y_1-1, \ Z_0=-p^2Y_0-1 \qquad (9.95)$$

图 9.37

加速度的传递函数的绝对值 $|Z_1|$ 和 $|Z_0|$ 如图 9.37 所示。

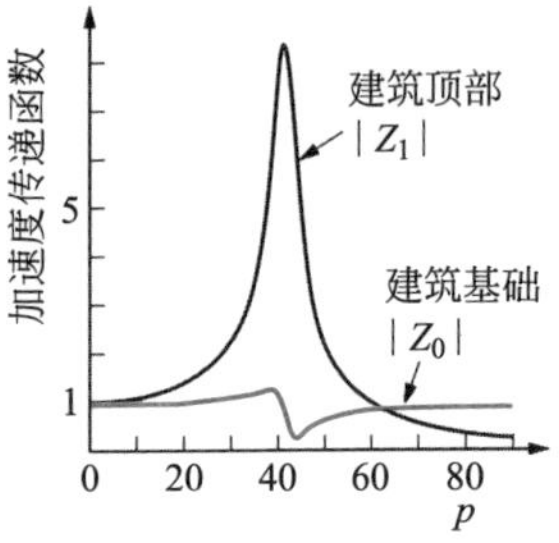

　　将自由场地运动的傅里叶变换乘以传递函数，可得到结构相应部位的反应的傅里叶变换。由图可见，建筑顶部的反应在自振周期附近非常显著，而基础的反应在上部结构自振周期附近有减小的趋势。可见基础的运动受到来自上部结构的影响，与自由场地的运动有所不同。实际基础的振动除了受上述侧滑和摇摆振动的影响之外，还与基础埋深和建筑物的规模有关。

(2) 多层建筑的侧滑-摇摆振动

　　考察如图 9.38 所示的弹性场地上的多层结构的运动方程。采用平动和转动弹簧模拟场地的动力特性。

　　根据各质点的力的平衡和整体的弯矩平衡可得：

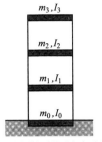

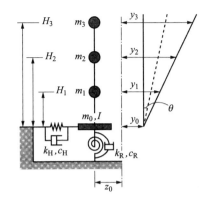

I=各层楼面关于各自重心
的转动惯量之和

$= \sum_i I_i$

图 9.38

$$m_i(\ddot{y}_i + \ddot{z}_0) + \sum_{j=1}^{n} c_{ij}(\dot{y}_j - \dot{y}_0 - \dot{\theta}H_j)$$

$$+ \sum_{j=1}^{n} k_{ij}(y_j - y_0 - \theta H_j) = 0$$

$$m_0(\ddot{y}_0 + \ddot{z}_0) + c_H \dot{y}_0 + k_H y_0 - \sum_{i=1}^{n} \sum_{j=1}^{n} c_{ij}(\dot{y}_j - \dot{y}_0 - \dot{\theta}H_j)$$

$$- \sum_{i=1}^{n} \sum_{j=1}^{n} k_{ij}(y_j - y_0 - \theta H_j) = 0$$

$$I\ddot{\theta} + c_R \dot{\theta} + k_R \theta - \sum_{i=1}^{n} \sum_{j=1}^{n} c_{ij}H_i(\dot{y}_j - \dot{y}_0 - \dot{\theta}H_j)$$

$$- \sum_{i=1}^{n} \sum_{j=1}^{n} k_{ij}H_i(y_j - y_0 - \theta H_j) = 0$$

$$(9.96)$$

式中，c_{ij} 和 k_{ij} 是上部结构（基础固定）本身的阻尼矩阵 $[c]$ 和刚度矩阵 $[k]$ 中的元素。

将上式表示为矩阵的形式：

$$[M]\{\ddot{y}\} + [C]\{\dot{y}\} + [K]\{y\} = -[M]\{f\}\ddot{z}_0 \qquad (9.97)$$

式中，

$$[M] = \begin{bmatrix} I & & \cdots & 0 \\ & m_0 & & \vdots \\ \vdots & & \ddots & \\ 0 & \cdots & & m_n \end{bmatrix} \tag{9.98}$$

$$\{y\} = \{\theta, \ y_0, \ \cdots, \ y_n\}^{\mathrm{T}} \tag{9.99}$$

$$\{f\} = \{0, \ 1, \ \cdots, \ 1\}^{\mathrm{T}} \tag{9.100}$$

$$[K] = \begin{bmatrix} k_{\mathrm{R}} + \sum_i \sum_j k_{ij} H_i H_j & \sum_i \sum_j k_{ij} H_i & -\sum_i k_{i1} H_i & \cdots & -\sum_i k_{in} H_i \\[2mm] \sum_i \sum_j k_{ij} H_j & k_{\mathrm{H}} + \sum_i \sum_j k_{ij} & -\sum_i k_{i1} & \cdots & -\sum_i k_{in} \\[2mm] -\sum_j k_{1j} H_j & -\sum_j k_{1j} & k_{11} & \cdots & k_{1n} \\[2mm] -\sum_j k_{2j} H_j & -\sum_j k_{2j} & k_{21} & \cdots & k_{2n} \\[2mm] \vdots & & \vdots & \vdots & \\[2mm] -\sum_j k_{nj} H_j & -\sum_j k_{nj} & k_{n1} & \cdots & k_{nn} \end{bmatrix}$$

$$\tag{9.101}$$

阻尼矩阵 $[C]$ 与刚度矩阵 $[K]$ 具有相同的形式，仅将 k_{R}、k_{H}、k_{ij} 分别替换为 c_{R}、c_{H}、c_{ij} 即可。

可采用第 8 章的方法或者实测结果确定场地-基础的平动和转动的刚度 k_{R}、k_{H} 和阻尼 c_{R}、c_{H}。式（9.97）所描述的侧滑-摇摆振动通常具有非比例阻尼，可采用第 2.6 节中的方法求解。

也可以采用复阻尼表示上部结构和基础的阻尼特性。此时，上部结构的阻尼可表示为 $[k](1+2h_{\mathrm{S}} \cdot i)$，基础转动对应的阻尼为 $k_{\mathrm{R}}(1+2h_{\mathrm{R}} \cdot i)$，基础平动对应的阻尼为 $k_{\mathrm{H}}(1+2h_{\mathrm{H}} \cdot i)$。其中的 h_{S}、h_{R} 和 h_{H} 的取值往往依赖于工程经验。在此基础上，可利用无阻尼体系的模态和第 2.6 节第（4）小节的方法估算整体结构的阻尼比。

第10章 建筑的抗震性能

10.1 建筑震害

地震灾害是日本的宿命。不但在每次大地震中不可能完全避免类似的震害重复出现，随着时代的变迁和城市的不断发展，还总是不断出现从未见过的新的震害。对一次次地震灾害的经验总结，推动了建筑结构抗震技术的不断进步。

日本地震工程和建筑抗震方面的研究发轫于明治维新之后。下面以明治维新以来日本和世界其他一些国家和地区遭受的重大地震灾害为线索，梳理建筑抗震技术在日本的发展及其影响。

1880 年日本横滨地震（1880 年 2 月 22 日，$M=5.5\sim6$，震中位置 35.6°N，139.8°E）

虽然地震造成的房屋破坏并不十分严重，但仍使当时居住在日本的外国学者感到震惊。以此为契机，1881 年成立了日本地震学会。受当时的日本政府邀请来日的 J. Milne（工部大学，1876～1894 年间在日）和 J. A. Ewing（东京大学，1878～1883 年间在日）等人奠定了日本地震学的基础。

1891 年日本浓尾地震（1891 年 10 月 28 日，$M=8.0$，震中位置 35.6°N，136.6°E）

这是日本规模最大的一次内陆型地震。爱知县、岐阜县一带受灾非常严重。地震震中位于岐阜县楫斐河上游，岐阜县西北约 30km 附近。地震造成逾 14 万间房屋完全倒塌，8 万多间房屋中等破坏，7273 人死亡，山体滑坡多达一万余处。震后发现了一条长达 80km 几乎横穿本州岛南北的断层，即著名的"根尾谷断层"。在岐阜县水鸟地区发现了竖向 6m 水平 2m 的地表错动。

采用国外引进的技术建造的砌体结构房屋在地震中大量倒塌，造成了严重人员伤亡[2]，使日本建筑界深感有必要对建筑进行抗震设防。地震翌年的 1892 年，文部省设立震灾预防调查委员会，地震学和抗震工程方面的研究开始在日本兴盛起来。

1906 年美国旧金山地震（1906 年 4 月 18 日，$M=8.3$，$37.7°$N，$122.5°$W）

旧金山市中心的建筑在地震中破坏严重，震后发生了大规模的次生火灾，造成大约 700 人死亡（另说 3000 人死亡）。

砌体结构建筑的破坏非常严重。相比之下，外墙和隔墙设计合理的高层钢结构建筑（最高约 15 层）表现出优异的抗震性能。当时为数不多的钢筋混凝土结构也表现出优异的抗震和耐火性能。在对建筑震害进行详细调查的基础上，佐野利器为日本建筑抗震和耐火的发展指明了方向。

1916 年，佐野利器发表名为《房屋抗震结构论》的文章，奠定了此后抗震工程学发展的基础[1]。现在在建筑抗震设计中为人们所熟知的"震度"，最初就是在这篇文章中提出的。

1923 年日本关东地震（1923 年 9 月 1 日，$M=7.9$，$35.6°$N，$136.6°$E）

地震震中位于相模湾一带。地震在横滨、东京等关东南部地区造成严重灾害。由于地震发生在中午（11 点 58 分），各地发生多起次生火灾，进一步加重了灾情。地震造成 10 万 9 千余栋房屋完全倒塌，10 万 2 千栋中等破坏，21 万 2 千栋房屋被烧毁，10 万 5 千余人死亡或失踪。4 万多人在位于东京市中心的被服厂内避难时遭遇大火和强烈旋风，其中 3 万 8 千人遇难，占东京都总死亡人数的 55％以上，并且造成严重的经济损失[20]。

这次地震对建筑结构是一次巨大的考验。一方面，非抗震设防的砖石砌体结构房屋破坏严重，造成大量人员伤亡；另一方面，吸取了浓尾地震的教训而在设计和施工上有所改进的砌体结构房屋则表现出较好的抗震性能。尽管如此，砖石砌体结构在这次地震之后在日本仍然渐渐地被淘汰了。

钢结构建筑的砌体隔墙、非结构墙体和柱的保护层出现了一些损伤，但是主体结构本身的破坏程度较轻。地震发生前一年竣工的由内藤多仲设计的日本兴业银行（七层，钢筋混凝土包裹钢柱，设计震度 1/15，含钢筋混凝土抗震墙）在地震中未发生任何破坏，成为日本、美国甚至世界各国关注的焦点。此后，钢骨混凝土结构作为日本独创的一种结构形式在日本的高层建筑中得到广泛应用。此外，抗震墙和斜撑等抗侧构件在提高建筑抗震性能方面的作用也得到充分认识，抗侧刚度较大的刚性结构体系逐渐成为抗震建筑的主流。

钢筋混凝土结构总体上震害较轻，但是也有一些抗震墙数量较少、配筋或施工不当的钢筋混凝土建筑遭受严重破坏。抗震墙数量较少的钢筋混凝土结构厂房的破坏尤为严重。采用美式设计的即将竣工的内外大厦（8 层办公楼，钢筋混凝土结构，采用老式带肋钢筋，无弯钩）在地震中完全倒塌，成为典型的反面教材（照片10.1）。日本在此后很长一段时间里不再使用带肋钢筋，直到第二次世界大战之后才重新开始使用带肋钢筋。

照片 10.1

人们很早就认识到了场地特性对建筑震害的影响。在关东地震中，建筑震害表现出明显的场地相关性。以东京为例，位于下城区软弱场地、冲积平原或高地边缘的木结构房屋的倒塌率明显高于高地上同类房屋的倒塌率。

受关东地震灾害的影响，日本在地震翌年的 1924 年修订了《市街地建筑物法》（1920 年施行），首次规定设计震度为 0.1。1925 年，东京大学地震研究所成立，其宗旨是开展地震学和抗震工程方面的研究以减轻地震灾害。浓尾地震后成立的震灾预防调查委员会也随之解散。

1933 年，日本建筑学会出版了《钢筋混凝土结构设计规范》，采用了武藤清提出的侧力分布系数法，从而首次使建筑抗震验算成为可能。

1933 年美国长滩地震（1933 年 3 月 10 日，$M=6.4$，33.6°N，119.0°W）

美国加利福尼亚州的建筑在地震中遭受了比较严重的破坏。地震共造成 120 人死亡，大多数是由屋顶或墙壁坠落物造成的。在地震中，人们首次利用强震仪获得了地面运动加速度波形记录。位于 Vernon（震中距 48km）的强震记录的加速度峰值在南北方向为 0.13g，东西方向 0.15g，竖向 0.15g（$g=$ 重力加速度 $=$ 980Gal)[20]。

1944 年日本东南海地震（1944 年 12 月 7 日，$M=7.9$，33.8°N，136.6°E）

地震发生在熊野海域和远州海域的交界处，地震灾害波及本州岛中部和近畿的大片地区。名古屋重工业区受灾尤其严重。地震共造成 1223 人死亡，17599 栋房屋完全破坏，36520 栋中等破坏，3129 栋被海啸冲毁。建筑震害与场地的相关性再次成为关注的焦点。在河流两侧的冲积场地和人工填土场地上建筑倒塌率较高。

1946 年日本南海地震（1946 年 12 月 21 日，$M=8.0$，33.0°N，135.6°E）

地震震中位于潮岬近海，从本州岛中部到九州的大片地区遭受地震破坏。地震共造成 1330 人死亡，11591 栋房屋完全破坏，23487 栋中等破坏，2598 栋被烧毁。在从静冈到九州的沿海地区，有 1451 栋房屋被海啸冲毁。

1948 年日本福井地震（1948 年 6 月 28 日，$M=7.1$，36.2°N，136.2°E）

地震发生在福井平原上，是一次内陆型地震（震源深度 20km）。地震地面运动非常强烈，局部地区受灾非常严重。在福井平原中部的冲积场地上，某些村庄的房屋倒塌率达到 100%。这次地震后，日本气象厅在震度表中增加了Ⅶ度这一等级，从而将震度表扩充为 8 个等级（0～Ⅶ）。

地震造成 36184 栋房屋完全破坏，11816 栋中等破坏，3851 栋被烧毁，3769 人死亡。福井市内的大和公寓（6 层钢筋混凝土结构）的倒塌引起广泛关注（照片 10.2）[5]。该楼曾经遭受战火破坏，并且在结构上存在抗震墙数量少、配筋不当、基础薄弱等缺陷。

照片 10.2

福井地震极大地推动了日本建筑结构抗震研究的发展。1950年颁布实施《建筑基准法》，规定设计震度不得小于 0.2，同时进一步完善了抗震设计方法。此外，武藤清、高桥龟太郎等人于1952 年成功研制了日本第一台强震仪（SMAC）。日本从 1953 年开始进行强震观测。

1962 年日本宫城县北部地震（1962 年 4 月 30 日，$M=6.5$，38.7°N，141.1°E）

震害集中在宫城县北部的内陆地区。地震造成 3 人死亡，340栋房屋完全破坏，1114 栋中等破坏。砖砌块和石砌体围墙在地震中的倒塌引起人们的重视。砌体围墙的倒塌造成 1 人死亡[6]。

1964 年美国阿拉斯加地震（1964 年 3 月 27 日，$M=8.4$，61.1°N，147.6°W）

地震使安克雷奇市中心遭受严重破坏，造成 131 人死亡。位于海边崖地上的住宅区出现大规模的地表滑移。高层钢筋混凝土结构（14 层公寓楼等）、钢结构、预制混凝土结构房屋均受到不同程度的破坏[7]。

1964 年日本新潟地震（1964 年 6 月 16 日，$M＝7.5$，$38.4°N$，$139.2°E$）

地震震中位于新潟市以北约 50km 的粟岛南部，震源深度约 40km。地震中，以往未得到足够重视的饱和砂土场地液化现象第一次造成了严重震害[8]。新潟市内绝大部分建筑的破坏都是由地基丧失承载力、地面下沉或倾斜所致，而很少是直接由于地面运动引起的。川岸町公寓（4 层钢筋混凝土抗震墙结构）的倾覆成为一个著名的案例（照片 10.3）。在该住宅小区的一栋公寓楼的地下一层获取了非常奇怪的强震记录（图 7.26）。虽然倾覆的建筑随后大多得以修复，但是却花费了巨大的人力物力。此外，新潟港的石油储液罐发生火灾并波及周边民宅。这使人们认识到石油化工企业抗震防灾的重要性。

照片 10.3

地震造成新潟、秋田、山形等县 26 人死亡，1960 栋房屋完全破坏，6640 栋中等破坏，15298 栋浸水。

1968 年日本十胜近海地震（1968 年 5 月 16 日，$M＝7.9$，$40.7°N$，$143.6°E$）

地震灾区遍布北海道南部、青森县和东北各地。地震造成 52

人死亡，673 栋房屋完全破坏，3004 栋中等破坏。在八户市八户港湾事务所获取的强震记录的南北方向峰值加速度为 0.24g，东西方向 0.18g，竖向 0.12g。

地震中，首次出现了经过抗震设计的钢筋混凝土结构遭受破坏的实例。特别是对于学校建筑，由于结构在纵向未设置抗震墙，非结构墙体造成的短柱效应（净高/柱截面高<2.5）使许多钢筋混凝土柱发生严重的剪切破坏。照片 10.4 和照片 10.5 是八户市高等专科学校教学楼北侧和南侧框架柱的破坏情况。

震后，与抗震墙等构件有关的结构抗震安全储备的问题备受关注。当墙体和柱子的数量足够多时，即使在本次地震中如此强烈的地面运动作用下，结构也能够保障安全。反之，破坏严重的建筑的墙体数量都非常少。

建筑震害调查和相关计算分析表明，在强烈地震中，低层建筑会受到很大的地震力作用，加速度反应可高达 1g。这一现象逐渐为人们所熟知。烟囱和顶楼的严重破坏也成为关注的焦点。

在吸取这次地震的经验教训的基础上，1971 年修订了《钢筋混凝土结构设计规范》，减小了柱的箍筋间距，并要求柱的弯曲破坏应先于剪切破坏发生。

十胜近海地震推动了日本钢筋混凝土结构抗震研究的发展。以此为契机，1970 年启动了"学校建筑抗震性能日美合作研究"项目（由梅村魁和 J. Penzien 主持）。

照片 10.4　十胜近海地震（北侧墙柱）

照片 10.5　十胜近海地震（南侧柱）

1971 年美国圣费尔南多地震（1971 年 2 月 9 日，$M = 6.6$，34.4°N，118.4°W）

洛杉矶地区的建筑在地震中遭受不同程度的破坏，超过 59 人死亡[17]。震中位于洛杉矶市以北约 40km 处。震中以南约 10km 处的 Olive View 医院的一栋两层钢筋混凝土结构的首层发生倒塌。另一栋五层钢筋混凝土结构的首层也发生了明显倾斜（两栋建筑均建于 1970 年）。该医院以东约 1.5km 处的圣费尔南德 Veterans 医院的两栋三层钢筋混凝土结构倒塌（均建于 1925 年），造成 46 人丧生。

此外，位于洛杉矶市郊外的 Van Norman 大坝受到破坏（据说所幸当时大坝处于放水期，并未造成严重的危害），高速公路道桥、供电、供水、通信等多种市政基础设施也遭受不同程度的破坏。这为研究城市地震灾害积累了宝贵的资料。

在震中以南 9km 处的 Pacoima 大坝的基岩处获取的强震记录的峰值加速度在 S74°W 方向为 $1.25g$，S16°E 方向 $1.24g$，竖向 $0.72g$。在洛杉矶市内的许多高层建筑上也获取了强震记录（地表或者建筑基础处峰值加速度约为 $0.2g \sim 0.25g$）。这些建筑的破坏则微乎其微。

1972 年尼加拉瓜马纳瓜地震（1972 年 12 月 23 日，$M = 6.2$，12.4°N，86.1°W）

地震震中位于尼加拉瓜首都马纳瓜市内（震源深度 7km）。断层横穿市中心，市内的中低层建筑（主要为土坯结构和木结构）破坏严重，超过 2000 人死亡。

市内最高的建筑是一栋 18 层的钢筋混凝土核心筒抗震墙结构。与它相邻的是一栋 15 层钢筋混凝土框架结构建筑。二者的主体结构在地震中都只遭受轻微破坏，但是与前者相比，后者的非结构破坏更为显著。这引起了人们对建筑在地震作用下的变形限值的关注。

在距离市中心约 3km 的 ESSO 炼油厂获取的强震记录在南北方向的峰值加速度为 $0.33g$，东西方向 $0.36g$，竖向 $0.31g$。据估计，市中心的地震地面运动峰值加速度更大。

1975 年日本大分县中部地震（1975 年 4 月 21 日，$M=6.4$，33.1°N，131.3°E）

这是一次浅源内陆型地震（震源深度仅为几千米），震害分布范围较小（58 栋木结构房屋完全破坏，93 栋中等破坏）。距震中几千米处的一栋钢筋混凝土结构酒店（地上 4 层，地下 1 层）的倒塌成为城市直下型地震中建筑震害的典型案例。

1976 年，世界各地大震频发。尤其是震中位于中国东北地区的唐山地震（7 月 28 日，$M=7.8$）摧毁了整个城市，造成了巨大的人员伤亡。此次地震的震中位于唐山市区南部，出露地表的断层长达 10km。根据余震观测数据，地下断层可能长达 140km。官方公布的死亡人数为 24.2 万人，受伤 16.4 万人。唐山市内的建筑主要采用砖砌体结构，2～9 层的建筑共有 916 栋，其中 85% 以上完全倒塌。居民住宅多为抗震性能较差的平房，90% 发生倒塌或者严重破坏。同年发生的其他大地震有危地马拉地震（6 月 26 日，$M=7.5$，死亡 23000 人），意大利北部地震（5 月 6 日，$M=6.5$，死亡 968 人），新几内亚岛西部地震（6 月 26 日，$M=7.1$，死亡 9000 人），菲律宾棉兰老岛地震（8 月 17 日，$M=8.0$，死亡及失踪 5000 人）和土耳其东部地震（11 月 24 日，$M=7.5$，死亡 1 万人）[16]。

1978 年日本伊豆大岛近海地震（1978 年 1 月 14 日，$M=7.0$，

34.8°N，139.3°E）

地震震中位于大岛以西 10km 处。伊豆南部地陷、落石多发，受灾严重。建筑震害也大多与地表破坏有关。此外，钢结构建筑由于施工质量、设计缺陷、内部和外部非结构构件等因素引起的震害也引起人们的注意[10]。地震造成 96 栋房屋完全破坏，616 栋中等破坏，25 人死亡。

1978 年 2 月日本宫城县近海地震（1978 年 2 月 20 日，$M=$ 6.8，38.8°N，142.0°E）

与 1968 年的十胜近海地震相同，此次地震中，宫城县北部内陆地区发现了钢筋混凝土柱的剪切破坏。此外，仙台市内的中高层建筑的玻璃破损严重（采用硬化腻子固定的不可开启窗），大量玻璃碎片散落，所幸没有造成人员伤亡。这成为城市防灾的一个重要问题。位于仙台市中心的强震记录的峰值加速度为 $0.1g \sim 0.17g$，仙台市内建筑的主体结构的破坏并不严重。

1978 年 6 月日本宫城县近海地震（1978 年 6 月 12 日，$M=$ 7.4，38.2°N，142.2°E）

地震直接袭击了拥有 63 万人口的仙台市，造成大量建筑物和构筑物破坏。地震还对天然气、自来水、电力、交通和通信等城市功能造成了影响[12][13]。

地震震中位于仙台市正东 115km 处，震源深度 26km，仙台市中心的强震记录的地面峰值加速度为 $0.25g \sim 0.44g$。在位于市中心以西约 4km 的青叶山上的日本东北大学工学部建筑系馆获取的峰值加速度在建筑首层为 $0.25g$，第 9 层为 $1.09g$（南北方向）（参见第 7 章）。此外，在东北各地也获取了大量的强震记录。地震造成 1183 栋房屋完全破坏，5574 栋中等破坏。倒塌的木结构房屋大多是位于较厚的冲积层上的老旧房屋。地震造成超过 28 人死亡。震灾主要集中在宫城县内，尤其是新兴的开发区一带。

建筑震害分布与场地条件之间的关系非常明显。位于广濑河丘陵上的仙台老城受灾较轻，仙台东部和南部的冲积场地上的钢筋混凝土结构、钢结构和木结构房屋则遭受严重的破坏（参见第 7 章）。仙台市周边丘陵地区的人工填土场地也受灾严重。填土变形、挡土

墙移位等小规模的场地运动造成了大量的建筑震害，在填土和取土
场地附近的震害尤为严重。

此外，陡峭的山谷或山坡上填土而成的住宅用地因土质松软而
发生大量滑坡（仙台市绿之丘，白石市寿山）。

5 栋钢筋混凝土结构在地震中倒塌，10 余栋严重破坏。这些建
筑的共同点是抗震墙数量较少，抗震安全储备不足，且柱子延性不
足（照片 10.6，照片 10.7）。严重破坏的建筑物大多建造于 1971
年《钢筋混凝土结构规范》修订之前。泉市某高等学校的 3 层教学
楼虽然建于规范修订之后，但在基本没有墙体的结构纵向出现非常
严重的短柱（$h/D=2.5$ 左右）剪切破坏。

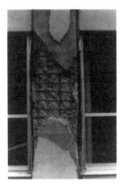 

照片 10.6　宫城县近　　　　　照片 10.7　宫城县近海
海地震（泉高中）　　　　　　　地震（卸町）

在破坏严重的建筑物中，相当一部分由于抗震墙布置不对称而
发生了扭转。此外，结构的刚度和承载力沿高度方向有突变的楼层
也容易发生严重破坏。结构首层没有抗震墙而刚度和承载力都较小
的"鸡腿式"建筑尤其容易破坏。

超过 30 栋钢结构建筑倒塌或严重破坏，其中很多发生了墙内
斜撑断裂或屈曲等现象，说明其抗侧承载力不足。

钢骨混凝土结构中的结构构件没有出现明显的破坏，但是大量
非结构隔墙发生严重破坏，导致很多户门无法正常开合，暴露出设
计中的一个盲点（照片 10.8）。

照片 10.8　宫城县近海地震（非结构墙体）

另外，地震中首次出现了钢筋混凝土桩基的严重破坏，引起广泛的关注[32]。仙台市一栋钢骨混凝土结构的 11 层市营公寓的桩基破坏最为严重。地震发生时该建筑的主体结构刚刚完工，其平面呈 L 形，以南北向为短边（单跨 8.3m×8 跨 6.45m）。地震后建筑整体向南倾斜约 1/100。调查表明，该建筑南侧桩基（高强混凝土桩，直径 600mm，长 12m）的桩头全部发生了严重的受压破坏，而上部结构则几乎未受任何破坏。该建筑的地基土层在 −6～8m 处为松软的淤泥和砂土，下部为砂砾层（$N \geqslant 50$）。

为了修复这栋建筑，首先在受损的桩基附近设置立柱，确保为上部结构提供足够的支撑，然后在桩基下方开挖至砾石持力层，浇筑基础，在新旧基础之间设置液压千斤顶，将沉陷的建筑顶起，然后再次浇筑混凝土，形成完整的新基础。

仙台市内发生桩基严重破坏的几栋建筑均没有地下室。由于周边场地土无法提供水平和转动约束，当没有地下室时，上部结构的水平力和倾覆弯矩在桩基上产生的竖向力作用会大于有地下室的情况。

与上部结构相比，桩基的破坏更加难以修复，且修复成本更高。在抗震设计中应将上部结构与基础结构视为一个整体，合理评价强震作用下基础受到的地震作用，以确保其具有足够的抗震安全性。

除主体结构的震害之外，非结构构件也发生了不同程度的破坏，如内外装饰材料剥落、窗户玻璃破碎和坠落等。室内家具、物品（尤其是高层住宅的上部楼层）、设备器材（计算机、化学实验室、医院等）的倾覆也造成了混乱和恐慌。非结构构件的破坏还可能导致人员伤亡，需要予以重视。

与以往的地震一样，这次地震中也出现了诸如屋顶水箱破坏、空调室外机倾覆、电梯损坏等建筑机电设备的震害。这充分说明了完善机电设备抗震设计的重要性。此外，在地震中有十几人因为围墙倒塌而丧生，今后应杜绝此类事件发生。围墙的倒塌多发生在冲积层软弱场地或丘陵地带的住宅小区。

这次地震灾害使人们深刻地意识到，除了主体结构的抗震性能之外，还必须考虑包括各种不同功能在内的建筑整体的抗震性能，而且有必要从城市整体功能的角度出发考察地震安全性的问题。

1989 年美国洛马普里塔地震（1989 年 10 月 17 日，$M_s = 7.1$，$37.0°N$，$121.9°W$）

包括旧金山和奥克兰市在内的大片地区遭受破坏。地震震中位于旧金山市东南约 100km 处，圣安德鲁斯断层发生长达 40km 的断裂，在震源区记录到 $0.64g$ 的峰值加速度。地震造成 64 人死亡。其中，仅奥克兰市一座混凝土结构高速公路立交桥的倒塌便造成 38 人死亡。地震中软弱土层放大作用、砂土液化等场地效应对建筑震害的影响备受关注。旧金山湾区的木结构公寓群（4 层建筑）遭受严重破坏。砌体结构和木结构老旧建筑受损严重。此外，城市电力、天然气、自来水、交通、通信等生命线系统也发生了非常严重的破坏[33]。

1994 年美国北岭地震（1994 年 1 月 17 日，$M_w = 6.7$，$34.2°N$，$118.5°W$）

洛杉矶市及其周边地区在地震中遭受严重破坏。地震震中位于洛杉矶市西北约 40km 的圣费尔南多谷。在震源区记录到的峰值加速度高达 $1.82g$。1971 年圣费尔南多地震的震中就位于本次地震震中东北约 20km 处。地震造成 61 人死亡。洛杉矶市内一栋 3 层木结构公寓在首层发生薄弱层倒塌（soft first story），造成 16 人死亡。预制混凝土框架结构停车场受损严重。此外，地震发生一段时间之后才发现大量钢结构梁柱节点遭受了严重的破坏，暴露出钢结构抗震设计中存在的严重问题。道路、桥梁和生命线系统的破坏也很严重，地震还引发了多起次生火灾[34]。

1995 年日本兵库县南部地震（阪神·淡路大地震，1995 年 1 月 17 日，$M = 7.3$（当时 $M = 7.2$，2001 年 4 月更正），$34.6°N$，$135.0°E$）

以神户地区和淡路岛为中心的区域受灾严重。这次地震是一次内陆型地震。震中位于淡路岛北端（野岛断层），继而引发神户地区地下断层的活动。强震仪记录到受灾区域的峰值加速度为 $0.6g \sim 0.8g$。神户海洋气象台记录为 $0.83g$（NS 方向），其加速度反应谱如图 10.1 所示。可见其在短周期范围内的地震作用远远超过了设计反应谱。

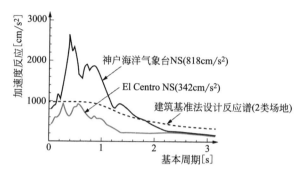

图 10.1 兵库县南部地震中神户海洋气象台记录的加速度反应谱（$h = 0.05$）

包括神户市、芦屋市、西宫市在内的一条长约 20km，宽 1km 的带状区域内的震害尤为严重（"地震灾害带"），其震度高达 7 度。这可能与不规则地形造成的地面运动放大效应（焦点效应）有关。地震造成 6245 人死亡，4 万多人受伤，超过 25 万栋房屋完全破坏或发生中等破坏，6 千多栋房屋完全或部分烧失。由于地震发生在凌晨，家具倾覆造成很多人被压身亡，其中大多数是老年人。

神户市长田区木结构房屋的倒塌率为 28.2%，滩区 24.3%，兵库区 19.8%，东滩区 16.5%。倒塌的住宅多为三四十年前建造的老房子，新建建筑的震害相对较轻。

约 600 栋钢筋混凝土结构倒塌或严重破坏。受损建筑大多建于 1981 年《建筑基准法》修订之前。基准法修订后建造的房屋震害相对较轻。

常见的建筑震害包括底层倒塌、中间层倒塌、偏心扭转破坏、配箍不足导致的短柱脆性破坏、梁柱节点破坏等。其中，7～8 层建筑发生中间层倒塌的现象格外引人注目。神户市政厅的 8 层钢筋混凝土结构在第 6 层发生倒塌的照片见照片 10.9。

照片 10.9　神户市政厅大楼的中间层破坏
（日本建筑学会《1995 年阪神·淡路大地震照片集》）

约有 460 栋钢结构建筑倒塌或严重破坏。受损建筑大多年代较久且规模较小。主要震害包括底层倒塌、整体倒塌、残余变形显著、外装饰材料剥落、斜撑断裂、柱脚和梁柱节点破坏等。破坏的原因可以归结为缺少斜撑等抗侧构件、梁柱节点不牢固、钢材锈蚀等。此外，芦屋滨的高层集合住宅（14～29 层，建于 1975～1979年间）的大截面方钢管柱在强烈的地震作用下出现多处母材和焊接部位脆性断裂，暴露出严重的问题。

铁路和高速公路高架桥也遭受了严重的破坏。在神户市东滩区，阪神高速公路神户段有一段长达 635m 的钢筋混凝土高架桥发生了令人震惊的倒塌。1995 年土木学会在《关于土木构筑物抗震规范等的建议》中指出了修订抗震规范的重要性和进行抗震加固的必要性，并建议采用水准 1 和水准 2 两个等级的地震作用（并且区分板缘地震和内陆直下型地震）进行抗震设计。对于板缘地震，水准 2 的地震作用的峰值加速度约为 $1g$；对于内陆直下型地震则约为 $2g$。1996 年修订了《道路桥设计规范》，采用了新的抗震设计方法。电力、天然气、自来水、通信等生命线系统也遭受严重破坏。此次地震促使道路、桥梁等抗震规范得以修订，河流堤防、下水道、铁路、港湾等基础设施的抗震性能也得以提高。

由于受损建筑大多建于 1981 年《建筑基准法》修订之前，因此非常有必要对这类建筑进行抗震鉴定和加固。1995 年制定了《建筑抗震加固促进法》。受此影响，日本全国各地的自治体展开了对公共建筑，尤其是学校建筑的抗震鉴定和加固。

地震引发了 182 起次生火灾。神户市滩区、中央区、长田区和西宫市一带次生火灾发生率较高（3.4%～4.4%）。

这次极罕遇的地震暴露了政府和地方自治体在应急快速反应方面存在的诸多问题。地震后有号称 120 万名志愿者参与了应急救援，贡献了巨大的力量[35]。

1999 年土耳其科贾埃利地震（1999 年 8 月 17 日，$M_w = 7.4$，$M_s = 7.8$，40.7°N，29.9°E）

地震发生于安那托利亚断层，震中位于伊兹米特市，对土耳其西部的伊兹米特和格尔居克等城市及其周边地区造成了严重的影响。地震造成 1 万 7 千人死亡，7 万 7 千栋房屋（包括住宅和非住宅）完全破坏。强震仪记录的伊兹米特市峰值加速度为 $0.23g$，萨卡里亚市为 $0.42g$。钢筋混凝土结构（采用非结构空心砖砌体隔墙、扁平柱）受损严重，4～6 层的多层建筑破坏率较高。多地出现砂土液化、侧向滑动等场地破坏，造成许多建筑物下沉或倾斜。此外，许多宣礼塔（伊斯兰清真寺外的高塔）也发生了倒塌[36]。

1999 年中国台湾集集地震（1999 年 9 月 21 日，$M = 7.3$，23.8°N，121.0°E）

地震震中位于中国台湾省中部的集集，是一次内陆型地震。地震造成 2440 人死亡，11306 人受伤。震后发现一条南北长约 80km 的地表断裂，影响范围很广。不同地点的断层位移不同。距震中较近的断层南端的位移约为 0.1m，中部为 2～3m，断层北端则达到 8m。强震仪记录的地面峰值加速度在南投（震中西北约 15km，断层距约 0.2km）为 $0.43g$（NS），台中（震中西南约 40km，断层距约 6km）为 $0.22g$（EW），石冈（震中以南约 15km，位于断层上）为 $0.5g$（EW）。

地震造成约 5 万栋房屋完全破坏，5 万栋中等破坏。由于地面加速度很大，低层土坯砌体结构和采用钢筋混凝土加固的砖砌体结构的震害非常严重。有多栋钢筋混凝土结构的学校建筑因砌体窗下墙的约束而发生短柱剪切破坏。有十几栋 12～15 层的钢筋混凝土结构高层住宅发生倾覆，引起社会广泛关注。此外，断层横穿了坝高 25m、长 357m 的石冈大坝，造成了约 10m 的高差。

2004 年日本新潟县中越地震（2004 年 10 月 23 日，$M=6.8$，$37.3°N$，$138.9°E$）

地震发生在新潟县六日町断层，是一次逆冲型内陆地震，震源深度 13km。大量余震的发生使震害进一步加剧（6 级以上余震 4 次）。在川口町首次记录到了高达 7 度的仪器烈度。受不利的地质条件和降雨影响，小千谷市和山古志村等地发生了大规模山体滑坡，山区道路中断，一些村镇成为孤岛。地震造成 68 人死亡，4805 人受伤，3175 栋住宅完全破坏。在死者中，有 39 人是因为不堪避难生活的精神压力而去世的。

2004 年苏门答腊岛近海地震和海啸（2004 年 12 月 26 日，$M_w=9.0$，$3.3°N$，$96.0°E$）

地震震中位于印度尼西亚西部苏门答腊岛近海的太平洋中。印度尼西亚、印度、斯里兰卡、泰国等地的海岸线遭受 5～10m 高的海啸袭击，造成超过 22 万人死亡。由于地震发生在年底假期，大量外国游客在地震中丧生。

2007 年日本新潟县中越近海地震（2007 年 7 月 16 日，$M=6.8$，$37.6°N$，$138.6°E$）

地震发生于新潟县沿海海域，是一次逆冲型地震，震源深度 17km，最大烈度为 6 度强。地震造成 15 人死亡，2346 人受伤，1331 栋住宅完全破坏，多处发生场地失效。柏崎核电站成为日本首个遭受地震影响的核电站。虽然其总体震害较轻，但其外部变压器的火灾迟迟无法扑灭，在舆论上造成严重的不良影响。

2008 年中国汶川地震（2008 年 5 月 12 日，$M_w=7.9$，$31.0°N$，$103.3°E$）

地震发生在中国四川省，是一次板内地震。地震造成 6 万 9 千人死亡，21 万栋房屋破坏，道路、电力、供水、通信等生命线系统严重受损。特别是许多学校建筑倒塌，大量学生和教师遇难，引发社会的广泛关注。

2011 年日本东北地区太平洋近海地震（东日本大地震，2011
年 3 月 11 日，$M=9.0$，$38.1°\text{N}$，$142.9°\text{E}$）

地震震源区域位于从福岛县到岩手县近海的板块边缘，是一次
规模巨大的逆冲型地震，震源深度 24km。震源区范围约为 $200\text{km}\times$
400km。宫城县栗原的仪器烈度达到 7 度，福岛、茨城、栃木县的
最大烈度为 6 度强。自 869 年贞观地震以来的最大规模的海啸袭击
了广阔的地域。地震共造成 18493 人死亡，2683 人失踪，12 万 8
千余栋住宅完全破坏，26 万 9 千余栋中等破坏。90%以上的遇难
者死于海啸，住宅破坏也主要是被海啸所冲毁。岩手县姉吉的海啸
高度达到 38.8m，比 1896 年明治时期的三陆海啸还要高。福岛第
一核电站遭受 10m 高的海啸袭击，应急电源出现故障，导致堆芯
熔融和氢气爆炸事故，造成了大范围的核辐射污染，致使数万民众
不得不长期避难。

气象厅、防灾科学技术研究所和各地相关部门在地震中获取了
大量的强震记录。图 10.2 是东北大学建筑系系馆 1 层（NS 方向）
的加速度记录（峰值加速度为 3.33m/s^2）。比较剧烈的振动持续了
约 180s。与以往的强震记录相比，其持时更长。这可能与多个断
层相继破裂有关。

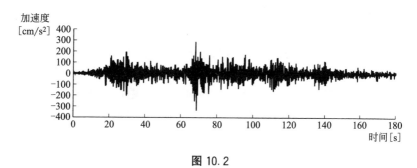

图 10.2

1981 年新抗震规范的实施提高了建筑的抗震性能，1995 年
《抗震加固促进法》的实施也发挥了积极的作用。因此在这次地震
中，建筑震害总体上较轻。但也有个别按照旧规范设计的建筑发生

严重破坏的案例。东北大学青叶山校区有三栋建筑在震后重建，其中包括建筑系系馆（9 层 SRC 结构）。此外，非结构构件破坏严重。吊顶坠落甚至造成了人员死亡。内外装修材料和设备的破坏导致建筑物在震后丧失使用功能的案例也很多。为此，有必要采用基于性能的抗震设计方法，合理地控制地震损伤的程度，保障建筑在震后的使用功能。此外，在此次规模罕见的地震中，受长周期地面运动的影响，东京、大阪等距离震源区很远的大城市中的高层建筑发生了显著的晃动。

与 1978 年宫城县近海地震一样，仙台市一些人工填土场地发生了破坏。此外，千叶县、茨城县等地出现了大量的砂土液化现象。

东京首都圈地区因交通瘫痪致使大量民众无法回家。此外，通信中断导致的信息不畅，震后救援、补给困难等也为今后的防震减灾工作提出了许多问题。

以上简要总结了近 130 年来的历次地震灾害及其经验教训。历史震害可谓在大自然中进行的大型实验，为我们提供了大量关于地震的信息和知识。对这些宝贵的经验教训进行科学的总结和分析，是推动地震工程不断前进的动力（以上震级、震中位置和震害数据主要来源于日本国立天文台编纂的《理科年表平成 15 年》和《理科年表平成 16 年》）。

10.2　建筑的抗震验算

(1) 抗震设计与抗震验算

对建筑进行抗震设计的目标是保证建筑在预期的地震作用下的安全。抗震设计方法既有科学技术的成分，也在很大程度上依赖于对历史震害经验的总结[第 9 章][2]。

在抗震设计中，应首先根据建筑用途选择合适的结构体系并合理确定结构布置。这属于结构初步设计（抗震初设）的范畴。这个阶段非常重要，必须合理地布置框架、抗震墙、斜撑等抗侧力构件，以充分发挥它们的抗震性能。

在确定了结构的布置和基本尺寸之后，可将其表示为一定的力学模型并采用静力或者动力分析方法计算其对预期的地震作用的内力和变形等反应。这称为**抗震验算**（抗震分析）。

将计算得到的地震反应和预先确定的容许值（容许应力、容许内力、容许变形、容许塑性率等）进行比较，以考察建筑在未来可能遭遇的地震作用下的安全性。

在抗震验算中采用的地震作用和结构分析模型应尽可能反映实际情况，但是受计算条件和认知水平所限，分析模型与实际结构之间总会存在差异。因此，工程师需要对计算分析结果有正确的判断。

抗震验算是抗震设计的主要依据。以抗震验算的结果为基础，综合考虑基于震害经验和研究进展的工程判断和施工性等方面的问题并反复论证，是设计出传力路径合理的高抗震性能结构的重要保障。

（2）抗震设防的原则

日本建筑结构抗震设防的基本原则可以总结为以下两个层次：

① 对于建筑使用年限内可能发生 1 次或几次的中震作用，应保证建筑基本不发生损伤。

② 对于发生概率极低的大震作用，建筑损伤往往不可避免，但应保证不因建筑倒塌或破坏而危及人身安全。此外，对于保障人民生活的重要建筑（医院、学校、广播电视、通信、消防、政府机构等），应保证其在震后能够维持正常使用功能。

上述的中震作用大致对应于气象厅烈度表中的 4 度或 5 度左右；大震作用则对应于 6 度或 7 度的气象厅烈度。

在中震作用下，建筑结构不应屈服，通常可采用基于容许应力的弹性设计。即通过弹性分析得到结构对设计地震作用的内力、变形和截面应力等反应，并检查其是否超过设定的容许值。为了控制非结构构件的损伤和功能损失，避免使用者感到不安，结构还应具有足够的抗侧刚度以满足设计地震作用下的变形限值。可以采用等效线性方法近似地考虑结构构件的开裂、滑移等非线性行为。

在大震作用下，应尽可能准确地估算结构的极限承载力和塑性变形能力，并分析结构对罕遇地震作用的弹塑性反应，以考察其地震安全性。其中一个重要的问题是合理确定塑性变形和损伤的容许值。

10.5 节将详细介绍日本建筑抗震设计方法的发展变迁。

（3）设计地震作用

在确定结构的设计地震作用时，需要考虑以下因素：

• **地震危险性**

如图 7.10 和图 7.11 所示，不同地区的预期地震动强度往往有所不同。在确定设计地震作用时，通常采用（地震区域系数）×（标准地震作用）的形式反映地震危险性的地域差异。**地震区域系数**是在地震危险性分布图的基础上进一步综合考虑各种工程因素而确定的，通常以预期地震动强度最大的地区为 1.0。图 10.3 是综合了最新和以往研究成果的日本地震区域系数分布图[23]。另一方面，标准地震作用应按照本节第（2）项的抗震设防原则，分别确定对应于中震作用和大震作用的地震力的大小。

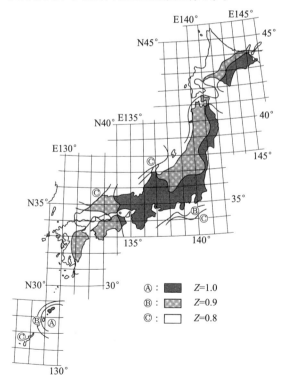

图 10.3

此外，当有条件比较准确地掌握某地可能遭遇的地震作用的特性（预期的震级和发生概率、震源区域、震源机制、传播路径上的地质构造等）时，可以采用地震学的方法更加准确地确定当地的地震作用的大小和特性。日本核电设施的抗震设计正在朝着这一方向发展。

- **表层场地和地形等因素的影响**

在确定设计地震作用的反应谱特性时，必须考虑地表土层（几米至几十米范围内的与大约 1s 以下的周期成分有关的土层）和深部土层（深度为几百米的与 1 至几秒周期成分有关的土层）对地震地面运动特性的显著影响。此外，还应考虑山地、崖地等地形条件以及填土场地和人工填海场地等特殊场地的影响。

日本的主要城市大多位于冲积平原之上。对场地条件进行调查和研究，充分考察各个地区的不同场地特性，对于城市地区的防震减灾至关重要。

- **建筑的动力特性**

在确定建筑的设计地震作用时，除了建筑所在场地的地震动特性之外，还应考虑由上部结构和地基基础共同构成的耦联体系的动力特性（周期、阻尼、振型、恢复力特性等）以及建筑结构的塑性变形限值。

如下文第（4）项所述，在实际的抗震验算中，对于具有不同特性的建筑物，可采用不同的形式给出设计地震作用。

- **建筑的重要性**

对于服务于震后应急避难、救援和灾后重建的关键建筑，特别是医院等需要维持正常使用功能的重要建筑，在地震中发生破坏的概率应小于普通建筑。因此，在对重要建筑进行抗震设计时，应采用比普通建筑更大的设计地震作用。文献［23］从抗震设计的角度出发，将具有不同使用功能的建筑分为以下几类：

（i）地震时需要维持正常使用功能的建筑

①大型社区（城市和区域防灾支点）；②政府机关；③警察和消防；④医疗机构；⑤广播电视、照明和通信；⑥电力、天然气和石油；⑦金融。

（ⅱ）地震时一旦受损可能对周边地区产生不利影响的建筑

①天然气相关设施；②石油相关设施；③危险品相关设施。

（ⅲ）可容纳很多人的建筑

①集会场所；②大型建筑；③剧场、电影院等。

可采用**重要性系数**（importance factor）或使用功能系数对上述建筑的设计地震作用进行放大。例如，美国、加拿大和新西兰等国的抗震规范以重要性系数的形式，将重要建筑的设计地震作用放大 1.3～1.6 倍。日本虽然也有在抗震设计中引入重要性系数的提议，但尚未被《建筑基础法》所采纳。

(4) 抗震验算

根据设计地震作用的表现形式的不同，建筑结构抗震验算的方法可分为以下几类［震度和基底剪力系数的概念请参见下文第（5）项］。

- **静力震度法**

根据经验确定静力设计震度及其分布，在此基础上确实各个楼层的地震作用。震度实际上应与结构的动力特性有关，但在静力法中，震度与结构周期无关。

- **修正震度法**

在确定设计地震作用时进一步考虑结构的动力特性（特别是自振周期）。通常还同时考虑场地条件的影响，给出对应于不同场地条件的设计基底剪力系数谱。根据结构的自振周期和阻尼比确定设计基底剪力系数，通过假设剪力系数沿楼层的分布（或地震力的分布），确定各个楼层的设计剪力。另一方面，计算结构的极限承载力（通常以楼层为单位），通过合理假设结构弹性反应与弹塑性反应之间的关系，还可以近似地得到结构的弹塑性反应。

- **动力分析法**

为建筑结构和地基土层建立动力学模型，并进行地震反应分析。根据地震作用的表现形式的不同，可以分为以下两类：

（ⅰ）**模态分析法**

当以反应谱的形式给出地震作用时，可采用第 2.5 节介绍的模态分析方法，根据结构的动力特性（周期、振型和阻尼）计算结构对地震作用的内力和变形。通过合理假设弹性和弹塑性反应之间的关系，还可以近似地得到结构的弹塑性反应。

（ⅱ）时程分析法

当以实际地震动记录或人工地震动时程的形式给出地震作用时，可采用时程分析法（第 3 章和第 9 章）计算结构的弹性或弹塑性地震反应，得到结构的内力和变形，并考察结构的地震安全性。所选用的地震动记录应尽量准确地反映建筑所在场地的地震危险性特性。

在实际应用中，应根据建筑的类型和特点合理选择抗震验算方法。

(5) 震度和层剪力系数

在抗震验算中，经常采用震度（seismic coefficient）或层剪力系数（story shear coefficient）表示建筑受到的地震作用或建筑结构的承载力（保有耐力）的大小。

- 震度

震度 k 是作用在某一质点上的加速度和重力加速度（$980\text{cm/s}^2 = 9.8\text{m/s}^2$）之比。可将其理解为结构的某一部分受到的惯性力作用与其自身重量之比（图 10.4）。

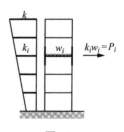

图 10.4

震度 k＝加速度 a／重力加速度 g＝惯性力 P／重量 w

惯性力 P＝加速度 a×质量 m＝震度 k×重量 w

震度的概念最早由佐野利器提出[1]。它简化了复杂的动力反应并使抗震验算成为可能，是一种非常巧妙的工程方法。

震度的概念可以应用于多种不同的场合，例如：

场地震度：以震度的形式表示的场地峰值加速度。地面的场地震度受地表土层特性影响显著。

输入震度：以震度的形式表示的建筑基础处的峰值加速度。它与上部结构和基础的特性有关，还受到基础的边界条件和埋置深度的影响。输入震度通常小于自由场地的场地震度。

反应震度：以震度的形式表示的建筑对地震作用的峰值加速度反应。将其乘以楼层重量相乘则得到作用在楼层上的地震力。反应震度与建筑的动力特性（周期、阻尼和滞回特性）密切相关。

设计震度：以震度的形式表示的抗震设计中规定的地震力。其中包含许多工程经验的成分，需要综合考虑预期的地震动等级、场地条件、建筑的动力特性等诸多因素的影响。

屈服震度：使建筑达到屈服状态的基底剪力与建筑自重之比。

· **层剪力系数**

层剪力系数 q 是建筑某一楼层受到的最大剪力与该层以上的总重量之比。根据剪力含义的不同，可以有地震反应（或作用）层剪力系数、设计层剪力系数和屈服层剪力系数等（图 10.5）。

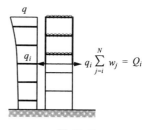

图 10.5

建筑首层的层剪力系数称为<u>基底剪力系数</u>（base shear coefficient）。

实际多层建筑对地震作用的加速度反应和层剪力往往并非同时达到峰值。沿建筑的高度方向不同楼层达到最大反应的时刻也不尽相同。然而，在抗震设计中通常忽略这些差异，而将动力的地震作用等效为一种静力作用。

作为等效静力作用的震度 k_i 与层剪力系数 q_i 之间具有以下关系：

$$q_i = \sum_{j=i}^{N} k_j w_j / \sum_{j=i}^{N} w_j \tag{10.1}$$

式中，w_j 为各楼层的重量。

可见，某一楼层的层剪力系数等于该楼层以上各层的震度以各层重量为权重的加权平均。同样的，可根据层剪力系数按下式计算相应的震度：

$$k_i = \frac{Q_i - Q_{i+1}}{w_i} \left(Q_i = q_i \cdot \sum_{j=i}^{N} w_j : 第 i 层受到的剪力 \right)$$

$$\tag{10.2}$$

例 10.1 震度、剪力和剪力系数的分布

考察如图 10.6 所示的三种震度分布对应的层剪力分布和层剪力系数的分布。

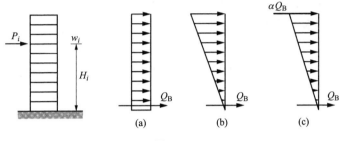

图 10.6

设第 i 层的重量为 w_i，基础至第 i 层的高度为 H_i，基底剪力系数为 C_B，层数为 N，则有：

- 基底剪力： $\quad Q_B = (\sum_{i=1}^{N} w_i) \cdot C_B \qquad (10.3)$

- 地震力 P_i：

（a）均匀分布： $\quad P_i = w_i C_B \qquad (10.4)$

（b）倒三角分布： $\quad P_i = \dfrac{w_i H_i}{\sum\limits_{j=1}^{N} w_j H_j} Q_B \qquad (10.5)$

（c）顶部集中力＋倒三角分布：

$$P_i = \alpha Q_B (仅当 i = N 时) + (1-\alpha) \dfrac{w_i H_i}{\sum\limits_{j=1}^{N} w_j H_j} Q_B$$

$$(10.6)$$

- 层剪力： $\quad Q_i = \sum_{j=i}^{N} P_j \qquad (10.7)$

- 层剪力系数： $\quad q_i = Q_i / \sum_{j=i}^{N} w_j \qquad (10.8)$

- 倾覆力矩：$M_i = \sum_{j=i}^{N} P_j (H_j - H_i)$　　　　(10.9)

（M_0：基础受到的倾覆力矩，$P_0 = H_0 = 0$）

倒三角震度分布与建筑的 1 阶振型比较接近。顶部集中力可进一步反映高阶模态的影响。长期以来，美国 SEAOC（Structural Engineers Association of California）抗震规范建议的倒三角分布和顶部集中力的组合得到了广泛应用。

对于一座 10 层建筑，假设各层重量均为 1000kN，基底剪力系数为 0.2，且（c）型地震力分布中的顶部集中力为基底剪力的 10%（$\alpha = 0.1$），则各种地震力分布对应的层剪力和层剪力系数分布如图 10.7 所示。考虑顶部集中力后，上部楼层的剪力系数有所增大。在高层建筑中，高阶振型会显著增大上部楼层的反应（鞭梢效应），因此有必要放大上部楼层的设计层剪力系数。

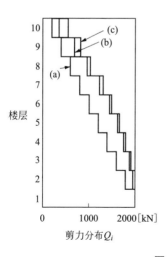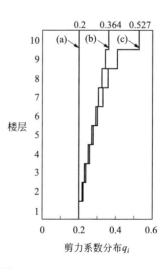

图 10.7

10.3 承载力与延性

以往的实际震害、强震动观测记录和地震反应分析均表明，建筑在大地震中受到的地震作用往往远大于抗震规范中规定的 0.2 的设计震度。

在破坏性地震中，场地震度往往超过 0.2，短周期建筑的弹性反应震度通常是场地震度的 3~4 倍。因此如果中低层建筑在地震中保持弹性，其反应震度将高达 1.0 左右。

尽管如此，在以往的历次大地震中，总有许多建筑即使遭受巨大的地震作用仍得以幸免。通常认为其中有以下两方面原因（图 10.8）：

① 与设计震度相比，建筑本身尚具有较大的承载力安全储备。

② 虽然建筑在屈服后无法再承受更大的外力作用，但由于具有延性，可以发生较大的塑性变形。

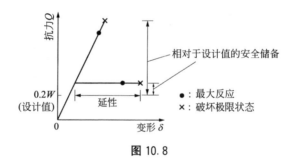

图 10.8

反之，建筑发生破坏也可能有两方面原因：①承载力不足；②延性不足。当结构的延性不足时，应提高结构的承载力以避免结构屈服；当结构的承载力不足时，则在其屈服后应具有足够的延性以避免结构倒塌[29]。

即使都按照抗震规范的要求按 0.2 的设计震度进行抗震设计，不同房屋的极限承载力和变形能力也可能千差万别。日本的建筑在设计时往往充分考虑了基于震害经验总结的抗震设计原则（如平立面尽量规则，刚度均匀分布，合理设置抗震墙，提高结构延性等），因此通常具有较高的承载力储备和延性以抵抗强烈地震作用。然而，历次地震灾害中也不乏抗震能力不足的建筑。如果屈服震度刚刚达到 0.2 并且没有足够的延性，那么结构在地震中将很容易发生破坏。

文献［29］总结了按抗震规范设计的钢筋混凝土结构的水平力-侧向变形（层间位移角）曲线的几种情况，如图 10.9 所示。图中×表示结构的极限变形，• 是结构在地震作用下的预期变形。

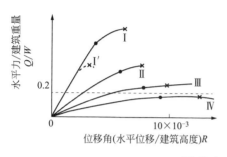

● ：地震作用下的预期变形
× ：建筑的极限变形能力
Ⅰ ：墙较多、刚度较大的建筑
Ⅱ ：包含一定数量抗震墙的结构或刚度较大的框架结构建筑
Ⅲ ：不含抗震墙的纯框架结构建筑
Ⅳ ：超高层建筑

图 10.9

对于抗震墙较多、刚度较大的结构（Ⅰ型），虽然地震作用较大，但结构的极限承载力也很高，具有很大的承载力储备，因此在地震作用下即使抗震墙发生剪切开裂，结构也不会倒塌。

包含一定数量抗震墙的结构（Ⅱ型），虽然抗震墙可能发生破坏，但只要框架柱、梁具有足够的延性，结构也是安全的。

对于抗侧刚度较大的框架结构（Ⅱ型），只要保证结构具有足够的极限承载力和变形能力，框架柱、梁不发生剪切破坏，结构也不容易倒塌。

纯框架结构（Ⅲ型）的承载力储备往往较小，构件屈服后会产生较大的塑性变形，但是只要构件具有足够的延性，结构也不容易倒塌。尽管如此，结构最好具有足够的刚度和承载力以避免出现过大的变形。

超高层建筑（Ⅳ型）由于周期较长，反应震度很小，即使抗侧承载力小于 0.2W，也不容易发生破坏。

如果结构的延性较差，结构对地震作用的变形反应超过了自身的极限变形能力，则会发生倒塌（例如图中的Ⅰ′）。在十胜近海地震中，窗下墙和窗上墙的约束效应造成了钢筋混凝土柱的剪切破坏；在宫城县近海地震中，延性较差的钢筋混凝土柱因侧向变形过大而被压溃；斜撑断裂导致的钢结构倒塌也是近年来比较典型的震害（参见 10.1 节的照片）。这些震害提醒我们在抗震设计中应充分重视以下两点：①大地震时结构可能遭受很大的地震力作用（如对于短周期结构可达 1g），②结构的极限承载力和塑性变形能力对于结构的地震安全至关重要。

10.4 震害与墙率

结构的承载力储备可能来自许多方面。其中，抗震墙和在抗震设计中不予考虑的非结构墙是最重要的一个方面。

许多学者都研究过建筑震害和墙率之间的关系。下面以钢筋混凝土结构为例加以说明。

中川恭二等人总结了关东地震和福井地震中钢筋混凝土结构的破坏程度和墙率（某一楼层的墙体的平面长度与该层楼面面积之比）之间的关系[30]（图 10.10）。

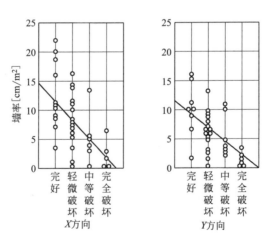

图 10.10　关东地震中的震害与墙率

志贺敏男将 1968 年十胜近海地震中调查的低层钢筋混凝土结构的破坏情况总结为图 10.11 的形式[第1章[1]]。

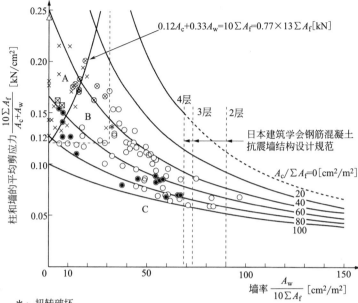

图 10.11

* ：扭转破坏
△：建筑倒塌(例如：三泽商高)
×：建筑首层柱全部出现剪切裂缝(例如：八户工专)，RC墙体出现大量剪切裂缝(例如：上北农协)
⊠：建筑首层柱有半数左右出现剪切裂缝，个别RC墙体出现剪切裂缝
⊗：建筑首层钢筋混凝土墙全部出现剪切裂缝，柱的破坏比较轻微(例如：五户小学)
○：墙和柱的破坏都比较轻微或者基本完好，其中C形平面的教学楼用●表示

作为图 10.11 横轴的墙率 $A_w/\sum A_f$ $[cm^2/m^2]$ 是建筑首层在某一方向上的钢筋混凝土墙的横截面积之和 A_w $[cm^2]$ 与首层以上的楼面面积之和 $\sum A_f$ $[m^2]$ 的比值。计算中考虑了所有长度超过 60cm 的墙体和所有柱的翼墙。另外，图中的 $A_c/\sum A_f$ $[cm^2/m^2]$ 是柱率，即建筑首层所有柱的横截面积之和 A_c $[cm^2]$ 与首层以上的楼面面积之和 $\sum A_f$ $[m^2]$ 的比值。

作为图 10.11 纵轴的柱墙平均剪应力 $10\sum A_f/(A_c+A_w)$ $[kN/cm^2]$ 是首层以上的楼面面积 $\sum A_f$ $[m^2]$ 乘以 $10kN/m^2$ 再除以首层的柱截面面积 A_c $[cm^2]$ 和墙截面面积 A_w $[cm^2]$ 之和。它相当于建筑单位楼面面积的重量为 $10kN/m^2$ 且基底剪力系数为

1.0 时柱和墙的平均剪应力。若假设建筑单位面积的重量为 $13\text{kN}/\text{m}^2$，基底剪力系数则约为 0.77。

图中用不同的标记表示建筑的程度破坏。

由图 10.11 可见，基本完好的建筑落入 C 区，受损建筑则落入 A 区或 B 区。基本完好的建筑与受损建筑在墙率和平均剪应力方面有显著差别。C 区的墙率在 $30\text{cm}^2/\text{m}^2$ 以上，柱墙平均剪应力在 $0.12\text{kN}/\text{m}^2$ 以下。关东地震和宫城县地震的震害也符合图中的这一规律。

在 C 区以外，设只有柱时的极限剪应力为 $0.12\text{kN}/\text{cm}^2$，只有墙时的极限剪应力为 $0.33\text{kN}/\text{cm}^2$ $(W/A_\text{w}=10\sum A_\text{f}/30\sum A_\text{f})$，可将 A 区和 B 区的分界线表示如下：

$$0.12A_\text{c}+0.33A_\text{w}=10\sum A_\text{f} \tag{10.10}$$

根据上式，若建筑的极限承载力为 $0.12A_\text{c}+0.33A_\text{w}$ [kN]，则大致对应于单位重量为 $10\text{kN}/\text{m}^2$ 且基底剪力系数为 1.0，或单位重量为 $13\text{kN}/\text{m}^2$ 且基底剪力系数为 0.77 时的地震作用。A 区中建筑的极限承载力小于这一预期地震作用，因此遭受了严重的破坏。

假设建筑的单位重量为 $13\text{kN}/\text{m}^2$，建筑的屈服基底剪力系数（首层的屈服剪力系数）C_Y 可近似地表示为：

$$C_\text{Y}=\frac{0.12A_\text{c}+0.33A_\text{w}}{13\sum A_\text{f}} \tag{10.11}$$

利用上式可以非常方便地估算低层钢筋混凝土结构的屈服承载力。

如果采用上式计算的 C_Y 大于大震时的预期反应震度（0.8～1.0 左右），则认为该结构具有足够的承载力。反之，如果 C_Y 小于预期的反应震度，则必须采用有效措施提升结构延性，以保证结构具有足够的抗震能力。

图 10.11 中的 A、B、C 区以及式（10.11）适用于不超过三四层的低层 RC 结构。能否采用墙率和柱率评价五六层或更高层的建筑的抗震性能，尚有待进一步的研究。

志贺利用式（10.11）考察了既有建筑结构极限承载力的离散

性。其结果如图 10.12 所示[第1章][1]。图中同时给出了采用伽马分布拟合得到的概率密度函数曲线[第7章][32]。调查对象包括东北地区 6 个县的中低层钢筋混凝土建筑，调查时间是 1971 年年底。共调查建筑 242 栋，层数从 1 层至 5 层，其中 45％是 3 层建筑。

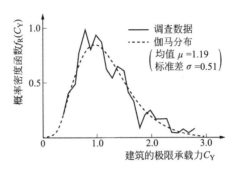

图 10.12

可见，C_Y 在总体上远大于 0.2 的设计震度，概率密度函数大约在 $C_Y＝0.8～1.0$ 时达到峰值。同时，结构的抗震能力表现出很大的离散性，相当部分建筑的 C_Y 较小，极限承载力较低。有必要采取措施尽可能减少甚至消除这种抗震能力不足的建筑。如果能像图 10.12 那样调查并掌握城市中各类建筑的抗震能力及其离散性，将非常有助于更加准确地预测城市建筑群的震害[31]。

10.5 日本的抗震设计

(1) 震度法

在关东地震翌年的 1924 年，日本修订了《市街地建筑物法》，首次规定应按 0.1 的震度对建筑结构进行抗震验算。当时钢材容许应力的安全系数是 2.0，混凝土是 3.0，再综合考虑其他不确定因素，按照 0.1 的震度进行抗震验算的结构，其实际的屈服震度大致在 0.3 左右。由于当时无法定量地评价结构在强震作用下受到的地震作用的大小。这一问题在此后被长期搁置，直到人们利用强震仪获取了强震地面运动的加速度记录，才终于有所突破。

1947 年颁布的日本《建筑标准 3001》将荷载和容许应力分为长期和短期两种，同时将容许应力提高为原来的 2 倍。结构在地震作用下产生的应力属于短期应力，钢材允许达到其屈服强度，混凝土允许达到其受压强度的 2/3。相应的，设计震度提高到 0.2，即原来的 2 倍。

1950 年日本颁布《建筑基准法》，采用了与《建筑标准 3001》相同的抗震设计方法。对于 16m 以下的楼层，标准水平设计震度为 0.2；对于 16m 以上的楼层，高度每增加 4m，设计震度增加 0.01。1952 年，日本建设省颁布告示，规定了考虑不同地区差异的折减系数（以河角广给出的地震危险性地图为基础，在 0.8～1.0 之间取值）和综合考虑不同场地类别和结构类型的折减系数（表 10.1）。

表 10.1

标准水平震度	场地、结构类型系数			
	场地类别	木结构	钢结构	RC、SRC 结构
	1 类	0.6	0.6	0.8
	2 类	0.8	0.8	0.9
	3 类	1.0	1.0	1.0
	4 类	1.5	1.0	1.0

	场地类别
1 类	在建筑周边相当范围内由主要是基岩或硬质砂砾层等的第三纪以前地层构成的场地
2 类	在建筑周边相当范围内由主要是砂砾层、混有砂的硬质黏土层或砂质黏土层(loam)等洪积层构成的场地，或者厚度超过约 5m 的砾石层或砂砾层构成的场地
3 类	除 1、2、4 类以外的场地

续表

场地类别	
4 类	主要以腐殖质、泥土或其他类似土层构成的冲积层（包括填土的情况）且深度超过 30m 的场地；或者在沼泽、滩涂上人工填埋的填土深度超过 3m 且填埋时间不超过 30 年的场地

(2) 动力法

美国很早就在抗震设计中考虑结构的自振周期等动力特性（如 1952 年旧金山委员会的规程和 1959 年 SEAOC 委员会抗震设计规范），这对日本的抗震设计也产生了影响。

在日本，随着强震观测的开展、实际地震动记录的获取（1953 年～）和电子计算机的普及应用，建筑对实际地震作用的动力反应分析逐渐变为现实。地震反应分析结果表明，中低层建筑在大震作用下受到的弹性地震力远远大于以往规定的 0.1 或 0.2 的设计震度；另一方面，长周期建筑受到的地震力则远小于预期，这也为在日本建造超高层建筑提供了理论上的可能性。随着人们对建筑地震反应特性的理解逐渐加深，采用动力抗震设计方法成为大势所趋。

1959 年至 1962 年间，结合在国铁东京站附近建设超高层建筑的规划，开展了一系列研究以根据结构的动力反应更加合理地确定设计震度。其中，京都大学采用模拟计算机分析了 4 质点体系的非线性地震反应，建筑研究所采有电子计算机进行了 25 层建筑的非线性地震反应分析。

成立于 1961 年的 SERAC 委员会（由当时的东洋人造丝株式会社资助，武滕清任委员长）利用模拟计算机分析了不同类型结构的弹塑性地震反应（5 质点体系），推进了基于动力反应特性的高层建筑抗震设计的发展。

1963 年修订了《建筑基准法》，取消了建筑高度不得超过 31m 的限制（源自之前的《市街地建筑物法》中建筑高度不得超过百尺的规定），改为采用容积率限制建筑高度。同年，日本首座超高层建筑——霞关大厦开工，并于 1968 年竣工。

1964 年，日本建筑学会出版了《高层建筑技术指南》，给出了超高层建筑抗震设计的基本方法，首次引入了以下两阶段的动力抗震设计方法[22]。

① 根据结构的自振周期确定基底剪力系数，假设层剪力在结构高度方向上的分布，并采用容许应力法对结构进行承载力设计（一次设计）。设计基底剪力系数 C_B 是 1 阶周期 T 的函数，取值范围如下：

$$C_B = \frac{0.18}{T} \sim \frac{0.36}{T} \,(\text{且}\, C_B \geqslant 0.05) \qquad (10.12)$$

应结合工程经验根据建筑规模确定结构的周期 T，或采用下式给出的结构微振时的自振周期 T_s：

$$T_s = (0.06 \sim 0.10)N[\text{s}] \qquad (10.13)$$

式中，N 为包含地下室在内的总层数。

在大震作用下，建筑的自振周期往往大于上式给出的数值。

② 为上一步设计得到的结构建立力学模型，分析其对预期地震作用的反应，考察地震反应特性，必要时对以上设计进行调整。

该指南主要针对高度超过 45m 的建筑。

1968 年至 1970 年间，针对包括高层建筑在内的所有建筑，建筑研究所（方案 1）和京都大学（方案 2）分别提出了两个用于动力抗震设计的"地震荷载方案"，并进行了一系列讨论[第9章1]。

方案 1 从考察以往按容许应力法设计的建筑在大震作用下的极限抗震能力的角度出发，以不同场地类别对应的速度反应谱的形式规定建筑在大震下受到地震作用，并建议根据等能量准则估算建筑各楼层的塑性变形。

方案 2 则将采用容许应力法的中震弹性设计和在大震下检查结构的弹塑性变形相结合，以基底剪力系数谱的形式规定地震作用。在中震设计中，根据预先设定的弹性层间位移确定弹性层剪力；在大震设计中同样采用等能量准则估算结构的塑性变形。

1977 年，日本建筑学会出版的《地震荷载与建筑结构的抗震性能》对上述两套方案作了说明，阐述了不同结构体系可能存在的问题，并给出了采用方案 1 考察结构抗震性能的具体算例[第9章1]。

(3) 抗震鉴定

1968 年的十胜近海地震之后，人们在既有低层钢筋混凝土结构的抗震鉴定方面开展了大量的研究，即如何根据结构构件的实际尺寸和截面，计算结构的极限承载力和塑性变形能力并评价结构在大震作用下的安全性。预设 1g 的弹性地震作用，从仅考虑柱、墙截面面积的简单方法（1 次鉴定），到考虑各个构件的受弯、受剪承载力和不同破坏模式下的不同延性的精确方法（2 次、3 次鉴定），提出了不同层次的抗震鉴定方法[26][27]。

1977 年，冈田恒男等人组织编写了用于钢筋混凝土结构的《抗震鉴定规范和加固设计指南》，为定量评估结构的抗震性能提供了统一的标准[24]。1978 年出版了《钢骨混凝土结构抗震鉴定规范和加固设计指南》[25]。1981 年开始实施新抗震设计法。此后新建建筑的抗震性能得到明显提升，但此前按照旧规范设计建造的建筑的抗震性能仍然是一个问题。

在 1995 年阪神·淡路地震中，按照 1981 年以前的旧规范设计建造的建筑和 1981 年之后按照新规范设计建造的建筑在抗震性能方面的差异非常明显。为此，同年颁布实施了《建筑抗震加固促进法》，对于 1981 年以前按旧规范设计建造的学校、医院等指定的公共建筑，使其抗震鉴定和加固义务化。随后，在全国范围内开展了大规模的建筑抗震鉴定和加固工作。到 2010 年，上述指定的公共建筑的抗震化率达到 80%。2013 年修订了《建筑抗震加固促进法》，将其适用范围进一步扩大到按旧规范设计建造的所有建筑。此外，规定对于在原先指定范围之外的人员密集的医院、商场、酒店和作为避难场所的学校、养老院等建筑也应进行抗震鉴定和加固并向社会公示。对各个地方自治体划定的避难通道两侧的建筑和防灾关键建筑也同样规定了进行抗震鉴定和加固的义务。

（4）新抗震设计法（容许应力等的验算，水平极限承载力验算）

从 1972 年到 1977 年的五年间，日本建设省实施了大规模的研究项目（"建设技术综合项目"）。在其研究成果的基础上，于 1977 年形成了适用于所有土木工程结构的"新抗震设计法（草案）"。

1980 年 7 月修订了《建筑基准法》实施令，同年 11 月颁布了相关的告示。二者均从 1981 年 6 月起实施。这次修订将动力抗震设计方法全面引入了日本的抗震设计。

新抗震设计法可以总结为："通过①中震下的容许应力设计和②大震下的极限抗震性能验算的两阶段设计确保建筑的地震安全性。"

2000年引入了新的界限承载力计算方法。2005年发生了抗震设计造假事件，2007年修订了《建筑基准法》及相关的告示，对抗震验算方法作了一些修改。新的抗震设计流程如图10.13所示。除了考察主体结构的抗震性能之外，还要求综合考察包括非承重墙、非结构构件、内外装修、机电设备等在内的整个建筑的地震安全性。

对于高度超过60m的高层建筑，尚应采用国土交通大臣认可的地震时程反应分析等更加精细的方法进行抗震验算，以保证其地震安全性。

对于高度不超过60m的建筑，在一次设计（容许应力设计）的基础上，采用容许应力验算（流程②）或水平极限承载力（保有水平耐力）验算（流程③）考察其地震安全性（二次设计）。

对于小型建筑，如果结构体系满足相关规定，可以不进行二次设计（流程①）。

对于高度在60m以下31m以上的建筑，必须采用水平极限承载力（保有水平耐力）验算（流程③）。对于高度不超过31m的建筑，如果其建筑体形满足相关要求（刚度比、偏心率和高宽比），可以采用容许应力验算（流程②），否则需要进行水平极限承载力（保有水平耐力）验算（流程③）。对于体形满足相关要求的建筑，如果工程师认为确有必要，也应采用流程③进行验算。

除此之外，对于高度不超过60m的所有建筑都以可通过界限承载力计算同时考察一次设计（中震下的容许应力设计）对应的损伤界限状态和二次设计（大震下）的安全界限状态。相关内容将在下文第（5）项详细说明。

下面介绍容许应力设计，容许应力等的验算（流程①、流程②）和水平极限承载力验算（保有水平耐力验算，流程③）的具体步骤。

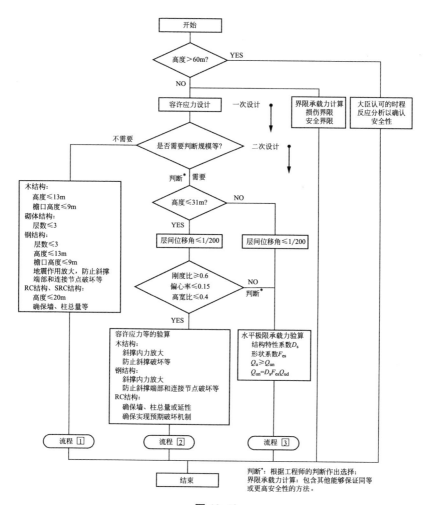

木结构：
　高度≤13m
　檐口高度≤9m
砌体结构：
　层数≤3
钢结构：
　层数≤3
　高度≤13m
　檐口高度≤9m
　地震作用放大，防止斜撑端部和连接节点破坏等
RC结构、SRC结构：
　高度≤20m
　确保墙、柱总量等

容许应力等的验算
木结构：
　斜撑内力放大
　防止斜撑破坏等
钢结构：
　斜撑内力放大
　防止斜撑端部和连接节点破坏等
RC结构：
　确保墙、柱总量或延性
　确保实现预期破坏机制

水平极限承载力验算
　结构特性系数D_s
　形状系数F_{es}
　$Q_u \geqslant Q_{un}$
　$Q_{un} = D_s F_{es} Q_{ud}$

判断*：根据工程师的判断作出选择；
界限承载力计算：包含其他能够保证同等或更高安全性的方法。

图 10.13

• 一次设计（容许应力设计）

在中震作用下，建筑应基本保持弹性而不屈服。因此，在这一阶段可采用容许应力设计来保证结构的地震安全性，称为一次设计。以往按照震度 0.2 设计建造的房屋在历次中等规模的地震中基本没有破坏。基于这一经验，在一次设计中规定短周期建筑的标准基底剪力系数为 0.2。假设结构的加速度反应较地面加速度放大约 2～3 倍左右，则 0.2 的基底剪力系数大致相当于 80～100Gal 的地面峰值加速度。

在一次设计中，按下式计算层剪力系数 C_i：

$$C_i = Z \cdot R_t \cdot A_i \cdot C_0 \tag{10.14}$$

式中，Z 为地震区域系数，由建设省告示（第 1621 号，1979 年 4 月起实施）给出，其取值在图 10.3 的基础上按行政区划进行了一定的调整（图 10.14）；R_t 是综合反映结构自振周期和所在场地特性影响的振动特性系数，其取值考虑了不同场地上获取的强震记录的加速度反应谱特性（图 10.15）；C_0 是标准基底剪力系数，在一次设计中不小于 0.2。

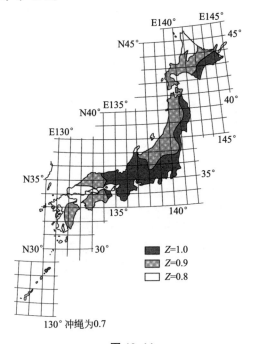

图 10.14

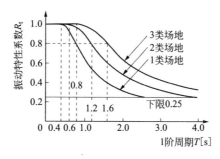

图 10.15

由图 10.15 可见,地震力随着结构周期的增大而减小,但减小的幅度因场地条件(1 类~3 类)而异。软弱场地上的长周期成分更加显著(表 10.2)。对于长周期建筑,R_t 不应小于 0.25 的下限值。

$$R_t = \begin{cases} 1 & (T < T_c) \\ 1 - 0.2(T/T_c - 1)^2 & (T_c \leqslant T < 2T_c) \quad (10.15) \\ 1.6T_c/T & (2T_c \leqslant T) \end{cases}$$

表 10.2

	场地类别	T_c
1 类	以基岩或硬质砂砾层等为主的第三纪以前的地层构成的场地;或根据对场地周期等参数的调查研究结果,具有与上述地层周期相近的场地	0.4
2 类	1 类和 3 类以外的所有场地	0.6
3 类	主要以腐殖质、泥土或其他类似土层构成的冲积层(包括填土的情况)且深度超过 30m 的场地;或者在沼泽、滩涂上人工填埋的填土深度超过 3m 且填埋时间不超过 30 年的场地;或根据对场地周期等参数的调查研究结果,具有与上述地层周期相近的场地	0.8

T(单位 s)是用于抗震设计的 1 阶周期,可按下式估算:

$$T = \begin{cases} 0.03h & (钢结构) \\ 0.02h & (RC、SRC 结构) \end{cases} \quad (10.16)$$

式中，h 为建筑高度［m］。

对于同时包含钢结构和 RC、SRC 结构的混合结构，周期 T 可按下式估算：

$$T = (0.02 + 0.01\alpha)h \tag{10.17}$$

式中，α 是梁、柱构件主要采用钢结构的楼层（地下室除外）的高度之和与建筑总高的比值。

当有专门的调查并充分论证时，允许对上述地震作用进行折减，但不能低于式（10.15）的 3/4。关于场地类别的判定尚存在许多问题有待研究。当场地特性不是很清楚时，可偏于安全地按 3 类场地考虑。

式（10.14）中的 A_i 表示了层剪力系数沿建筑高度方向的分布，按下式计算：

$$A_i = 1 + \left(\frac{1}{\sqrt{\alpha_i}} - \alpha_i\right)\frac{2T}{1+3T} \tag{10.18}$$

式中，$\alpha_i = \sum_{j=i}^{N} w_j / \sum_{j=1}^{N} w_j$ 是从顶层至第 i 层的重量之和与地上部分总重量的比值；T 是用于设计的 1 阶周期。

不同周期 T 对应的 A_i 分布［式（10.18）］如图 10.16 所示。各层重量相等且 1 阶周期分别为 0.5s、1.0s 和 2.0s 的 5 层、10 层和 20 层建筑的 A_i 分布如图 10.17 所示。A_i 值在基底为 1.0，向上逐渐增大，且上部楼层的层剪力系数有随着结构周期的增大而增大的趋势。A_i 分布反映了建筑在地震作用下的层剪力特性，采用 A_i 分布进行承载力设计有助于使结构在大震下各楼层塑性变形的分布趋于均匀。

C_0 称为标准剪力系数。在一次设计中，C_0 应不小于 0.2。

在一次设计中，首先计算结构在式（10.14）规定的地震作用下各个构件的内力，进一步计算构件截面上的应力并检查其是否超过容许应力。

• 不需要进行二次设计的建筑（流程 1）

在一次设计的基础上，验算结构的变形限值、检查建筑体形限制、采取措施保证结构的承载力和延性以及验算结构在大震下的水

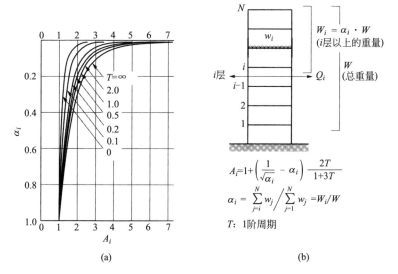

图 10.16

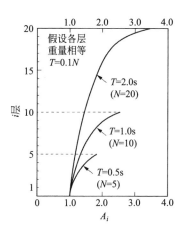

图 10.17

平极限承载力（保有水平耐力）等一系列设计措施均属于二次设计。根据以往的震害经验和调查研究，满足以下要求的结构在地震中通常具有足够的承载力以保证安全，可不进行二次设计：

(ⅰ) 砖和混凝土砌块砌体结构（流程 $\boxed{1}$）：除地下室之外不超过 3 层。

(ⅱ) 满足以下要求的 RC 和 SRC 结构（流程 $\boxed{1}$）：

- 高度不超过 20m
- 地面以上各个楼层的抗震墙、主要框架柱和抗震墙以外的其他 RC 墙（上下两端与主体结构可靠连接）的截面面积满足下式：

$$\sum 2.5\alpha A_w + \sum 0.7\alpha A_c \geqslant ZWA_i \qquad (10.19)$$

式中，A_w 是该楼层在计算方向上的抗震墙的截面面积 $[\text{mm}^2]$；A_c 是该楼层在计算方向上的柱和除抗震墙以外的其他 RC 墙的截面面积 $[\text{mm}^2]$；W 是该楼层以上的结构总重量 $[\text{N}]$；A_i 按式（10.18）确定；Z 按图 10.14 确定；α 是考虑不同混凝土强度标准值 F_c 的修正系数。

$$\alpha = \begin{cases} 1 & (F_c < 18\text{N}/\text{mm}^2) \\ \sqrt{\dfrac{F_c}{18}} & (F_c \geqslant 18\text{N}/\text{mm}^2，且 \alpha \leqslant \sqrt{2}) \end{cases}$$

式（10.19）对应于图 10.11 的"志贺图"中的安全区域。需要注意的是，在图 10.11 和式（10.10）中 A_w 和 A_c 的单位是 cm^2，重量的单位是 kN，而式（10.19）中 A_w 和 A_c 的单位是 mm^2，重量的单位是 N（参见图 10.20）。

- 应放大构件的抗剪承载力需求。

(ⅲ) 满足以下条件的钢结构（流程 $\boxed{1}$）：

- 除地下室之外不超过 3 层
- 总高度不超过 13m，檐口高度不超过 9m

根据柱距不同，钢结构房屋分为以下两类：

流程 $\boxed{1\text{-}1}$：

- 柱距小于 6m
- 建筑面积小于 500m^2
- 按标准基底剪力系数 $C_0 \geqslant 0.3$ 进行容许应力设计

- 承受水平力的斜撑不得在端部或连接部位发生破坏
- 对于其他情况，参考建设省告示第 1790 号的相关规定
- 考虑冷弯方钢管柱的内力放大效应

流程 1-2 ：

- 2 层以下
- 柱距小于 12m
- 建筑面积小于 500m² （平房小于 3000m²）
- 按标准基底剪力系数 $C_0 \geqslant 0.3$ 进行容许应力设计
- 斜撑不得在端部或连接部位发生破坏，防止局部屈曲，考虑冷弯方钢管柱的内力放大效应
- 偏心率 ≤0.15 ［若不满足则需要进行水平极限承载力验算（保有水平耐力）］

- 变形限值

除上述不需要进行二次设计的建筑以外的其他建筑，无论采用容许应力验算还是水平极限承载力（保有水平耐力）验算，都需要首先保证其在一次设计的地震作用下各层层间位移角 $\gamma_i < 1/200$（如果通过有效措施能够确保非结构构件不会发生明显破坏，此限值可放松至 1/120）。这主要是为了避免外墙面层、隔墙等与建筑功能有关的构件因过大的变形而发生破坏。已知结构各层抗侧构件的刚度，可按下式计算各层的层间位移 δ_i 和层间位移角 γ_i。

$$\delta_i = Q_i / \sum K_i \tag{10.20}$$

$$\gamma_i = \frac{\delta_i}{h_i} \tag{10.21}$$

式中，Q_i 是一次设计中第 i 层的层剪力；h_i 是第 i 层的层高；$\sum K_i$ 是第 i 层抗侧构件在计算方向上的抗侧刚度之和。

- 体形限制

对于高度不超过 31m 的建筑，应检查结构的刚度比和偏心率。刚度比反映了结构沿高度方向的刚度分布的均匀程度；偏心率反映了建筑刚度和质量的平面分布的偏心程度。

如果建筑沿高度方向的刚度分布不均匀，例如像鸡腿建筑那样某一楼层刚度很小，则该楼层可能因变形过大而使损伤集中。如果

建筑的刚度中心和质量中心相距较远，则会产生扭转振动，刚度较小一侧的结构可能会发生过大的变形。为避免上述因刚度沿高度分布不均或平面偏心而产生的破坏，需要检查结构的刚度比和偏心率等体形限制。

（ⅰ）刚度比

按下式计算的各楼层刚度比 R_s 不应小于 0.6：

$$R_s = \frac{r_s}{\bar{r}_s} \geqslant 0.6 \tag{10.22}$$

式中，$r_s = \dfrac{1}{\gamma_i} = \dfrac{h_i}{\delta_i}$ 是各楼层的层间位移角（上一步计算的结果）的

倒数；$\bar{r}_s$ 是 r_s 的平均值 $\left(= \displaystyle\sum_{i=1}^{N} r_{si}/N\right)$。

（ⅱ）偏心率

按下式计算的各楼层偏心率 R_e 不应超过 0.15：

$$R_e = \frac{e}{r_e} \leqslant 0.15 \tag{10.23}$$

式中，e 是某楼层的重心和刚心在与计算方向垂直方向上的投影距离（偏心距）（在图 10.18 中，当 x 方向为计算方向时 $e = e_y$，将 y 方向为计算方向时 $e = e_x$。各层的重心是作用在该层以上各个楼层的地震力合力的作用位置在该层平面上的投影）；r_e 是各层关于刚心的扭转刚度与计算方向上的抗侧刚度之比的平方根（弹性半径）。

对于任意坐标系 (x, y)，可按下式计算刚心 C 的坐标（图 10.18）：

$$\left.\begin{aligned} x_c &= \sum_i K_{yi} \cdot x_i / \sum_i K_{yi} \\ y_c &= \sum_i K_{xi} \cdot y_i / \sum_i K_{xi} \end{aligned}\right\} \tag{10.24}$$

式中，K_{xi} 和 y_i 分别是该楼层第 i 个抗侧力构件在 x 方向的层刚度（侧力分布系数 D 值）及其 y 坐标；K_{yi} 和 x_i 分别是该楼层第 i 个抗侧力构件在 y 方向的层刚度（侧力分布系数 D 值）及其 x 坐标。

设重心的坐标为 (x_s, y_s)，则偏心距为

$$e_x = |x_c - x_s|, \; e_y = |y_c - y_s| \tag{10.25}$$

按下式计算弹性半径 r_e：

$$r_e = \sqrt{K_c/\sum K} \tag{10.26}$$

式中，$\sum K$ 是计算方向上的总抗侧刚度（$\sum_i K_{xi}$ 或 $\sum_i K_{yi}$）；K_c 是关于刚心的扭转刚度（图 10.19）：

$$K_c = \sum_i K_{xi} \cdot y_i'^2 + \sum_i D_{yi} \cdot x_i'^2 \tag{10.27}$$

式中，K_{xi} 和 y_i' 分别是该楼层第 i 个抗侧力构件在 x 方向的层刚度及其在刚心坐标系下的 y' 坐标；D_{yi} 和 x_i' 分别是该楼层第 i 个抗侧力构件在 y 方向的层刚度及其在刚心坐标系下的 x' 坐标。

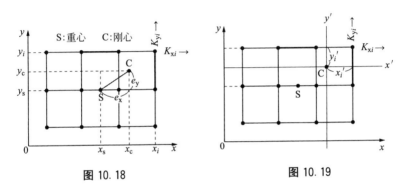

图 10.18　　　　　　　　　　图 10.19

当采用第 9.4 节的符号约定时，式（10.23）中的 R_e 即相当于第 9.4 节的 $\overline{e}/\overline{j}$。

（ⅲ）保证承载力和延性的措施（流程 2）

对于满足以上体形限制（刚度比和偏心率）且高度不超过 31m 的建筑，如果满足以下要求，则可以不进行大震下的水平极限承载力（保有水平耐力）验算。

对于 RC 和 SRC 结构，可选用以下三个不同的流程之一：

流程 2-1：

• 地面以上各楼层的抗震墙和主要框架柱以及抗震墙以外的其他 RC 墙（上下两端与主体结构可靠连接）的截面面积满足下式：

$$\Sigma 2.5\alpha A_{\mathrm{w}} + \Sigma 0.7\alpha A_{\mathrm{c}} \geqslant 0.75 Z W A_i \qquad (10.28)$$

式中，A_{w}、A_{c}、Z、W 和 A_i 的定义与式（10.19）相同。

对于 SRC 结构中的框架柱，将上式中的 0.7 变为 1.0。

* 适当放大构件的抗剪承载力需求。

流程 2-2：

* 地面以上各楼层的抗震墙和主要框架柱以及抗震墙以外的其他 RC 墙（上下两端与主体结构可靠连接）的截面面积满足下式：

$$\Sigma 1.8\alpha A_{\mathrm{w}} + \Sigma 1.8\alpha A_{\mathrm{c}} \geqslant Z W A_i \qquad (10.29)$$

式中，A_{w}、A_{c}、Z、W 和 A_i 的定义与式（10.19）相同。

对于 SRC 结构中的柱和与柱相连的抗震墙，将上式中的 1.8 变为 2.0。

* 适当放大构件的抗剪承载力需求。

历次地震中建筑震害的统计分析表明，通过墙和柱的数量可以大致地判断建筑的抗震性能。上述关于墙和柱截面积的要求正是以这一震害经验为基础的。这与流程 1 的设计理念是相同的，但是这里的要求与流程 1 相比有所放松。这是考虑到刚度比和偏心率等关于建筑体形的限制有助于提高建筑结构的抗震性能，并且结构进入塑性后具有一定的延性。在构件设计中，应保证抗震墙、柱、梁等构件具有足够的延性以避免结构在达到极限承载力后突然丧失承载力。

为便于比较，将式（10.19）、式（10.28）和式（10.29）都画在志贺图上，如图 10.20 所示。图中，ΣA_{f} [m²] 是总楼层面积，13000 [N/m²] 是单位楼面的重量，$Z=1$，$A_i=1$，$\alpha=1$。

流程 2-3：

1980 年在建立新抗震设计法时引入了流程 2-3 并沿用至 2015 年。虽然该流程已于 2015 年废止，但仍介绍如下，仅供参考。

通过一定的措施使结构出现梁端屈服的整体型破坏机制以确保结构的地震安全性。这一方法是以预期屈服的部位具有足够的变形

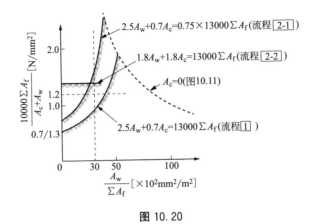

图 10.20

能力为前提的。因此，应采取有效措施保证受弯屈服构件具有足够的延性且不会发生剪切破坏。由于对墙和柱的数量未作硬性要求，有助于减少结构中的抗震墙并使结构布置更加简洁。然而，如果在一次设计中没有预留安全储备，那么结构在大震作用下很可能因极限承载力不足而发生破坏。为此，应保证结构具有足够的安全储备，还应放大框架柱的承载力需求以确保出现梁铰机制。对于抗震墙，也应放大其受剪承载力需求。

虽然法规本身并未要求在流程 2-3 中验算结构的极限承载力，而只要求在一次设计的基础上通过一定的措施保证结构构件的延性，但是强烈建议在采用这一流程时计算结构的水平极限承载力并与流程 3 中按照 D_s 折减的极限承载力需求进行比较，以把握结构在极限状态下的安全储备。

对于钢结构，只有以下一种流程。

流程 2：

- 当斜撑参与抗侧时，应计算一次设计中斜撑承受的层剪力和该楼层的总层剪力之比 β，并将该楼层的斜撑、柱和上下梁的内力均放大（$1+0.7\beta$）倍（最大不超过 1.5 倍）作为承载力需求。
- 斜撑不得在端部和连接部位发生破坏。

- 柱、梁和梁柱节点不得因局部屈曲或断裂等发生承载力突然下降，且应防止柱脚破坏。
- 当采用冷弯方钢管柱时，应确保出现梁铰机制。
- 水平极限承载力（保有水平耐力，流程③）

对于高度在 $31\sim60$m 的建筑，或者虽然高度小于 31m 但不满足上文所述的关于体形限制或保证承载力和延性的措施等各项要求的建筑，需要验算结构各个楼层的水平极限承载力（保有水平耐力），并将其与大震时的设计层剪力（水平极限承载力需求）进行比较以考察结构的地震安全性。对于高度小于 31m 的建筑，也可以不经过流程②而直接按流程③进行极限承载力验算。

水平极限承载力需求是根据结构预期进入塑性的程度对结构在大震作用下的层剪力进行折减并根据结构的不规则性进行适当放大而得到的。对于短周期结构，大震作用下的标准基底剪力系数不应小于 1.0。这大致对应于 $300\sim400$Gal 的地面峰值加速度。在如此强烈的地震作用下，结构将不可避免地发生一定程度的塑性变形。

按下式计算各层的水平极限承载力需求 Q_{un}：

$$Q_{un} = D_s \cdot F_{es} \cdot Q_{ud} \tag{10.30}$$

式中，D_s 是结构特性系数 [式（10.31）]；F_{es} 是体形系数 [式（10.33）]；Q_{ud} 是结构在大震作用下的层剪力 [式（10.34）]。

结构特性系数 D_s

设结构的塑性率限值为 μ，假设结构服从等能量准则 [参见图 4.30（a）]，则结构的屈服承载力只需要达到结构弹性内力的 $1/\sqrt{2\mu-1}$ 即可。利用结构特性系数表示结构塑性变形对抗震性能的影响，是新抗震设计法的一个重要特征。

进一步通过 β 系数考虑阻尼的影响，可按下式计算结构特性系数：

$$D_s = \frac{\beta}{\sqrt{2\mu-1}} \tag{10.31}$$

式中，μ 是结构各楼层的塑性率限值；

$$\beta = \frac{1.5}{1+10h} \quad (h \text{ 是阻尼比}) \tag{10.32}$$

　　理论上应根据相关研究和试验数据确定不同结构的塑性率限值 μ，但是由于目前掌握的资料尚不充分，在实际设计中，建设省告示（1980 年）规定了适用于不同类型结构的 D_s 值，如表 10.3 所示。2007 年修订《建筑基准法》时进一步细化了确定 D_s 的方法，将结构构件划分为柱梁构件（FA~FD）、斜撑（BA~BD）和抗震墙（WA~WD）等不同类别，根据不同类别构件的塑性变形能力及其在结构中所占的比例确定构件组的性能类别（A~D），从而确定结构的 D_s 值，如表 10.4 所示。

　　需要注意的是，上述考虑结构塑性变形对抗震性能影响的方法是以整体结构各楼层的塑性变形分布大致均匀为前提的。因此，为各楼层确定的 D_s 之间不应差别过大。

表 10.3　1980 年建设省告示第 1792 号

(1) 钢结构的 D_s (旧)

结构受力特性　　　　结构体系		① 受弯框架或与之类似的其他结构体系	② ①和③以外的其他结构形式	③ 需要通过斜撑受压来抵抗水平力且受压斜撑的屈曲会导致结构承载力下降的结构体系或与之类似的其他结构形式
(1)	结构构件在给定内力作用下不会发生局部屈曲,结构具有很强的塑性变形能力	0.25	0.3	0.35
(2)	除(1)以外的,结构件不易发生局部屈曲,结构具有较强的塑性变形能力	0.3	0.35	0.4
(3)	除(1)和(2)以外的,结构构件进入塑性后不会因局部屈曲等因素而突然丧失承载力	0.35	0.4	0.45
(4)	除(1)~(3)以外的其他结构	0.4	0.45	0.5

续表

（2）钢筋混凝土结构等的 D_s（旧）

结构受力特性 \ 结构体系		① 受弯框架或与之类似的其他结构体系	② ①和③以外的其他结构体系	③ 主要由抗震墙或斜撑抵抗水平力的结构体系
（1）	结构构件在给定内力作用下不会发生剪切破坏等承载力突然下降的破坏，结构具有很强的塑性变形能力	0.3	0.35	0.4
（2）	除（1）以外的，结构构件不易发生剪切破坏等承载力突然下降的破坏，结构具有较强的塑性变形能力	0.35	0.4	0.45
（3）	除（1）和（2）以外的，结构构件进入塑性后不会因剪切破坏等因素而突然丧失承载力	0.4	0.45	0.5
（4）	除（1）～（3）以外的其他结构	0.45	0.5	0.55

注：当柱和梁主要采用钢骨混凝土时，可将上述 D_s 值减小不超过 0.05。

表 10.4　2007 年修订的建设省告示第 596 号

（a）钢结构的 D_s

斜撑构件分组			柱梁构件分组			
			A	B	C	D
	A 或者 $\beta_u=0$		0.25	0.3	0.35	0.4
	B	$0<\beta_u\leq0.3$	0.25	0.3	0.35	0.4
		$0.3<\beta_u\leq0.7$	0.3	0.3	0.35	0.35
		$\beta_u>0.7$	0.35	0.35	0.4	0.5
	C	$0<\beta_u\leq0.3$	0.3	0.3	0.35	0.4
		$0.3<\beta_u\leq0.7$	0.35	0.35	0.4	0.45
		$\beta_u>0.7$	0.4	0.4	0.45	0.5

续表

	柱梁构件分组			
	A	B	C	D

β_u：斜撑(包括抗震墙)的水平承载力之和与楼层水平极限承载力之比

　　根据不同类别斜撑的承载力占全部斜撑承载力的比例（γ_A 和 γ_C），按以下"构件分组判定表"确定斜撑构件的分组（A～C）。

　　在计算 γ_A 和 γ_C 时，应首先根据斜撑的有效长细比 λ 确定表示其塑性变形能力的分类（BA～BC 类）。详见上述《建筑基准法》告示。

　　同样的，根据不同类别柱的承载力占全部柱的承载力的比例（γ_A 和 γ_C），按"构件分组判定表"确定柱梁构件的分组（A～D）。

　　在计算 γ_A 和 γ_C 时，应首先根据构件的截面形状、钢材种类、宽厚比（径厚比）和破坏模式等确定表示柱梁构件塑性变形能力的分类（FA～FD 类）。详见上述《建筑基准法》告示。

构件分组判定表

不同类型构件承载力比	构件分组
$\gamma_A \geqslant 0.5$ 且 $\gamma_C \leqslant 0.2$	A
$\gamma_C < 0.5$（除 A 以外的）	B
$\gamma_C \geqslant 0.5$	C

（类别 D 详见《建筑基准法》告示第 596 号）

　　对于斜撑：

　　$\gamma_A =$（BA 类斜撑的承载力之和）／（所有斜撑的承载力之和）

　　$\gamma_C =$（BC 类斜撑的承载力之和）／（所有斜撑的承载力之和）

　　对于框架柱梁：

　　$\gamma_A =$（FA 类柱的承载力之和）／（除 FD 类以外的柱的承载力之和）

　　$\gamma_C =$（FC 类柱的承载力之和）／（除 FD 类以外的柱的承载力之和）

（b）钢筋混凝土结构的 D_s

　　① 不含抗震墙的受弯框架结构　　　　　　　② 抗震墙结构

柱梁构件分组	D_s
A	0.3
B	0.35
C	0.4
D	0.45

抗震墙构件分组	D_s
A	0.45
B	0.5
C	0.55
D	0.55

续表

③ 框架-抗震墙结构

			柱梁构件分组			
			A	B	C	D
抗震墙构件分组	A	$0<\beta_u\leqslant0.3$	0.3	0.35	0.4	0.45
		$0.3<\beta_u\leqslant0.7$	0.35	0.4	0.45	0.5
		$\beta_u>0.7$	0.4	0.45	0.45	0.5
	B	$0<\beta_u\leqslant0.3$	0.35	0.35	0.4	0.45
		$0.3<\beta_u\leqslant0.7$	0.4	0.4	0.45	0.5
		$\beta_u>0.7$	0.45	0.45	0.5	0.55
	C	$0<\beta_u\leqslant0.3$	0.35	0.35	0.4	0.45
		$0.3<\beta_u\leqslant0.7$	0.4	0.45	0.45	0.5
		$\beta_u>0.7$	0.5	0.5	0.5	0.55
	D	$0<\beta_u\leqslant0.3$	0.4	0.4	0.45	0.45
		$0.3<\beta_u\leqslant0.7$	0.45	0.5	0.5	0.5
		$\beta_u>0.7$	0.55	0.55	0.55	0.55

β_u：抗震墙(包括斜撑)的水平承载力之和与楼层水平极限承载力之比

根据不同类别柱梁构件的承载力占全部斜撑承载力的比例（γ_A 和 γ_C），按以下"构件分组判定表"确定斜撑构件的分组（A～D）。

在计算 γ_A 和 γ_C 时，应首先根据构件的截面形状、钢材种类、宽厚比（径厚比）和破坏模式等确定表示柱梁构件塑性变形能力的分类（FA～FD 类）。详见上述《建筑基准法》告示。

同样，根据不同类别抗震墙的承载力占全部抗震墙承载力的比例（γ_A 和 γ_C），按以下"构件分组判定表"确定抗震墙构件的分组（A～D）。

在计算 γ_A、γ_C 时，应首先根据抗震墙的构件形式、破坏模式和极限剪应力等确定表示抗震墙塑性变形能力的分类（WA～WD 类）。详见上述《建筑基准法》告示。

构件分组判定表

不同类型构件承载力比	构件组类别
$\gamma_A\geqslant0.5$ 且 $\gamma_C\leqslant0.2$	A
$\gamma_C<0.5$(除 A 以外的)	B

不同类型构件承载力比	构件组类别
$\gamma_C \geq 0.5$	C

（类别 D 详见《建筑基准法》告示第 596 号）

对于框架柱梁：

γ_A＝（FA 类柱的承载力之和）/（除 FD 类以外的柱的承载力之和）

γ_C＝（FC 类柱的承载力之和）/（除 FD 类以外的柱的承载力之和）

对于抗震墙：

γ_A＝（WA 类抗震墙的承载力之和）/（除 WD 类以外的抗震墙的承载力之和）

γ_C＝（WC 类抗震墙的承载力之和）/（除 WD 类以外的抗震墙的承载力之和）

形状特性系数 F_{es}

对于刚度明显小于其他楼层或刚度分布存在明显偏心的楼层，需考虑以下与刚度比和偏心率有关的放大系数：

$$F_{es} = F_s \cdot F_e \tag{10.33}$$

式中，F_s 和 F_e 是分别与刚度比 R_s 和偏心率 R_e 有关的修正系数，按表 10.5 取值。

表 10.5

刚度比 R_s		F_s
(1)	大于 0.6	1.0
(2)	小于等于 0.6	$2.0 - \dfrac{R_s}{0.6}$
偏心率 R_e		F_e
(1)	小于 0.15	1.0
(2)	0.15～0.3 之间	在(1)和(3)之间线性插值
(3)	大于 0.3	1.5

（2007 年《建筑基准法》告示第 596 号）

用于水平极限承载力验算的层剪力 Q_{ud}

与一次设计中的设计层剪力相同，只是将标准剪力系数 C_0 取不小于 1.0 的值：

$$Q_{ud} = C_i \cdot W_i \tag{10.34}$$

$$C_i = Z \cdot R_t \cdot A_i \cdot C_0 \tag{10.35}$$

式中，$C_0 \geqslant 1.0$，W_i 是第 i 层以上部分的重量。

另一方面，如 9.2 节所述，可以通过计算分析得到结构形成某一破坏机制时各个楼层的剪力，即各层的水平极限承载力 Q_u（保有水平耐力）。现在通常根据 A_i 分布确定侧力分布模式并采用静力增量分析计算结构的水平极限承载力 Q_u。将各楼层的极限水平承载力 Q_u 与根据式（10.30）和式（10.34）确定的相应楼层的水平极限承载力需求 Q_{un} 进行比较，根据式（10.36）进行大震安全性验算。

$$Q_u \geqslant Q_{un} \tag{10.36}$$

水平极限承载力验算是判断建筑在大震作用下的反应性态的有效手段。在验算时，应认真推敲计算分析中的各种假定，在正确理解结构的弹塑性反应特性的基础上从结构整体的角度把握并判断结构在极限状态下的抗震性能。当采用静力增量分析时，应仔细检查分析结果，确认结构各个楼层的塑性变形是否均匀发展，并慎重对待塑性变形集中在某一楼层的情况。

- 地下结构的设计地震作用

可以采用震度的形式表示建筑物地下结构的设计地震作用，如式（10.37）所示。在地表处水平震度为 0.1，深度超过 20m 的部分为 0.05，地表至 20m 深度之间线性插值。

$$k \geqslant 0.1\left(1 - \frac{H}{40}\right) \cdot Z \tag{10.37}$$

式中，k 是水平震度；H 是从地表起算的建筑物地下部分的深度 [m]（超过 20m 的取为 20m）；Z 是地震区域系数。

- 局部震度

对于突出屋顶的水箱、烟囱和女儿墙等，应在把握整体结构和突出部分结构的地震反应特性的基础上确定局部地震作用。局部震度的取值通常应大于 1.0。

(5) 界限承载力验算

- 背景

1995 年，兵库县南部地震造成了严重的建筑震害，促使结构抗震领域发生了一系列变革，其中之一便是开始采用基于性能的抗震设计（Performance-based Design）。

此前建设省已经开展了有关性能化抗震设计方法的研究。1995年地震后，建设省启动了为期三年的"新型建筑结构体系研发"综合技术开发项目，并于1998年出版了研究报告。

以1989年洛马普里塔地震和1994年北岭地震的建筑结构震害经验为基础，美国一直在发展性能化抗震设计方法。1995年，SEAOC（加州结构工程师协会）出版了Vision 2000 Committee技术报告，对日本相关规范的修订产生了巨大的影响[38]。

1995年，在日本由成长型向成熟型经济社会转变的背景下，受建设大臣委托，建筑审议会开始以阪神·淡路大震灾的经验教训为基础，探索新的建筑业行政体系，并于1997年形成了涵盖从单体建筑到城市、住房领域的内容广泛而复杂的技术报告。其中与建筑结构相关的内容包括：引入基于性能的建筑标准，开放民间机构参与审查，重新审视目前的工程管理和检查制度，明确注册建筑师的职责等。

根据1996年日美首脑会谈的结果，为了缓和贸易摩擦，取消非关税贸易壁垒，日本政府放松了对住房领域的行政干预并同意引入基于性能的建筑标准。

在此背景下，出于减少行政干预，与国际接轨，在确保建筑安全的同时合理利用土地资源等多方面的考虑，从1998年开始对《建筑基准法》进行修订。

1999年出台相关法律，引入了住宅性能公示（包括抗震等级）和缺陷责任担保等制度以提高住房质量。

2000年颁布了《建筑基准法》修正案和相关告示，规定了性能化设计方法的具体内容。其中，明确规定界限承载力验算这一具体方法。

2000年还颁布了有关隔震建筑的告示。2005年，基于能量平衡的抗震验算方法也为《建筑基准法》所采纳，与界限承载力验算方法具有同等地位。

2000年，日本建筑学会提出《抗震清单》草案，从性能化设计的角度出发，提出在设定抗震性能目标时不能仅仅考虑结构本身，而要综合考虑包括非结构构件和设备在内的整个建筑。

2005 年发生了抗震验算造假事件，造成了恶劣的社会影响。受此影响，2007 年再次修订了《建筑基准法》，结构验算方面的相关规定变得更加严格。水平极限承载力验算和界限承载力验算的相关规定也有所变化。此外，随着结构设计审查制度的出台，部分建筑的结构设计需要通过两家不同机构的审查。2008 年修订了《建筑师法》，引入一级注册结构工程师和一级设备工程师制度。

面向性能化设计的界限承载力验算由于涉及工程师们不太熟悉的动力学理论，并且受抗震验算造假事件的影响，目前仍未得到普及。希望通过更多的研究能够使界限承载力验算等各种性能化抗震设计方法在实际工程设计中得到更加广泛的应用。

- 界限承载力验算的思路

在抗震设计中，应首先明确建筑在不同等级地震作用下的预期损伤程度。《建筑基准法》规定的性能目标为：

① 在罕遇地震作用下，建筑的地上部分不应发生破坏；

② 在极罕遇地震作用下，建筑的地上部分不应倒塌或完全破坏。

界限承载力验算设定的抗震性能目标是分别在罕遇地震（中震）和极罕遇地震（大震）作用下使结构保持在损伤界限状态和安全界限状态以内。①损伤界限状态以内，是指结构各个构件均未达到短期容许应力；②安全界限状态以内，是指结构各个构件均未达到塑性变形限值。

根据某一结构中各个构件的刚度和承载力等恢复力特性，采用静力增量分析可以计算结构各楼层在弹性和弹塑性阶段的力-位移关系。

与损伤界限状态和安全界限状态相对应的地震作用，分别大致相当于新抗震设计法中的一次设计和水平极限承载力验算的地震作用。在《建筑基准法》中，地震作用的定义同时包含了加速度反应谱和加速度的分布两个方面。为了便于理解，下面对二者分别进行说明。

界限承载力验算的一个特点是采用等效线性化方法确认结构的界限状态，即认为结构对大震作用的最大弹塑性反应近似等于采用对应于最大变形的等效刚度和等效阻尼的等效线性体系的最大弹性，因此可以利用反应谱估算结构的最大反应并考察其地震安全性。

下面根据 2007 年最新修订的《建筑基准法》，介绍界限承载力验算的基本内容。

- 预期地震作用的加速度反应谱

式（10.38）、式（10.39）和式（10.40）、式（10.41）分别给出了损伤界限状态和安全界限状态对应的地震作用具有 5% 阻尼比的加速度谱。地震作用在地面的加速度谱 S_A 是基岩加速度谱 S_0、地震区域系数 Z 和场地放大系数 G_s 的乘积。损伤界限状态和安全界限状态分别用下标 d 和 s 来区分。从 $T=0$ 时的谱加速度可见，损伤界限状态和安全界限状态对应的基岩峰值加速度分别为 64Gal 和 320Gal。进一步考虑场地土层的放大作用（×1.5），则损伤界限状态和安全界限状态分别为 96Gal 和 480Gal。相应的平均重现期分别大致为 50 年和 500 年。

损伤界限状态的加速度反应谱

$$S_{Ad}(T)=S_{0d}ZG_s \tag{10.38}$$

$$S_{0d}=\begin{cases}0.64+6T & (T<0.16\text{s}) \\ 1.6 & (0.16\text{s}\leqslant T<0.64\text{s}) \\ 1.024/T & (T\geqslant 0.64\text{s})\end{cases} \tag{10.39}$$

安全界限状态的加速度反应谱

$$S_{As}(T)=S_{0s}ZG_s \tag{10.40}$$

$$S_{0s}=\begin{cases}3.2+30T & (T<0.16\text{s}) \\ 8 & (0.16\text{s}\leqslant T<0.64\text{s}) \\ 5.12/T & (T\geqslant 0.64\text{s})\end{cases} \tag{10.41}$$

式中，T 是自振周期；Z 是地震区域系数；G_s 是地表场地土层的加速度放大系数（根据场地类别确定）；S_{0d} 和 S_{0s} 是基岩的加速度反应谱；S_{Ad} 和 S_{As} 是地表的加速度反应谱。

不同场地类别对应的加速度放大系数 G_s 按下式计算（图10.21）：

1 类场地：

$$G_s = \begin{cases} 1.5 & (T < 0.576s) \\ 0.864/T & (0.576s \leqslant T < 0.64s) \\ 1.35 & (T \geqslant 0.64s) \end{cases} \quad (10.42)$$

2 类和 3 类场地：

$$G_s = \begin{cases} 1.5 & (T < 0.64s) \\ 1.5(T/0.64) & (0.64s \leqslant T < T_u) \\ gv & (T \geqslant T_u) \end{cases} \quad (10.43)$$

$$T_u = 0.64(gv/1.5)$$

$$gv = \begin{cases} 2.025 & (T_u = 0.864)： 2 \text{ 类场地} \\ 2.7 & (T_u = 1.152)： 3 \text{ 类场地} \end{cases}$$

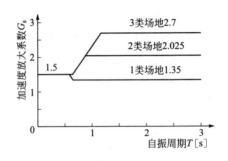

图 10.21

图 10.22 比较了考虑场地放大效应后不同类别场地上对应于安全界限状态的加速度反应谱 S_{As}（$Z=1$）。不同场地类别对应的最大谱加速度均为 12m/s^2，等加速度段起点对应的周期均为 $0.16s$。等速度段起点对应的周期则因场地类别而异，一类场地为 $0.576s$，二类场地为 $0.864s$，三类场地为 $1.152s$。不同场地类别对应的地面峰值加速度（$T=0$）均为 4.8m/s^2。如式（10.44）所示。损伤界限状态对应的反应谱为该式的 1/5。

$$S_{As}(\text{m/s}^2) = \begin{cases} 4.8 + 45T & (T < 0.16s) \\ 12 & (0.16s \leqslant T < T_B) \\ B/T & (T \geqslant T_B) \end{cases} \quad (10.44)$$

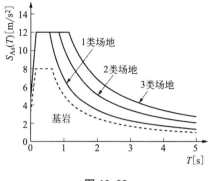

图 10.22

$$T_{\mathrm{B}}(\mathrm{s}) = \begin{cases} 0.576 & (1 类场地) \\ 0.864 & (2 类场地) \\ 1.152 & (3 类场地) \end{cases}$$

$$B/T = \begin{cases} 1.35 \times 5.12/T = 6.912/T & (1 类场地) \\ 2.025 \times 5.12/T = 10.368/T & (2 类场地) \\ 2.7 \times 5.12/T = 13.824/T & (3 类场地) \end{cases}$$

《建筑基准法》还给出了将基岩上部的场地土层等效为单一土层以计算 G_{s} 的方法[44]。通过现场勘探确定场地土层的剪切刚度和密度。该方法考虑了应变状态对场地土层的刚度和阻尼的影响。对应于安全界限状态的场地放大系数不得低于 1.23。若考虑土与结构的相互作用，可适当降低地震作用。

• 加速度分布系数

在损伤和安全界限状态下，通过加速度分布系数 B_i 确定作用于建筑各个楼层的水平力。以某一界限状态时的变形分布为基础，计算结构达到该界限状态时的自振周期和相应的振型参与向量，再乘以下文将要介绍的 p 和 q，得到该界限状态下的加速度分布系数。

加速度分布决定了外力分布。在①采用静力增量分析确定结构达到损伤和安全界限状态时的承载力和界限变形时，以及②根据预期地震作用的加速度反应谱计算结构在损伤和安全界限状态下的地震力（即承载力需求）时，均要用到加速度分布。以下内容同时适用于损伤和安全两个界限状态。简洁起见，省略下标 d 和 s。

为了计算结构达到某一界限状态时的变形分布，需要首先假设一个外力分布。在计算结构的振型参与向量时也需要首先构建一个等效线性体系。因此，在计算加速度分布系数 B_i 并确定外力分布时，往往需要先根据实际情况和工程经验假设一个分布系数的初始值。

一种合理的假设是以弹性 1 阶振型的参与向量作为 B_i 的初始值。当结构的非线性反应的分布和发展比较均匀时，描述结构弹塑性反应状态的等效线性体系的参与向量与原弹性体系的参与向量差别不大。

当建筑小于 5 层时，也可采用《建筑基准法》实施令给出的加速度分布计算公式（式（10.45），式（10.46））。首先利用式（10.45）计算 b_i，然后考虑有效质量比 M_u/M，按式（10.46）计算 B_i。b_i 相当于上文介绍的层剪力分布 A_i 对应的楼层加速度分布。

$$b_i = \begin{cases} 1+(\sqrt{\alpha_i}-\alpha_i^2)\cdot c\cdot\dfrac{M}{m_N} & \text{顶层}（i=N） \\[2mm] 1+(\sqrt{\alpha_i}-\sqrt{\alpha_{i+1}}-\alpha_i^2+a_{i+1}^2)\cdot c\cdot\dfrac{M}{m_i} & \text{除顶层以外}（i\neq N） \end{cases}$$

$$\sum_{i=1}^{N} m_i b_i = M \tag{10.45}$$

式中，$c=\dfrac{2T_{\mathrm{I}}}{1+3T_{\mathrm{I}}}$，$T_{\mathrm{I}}=h(0.02+0.01\lambda)$ 是结构的初始周期；h 是建筑总高度（m）；$\alpha_i=\dfrac{\text{第 } i \text{ 层以上的质量}}{\text{总质量}}=\sum_{j=i}^{N} m_j/M$；$M=\sum_{j=1}^{N} m_j$ 是建筑总质量；N 是层数；λ 是采用木结构或钢结构的楼层的层高之和与建筑总高度的比值。

在 b_i 的基础上进一步根据式（10.46）计算加速度分布系数 B_i：

$$B_i = pq\frac{M_u}{M}\cdot b_i \tag{10.46}$$

式中，p 是关于建筑层数和达到界限状态时的等效周期的参数（表10.6），q 是关于有效质量比的参数，按式（10.49）确定。M_u 是有效质量，按下式计算：

$$M_u = \frac{\left(\sum\limits_{j=1}^{N} m_j \delta_j\right)^2}{\sum\limits_{j=1}^{N} m_j \delta_j^2} \qquad (10.47)$$

式（10.47）用到了结构达到某一界限状态时的变形分布 δ_i，而结构变形又与外力分布有关。在设计中，可近似地采用弹性 1 阶振型或者式（10.45）给出的用于静力增量分析的加速度分布 b_i 作为初始外力分布。

式（10.46）中采用 M_u/M 进行归一化是为了使 B_i 具有与振型参数向量类似的性质。根据式（10.45）有：

$$\sum_{j=1}^{N} m_j B_j = \sum_{j=1}^{N} m_j \frac{M_u}{M} b_j = \frac{\sum\limits_{j=1}^{N} m_j b_j}{M} M_u = M_u \qquad (10.48)$$

虽然式（10.45）和式（10.46）中的 b_i 和 B_i 并非严格意义上的振型和振型参与向量，但它们能够比较准确地描述结构按 1 阶振型振动时的加速度分布特征。

式（10.46）中的 p 是为了与新抗震设计法中的 C_0 保持一致而针对 5 层以下建筑的修正系数，按表 10.6 取值。

q 是关于有效质量比 M_u/M 的修正系数，按下式计算：

$$q = \begin{cases} 0.75(M/M_u) & (M_u/M < 0.75) \\ 1.0 & (M_u/M \geqslant 0.75) \end{cases} \qquad (10.49)$$

相当于在式（10.46）中为关于有效质量比的折减设定了下限（不低于 0.75）。

当以实际的振型参与向量作为加速度分布系数时，系数 p 和 q 的取值不变。

表 10.6

层数	结构达到界限状态时的等效周期(s)	
	$T \leqslant 0.16$	$0.16 < T$
1	$1.00 - (0.2/0.16)/T$	0.80
2	$1.00 - (0.15/0.16)/T$	0.85

续表

层数	结构达到界限状态时的等效周期(s)	
	$T \leqslant 0.16$	$0.16 < T$
3	$1.00 - (0.15/0.16)/T$	0.90
4	$1.00 - (0.15/0.16)/T$	0.95
$\geqslant 5$	1.00	1.00

- 采用静力增量分析计算结构的恢复力特性

在界限承载力验算中，需要通过静力增量分析确定结构分别达到损伤界限和安全界限状态时各个楼层的力-位移关系。在确定静力增量分析中采用的外力分布时，应以对应于当前变形状态的振型参与向量作为结构的加速度分布。这是因为界限承载力验算实际上是以结构达到界限状态时的1阶振型为基础的❶。当结构处于线弹性状态时尚可以计算其1阶振型参与向量；然而随着变形增大进入非线性状态后，结构的等效振型参与向量将随位移分布的变化而不断变化。因此在实际进行静力增量分析时，需要根据工程经验合理假设加速度分布。

在界限承载力验算中，外力分布通过加速度分布 B_i 表示如下：

$$P_i = \frac{m_i B_i}{\sum_{j=1}^{N} m_j B_j} \cdot Q_B \qquad (10.50)$$

式中，Q_B 为基底剪力。

将结构处于线弹性状态时的1阶振型参与向量作为加速度分布 B_i 确定外力分布，在保持外力分布不变的前提下逐渐增大基底剪力，即所谓的静力增量分析。虽然结构各个构件会发生开裂和屈服，但是只要这些非线性行为在整体结构中的分布比较均匀，不同变形状态所对应的等效线性体系的振型将基本保持不变。通过以 P_i 为外力分布的静力增量分析，可以得到建筑各层相对于基础的位移分布，记为 δ_i（图 10.23），相应的层间位移 $d_i = \delta_i - \delta_{i-1}$。

---

❶ 当结构按其真实的模态进行振动时，惯性力的分布可以表示为加速度分布（与位移分布成比例）和质量分布的乘积。在按照1阶振型分布的力的作用下，结构的位移分布即为1阶振型本身。参见本章结尾处的参考资料。

损伤界限和安全界限状态分别用下标 d 和 s 来表示。

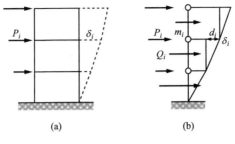

图 10.23

在静力增量分析中，为考虑结构的非线性行为对外力分布的影响，也可以根据前一步的变形状态确定下一步的外力分布[43]。采用弹性 1 阶振型对应的外力分布计算得到的弹性变形分布仍为 1 阶振型本身。当结构进入非线性状态后，这一关系不再成立。此时，可以根据前一步的变形分布近似地按下式确定外力分布：

$$P_{i,k} = \frac{m_i \delta_{i,k-1}}{\sum\limits_{j=1}^{N} m_j \delta_{j,k-1}} (Q_{\mathrm{B},k-1} + \mathrm{d}Q_{\mathrm{B}}) \tag{10.51}$$

静力增量分析得到的结构对逐渐增大的外力 P_i 作用的位移反应 δ_i 是评价结构抗震性能的重要依据。根据各楼层的外力 P_i-位移 δ_i 相关关系，可以得到各层层剪力 Q_i 和层间位移 d_i（$=\delta_i - \delta_{i-1}$）的相关关系。图 10.24 和图 10.25 分别为外力-位移相关关系曲线和层剪力-层间位移相关关系曲线的示意图。

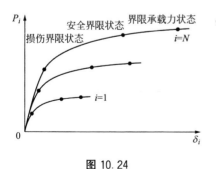

图 10.24

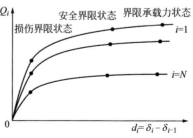

图 10.25

尽管《建筑基准法》只要求计算损伤界限和安全界限状态下的位移分布，但是连续变化的力-位移曲线也是评价结构抗震性能的重要依据，特别是如图 10.25 所示的层剪力-层间位移关系曲线，是考察结构进入塑性的程度的一个非常重要的手段。

- 损伤界限和安全界限

根据静力增量分析的结果，可将损伤界限、安全界限和界限承载力三个界限状态分别定义如下：

①［损伤界限状态］：结构中任一构件达到短期容许应力时的状态；

②［安全界限状态］：结构中任一构件达到安全界限状态对应的塑性变形角限值时的状态（尚未达到界限承载力状态所对应的极限变形角）；

③［界限承载力状态］：结构中任一构件达到极限变形角时的状态。

采用合理的外力分布，通过静力增量分析得到的损伤界限位移、安全界限位移和界限承载力状态时的位移分别记为 δ_{di}、δ_{si} 和 δ_{ui}。

损伤界限位移：根据其定义，比较容易确定。它相当于以往的短期容许应力状态。

安全界限位移：根据告示（2007 年修订）的相关规定，按照下文式（10.54）利用 δ_{si} 计算安全限界特征位移 Δ_s；出于安全考虑，要求在其 1.5 倍位移的状态下进入塑性的构件的变形角不得超过该构件的极限变形角。

界限承载力对应的位移：进入塑性的任一构件达到其极限变形角限值时的状态。在此状态下，安全界限特征位移 Δ_s 应小于界限承载力对应的位移 Δ_u 的 $1/1.5$，以确保从安全界限状态到界限承载力状态之间有一定的安全储备。

《建筑基准法》采用下式计算受弯构件的极限变形角 R_u 并用以确定结构的界限极限承载力状态：

$$R_u = R_b + R_s + R_x \tag{10.52}$$

式中，R_b、R_s 和 R_x 分别为构件达到极限状态时的弯曲变形角、剪切变形角和节点变形所对应的变形角。

按下式计算达到极限状态时的弯曲变形角 R_b：

$$R_b = \frac{\phi_y a}{3} + (\phi_u - \phi_y) l_p \left(1 - \frac{l_p}{2a}\right) \qquad (10.53)$$

式中，ϕ_y 是损伤界限状态下的杆端曲率；ϕ_u 是构件达到极限承载力时塑性铰区的曲率；l_p 是塑性铰长度；a 是构件剪跨的长度（＝净距×0.5）。

框架结构中的受弯构件在地震作用下的曲率分布如图 10.26 所示。A 为固定端，B 为跨中反弯点。构件的变形角即为将 AB 视为简支梁时 A 点处的转角。

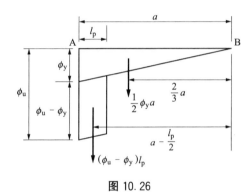

图 10.26

根据 Mohr 定理❶，A 点处的转角等于将杆件上的分布曲率视为虚拟的分布力时 A 处的剪力（即支座反力）。计算如图 10.26 所示的高为 ϕ_y 的三角形分布力和高为 $(\phi_u - \phi_y)$ 的矩形分布力作用下 A 点的支座反力，可得 R_b 的计算公式如下：

$$R_b = \frac{1}{2}\phi_y a \times \frac{2}{3} + (\phi_u - \phi_y) l_p \times \frac{a - l_p/2}{a}$$

$$= \frac{\phi_y a}{3} + (\phi_u - \phi_y) l_p \left(1 - \frac{l_p}{2a}\right)$$

结构达到安全界限状态时的塑性化程度直接取决于预先设计的

---

❶　译注：共轭梁法。

构件受弯塑性率限值。因此，合理设定塑性率限值是非常重要的。此外，还需要考虑构件的剪切变形和节点变形对结构安全储备的影响。这些都在很大程度上依赖于工程师的经验判断。根据构件层次的塑性变形能力计算结构的安全界限位移，不但需要很强的计算分析能力，工程判断也非常重要。

层剪力-层间位移关系集中反映了结构构件进入塑性的程度。考察楼层或整体结构层次的塑性率限值也是非常有益的工程实践。

在实际设计中，也经常将静力增量分析得到的层间位移角（或等效单自由度体系的等效位移角）与以往常用的变形限值进行比较以确定安全界限状态。告示（2007 年修订）规定结构达到安全界限状态时的层间位移角不得超过 1/75。在设计中，通常需要计算楼层或者构件的塑性率以考察结构在安全界限状态下进入塑性的程度。

- **等效单自由度体系与特征位移**

下面采用等效单自由度体系来表示多自由度体系的整体反应（图 10.27）。

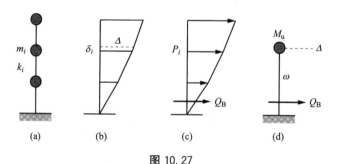

图 10.27

设结构对外力 P_i 的位移反应为 δ_i，定义**特征位移** Δ 如下 ［图 10.27 （b）］：

$$\Delta = \frac{\sum_i m_i \delta_i^2}{\sum_i m_i \delta_i} \tag{10.54}$$

特征位移是各楼层位移 δ_i 以 $m_i d_i$（相当于假设结构按照位移

分布 δ_i 振动时的惯性力分布）为权重系数的加权平均。损伤界限、安全界限和界限承载力等状态的特征位移分别记为 Δ_d、Δ_s 和 Δ_u。相应的基底剪力分别记为 Q_d、Q_s 和 Q_u。

图 10.28 所示的特征位移-基底剪力曲线反映了整体结构的恢复力特性，称为**特性曲线**。A、B 和 C 分别对应于损伤界限、安全界限和界限承载力状态。若将如图 10.27（a）所示的多自由度体系等效为如图 10.27（d）所示的单自由度体系，图 10.28 中的特性曲线表示了该等效单自由度体系的恢复力特性。

当结构按位移分布 δ_i 作圆频率为 ω 的简谐振动时，结构的最大基底剪力可以表示为（图 10.27（c））：

$$Q_B = \sum_{j=1}^{N} m_j \delta_j \omega^2 = \frac{\left(\sum_{j=1}^{N} m_j \delta_j\right)^2}{\sum_{j=1}^{N} m_j \delta_j^2} \cdot \frac{\sum_{j=1}^{N} m_j \delta_j^2}{\sum_{j=1}^{N} m_j \delta_j} \omega^2$$

$$= M_u \cdot \Delta \cdot \omega^2 = M_u \cdot S_B \tag{10.55}$$

式中，

$$M_u = \frac{\left(\sum m_i \delta_i\right)^2}{\sum m_i \delta_i^2}, \ S_B = \omega^2 \Delta = \frac{Q_B}{M_u} \tag{10.56}$$

M_u 是与位移分布有关的有效质量，通常为总质量的 80% 左右。S_B 是特征加速度，等于基底剪力除以有效质量，具有加速度的量纲。

根据上式，某一变形状态对应的等效周期 T 为：

$$\omega^2 = \left(\frac{2\pi}{T}\right)^2 = \frac{Q_B}{M_u \Delta} = \frac{S_B}{\Delta}, \ T = 2\pi\sqrt{M_u \frac{\Delta}{Q_B}} = 2\pi\sqrt{\frac{\Delta}{S_B}} \tag{10.57}$$

将图 10.28 的纵轴除以 M_u 转换为等效加速度得到的曲线称为**能力曲线**（capacity curve），如图 10.29 所示。图中：

$$S_d = \frac{Q_d}{M_{ud}} \tag{10.58}$$

$$S_s = \frac{Q_s}{M_{us}} \tag{10.59}$$

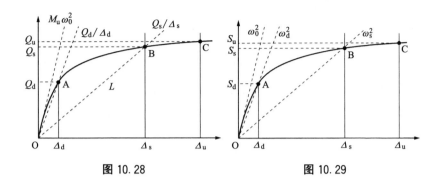

图 10.28　　　　　　　　　图 10.29

从原点 O 出发经过 A 点和 B 点的直线的斜率分别为 ω_d^2 和 ω_s^2。ω_0 是结构的初始周期。

综上所述，通过对如图 10.27（a）所示的多层结构进行静力增量分析，计算结构的等效质量 M_u 和如图 10.29 所示的性能曲线，可将其等效为如图 10.27（d）所示的等效单自由度体系。

当以结构的振型参与向量为加速度分布 B_i 时，上述各关系式严格成立（当以振型作为外力分布时，位移反应的分布即为振型本身），否则上述关系式仅近似成立（参见本章末尾的参考资料）。

* **界限状态对应的等效周期和阻尼**

根据损伤界限和安全界限状态下的特征位移和基底剪力计算相应的等效周期如下：

$$T_d = 2\pi \sqrt{M_{ud} \frac{\Delta_d}{Q_d}} \qquad (10.60)$$

$$T_s = 2\pi \sqrt{M_{us} \frac{\Delta_s}{Q_s}} \qquad (10.61)$$

式中，Q_d 和 Q_s 分别是结构达到损伤和安全界限状态时的基底剪力；Δ_d 和 Δ_s 分别是结构达到损伤界限和安全界限状态时的特征位移。

在界限承载力验算中，上述等效周期分别称为损伤界限周期和安全界限周期。此外，还可以采用简化方法考虑基础的侧滑-摇摆运动对等效周期的影响[44]。

在利用等效线性化方法计算结构的弹塑性反应时，除了等效周期之外，还需要考虑结构发生塑性变形时的等效阻尼。

通常根据特征位移-基底剪力曲线确定整体结构达到安全界限状态时的塑性率，并在此基础上计算等效单自由度体系的等效阻尼比。告示中将塑性率记为 D_f，本书将其记为 μ。

$$h = \gamma_1 \left(1 - \frac{1}{\sqrt{\mu}}\right) + 0.05 \qquad (10.62)$$

式中，

$$\gamma_1 = \begin{cases} 0.25 & \text{（与相邻构件紧密相连的构件）} \\ 0.20 & \text{（其他构件或受压屈曲的支撑）} \end{cases}$$

可利用结构的特征位移-基底剪力曲线按下式计算塑性率 μ：

$$\mu = \frac{\Delta_s}{\Delta_y} \qquad (10.63)$$

根据使图 10.30 中的梯形 XBAO 的面积和 BAO 三点连线与特性曲线 L 包围的面积相等的原则可确定屈服位移 Δ_y。即在式（10.63）中假设结构具有 OXB 折线所示的等效弹塑性骨架曲线。

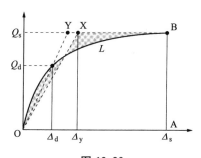

图 10.30

《建筑基准法》还给出了一种通过各个构件的阻尼比计算整体结构阻尼比的方法。但这一方法在实际应用中尚存在许多问题：

$$h = \frac{\sum_{i=1}^{N} {}_m h_{ei} \cdot {}_m W_i}{\sum_{i=1}^{N} {}_m W_i} + 0.05$$

$$_mh e_i = \gamma_1 \left(1 - \frac{1}{\sqrt{_m\mu_i}}\right), \quad _mW_i = \frac{_mF_i \cdot _md_i}{2} \qquad (10.64)$$

式中，h 是整体结构的阻尼比；$_mh e_i$、$_mW_i$ 和 $_m\mu_i$ 分别是结构达到安全界限状态时构件 i 的等效阻尼比、等效应变能和塑性率（当构件处于弹性状态时取 1）；$_mF_i$ 是构件 i 的承载力；$_md_i$ 是结构达到安全界限状态时构件 i 的变形。

当 $_m\mu_i > 1$ 的构件的 γ_1 均相同时，整体结构的等效阻尼比 h 可以直接按式（10.62）计算。也可以按照式（10.65）计算结构的塑性率 μ。相当于假设结构的骨架线为图 10.30 中的 OYB 折线。这样得到的塑性率 μ 往往比按式（10.63）计算的偏大。

$$\mu = \frac{\Delta_s Q_d}{\Delta_d Q_s} = \frac{\omega_d^2}{\omega_s^2} \quad (\geqslant 1) \qquad (10.65)$$

在界限承载力验算中，采用以下折减系数考虑阻尼比对反应谱的影响。该式以 5% 阻尼比对应的反应谱为基准。

$$F_h = \frac{S(h)}{S(h = 0.05)} = \frac{1.5}{1 + 10h} \qquad (10.66)$$

• 确定承载力需求（需求曲线）

考察计算理想弹塑性单自由度体系最大地震反应的等效线性化方法。本小节中的位移 D 相当于上文中的 Δ。

图 10.31 以位移 D 为横轴，加速度 A 为纵轴，并将屈服承载力除以质量转换为具有加速度量纲的屈服加速度 $S_y = Q_y/m$。直线 OA 上的 A 点为表示弹性结构的反应。S_L 是相应的弹性加速度（与 S_A 的含义相同），T 是结构周期。

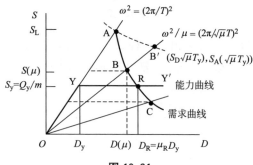

图 10.31

　　当结构的塑性率为 μ 时，根据等效周期 $\sqrt{\mu}T$ 和等效阻尼比 $h(\mu)$ 在反应谱上确定（图中 B 点）等效线性体系的最大反应 $[D(\mu)$、$S(\mu)]$，如下式所示（B 点）。式中，$S_A(T)$ 和 $S_D(T)$ 分别是 5% 阻尼比对应的加速度和位移反应谱（虚线 AB′）。

$$D(\mu) = S_D(\sqrt{\mu}T) \cdot F_h(h(\mu)) \tag{10.67}$$

$$S(\mu) = S_A(\sqrt{\mu}T) \cdot F_h(h(\mu)) \tag{10.68}$$

　　在确定最大反应时，可采用式（10.62）计算等效阻尼比 $h(\mu)$ 并根据式（10.66）考虑阻尼比的影响。图 10.31 中的 B 点对应的加速度 $S(\mu)$ 相当于使理想弹塑性体系的塑性率为 μ 的屈服加速度（屈服承载力/质量）。

　　由不同塑性率对应的等效线性体系的最大反应连成的曲线称为需求曲线（demand curve），如图 10.31 中的 ABC 曲线。在图 10.31 中，弹塑性恢复力曲线（能力曲线）和需求曲线的交点 R 即为结构的反应点。可在反应点处确定结构的弹塑性变形 D_R 和相应的塑性率 μ_R。虽然《建筑基准法》并未作要求，但建议在实际设计中求解反应点以更好地把握结构的抗震性态。可以通过将反应点与安全界限状态对应的点进行比较以评价结构的抗震性能。

　　以 2 类场地的大震设计反应谱为例，设区域系数 $Z = 1$ [式（10.44）]，初始周期为 0.3s、0.6s 和 1.2s 的结构的需求曲线分别如图 10.32（a）～（c）所示。需求曲线的形状与反应谱的形状有关。当结构周期较短，处于等加速度段时，需求曲线表现出等能量准则的特征；而当结构周期较长，处于等速度段时，则表现出等位移准则的特征。

　　设初始周期为 0.3s、0.6s 和 1.2s 的结构的屈服加速度分别为 $6m/s^2$、$4m/s^2$ 和 $3m/s^2$，则反应点对应的塑性率和位移如图 10.32 右侧所列。

　　可见，短周期结构的塑性变形随着承载力的下降而显著增大。因此，应尽量提高短周期结构的屈服承载力以确保其抗震性能。另一方面，长周期结构的位移反应随承载力下降而增大的趋势并不明显，近似地服从等位移准则。但是当承载力小于某一个限值（约为弹性剪力的 0.25 倍）时，结构的位移仍会显著增大。考虑到地震反应谱的长周期成分尚存在许多未知性，在确定长周期结构的承载力需求时应考虑设置一定的下限值。

图 10.32 中的需求曲线与第 4 章图 4.28 中单自由度体系在实际地震作用下的屈服承载力-最大变形关系曲线具有相似性。

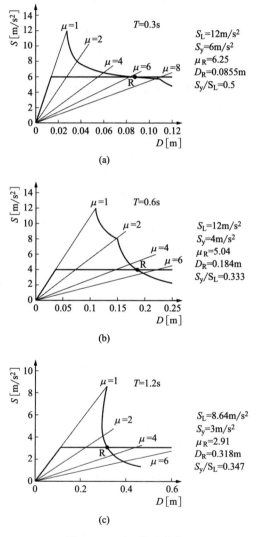

图 10.32 （R 为反应点）

• 加速度-位移反应谱

如图 10.32 所示的分别以加速度和位移为纵轴和横轴的反应谱称为加速度-位移反应谱（acceleration-displacement response spectra，ADRS）。在吸取洛马普里塔地震和北岭地震的惨重震害教训的基础上，美国致力于研究新的抗震性能评估和抗震设计方法（performance based earthquake engineering，performance based seismic design）。20 世纪 90 年代以来，开发了基于等效线性化的建筑结构抗震性能评估方法（capacity spectrum method）❶[46][47][48]。该方法利用加速度-位移反应谱和能力曲线（静力增量分析）求解反应点并评估结构的抗震性能。

将式（10.44）中的安全界限设计反应谱（2 类场地）表示为加速度-位移反应谱的形式，如图 10.33 所示。

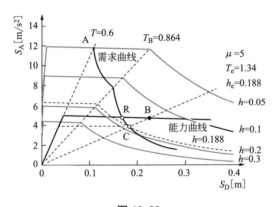

图 10.33

考察初始周期 $T = 0.6$s，屈服加速度 $S_y = 5$m/s^2 的理想弹塑性体系。其恢复力特性如图 10.33 中的能力曲线所示。设其达到安全界限状态时的塑性率限值 $\mu = 5$，相应的位移限值为 0.228m，即图中的 B 点。相应的等效周期 $T_e = 1.34$s（$= \sqrt{\mu} T$），等效阻尼比 $h_e = 0.188$（式 10.62）。与该等效周期和等效阻尼比对应的等效线性反应为直线 OB 上的 C 点（加速度 4.02m/s^2，位移 0.183m）。C

❶　译注：通常称为"能力谱法"。

点是阻尼比为 0.188 的加速度-位移反应谱（虚线）与直线 OB 的交点。

通过单调变化 μ 可以得到需求曲线 AC。它与能力曲线的交点即为实际的反应点 R。对于本例，R 点对应的塑性率为 3.69，位移为 0.168m。可见，这一位移反应小于界限状态的位移限值。另一方面，C 点的加速度（承载力需求）小于 B 点对应的屈服加速度（即结构所具有的承载力）。从这个角度也可以判断结构处于安全状态。

- **结构抗震性能验算**

根据结构在损伤界限和安全界限状态下的位移，计算相应的等效单自由度体系的等效周期 T_d 和 T_s ［式（10.60），式（10.61）］。根据结构的塑性率，按上文介绍的方法计算结构在安全界限状态下的等效阻尼比 h_s ［式（10.62）～式（10.66）］。由于结构在损伤界限状态尚未进入塑性，等效阻尼比 h_d 等于初始值 5%。

利用等效周期和等效阻尼比，可得到分别对应于损伤界限和安全界限状态的加速度反应谱值 S_{Ad} 和 S_{As}，如图 10.34 中的空心圆圈所示的 D 点和 E 点。它们相当于以加速度的形式分别给出的损伤界限和安全界限状态下结构的承载力需求。根据式（10.38），在损伤界限状态下：

$$S_{Ad}(T_d,\ h_d)=S_{Ad}(T_d) : \text{D 点} \qquad (10.69)$$

在安全界限状态下，根据式（10.40）（$h=0.05$）和式（10.66）有：

$$S_{As}(T_s,\ h_s)=S_{As}(T_s)\cdot F_h(h_s) : \text{E 点} \qquad (10.70)$$

安全界限状态下的加速度反应 S_{As} 相当于在达到安全限界状态时具有相同塑性率的体系的屈服加速度。

另一方面，图 10.34 中的实心圆圈是加速度形式的损伤界限承载力 Q_d（A 点）、安全界限承载力 Q_s（B 点）和界限承载力 Q_u（C 点），根据静力增量分析的结果按式（10.71）～式（10.73）计算。式中，M_{ud}、M_{us} 和 M_{uu} 分别为损伤界限状态、安全界限状态和界限承载力状态时结构的有效质量。

$$S_d = \frac{Q_d}{M_{ud}} \qquad (10.71)$$

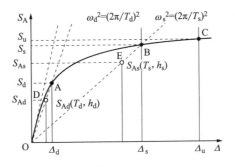

图 10.34

$$S_s = \frac{Q_s}{M_{us}} \tag{10.72}$$

$$S_u = \frac{Q_u}{M_{uu}} \tag{10.73}$$

在利用界限承载力验算方法考察整体结构的抗震性能时，等效单自由度体系对应于损伤界限和安全界限状态的承载力应大于相应的承载力需求，以加速度的形式表示如下：

$$S_d \geqslant S_{Ad} \tag{10.74}$$

$$S_s \geqslant S_{As} \tag{10.75}$$

当直接比较基底剪力时，将上式左右两边同时乘以有效质量：

$$Q_d \geqslant M_{ud} S_{Ad} \tag{10.76}$$

$$Q_s \geqslant M_{us} S_{As} \tag{10.77}$$

使结构正好达到安全限界状态的地震作用的反应谱值是安全界限状态对应的反应谱值的 S_s/S_{As} 倍。

此外，还可以像图 10.33 那样通过能力曲线和需求曲线的交点确定反应点，并将其与安全界限点进行比较以考察整体结构的抗震安全性。

- **基于界限承载力验算的性能检验**

《建筑基准法》要求在界限承载力验算中对结构各个楼层均分别进行上述性能检验。采用下标 n 表示通过反应谱确定的损伤界限和安全界限状态的地震作用（承载力需求），则不同界限状态下结构各层的水平地震力（各层的水平惯性力）可按下式计算。Z 和

G_s 等系数已反映在反应谱值 S_{Ad} 和 S_{As} 中。

$$P_{dni} = S_{Ad}(T_d, h_d) m_i B_{di} \text{（对应于损伤界限状态下的承载力需求）}$$
$$(10.78)$$

$$P_{sni} = S_{As}(T_s, h_s) m_i B_{si} \text{（对应于安全界限状态下的承载力需求）}$$
$$(10.79)$$

另一方面，可利用静力增量分析结果按下式计算结构在不同界限状态下的水平力（界限承载力）：

$$P_{di} = \left(B_{di} m_i / \sum_{j=1}^{N} B_{dj} m_j \right) Q_d \text{（损伤界限状态）} \quad (10.80)$$

$$P_{si} = \left(B_{si} m_i / \sum_{j=1}^{N} B_{sj} m_j \right) Q_s \text{（安全界限状态）} \quad (10.81)$$

式中，Q_d 和 Q_s 分别是损伤界限和安全界限状态下结构的基底剪力（结构中任一构件达到其相应界限状态时结构基底剪力）。以上在计算各楼层的承载力需求和承载力时，均假设各楼层的加速度服从上文介绍的 B_i 分布。

按照下式检验各个楼层的抗震性能（承载力＞承载力需求）：

$$Q_{di} = \sum_{j=i}^{N} P_{di} \geqslant Q_{dni} = \sum_{j=i}^{N} P_{dni} \text{（损伤界限状态）} \quad (10.82)$$

$$Q_{si} = \sum_{j=i}^{N} P_{si} \geqslant Q_{sni} = \sum_{j=i}^{N} P_{sni} \text{（安全界限状态）} \quad (10.83)$$

在实际设计中，对于损伤界限状态往往直接采用容许应力设计而不必按式（10.82）进行验算。

以上基于界限承载力验算的抗震设计方法的特点在于，允许结构工程师根据具体情况自行设定允许整体结构发生的塑性变形的程度，并通过考察结构对大震作用的反应检验其地震安全性。

在以往的所谓"新抗震设计法"中，采用分段取值的结构特性系数 D_s（混凝土结构为 $0.3 \sim 0.55$，钢结构为 $0.25 \sim 0.5$）对大震下的地震力 Q_{un} 进行折减。对于不同周期范围的结构，均根据等能量准则确定这一折减系数的取值。

相比之下，界限承载力验算允许结构工程师自行判断结构在安全界限状态下进入塑性的程度，并在此基础上计算结构达到安全界

限状态时的地震力（相当于屈服承载力需求）。这样得到的承载力
需求是关于塑性率限值的连续函数。通过等效线性化方法考察结构
的弹塑性反应，能够反映短周期结构大致服从等能量准则而长周期
结构大致服从等位移准则的规律，更加符合结构在实际地震作用下
的弹塑性反应特征。

根据等效线性化方法，假设体系具有理想弹塑性恢复力特性，
可利用式（10.62）和式（10.66）得到结构的弹性基底剪力和屈服
承载力之间的关系[1]。对于反应谱的等加速度段，这一关系可表
示为：

$$\frac{Q_Y}{Q_L} = \frac{S_A(\sqrt{\mu}T, h(\mu))}{S_A(T, 0.05)} = F_h(h(\mu)) = \frac{1.5}{1+10h(\mu)} = \frac{0.3}{0.8-0.5/\sqrt{\mu}}$$

(10.84)

式中，T 为初始周期，μ 为塑性率，Q_L 为初始周期对应的弹性基
底剪力，Q_Y 为屈服承载力，S_A 为大震加速度反应谱。

对于反应谱的等速度段（加速度与周期成反比），这一关系可
表示为：

$$\frac{Q_Y}{Q_L} = \frac{S_A(\sqrt{\mu}T, h(\mu))}{S_A(T, 0.05)} = \frac{F_h(h(\mu))}{\sqrt{\mu}} = \frac{0.3}{0.8\sqrt{\mu}-0.5}$$

(10.85)

上述塑性率和承载力折减系数 Q_Y/Q_L 之间的关系如图 10.35 所示。虚线表示的是等能量准则和等位移准则，实线是上述式（10.84）和式（10.85）。可见，在界限承载力验算中，结构在等速度段的承载力需求的降低趋势与等位移准则基本一致。

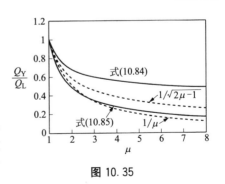

图 10.35

● 译注：取 $\gamma_1 = 0.25$。

采用界限承载力验算时，需要根据工程经验合理设定安全界限状态下的塑性率限值，以保证结构具有足够的安全储备，避免因承载力过低而发生预料之外的破坏。

在新抗震设计法中，通过系数 F_{es} 考虑了结构平面内刚度和质量偏心的影响。如何在上述界限承载力验算中考虑结构偏心的影响，是有待进一步研究的问题。

• **参考资料：按 1 阶振型振动的集中质量体系的特性**

界限承载力验算中用到的很多公式是根据结构按某一阶振型振动时的动力平衡推导得到的。下面考察按 1 阶振型振动的多自由度弹性体系的基本特性 ［图 10.36 (a) ］。

多质点系对地面运动作用的反应可以表示为：

$$\{y\} = \sum_{s=1}^{N} {}_s\beta({}_su)_s q_0(t) \tag{10.86}$$

$$_s\ddot{q}_0(t) + 2h_s\omega_s{}_s\dot{q}_0(t) + {}_s\omega_s^2 q_0(t) = -\ddot{y}_0(t) \tag{10.87}$$

式中，

$$_s\beta = \frac{\sum_i m_{is}u_i}{\sum_i m_{is}u_i^2} \tag{10.88}$$

仅考虑按 1 阶振型 $\{_1u\}$ 作圆频率为 ${}_1\omega$ 的简谐振动的成分（图 10.37）（一般认为结构在达到最大地震反应附近的几个循环的振动主要受这一成分控制），即：

$$\{y\} = \{_1y\}\cos{}_1\omega t \tag{10.89}$$

式中，$\{_1y\}$ 为表示一定的振幅分布的位移向量（有量纲）。

利用振型参与向量和体系的最大位移反应可将各层的振幅表示如下 ［图 10.36 (d) ］：

$$_1y_i = {}_1\beta_1 u_{i1}S_D \tag{10.90}$$

$$_1\beta = \frac{\sum_i m_{i1}u_i}{\sum_i m_{i1}u_i^2} \tag{10.91}$$

式中，${}_1u_i$ 是 1 阶振型的振幅（无量纲）；${}_1S_D$ 是单自由度体系对地面运动作用的最大位移反应（有量纲）；${}_1\beta$ 是 1 阶振型参与系数；${}_1\beta_1u_i$

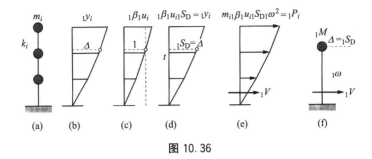

图 10.36

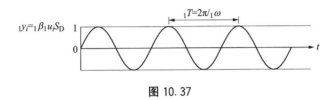

图 10.37

是 1 阶振型参与向量（定值，无量纲）。

参与向量 $_1\beta$ $\{_1u_i\}$ 与振幅的归一化方法无关，仅表示各层振幅的分布 [图 10.36（c）]。振幅的大小与 1 阶振型对应的反应谱值 $_1S_D$ 有关。

考察结构中某一特征点处的位移 Δ [图 10.36（b）]：

$$\Delta = \frac{\sum_i m_{i1} y_i^2}{\sum_i m_{i1} y_i} \tag{10.92}$$

根据特征点位移的定义有：

$$\Delta = \frac{\sum_i m_{i1} y_i^2}{\sum_i m_{i1} y_i} = \frac{\sum_i m_i({}_1\beta_1^2 u_{i1}^2 {}_1S_D^2)}{\sum_i m_{i1}\beta_1 u_{i1} S_D} = {}_1\beta \frac{\sum_i m_{i1} u_i^2}{\sum_i m_{i1} u_i} {}_1S_D = {}_1S_D \tag{10.93}$$

即结构在特征点处的振幅等于单自由度体系对地面运动作用的最大位移反应 [图 10.36（b）～（d）中的空心圆圈]。特征位移取决于各层的质量和位移分布，大致相当于结构在 70%～80% 高度处的位移。

特征位移还可以表示成以位移向量 $\{_1y\}$ 为振型时的参与系数（有量纲）的倒数：

$$\Delta = \frac{1}{_1\beta'}, \quad _1\beta' = \frac{\sum_i m_{i1}y_i}{\sum_i m_{i1}y_i^2}, \quad _1\beta' \cdot \Delta = 1 \qquad (10.94)$$

根据力＝质量×加速度，作用在各层的力 P_i 可按式（10.95）计算［图 10.36（e）］。

$$_1P_i = m_{i1}y_{i1}\omega^2 = m_{i1}\beta_1u_{i1}S_{Dl}\omega^2$$
$$= m_{i1}\beta_1u_{i1}S_A \qquad (10.95)$$

式中，$_1S_A = _1\omega^2 {}_1S_D$ 是单自由度体系对地面运动作用的最大加速度反应[1]。

基底剪力 $_1V$ 等于作用在各层的力之和：

$$_1V = \sum_i {}_1P_i = \sum_i m_{i1}\beta_1u_{i1}S_A = 1\beta\left(\sum_i m_{i1}u_i\right){}_1S_A$$
$$= \frac{\left(\sum_i m_{i1}u_i\right)^2}{\sum_i m_{i1}u_i^2}{}_1S_A \qquad (10.96)$$

记 1 阶振型的有效质量为 $_1M$（与振幅的归一化方法无关）：

$$_1M = \frac{\left(\sum_i m_{i1}u_i\right)^2}{\sum_i m_{i1}u_i^2} \qquad (10.97)$$

于是基底剪力可表示为：

$$_1V = _1M_1S_A = _1M_1\omega^2 {}_1S_D = _1M_1\omega^2\Delta \qquad (10.98)$$

还可以将基底剪力表示成加速度的形式：

$$_1S_A = \frac{_1V}{_1M} = \frac{\sum_i m_{i1}u_i^2}{\left(\sum_i m_{i1}u_i\right)^2}{}_1V \qquad (10.99)$$

通过质量矩阵和刚度矩阵，可以得到结构自振时的力-位移关系如下：

---

[1] 译注：拟加速度反应。

$$_1\omega^2[M]\{_1y\}=[K]\{_1y\}=\{P\} \qquad (10.100)$$

上式两侧均左乘 $\{_1y\}^T$ 可得：

$$_1\omega^2\{_1y\}^T[M]\{_1y\}=\{_1y\}^T\{P\} \qquad (10.101)$$

即：

$$_1\omega^2\sum_i m_{i1}y_i^2=\sum_i {_1P_{i1}}y_i \qquad (10.102)$$

由此可得：

$$_1\omega^2=\frac{\displaystyle\sum_i {_1P_{i1}}y_i}{\displaystyle\sum_i m_{i1}y_i^2} \qquad (10.103)$$

根据上式，利用振型及其对应的力可以得到相应的圆频率。此外，加速度反应（对应于结构受到的力）可表示为：

$$_1S_A={_1\omega^2}{_1S_D}=\frac{\displaystyle\sum_i {_1P_{i1}}y_i}{\displaystyle\sum_i m_{i1}y_i^2}{_1S_D}=\frac{\displaystyle\sum_i {_1P_{i1}}y_i}{\displaystyle\sum_i m_{i1}y_i^2}\Delta$$

$$=\frac{\displaystyle\sum_i {_1P_{i1}}y_i}{\displaystyle\sum_i m_{i1}y_i^2}\frac{\displaystyle\sum_i m_{i1}y_i^2}{\displaystyle\sum_i m_{i1}y_i}=\frac{\displaystyle\sum_i {_1P_{i1}}y_i}{\displaystyle\sum_i m_{i1}y_i} \qquad (10.104)$$

位移反应可表示为 $[\Delta$ 的定义与式 （10.92） 相同$]$：

$$_1S_D=\frac{_1S_A}{_1\omega^2}=\frac{\displaystyle\sum_i m_{i1}y_i^2}{\displaystyle\sum_i {_1P_{i1}}y_i}{_1S_A}=\frac{\displaystyle\sum_i m_{i1}y_i^2}{\displaystyle\sum_i m_{i1}y_i}=\Delta \qquad (10.105)$$

以上两式给出了结构按 1 阶振型振动时的加速度和位移反应分别与惯性力向量和位移向量之间的关系。

上述关于 $_1\omega^2$、$_1S_A$ 和 $_1S_D$ 的式 （10.103）～式 （10.105） 在结构非线性地震反应分析的等效线性化方法中发挥着重要作用（上述的 y_i 对应于界限承载力验算中的 δ_i）。

当结构按 1 阶振型和 1 阶圆频率作稳态振动时，上述各式严格成立。当结构的振动模式与 1 阶振型接近时，上述各式近似成立。

当结构按 1 阶振型振动时，作用在结构上的外力分布取决于 1 阶振型的位移分布、圆频率和质量分布。在结构上施加对应于 1 阶振型的静力作用，结构的位移反应即为 1 阶振型本身。对于弹性结构，当施加的静力作用的分布与 1 阶振型接近时，其变形也接近于 1 阶振型。通过反复试算，可以得到结构的振型和自振频率（即求解特征值问题的 Stodola 方法的原理）。

图 10.36（f）中的等效单由度体系可以准确地反映按 1 阶振型振动的多自由度体系的振动特性。即使并非严格按照 1 阶振型振动，只要力的分布相近，利用式（10.103）～式（10.105）同样可以近似得到等效单自由度体系的动力特性。与假设的力分布相比，由此得到的位移分布更接近于 1 阶振型。有效质量也往往比较准确。

在界限承载力验算中，将按照 1 阶振型分布的外力施加在弹塑性结构上，通过静力增量分析得到结构的力-位移曲线，并在此基础上根据不同的位移状态构造等效单自由度体系。本节介绍的有关振型基本性质的内容有助于理解界限承载力验算的理论基础。

参考文献

全书及第 1 章

[1] 志賀敏男，構造物の振動，共立出版，1976.

[2] 田治見宏，建築振動学，コロナ社，1965.

[3] 武藤清，構造物の動的解析，丸善，1966.

[4] 梅村魁，建築耐震論，彰国社，1968.

[5] 金井清，田治見宏，大沢胖，小林啓美，地震工学，彰国社，1968.

[6] 日本建築学会，建築物の耐震設計資料，1981.

[7] Jacobsen, L.S. and Ayre, R.S., *Engineering Vibration: with Applications to Structures and Machinery (Machine Engineering)*, McGraw Hill, 1958（日文版金多潔，後藤尚男，機械と構造のための振動工学，丸善，1961）.

[8] S. Timoschenko, *Vibration Problems in Engineering*, John Wiley & Sons. 1937.

[9] Newmark, N.M. and E. Rosenblueth, *Fundamentals of Earthquake Engineering*, Prentice Hall, 1972.

[10] Wiegel, R.L. (Editor), *Earthquake Engineering*, Prentice Hall, 1970.

[11] Clough, R.W. and J. Penzien, *Dynamics of Structures*, McGraw Hill. 1975. （日文版 大崎順彦，構造物の動的解析，科学技術出版社，1978）

[12] Biggs, J.M., *Introduction to Structural Dynamics*, McGraw Hill. 1964.

[13] Hansen, R.J., *Seismic Design for Nuclear Power Plants*, The MIT Press. 1970.

[14] Biot, M.A., *Analytical and Experimental Methods in Engineering Seismology*, Trans. ASCE, 108, 1943, pp. 365–408.

[15] Housner, G.W., *Behavior of Structures during Earthquakes*, Proc. ASCE, EM4, Oct. 1959.

[16] Hudson, D.E., *Response Spectrum Techniques in Engineering Seismology*. I WCEE, San Francisco, 1956.

[17] Jacobsen, L.S., *Steady Forced Vibration as Influenced by Damping*, Trans. ASME, Vol. 51, 1930.

[18] Jacobsen, L.S., *Damping in Composite Structures*, II WCEE, Tokyo, 1960.

[19] Myclestad, N.O., *The Concept of Complex Damping*, Journal of Applied Mechanics, ASME, Vol. 19, No. 3, Sept. 1952, pp. 284–286.

[20] Meirovich, L., *Analytical Methods in Vibrations* (9–4, The Concept of Structural Damping), Macmillan, 1997.

[21] 滝沢春男，長谷川豊，有理型線形動力学系の数理構造（その1）〜（その4），日本建築学会北海道支部研究報告集，No. 50，1979 年 3 月.

[22] 棚橋諒，振動減衰率の持つ耐震効果を吟味す，建築雑誌，1942年10月.

第2章

[1] Foss, K.A., *Coordinates which Uncouple the Equatihons of Motion of Damped Linear Dynamic Systems*, Journal of Applied Mechanics, ASME, Vol. 32, No. 3, Sept. 1958, pp. 361–364.

[2] Caughey, T.K. and M.E.J. O'Kelly, *Classical Normal Modes in Damped Linear Dynamic Systems*, Journal of Applied Mechanics, ASME, Vol. 32, No. 3, Sept. 1965, pp. 583–588.

[3] Wilson, E.L. and J. Penzien, *Evaluation of Orthogonal Damping Matrices*, International Journal for Numerical Methods in Engineering, Vol. 4, 5–10, 1972.

[4] Roesset, J.M., R.V. Whitman and R. Dobry, *Modal Analysis for Structures with Foundation Interaction*, Proc. ASCE, Vol. 99, No. ST3, Mar. 1973, pp. 399–416.

[5] Blume, J.A., N.M. Newmark, and L.H. Corning, *Design of Multistory Reinforced Concrete Buildings for Earthquake Motions*, Portland Cement Association, 1961.

[6] 武藤清，耐震計算法，丸善，1963.

[7] 中村恒善，山根尚志，1次固有周期制約条件下で最適設計された剪断型構造物の高次振動数算定式，日本建築学会大会学術講演梗概集，1981年9月，pp. 835–836.

第3章

[1] Newmark, N.M., *A Method of Computation for Structural Dynamics*, Proc. ASCE, Vol. 85, No. EM3, 1959, pp. 67–94.

[2] 滝沢春男，振動方程式を数値積分する際の発散現象に関する考察，日本建築学会大会学術講演梗概集，1971年10月，pp. 539–540.

[3] Nigam, N.C. and Jennings, P.C., *Calculation of Response Spectra from Strong Motion Earthquake Records*, BSSA, Vol. 59, No. 2, Apr. 1964, pp. 909–922.

[4] 小野瀬順一，熊谷元行，β法の特性に関する研究，日本建築学会東北支部研究発表会，1975年3月.
同上，ルンゲクッタ法の特性に関する研究I，II，日本建築学会東北支部研究発表会，1974年11月.

[5] Norris, C.H., Hansen, R.J., Holley, M.J. JR., Biggs, J.M. Namyet, S., Minami, J.K., *Structural Design for Dynamic Loads*, McGraw Hill, 1959.

第4章

[1] Bycroft, G.N., Murphy, M.J. and Brown, K.J., *Electricat Analog for Earthquake Yield Spectra*, Proc. ASCE, Vol. 85, No. EM4, Oct. 1959, pp. 43–64.

[2] Berg, G.V. and S.S. Thomaides, *Energy Consumption by Structures in Strong Motion Earthquakes*, II WCEE, Tokyo, 1960, pp. 681–697.

[3] Newmark, N.M. and A.S. Veletsos, *Effect of Inelastic Behavior on the Response of Simple Systems to Earthquake Motions*, II WCEE, Tokyo, 1960.

[4] Penzien, J., *Elasto-Plastic Response of Idealized Multi-Story Structures Subjected to a Strong Motion Earthquake*, II WCEE, Tokyo, 1960.

[5] 大沢胖，柴田明徳，地震動に対する1質点系の非線形レスポンスの特性—最大変形

に関する既往の研究の整理と考察．日本建築学会論文報告集第 69 号．1961 年 10 月．

[6] Caughey, T.K., *Sinusoidal Excitation of a System with Bilinear Hysteresis*, Journal of Applied Mechanics, Dec. 1960, pp. 640–643.

[7] Caughey, T.K., *Equivalent Linearization Techniques*, Journal of the Acoustical Society of America, Vol. 35, No. 11, Nov. 1963, pp. 1706-1711.

[8] Jennings, P.C., *Periodic Response of a General Yielding Structure*, Proc. ASCE, Vol. 90, No. EM2, 1963, pp. 131–166.

[9] Takeda, T., M.A. Sozen, and N.N. Nielsen, *Reinforced Concrete Response to Simulated Earthquakes*, 第 3 回日本地震工学シンポジウム，1970, pp. 357–364 (Proc. ASCE, Vol. 96, No. ST12, Dec. 1970, pp. 2557–2573).

[10] Takahashi, J. and T. Shiga, *Restoring Force Characteristics of Reinforced Concrete Shear Walls*, 第 4 回日本地震工学シンポジウム，1975.

[11] 志賀敏男，渋谷純一，高橋純一，金井素水，鉄筋コンクリート耐震壁の復元力特性のモデル化とその地震応答 (その 1)，(その 2)．日本建築学会大会学術講演会梗概集．1974 年．

[12] 宇田川邦明，高梨晃一，田中尚，繰り返し載荷をうける H 型鋼はりの復元力特性．日本建築学会論文報告集第 264 号，1978 年 2 月．

[13] 小川淳二，星道夫，猿田正明，阿部良洋，鉄筋コンクリート骨組の動的特性に関する研究 (3)．日本建築学会東北支部研究報告集．第 35 号．昭和 55 年 3 月．

[14] 深田泰夫，鉄筋コンクリート造建物の復元力特性に関する研究 (その 1) 日本建築学会関東支部学術研究発表会梗概集．1969 年 11 月．

[15] Jennings, P.C., *Equivalent Viscous Damping for Yielding Structures*, Proc. ASCE, Vol. 94, No. EM1, Feb. 1968, pp. 103–116.

[16] Gulkan, P. and M.A. Sozen, *Inelastic Response of Reinforced Concrete Structures to Earthquake Motions*, Journal of ACI, Vol. 71, No. 12, Dec. 1974.

[17] Shibata, A. and M.A. Sozen, *Substitute Structure Method for Seismic Design in R/C*, Proc. ASCE, Vol. 102, No. ST1, Jan. 1976.

[18] Shibata, A. and M.A. Sozen, *Substitute Structure Method to Determine Design Forces in Earthquake-Resistant Reinforced Concrete Frames*, VIWCEE, New Delhi, Jan. 1977.

[19] 柴田明徳，等価線形系による非線形地震応答の解析に関する一考察．東北大学建築学報．第 16 号，1975 年 3 月．

[20] Shibata, A., *Equivalent Linear Models to Determine Maximum Inelastic Response of Nonlinear Structures for Earthquake Motions*, 第 4 回日本地震工学シンポジウム，1975.

[21] Housner, G.W., *Limit Design of Structures to Resist Earthquakes*, IWCEE, 1956.

[22] 加藤勉，秋山宏，強震による構造物へのエネルギー入力と構造物の損傷．日本建築学会論文報告集第 235 号，1975 年 9 月．

[23] 和泉正哲，渡辺孝英，中村貞雄，モンテカルロ法による構造物の非線形特性について，東北大学建築学報，第 18 号，1977 年 6 月．

[24] Iwan, W.D., *Application of Nonlinear Analysis Techniques*, Applied Mechanics in Earthquake Engineering, ASME Winter Annual Meeting, 1974.

[25] Clough, R.W. and S.B. Johnston, *Effect of Stiffness Degradation on Earth-quake Ductility Requirements*, Proc. of Japan Earthquake Engieering Sympo-sium, 1966.

[26] 谷資信．構造の動的解析．技報堂出版，1978．

[27] 南井良一郎，震度とせん断力係数，建築雑誌，1970 年 6 月，pp. 457-461．

[28] 柴田明德．地震による高層建物の撓み量．日本建築学会大会梗概集．1965 年．

第 5 章

[1] 大崎順彦．地震動のスペクトル解析入門．鹿島出版会．1984．

[2] 日野幹雄．スペクトル解析．朝倉書店．1977．

[3] Blackman, R.B. and J.W. Tukey, *The Measurement of Power Spectra*, Dover.

[4] Cooley, J.W. and Tukey, J.W., *An Algolithm for the Machine Calculation of Complex Fourier Series*, Mathematics of Computation, Vol. 19, Apr. 1965.

[5] Izumi, M., Watanabe, T. and Katsukura, H., *Interrelations of Fault Mechan-ics, Phase Inclinations and Nonstationarities of Seismic Waves* Ⅶ WCEE, 1980, Istanbul.

[6] Hudson, D.E., *Some Problems in the Application of Spectrum Techniques to Strong-Motion Earthquake Analysis*, BSSA, Vol. 52, No. 2, April, 1962.

[7] 赤池弘次．中川東一郎．ダイナミックシステムの統計的解析と制御．サイエンス社．1972．

第 6 章

[1] Crandall, S.H. and Mark, W., *Random Vibration in Mechanical Systems*, Aca-demic Press, 1963.

[2] Lin, Y.K., *Probabilistic Theory of Structural Dynamics*, McGraw Hill, 1976 （日文版 森大吉郎．構造動力学の確率論的方法．培風館．1972）．

[3] 星谷勝．確率論手法による振動解析．鹿島出版会．1974．

[4] Ang., H.S. and Tang, H., *Probability Concepts in Engineering Planning and Design*, John Wiley & Sons, 1978 （日文版 伊藤學．亀田弘行．土木建築のための確率統計の基礎．丸善．1977）

[5] Caughey, T.K. and Stumpf, H.J., *Transient Response of a Dynamic System Under Random Excitation*, Journal of Applied Mechanics, ASME, Dec. 1961, pp. 563-566.

[6] Shibata, A. and Mizuno, J., *A Simplified Method for the Evaluation of Inelas-tic Earthquake Response of Reinforced Concrete Frames*, 第 6 回日本地震工学シンポジウム，1978．

[7] Ang, A. H.-S. *Probabilistic Approach in Earthquake Engineering*, Applied Me-chanics in Earthquake Engineering, ASME, Winter Annual Meeting, 1974.

[8] Cartwright, D.E. and M.S. Longuet-Higgins, The Statistical Distribution of the Maxima of a Random Function, Proceedings of the Royal Society, Series A 237, 1956, pp. 212-232.

[9] Davenport, A.G., Note on the Distribution of the Largest Value of a Random Function with Application to Gust Loading, Proceedings of the Institution of Civil Engineers, Vol. 28, 1964, pp. 187-196.

第 7 章

[1] 金井清, 地震工学, 共立出版, 1969.

[2] 東京天文台, 理科年表, 昭和 54 年度版, 丸善, 1978.

[3] 宇佐美龍夫, 資料日本被害地震総覧, 東京大学出版会, 1975.

[4] 宇津徳治, 地震学, 共立出版, 1984.

[5] Epstein, B. and Lomnitz, C., *A Model for the Occurrence of Large Earthquakes*, Nature, August 1966, Vol. 211, No. 5052, pp. 954–956.

[6] Takeyama, K., Hisada, T. and Ohsaki, Y., *Behavior and Design of Wooden Buildings Subjected to Earthquakes*, II WCEE, Tokyo, 1960.

[7] Barazangi, M. and Dorman, J., *World Seismicity Maps, Compiled from ESSA, Coast and Geodetic Survey, Epicenter Data, 1961–1967*, BSSA, Vol. 59. No. 1. Feb. 1969, pp. 369–380.

[8] 佐武正雄 (代表), 1978 年宮城県沖地震による被害の総合的調査研究, 昭和 53 年度文部省科学研究費, 自然災害特別研究 (1), 1979 年 3 月.

[9] Bycroft, G.N., *White Noise Representation of Earthquake*, Proc. ASCE. No. EM2, 1960.

[10] Housner, G.W. and Jennings, P.C. *Generation of Artificial Earthquake*, Proc. ASCE, No. EM1, 1964.

[11] Amin, M. and Ang, A.H.-S., *Nonstationary Stochastic Model of Earthquake Motions*, Proc. ASCE, Vol. 94, EM2, Apr. 1968, pp. 559–583.

[12] Jennings, P.C., Housner, G.W. and Tsai, N.C., *Simulated Earthquake Motions for Design Purposes*, IV WCEE, Santiago, 1969.

[13] Iyenger, R.N. and Iyenger, K.T.S.R., *A Nonstationary Random Process Model for Earthquake Accelerograms*, BSSA, Vol. 59, No. 3, June 1969.

[14] Levy, R. and Kozin, F., *Process for Earthquake Simulation*, Proc. ASCE. Vol. 94, No. EM6, Dec. 1968 (also EM2, Apr. 1971).

[15] Tajimi, H., *A Statistical Method of Determining the Maximum Response of a Buitding Structure during an Earthquake*, II WCEE, Tokyo, 1960.

[16] 後藤尚男, 土岐憲三, 秋吉卓, 電子計算機による耐震設計用の人工地震波に関する研究, 第 2 回日本地震工学シンポジウム, 1966.

[17] 志賀敏男, 柴田明徳, 古村利幸, 大山伸一, 宮城県の被害地震及び仙台における地震についての考察, 日本建築学会東北支部研究報告集, 1978 年 3 月.

[18] 尾崎昌凡, 北川良和, 服部三育, 地震動の地域特性に関する研究 (その 1) : 日本建築学会論文報告集 No. 266, 1978. (その 2), 同 No. 277. 1979.

[19] California Institute of Technology, *Strong Motion Earthquake Accelerograms, Digitized and Plotted Data*, Volume II, Part A, 1971.

[20] 北村信, 中川久夫, 柴田豊吉, 大槻憲四郎, 沖積平野における地盤の安定性について, 第 16 回自然災害科学総合シンポジウム, 1979 年 9 月, 郡山.

[21] 志賀敏男, 柴田明徳, 川村友孝, 地震動の強さを表わす指標について, 日本建築学会東北支部研究報告集, 1975 年 10 月.

[22] 表俊一郎, 三宅昭春, 楢橋秀衛, 大地震時の震央域における地動最大加速度, 日本建築学会大会学術講演梗概集, 1979 年 9 月, pp. 463–464.

[23] Strong-Motion Earthquake Observation Council, Strong-Motion Earthquake Records in Japan, 国立防災科学技術センター.

[24] 運輸省港湾技術研究所，港湾技研資料，No. 319，1979．（宮城県近海地震）
[25] 建設省土木研究所，土木研究所彙報，Vol. 33，1978．（宮城県近海地震）
[26] Berg, G.V. and G.W. Housner, *Integrated Velocity and Displacement of Strong Earthquake Ground Motion*, BSSA, Vol. 51, Feb. 1961, pp. 175–189.
[27] Trifunac, M.D., F.E. Udwadia and A.G. Brady, *Recent Developments in Data Processing and Accuracy Evaluations of Strong Motion Acceleration Measurements*, VII WCEE, Sept. 1981, Istanbul.
[28] Corotis, R.B. and T.A. Marshall, *Oscillator Response to Modulated Random Excitation*, Proc. ASCE, Vol. 103, No. EM4, Aug. 1977.
[29] 渋谷純一．志賀敏男，地下室をもつ建物の地震応答性状の解析，日本建築学会大会学術講演梗概集，1979 年．pp. 609–610.
[30] 宇津徳治．地震のマグニチュード分布式のパラメーターの推定，地震第 2 輯，Vol. 31，1978, pp. 367–382.
[31] Shibata, A., *Study on the Prediction of Earthquake Damage to Building Groups in Urban Areas*, Ⅷ WCEE, Vol. 1, San Francisco, July 1984, pp. 337–344.
[32] 柴田明徳．確率的手法による構造安全性の解析．森北出版，2005.

第 8 章
[1] Idriss, I.M. and H.B. Seed, *Seismic Response of Horizontal Soil Layers*, Proc. ASCE, No. SM4, July 1968, pp. 1003–1031.
[2] Seed, H.B. and I.M. Idriss, *Influence of Soil Conditions on Ground Motions During Earthquakes*, Proc. ASCE, No. SM1, Jan. 1969, pp. 99–137.
[3] Shibuya, J. H. Kimura and T. Shiga, *Effect of Local Site Conditions on Damage to Buildings During an Earthquake*, Ⅶ WCEE, Istanbul, 1980.
[4] 久田俊彦，中川恭二，木村栄一，地盤の動力学的性質に関する研究．日本建築学会研究報告集 22 号，1953 年.
[5] Tschebotarioff, G.P., Performance Records of Engine Foundations, ASTM Special Technical Publication, No. 156. Symposium on Dynamic Testing of Soils, 1953, pp. 163–173.
[6] 土質工学会，土と構造物の動的相互作用.
[7] Reissner, E. *Stationare, axialsymmetrishe, durch eine schüttelnde Masse erregte Schwingungen eines homogenen elastischen Halbraums*, Ingenier-Archiv., Vol. Ⅶ, 1936, pp. 381–396.
[8] Sung, T.Y., *Vibrations in Semi-Infinite Soils due to Periodic Surface Loading*, ASTM Symposium on Dynamic Testing of Soils, ASTM Special Technical Publication, No. 156, 1953, pp. 35–63.
[9] Arnold, R.N., G.N. Bycroft, and G.B. Warburton, *Forced Vibrations of a Body on an Infinite Elastic Solid*, Journal of Applied Mechanics, Vol. 22, 1955, pp. 391–400.
[10] Toriumi, I., *Vibrations in Foundations of Machines*, Technology Reports of the Osaka University, Vol. 5, No. 146, 1955.
[11] 田治見宏，耐震理論に関する基礎的研究，東京大学生産技術研究所報告，第 8 巻，第 9 号，1959, pp. 170–215.

[12] 小堀鐸二，南井良一郎，鈴木有，日下部馨，長方形基礎の *Dynamical Ground Compliance* (その 1)，京都大学防災研究所年報，第 10 号 A，1967 年 3 月，pp. 283–314.

[13] 小堀鐸二，南井良一郎，鈴木有，成層構造をもつ基礎地震の動特性，京都大学防災研究所年報，第 19 号 B-1，1978 年 4 月，pp. 167–217

[14] 小堀鐸二，南井良一郎，井上豊，矩形基礎の Ground Compliance とその Simulation について，京大防災研年報第 7 号，1964 年 3 月.

[15] Parmelee, R.A., *The Influence of Foundation Parameters on the Seismic Response of Interaction Systems*, Proc. Third Japan Earthquake Engineering Symposium, 1970.

第 9 章

[1] 日本建築学会，地震荷重と建築構造の耐震性，1977.

[2] 梅村魁，鉄筋コンクリート建物の動的耐震設計法，技報堂出版，1973.

[3] 梅村魁，異形鉄筋コンクリート設計法，技報堂出版，1971.

[4] Clough, R.W., K.L. Benuska and E.L. Wilson, *Inelastic Earthquake Response of Tall Buildings*, III WCEE, Wellington, Newzealand, 1965.

[5] Giberson, M.F., *Two Nonlinear Beams with Definition of Ductility*. Proc. ASCE, Vol, 95, No. ST2, 1969.

[6] Takizawa, H., *Notes on Some Basic Problems in Inelastic Analysis of Planar R/C Structures* (Part I & II)，日本建築学会論文報告集，No. 240，1976 年 2 月，pp. 35–46, No. 241，1976 年 3 月，pp. 135–147.

[7] Shiga, T., A. Shibata, J. Shibuya and J. Takahashi, *Performance of the Building of Faculty of Engineering, Tohoku University, During the 1978 Miyagi-Ken-Oki Earthquake*, VII WCEE, Istanbul, 1980.

[8] Koh, T., H. Takase and T. Tsugawa, *Torsional Problems in Aseismic Design of High-Rise Buildings*, IV WCEE, Santiago, 1969.

[9] Sato, Y and R. Yamaguchi, *Vibration of a Building upon the Elastic Foundation, Bulletine of the Earthquake Research Institute*, University of Tokyo, XXXV, Part 3, 1957.

[10] Blume, J.A., N.M. Newmark and L.H. Corning, *Design of Multistory Reinforced Concrete Buildings for Earthquake Motions*, Portland Cement Association, 1991.

[11] 梅村魁，松島豊，実在建物の終局耐力について，日本建築学会論文報告集第 89 号，1963 年 9 月，p. 238.

[12] Otani, S., *SAKE—A Computer Program for Inelastic Response of R/C Frames to Earthquakes*, Civil Engineering Studies, Structural Research Series No. 413, Univ. of Illinois, Urbana, Nov. 1974.

[13] Shiga, T., A. Shibata and J. Shibuya, *Earthquake Response of a 9-Story Reinforced Concrete Building*, V WCEE, 1973.

[14] 志賀敏男，柴田明徳，渋谷純一，高橋純一，東北大学工学部建設系研究棟における強震応答実測とその弾塑性応答解析，日本建築学会論文報告集，第 301 号，1981 年 3 月.

第 10 章

[1] 佐野利器，家屋耐震構造論，震災予防調査会報告第 83 号甲，乙，1916 年.

[2] 濃尾地震；建築雑誌，Vol. 5，No. 59，明 24，Vol. 6．No. 63，64，65，1892 年（各種建物に関し近来の地震の結果，コンドル）．

[3] サンフランシスコ地震；建築雑誌，Vol. 20，No. 238，No. 239，1906 年，Vol. 21，No. 241，明治 40 年（米国加州震談 I～Ⅲ，佐野利器）．

[4] 関東地震；建築雑誌，Vol. 37，No. 447，1923 年（震災に関する第 1 回講演会録，大 12.11.3 日本工業倶楽部），Vol. 38，No. 449，1924 年（同第 2 回，同第 4 回）．

[5] 福井地震；建築雑誌，Vol. 63，No. 744，1948 年 10 月（北陸震災調査概報，日本建築学会，日本学術会議北陸震災調査団）．

[6] 宮城県北部地震；建築雑誌，Vol. 77，No. 915，1962 年 8 月（宮城県北部地震被害概報，日本建築学会東北支部）．

[7] アラスカ地震；建築雑誌，Vol. 79，No. 944，1964 年 9 月（アラスカ地震概報）．

[8] 新潟地震；建築雑誌，Vol. 79，No. 944，1964 年 9 月（新潟地震概況）．

[9] 十勝沖地震；建築雑誌，Vol. 83，No. 998，1968 年 7 月（1968 年十勝沖地震調査速報）．

[10] 伊豆大島近海地震；建築雑誌，Vol. 93，No. 1136，1978 年 6 月（1968 年伊豆大島近海地震の被害調査報告）．

[11] 宮城県沖 2 月地震；建築雑誌，Vol. 93，No. 1140，1978 年 8 月（1978 年 2 月 20 日宮城沖地震被害調査報告，日本建築学会東北支部）．

[12] 宮城県沖 6 月地震；建築雑誌，Vol. 93，No. 1144，1978 年 12 月（1978 年宮城県沖地震災害調査報告，日本建築学会構造標準委員会）．

[13] 日本建築学会，1978 年宮城県沖地震災害調査報告書．

[14] 日本建築学会，1968 年十勝沖地震被害調査報告書．

[15] 日本建築学会，1975 年大分県中部地震による RC 建物の被害調査報告書．

[16] 日本建築学会，ガテマラ，北イタリア地震被害調査報告．

[17] Jennings, P.C., *Engineering Features of the San Fernando Earthquake, February 9, 1971*, EERL71-02, Calif. Inst. of Technology.

[18] P. Jennings, *Earthquake Engineering and Hazards Reduction in China*, National Academy of Sciences, 1980.

[19] *Engineering News*, Vol. LV, No. 18–26, May–June 1906（サンフランシスコ地震）．

[20] *Engineering News Record*, March–April 1933（ロングビーチ地震）．

[21] 吉村昭，関東大震災，文藝春秋，1973．

[22] 日本建築学会，高層建築技術指針．

[23] 建築研究報告 No. 79，Mar. 1977，新耐震設計法（案），建設省建築研究所．

[24] 建設省住宅局建築指導課監修，既存鉄筋コンクリート造建築物の耐震診断基準・改修設計指針，日本特殊建築安全センター（現・日本建築防災協会）．

[25] 建設省住宅局建築指導課監修，既存鉄骨造建築物の耐震診断基準・改修設計指針，日本特殊建築安全センター（現・日本建築防災協会）．

[26] 広沢雅也，既存鉄筋コンクリート造建物の耐震性判定基準・建設省建築研究所案，建築技術，1973 年 11 月．

[27] 日本建築学会，鉄筋コンクリート造校舎の耐震診断方法及び補強方法，1975．

[28] 梅村魁他，新しい耐震設計，工業調査会，1979．

[29] 鉄筋コンクリート構造物の耐震対策，鉄筋コンクリート構造計算規準同解説・付 1，日本建築学会，1971．

[30] 中川恭二，亀井勇，黒正清治，鉄筋コンクリート建物の壁率と震害の関係，日本建築学会論文報告集，No. 60，1958 年 10 月，pp. 309–312.

[31] Shibata, A. *Prediction of the Probabiliy of Earthquake Damage to Reinforced Concrete Building Groups in a City*, Ⅶ WCEE, Istanbul. 1980.

[32] 志賀敏男，宮城県沖地震におけるくいの被害とその復旧，建築技術，1980 年 4 月.

[33] 文部省科学研究費突発災害研究成果，1989 年ロマプリエタ地震によるサンフランシスコ湾岸地域等の被害に関する調査研究，研究代表者亀田弘行，1990 年 3 月.

[34] 日本建築学会，1994 年ノースリッジ地震災害調査報告.

[35] 日本建築学会，阪神・淡路大震災調査報告，共通編 1〜3，建築編 1〜10.

[36] 日本建築学会・土木学会・地盤工学会，1999 年トルココジャエリ地震災害調査報告.

[37] 日本建築学会，1999 年台湾集集地震災害調査報告および応急復旧技術資料.

[38] Vision 2000 Committee, Performance Based Seismic Engineering of Buildings, SEAOC, 1995.

[39] 日本建築学会，建築雑誌，「性能規定と構造計算」（特集），1998 年 2 月号.

[40] 日本建築学会，耐震メニュー，2004.

[41] 秋山宏，エネルギーの釣合に基づく建築物の耐震設計，技術堂出版，1999.

[42] 石山祐二，耐震規定と構造動力学，三和書籍，2008.

[43] 日本建築学会，建築物の耐震性能評価手法の現状と課題 – 限界耐力計算・エネルギー法・時刻歴応答解析 –，2009.

[44] 国土交通省住宅局建築指導課他監修，2007 年版建築物の構造関係技術基準解説書，全国官報販売共同組合，2007

[45] Mahaney, G.R., T.F. Palet, B.K. Kehoe and S.A. Freeman, The Capacity Spectrum Method for Evaluating Structure Response During the Loma Prieta Earthquake, National Earthquake Conference, Memphis, 1993.

[46] ATC-40, Seismic Evaluation and Retrofit of Concrete Buildings, Volume 1, Report No. ssc 96-01, Applied Technology Council, California Seismic Safety Commission, 1996.

[47] Recommended Lateral Force Requirements and Commentary (Blue Book), Seventh Edition, Seismological Committee, SEAOC, 1999.

[48] Freeman，S.A.，Review of the Development of the Capacity Spectrum Method，ISET Journal of Earthquake Technology，Vol.41，2004.

縮　写	
Proc. ASCE	= Proceedings of the American Society of Civil Engineers
BSSA	= Bulletine of the Seismological Society of America
WCEE	= Proceedings of the World Conference on Earthquake Engineering
Journal of ACI	= Journal of the American Concrete Institute
SEAOC	= Structural Engineers Association of California

索　引

SI 单位（国际单位制，International System）简表

物理量	单位	符号(定义)
长度	米	m
面积	平方米	m^2
体积	立方米	m^3
时间	秒	s
速度	米每秒	m/s
加速度	米每平方秒	m/s^2
角速度	弧度每秒	rad/s
频率	赫兹	Hz(1/s)
质量	千克	kg
力	牛顿	$N(kg \cdot m/s^2)$
弯矩	牛顿·米	$N \cdot m$
应力	帕斯卡（牛顿每平方米）	$Pa(N/m^2, kg/ms^2)$
能量 功	焦尔（牛顿·米）	$J(N \cdot m, kg \cdot m^2/s^2)$
功率	瓦特（焦尔每秒）	$W(J/s, kg \cdot m^2/s^3)$

单位的 10^n 倍前缀表示法

μ（微）$=10^{-6}$

m（毫）$=10^{-3}$

c（厘）$=10^{-2}$

d（分）$=10^{-1}$

k（千）$=10^{3}$

M（兆）$=10^{6}$

G（吉）$=10^{9}$

质量 $1t=10^3 kg$

例：

长度：mm，cm，km

力：kN（千牛）$=10^3 N$

应力：MPa（兆帕）$=10^6 Pa$